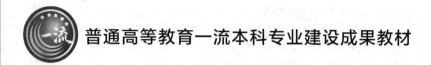

普通高等教育一流本科专业建设成果教材

过程装备
机械基础

（第二版）

李　勤　朱小平　李福宝　徐　飞　主编

化学工业出版社

·北京·

内 容 简 介

《过程装备机械基础》(第二版)秉持第一版的编写宗旨,坚持"守正创新""立德树人"的教育理念,根据编者多年的教学实践经验和工程实践经验修订而成。在内容的选择上力求广而不深,突出工科特色,注重工程案例的介绍,增加新技术、新知识、新工艺的内容。在内容的编排上力求循序渐进,重点突出。本教材内容分为14章,包括理论力学基础、材料力学基础、工程材料基础、腐蚀与密封、公差配合与表面粗糙度、机械零部件、化工设备制造基础、焊接结构与检测、压力容器设计、换热设备、塔设备、搅拌设备、过程流体机械及化工设备图,涵盖了与过程装备相关的机械类专业基础课和专业课知识。各章内容相对完整、独立,教师可以根据不同专业、学时合理选择教学内容。本书为纸数融合的新形态教材,配套数字资源包括各章习题与简解、选修课程内容及设备装配图样例(微信扫描书中二维码获取),方便教师教学及学生自学。

《过程装备机械基础》(第二版)可作为化工类各专业本科教材,也可供工程技术人员参考。

图书在版编目(CIP)数据

过程装备机械基础/李勤等主编. —2版. —北京:化学工业出版社,2023.9
普通高等教育一流本科专业建设成果教材
ISBN 978-7-122-43524-8

Ⅰ.①过… Ⅱ.①李… Ⅲ.①化工过程-化工装备-高等学校-教材 Ⅳ.①TQ051

中国国家版本馆 CIP 数据核字(2023)第 088716 号

责任编辑:丁建华 徐雅妮 装帧设计:关 飞
责任校对:王鹏飞

出版发行:化学工业出版社(北京市东城区青年湖南街 13 号 邮政编码 100011)
印 刷:三河市航远印刷有限公司
装 订:三河市宇新装订厂
787mm×1092mm 1/16 印张 20 字数 513 千字 2023 年 10 月北京第 2 版第 1 次印刷

购书咨询:010-64518888 售后服务:010-64518899
网 址:http://www.cip.com.cn
凡购买本书,如有缺损质量问题,本社销售中心负责调换。

定 价:59.00 元

前　言

随着新时代的到来，新一轮科技革命和产业变革对工程人才培养改革提出了新的要求。"新工科"建设规划的提出是新时代培养创新人才和复合应用型人才的必然要求。党的二十大报告指出，必须坚持守正创新。紧跟时代步伐，顺应实践发展，以新的理论指导新的实践。这为新时代"新工科"人才培养指明了方向，也对本书的修订提出了更高的要求。

石油化工作为能源工业的重要产业支柱，在技术上、管理上、人才知识结构上必然要升级，以适应新石化产业的发展。过程装备技术是石油化工技术中的重要组成部分，它与石油化工生产中的各个环节有着必然的联系。对于非过程装备与控制工程专业的技术人员，了解和掌握过程装备技术，对其专业的支撑起着非常重要的作用。"不懂设备和控制的工艺工程师，不是好的工艺工程师；不懂设备和工艺的控制工程师，也不是好的控制工程师。"因此，为了构建适应"机、电、化"一体化产业需求的工程师知识结构，让化工类、电气自动化及仪表类等专业的读者从其本专业的视角了解过程装备技术的基础知识，并能与其本专业知识融合，使其知识结构更加合理，本书在修订过程中着重突出以下特点：

1. 内容范围选取以技术需求为导向，即以非机械类专业在技术上常涉及的机械类知识点和技术需要为着眼点，有用则学，且用则精学；

2. 内容深度界定以学以致用为目标，注重基础学经典，够用为度，学则会用；

3. 本书所涉及的标准均为最新颁布的国家标准或行业标准。

本书为纸数融合教材，书中第 7 章 化工设备制造基础、第 14 章 化工设备图和全书各章节习题与简解以数字化资源的形式呈现给读者，读者可以通过扫描对应的二维码选读、选用。

本书为沈阳工业大学的省级一流本科教育示范专业建设成果，由李勤、朱小平、李福宝、徐飞主编，其中第 1、2 章由孙博、张秀丽编写；第 3～5 章由朱小平、徐飞、李福宝编写；第 6～8 章由徐飞、朱小平、沈耀鹏、刘雄飞（银川科技学院，教授）编写；第 9～12 章由李勤、朱小平、孙博、刘达京、赵岩（中海油，总经理、教授级高级工程师）编写；第 13 章由刘波、刘达京、朱小平编写；第 14 章由李福宝、刘一达、赵岩编写。全书由李勤教授、李福宝教授统稿。

在本书编写过程中得到了专家、学者、同行的支持和帮助，博士、硕士研究生霍英姐、郁文威、张思琦、李文溢、肖丰琨、王亚军、马志锐、王莹、胡泽浩、狄军涛、高亚男、周强、吴恒、杨炎炎、高敬凯、郑康宁、陈叶、王悦等也参与了校对工作，在此一并表示感谢。

由于水平所限，书中难免存在疏漏和不足之处，敬请读者批评指正。

编　者
2023 年 5 月

扫码获取免费配套资源
习题解答、选修与实操一目了然！

第一版前言

随着石油化学工业蓬勃发展，整合技术资源、放大技术效益越来越重要，因此，多学科技术融合体现了过程装备技术的科学性和整体性。

过程装备技术是石油化工技术中的重要组成部分，它与石油化工技术的各个环节有着必然的联系，起着辅助与支撑作用。化工工艺要通过过程装备来实现，因此与过程装备相关的机械方面的基础知识对于化工工程师来说非常重要。只有全面了解过程装备相关知识，才能准确合理地使用过程装备，达到放大技术、提高效益的目的，取得事半功倍的效果。

编写本书的目的就是为了让化工类及与化工相关的读者了解过程装备基础知识，使其与所学专业整体考虑，合理应用，充分发挥过程装备在石油化学工业中的作用。

本书在编写过程中力求突出以下特色。

1. 在内容选择上力求广而不深，突出工科特色，注重工程案例的介绍，增加新技术、新知识、新工艺的内容。

2. 在内容编排上力求循序渐进，重点突出。将教材内容分为 14 章，各章内容相对完整、独立，教师可根据不同专业、学时合理选择教学内容。

3. 在编写上力求语言简练，深入浅出，通俗易懂。

4. 大部分章节配有习题与简解，有助于读者对基本概念、基本原理的理解，同时注重解决工程实际问题的方法，编写了一部分结合工程实例的习题，以激发学生的求知欲望，调动学生学习的积极性。

5. 本教材中所涉及的设计方法及引用的标准均为最新颁布的国家或部级标准。

本书由李勤、李福宝教授主编，其中第 1、2、14 章由李芳（安徽工程科技学院）编写，第 3、5、7 章由王红梅编写，第 4、8 章由苏兴冶编写，第 6 章由李福宝编写，第 9 章由李勤编写，第 10、11 章由王德喜编写，第 12、13 章由刘波编写，全书由李勤教授统稿。

本书在编写过程中得到了专家、学者、同行的支持和帮助，在此表示衷心感谢。

由于水平有限，书中难免有疏漏和不足之处，诚请读者批评指正。

编　者
2011 年 5 月

目　　录

＊：数字化资源，使用微信扫描二维码免费获取。

第1章　理论力学基础

理论力学是研究物体在空间的位置随时间改变的一般规律的科学。按其内容分为：静力学（研究受力物体平衡时作用力应满足的条件）、运动学（只从几何角度来研究物体的运动规律，如轨迹、速度、加速度）、动力学（研究受力物体的运动和作用力之间的关系）。

为了保证化工机械设备能够安全平稳地运行，其工作部件在力学方面必须满足以下三个基本要求：

① 强度——抵抗载荷对其造成的破坏；

② 刚度——不发生超过许可的变形；

③ 稳定性——维持构件自身的几何形状。

1.1　力的概念及性质

（1）力的概念

力是物体间的相互作用。

力系是作用于同一物体上的一群力。

力是矢量，既有大小也有方向。一般情况下，力分为集中力和分布力，集中力的单位为牛顿（N），分布力的单位为 N/m^2 或 Pa 和 MPa（$1MPa=10^6Pa$）。

（2）力的效应

力是通过物体间相互作用所产生的效果体现出来的，力的作用效果分为以下两个方面。

① 外效应：力使物体运动状态发生改变，是理论力学要研究的问题。

② 内效应：力使物体发生形变，是材料力学要研究的问题。

外效应是内效应的基础。

（3）力的性质

① 可传性：可以沿其作用线移到刚体上的任一点而不改变力对刚体的外效应。

② 成对性：力是物体之间相互的机械作用。反作用定律：力成对出现，大小相等，方向相反，作用在不同物体上。

③ 可合性：两个力对物体的作用，可用一个力来等效代替。

④ 可分性：一个力产生两个效应，可将一个力分解成两个力。

因为力是矢量，所以力的合成和分解为矢量关系式。常用平行四边形和坐标分量等方法。

⑤ 可消性：一个力对物体产生的外效应，可被另外一个或几个作用在该物体上的外力所产生的外效应抵消。

（4）两个重要定理

① 二力平衡定理：若物体在两个外力的作用下处于平衡状态，则这两个外力一定是大小相等，方向相反，作用线重合，如"二力杆"。如图 1-1（a）所示的三角支架受力分析，以 BC 杆为研究对象 [图 1-1（b）]，杆的受力情况是：杆 BC 只有两个力 N_B 和 N_C 作用，使 BC 平衡有且只有力 N_B 和 N_C 大小相等，方向相反，即杆 BC 为二力杆。

② 三力平衡汇交定理：由不平行的三个力组成的平衡力系必汇交于一点。如图 1-1（a）所示的三角支架受力分析，取 AB 杆为研究对象 [图 1-1（c）]，AB 杆上只受三个力的作用。已知重力 G 方向和 N_B' 方向，则 A 点所受的力必交于 G 和 N_B' 的交点，即为三力平衡汇交定理。

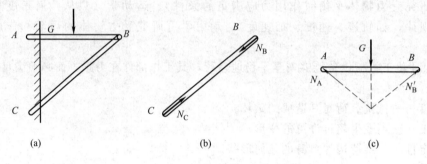

图 1-1　三角支架受力分析

1.2　刚体受力分析

（1）约束和约束反力

自由体：物体只受主动力作用，而且能在空间沿任何方向完全自由地运动，则该物体称为自由体。

非自由体：物体的运动在某些方向上受到了限制而不能完全自由地运动，则该物体称为非自由体。

约束：限制自由体运动的物体。

约束反力：约束作用给非自由体的力。

（2）常见形式

① 柔软体约束　如绳索、链条、皮带等约束，其特点如下。

a. 只有绳索被拉直时，才起到约束作用。

b. 这种约束只能阻止非自由体沿绳索伸长的方位朝外运动。

如图 1-2（a）所示，滑轮提起重物，当以绳为研究对象时 [图 1-2（b）]，绳受垂直向下拉力 T_A，而以重物 G 为研究对象时 [图 1-2（c）]，则 T_A' 垂直向上与重力 G 在一条直线上，且平衡。

如图 1-3 所示，链条或皮带承受拉力，当链条或皮带绕过轮子时，约束反力沿轮缘的切线方向。

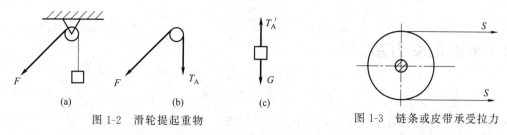

图 1-2　滑轮提起重物　　　　　　图 1-3　链条或皮带承受拉力

② 光滑接触面约束　其特点是相互作用力的作用线只能与过接触点的公法线重合。图 1-4 所示为光滑接触面约束及非自由体受力分析。

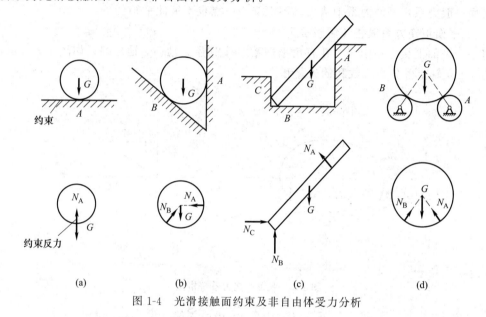

图 1-4　光滑接触面约束及非自由体受力分析

③ 铰链约束　通常是由一个带圆孔的零件和孔中插入的一个圆柱构成，其特点是约束反力作用线的方位待定，但必通过销钉的中心。

如图 1-5 所示，A、B 为两构件，圆柱销 C 插入孔中，使 A、B 构件连接在一起。

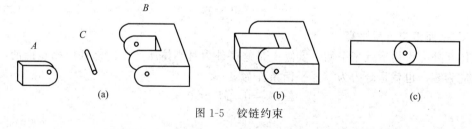

图 1-5　铰链约束

图 1-6 所示为轴承装置结构，轴可在孔中任意转动，也可以沿孔的中心线移动，但轴承限制轴沿径向移动。

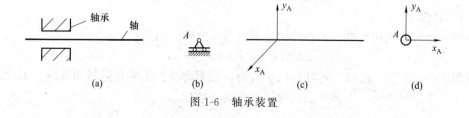

图 1-6　轴承装置

1.3 平面汇交力系

（1）概念

平面力系：作用于刚体上的外力处于同一平面内。

平面汇交力系：平面力系中诸力汇交于一点。

平面平行力系：平面力系中诸力相互平行。

平面一般力系：平面力系中诸力既不汇交于一点也不彼此平行。

（2）平面汇交力系简化（解析法）

将一个平面汇交力系中诸力在直角坐标系中分别沿 x 轴、y 轴分解，如图 1-7 所示，其合力为 x、y 轴上各分力代数和的矢量和。

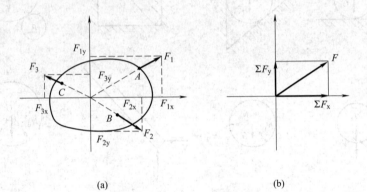

图 1-7 平面汇交力系解析法

在 x 轴方向：
$$F'_x = F_{1x} + F_{2x} + \cdots = \sum F_x$$

在 y 轴方向：
$$F'_y = F_{1y} + F_{2y} + \cdots = \sum F_y$$

合力：
$$F = \sqrt{\left(\sum F_x\right)^2 + \left(\sum F_y\right)^2} \tag{1-1}$$

$$\theta = \arctan \frac{\sum F_y}{\sum F_x} \tag{1-2}$$

（3）平面汇交力系平衡

刚体在外力作用下处于平衡，实际上是这些外力对刚体所产生的外效应相互抵消，即总的外效应为零，也就是合力为零。平衡条件为：

$$\sum F_x = 0, \sum F_y = 0 \tag{1-3}$$

1.4 力矩和力偶

（1）概念

力矩：力与力线到某点（矩心）的垂直距离（力臂）的乘积。

$$M_0(F) = \pm Fh \quad N \cdot m \tag{1-4}$$

力偶：一对等值、反向、不共线的平行力，它对物体产生的是纯转动效应。因此，力是描述物体的移动外效应，力偶是描述物体的转动外效应。

力偶矩：力偶的两个力对某点之矩的代数和。

$$M(F,F') = \pm Fd \tag{1-5}$$

力偶不能用一个力来等效代替，但可代数合成。

$$m = \sum m_i = m_1 + m_2 + \cdots + m_n \tag{1-6}$$

（2）力的平移定理

一个力可以用一个与之平行且相等的力和一个附加力偶来等效代替。反之，一个力和一个力偶也可以用另一个力等效代替。如图 1-8 所示，力 F 作用在刚体上，在 O' 点上假想作用一对大小相等（且都等于 F）、方向相反的力 F' 和 F''，这时刚体的外效应是不变的。把 F 和 F'' 组成新的力偶 m，则力 F 从一点移到 O' 点，相当于在 O' 点上作用着力 F' 和力偶 m，此时刚体表现出来的外效应是不变的，反之亦然。

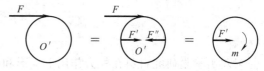

图 1-8　力的平移定理

（3）平面力偶系的平衡条件

平面力偶系平衡的充分和必要条件是：所有各力偶矩的代数和等于零，即

$$m = \sum m_i = 0 \tag{1-7}$$

1.5　平面一般力系

平面一般力系即作用在物体上的力都分布在同一个平面内，或近似地分布在同一平面内，同时它们的作用线任意分布且不交于一点。

（1）平面一般力系简化

如图 1-9 所示，根据力的平移定理，将各力向一点平移，得汇交合力 F_0 和合力偶 m_0，再根据 F_0、m_0 和力的平移定理，求得合力 F。

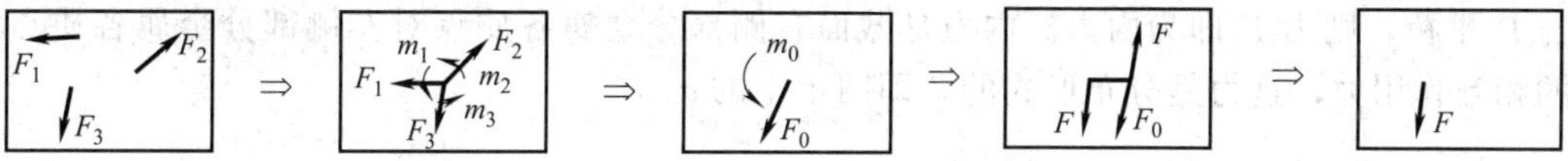

图 1-9　平面一般力系简化

（2）平面一般力系平衡

平面一般力系平衡条件是：刚体不发生转动（即合力偶矩为零），刚体也不发生移动（即合力为零）。通常一般式为：

$$\begin{cases} \sum F_x = 0 \\ \sum F_y = 0 \\ \sum M_0(F) = 0 \end{cases} \tag{1-8}$$

习题与简解

扫描二维码获取

第2章 材料力学基础

材料力学是研究材料在外力作用下变形和破坏规律的科学。

2.1 内力和应力

2.1.1 内力

金属在发生弹性形变时,其内部各质点(原子)间的相对位置发生改变。伴随这种改变,各质点间原有的相互作用力必然变化,这种质点间的相互作用力所发生的变化被称为内力。

截面法求内力是假想用一平面将杆截开,把内力显示出来,利用力的平衡定理,求其内力,如图 2-1 所示。

例如,将上述杆假想用截面 $m\text{-}m'$ 截开,取截下后的左侧部分为研究对象,因为假想截开后左侧部分依然是平衡的,必有一力与 P 力平衡,只有右侧部分对左侧部分给予力 F 使其与 P 平衡,则力 F 即为内力。内力是截面右侧部分金属各质点对左侧部分金属各质点之间的相互作用力,这力是分布形式的,即图示中的 σ。

2.1.2 应变与应力

直杆在外力 P 作用下,沿轴向被拉长,同时径向尺寸变小,如图 2-2 所示。

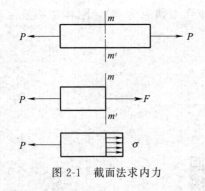

图 2-1 截面法求内力

图 2-2 直杆变形

(1)应变
单位长度杆的伸长(或缩短)称为线应变。

杆的伸长量为 $\Delta l = l_1 - l$，则应变 ε 为：

$$\varepsilon = \frac{\Delta l}{l} \tag{2-1}$$

（2）应力

单位面积上所受的内力，称为应力，如图 2-3 所示。

$$p = \lim_{\Delta A \to 0} \frac{\Delta Q}{\Delta A}$$

总应力分为两个分量：一个是沿截面法线方向的分量，称为正应力 σ；一个是沿截面切线方向的分量，称为剪应力 τ，单位为 $\mathrm{N/m^2} = \mathrm{Pa}$。

受拉直杆截面上的正应力为：

$$\sigma = \frac{F}{A} \tag{2-2}$$

简单拉伸直杆斜截面上的应力分布如图 2-4 所示。

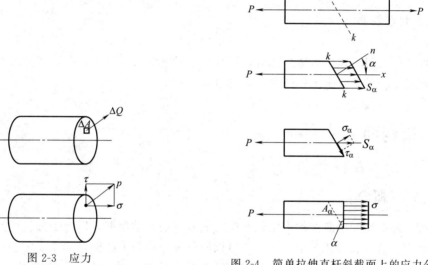

图 2-3 应力

图 2-4 简单拉伸直杆斜截面上的应力分布

$$\sum F_x = 0$$

$$S_\alpha A_\alpha - P = 0, \sigma A - P = 0$$

$$S_\alpha = \frac{P}{A_\alpha}, A = A_\alpha \cos\alpha$$

$$S_\alpha = \frac{P}{A_\alpha} = \frac{P}{A}\cos\alpha = \sigma\cos\alpha$$

$$\begin{cases} \sigma_\alpha = S_\alpha \cos\alpha \\ \tau_\alpha = S_\alpha \sin\alpha \end{cases}$$

因此，得出斜截面上应力与横截面上应力之间的关系：

$$\sigma_\alpha = \sigma\cos^2\alpha \tag{2-3}$$

$$\tau_\alpha = \frac{\sigma}{2}\sin 2\alpha \tag{2-4}$$

可见：当 $\alpha=0°$ 时，σ_α 最大，$\sigma_{max}=\sigma$；当 $\alpha=45°$ 时，τ_α 最大，$\tau_\alpha=\dfrac{\sigma}{2}$。

上述例子说明：轴向拉、压杆件的最大正应力发生在横截面上，最大剪应力发生在 $\pm 45°$ 斜截面上。

2.1.3 强度计算

（1）许用应力

为保证杆的安全使用，杆的工作应力应规定一个建立在材料力学性能基础上的最高允许值，即许用应力 $[\sigma]$。常用材料的许用应力可通过查表得到。

对于塑性材料：
$$[\sigma]=\frac{\sigma_s^t}{n_s}$$

对于脆性材料：
$$[\sigma]=\frac{\sigma_b}{n_b}$$

σ_s^t、σ_b 是通过材料的力学试验来测定的。n_s、n_b 为安全系数，一般 n_s 取 1.5，n_b 取 3。

（2）强度条件

$$\sigma \leqslant [\sigma] \tag{2-5}$$

强度条件是指工作应力适当降低，使其小于材料的极限应力，在强度方面上有一定的储备，它规定了杆件能安全工作的最大应力值。

2.2 梁弯曲

2.2.1 概念

工程中经常把一些复杂的力学问题简化成简单的力学模型，以便于分析计算，并保证有足够的精度。例如石油化工中的储罐，可以简化成受均布力的梁，如图 2-5（a）所示；再如在风的作用下的塔设备，为了简化计算，可以看作是直立梁受均布力的作用，如图 2-5（b）所示。

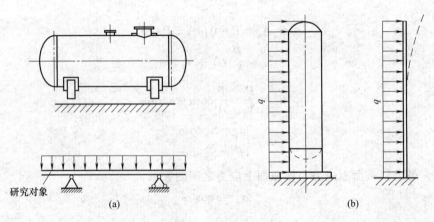

图 2-5 梁弯曲模型

2.2.2　外力分析

（1）外力

外力有集中力、集中力偶、分布力。其中分布力为单位轴线长度上的力（N/m）。

（2）支承分类

梁的支承多种多样，但可通过简化使其归纳为以下三种。图 2-6 所示为其支承形式和受力状态。

① 固定铰链支承　如图 2-6（a）所示，特点：支座可阻止梁在支承处沿水平和垂直方向的移动，但不能阻止梁绕铰链中心转动，两个自由度受限。

② 活动铰链支承　如图 2-6（b）所示，特点：支座可阻止梁在支承处沿垂直方向的移动，但不能阻止梁水平方向的移动和绕铰链中心转动，一个自由度受限。

③ 固定端　如图 2-6（c）所示，特点：支座可阻止梁在支承处沿水平和垂直方向的移动，同时阻止梁绕铰链中心转动，三个自由度受限。

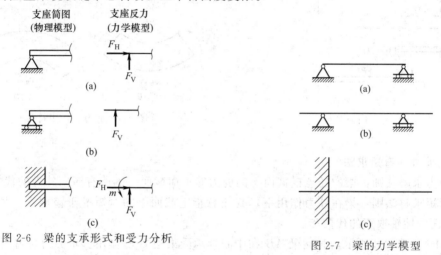

图 2-6　梁的支承形式和受力分析　　　　　图 2-7　梁的力学模型

（3）梁的分类

为了方便处理梁的问题，根据梁的支承情况不同，通常把梁简化成以下三种。

① 简支梁　如图 2-7（a）所示，特点：梁的一端为固定铰链支座，另一端为活动铰链支座。

② 外伸梁　如图 2-7（b）所示，特点：梁的一端为固定铰链支座，另一端为活动铰链支座，并且梁的一端或两端伸出支座外。

③ 悬臂梁　如图 2-7（c）所示，特点：梁的一端固定，另一端自由外伸。

2.2.3　内力分析

（1）剪力和弯矩

先看一例子来分析梁的内力，如图 2-8 所示。假想把梁从 1-1 横截面截开，并列平衡方程。左侧段 $\sum F_y = 0$，则：

$$y_A - Q = 0, \quad Q = y_A = \frac{P}{2}$$

对 1-1 截面形心 O 取矩，即 $\sum M_O = 0$，得 $y_A x - M = 0$，$M = y_A x$

$$M = \frac{P}{2}x$$

对右侧段分析结论一样。

从梁的受力分析来看，梁的内力有剪力和弯矩。作用于某一横截面上的剪力，其作用是抵抗该截面一侧所有外力对该截面的剪切作用；作用于某一横截面上的弯矩，其作用是抵抗该截面一侧所有外力使该截面绕其中性轴转动。

剪力 Q 是由剪应力 τ 组成的，弯矩 M 是正应力 σ 组成力偶产生的。剪力、弯矩符号规定如图 2-9 所示。

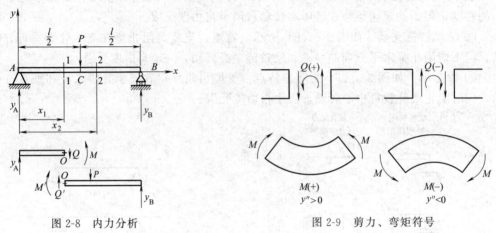

图 2-8　内力分析　　　　　　　　　　图 2-9　剪力、弯矩符号

（2）剪力、弯矩求法

① 剪力求解法则：梁的任意横截面上的剪力等于横截面一侧所有横向外力的代数和。

② 弯矩求解法则：梁在外力作用下，其任意指定截面上的弯矩等于该截面一侧所有外力对该截面中性轴取矩的代数和。

例 2-1　如图 2-8 所示，简支梁 AB 在中心处承受集中力 P 作用。求剪力、弯矩。

解：① 先由静力学平衡方程求出梁的反力：

$$Y_A = Y_B = \frac{P}{2}$$

② 求 AC 段剪力方程和弯矩方程。在 AC 段内，从距 A 端为 x_1 的 1-1 截面处将梁切开，在截面上设正剪力 Q_1 和正弯矩 M_1，考虑左端［图 2-10（a）］的平衡得出剪力方程和弯矩方程：

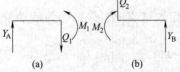

图 2-10　剪力方程和弯矩方程

$$Q_1 = Y_A = \frac{P}{2} \quad \left(0 < x_1 < \frac{l}{2}\right) \tag{2-6}$$

$$M_1 = Y_A x_1 = \frac{P}{2}x_1 \quad \left(0 \leqslant x_1 \leqslant \frac{l}{2}\right) \tag{2-7}$$

③ 求 BC 段剪力方程和弯矩方程。在 BC 段内的 2-2 截面将梁切开，考虑右端［图 2-10（b）］的平衡得出剪力方程和弯矩方程：

$$Q_2 = -Y_B = -\frac{P}{2} \quad \left(\frac{l}{2} < x_2 < l\right) \tag{2-8}$$

$$M_2 = Y_B(l - x_2) = \frac{P}{2}(l - x_2) \quad \left(\frac{l}{2} \leqslant x_2 \leqslant l\right) \tag{2-9}$$

（3）剪力、弯矩与分布载荷微分关系

如图 2-11 所示，在受分布载荷作用下的梁取一小微段 $\mathrm{d}x$，则：

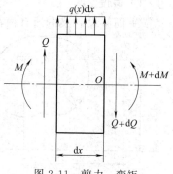

$$\sum F_y = 0$$

$$Q - (Q + \mathrm{d}Q) + q\,\mathrm{d}x = 0$$

$$\frac{\mathrm{d}Q}{\mathrm{d}x} = q\,(逆时针为正)$$

对截面形心 O 取力矩 $\sum M_O = 0$

$$-Q\mathrm{d}x - M + (M + \mathrm{d}M) - q\,\mathrm{d}x\,\frac{\mathrm{d}x}{2} = 0$$

整理并略去高阶微量后，得：

图 2-11　剪力、弯矩与分布载荷微分关系

$$\frac{\mathrm{d}M}{\mathrm{d}x} = Q \tag{2-10}$$

$$\frac{\mathrm{d}^2 M}{\mathrm{d}x^2} = q \tag{2-11}$$

（4）剪力图和弯矩图

以横截面上的剪力或弯矩为纵坐标，以横截面位置为横坐标，用 $Q = f_1(x)$ 或 $M = f_2(x)$ 表示的图线称为剪力图和弯矩图。Q、M 图规律如下：

① 梁上某段无分布载荷时，该段剪力图为水平线，弯矩图为斜直线。

② 某段有向下的分布载荷时，则该段剪力图递减，弯矩图为向上凸的曲线；反之，当有向上的分布载荷时，剪力图递增，弯矩图为向下凹的曲线。如为均布载荷时，则剪力图为斜直线，弯矩图为二次抛物线。

③ 在集中力 P 作用处，剪力图有突变（突变沿着集中力 P 的方向，大小等于集中力 P 值），弯矩图有折角；在集中力偶的作用处，弯矩图有突变（逆时针为正，突变沿力偶的负方向，大小等于力偶矩）。

④ 某截面 $Q = 0$，则在该截面处弯矩图有极值。

如图 2-8 所示，简支梁 AB 在中心处承受集中力 P 作用。

由式（2-6）和式（2-7）可看出 AC 和 CB 两段的剪力方程为常数，故此两段内的剪

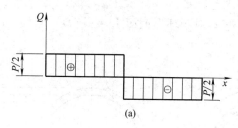

(a)

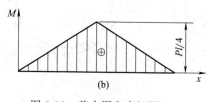

(b)

图 2-12　剪力图和弯矩图

力图是与横坐标轴平行的水平线，如图 2-12（a）所示。

由式（2-8）和式（2-9）可看出 AC 和 CB 两段的弯矩方程是坐标 x 的一次函数，故此两段的弯矩图都是倾斜的直线，如图 2-12（b）所示。

2.2.4　弯曲应力

取一段只有弯矩而无剪力的梁，来研究弯曲正应力，即为纯弯曲。

（1）假设

① 平面假设：梁的所有横截面在变形过程中发生转动但仍保持为平面，并且和变形后的梁轴线垂直。

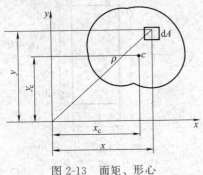

图 2-13　面矩、形心

② 互不挤压假设：梁的所有与轴线平行的纵向纤维都是轴向拉伸或压缩（即纵向各层纤维之间互不挤压）。

通过上述假设所计算出的结果具有足够的精度。

（2）平面图形几何性质

① 面矩、形心

面矩：$y\,\mathrm{d}A$ 为微面积 $\mathrm{d}A$ 对 x 轴的面矩，其他同理。如图 2-13 所示。

形心：

$$x_c = \frac{\int_A x\,\mathrm{d}A}{A}$$

$$y_c = \frac{\int_A y\,\mathrm{d}A}{A}$$

② 惯性矩

$$I_x = \int_A y^2\,\mathrm{d}A \qquad I_y = \int_A x^2\,\mathrm{d}A \qquad I_\rho = \int_A \rho^2\,\mathrm{d}A$$

各参数如图 2-14 所示。

对于矩形截面 $I_z = \dfrac{bh^3}{12}$；对于圆形截面 $I_\rho = \dfrac{\pi d^4}{64}$；对于环形截面 $I_\rho = \dfrac{\pi}{64}(D^4 - d^4)$。

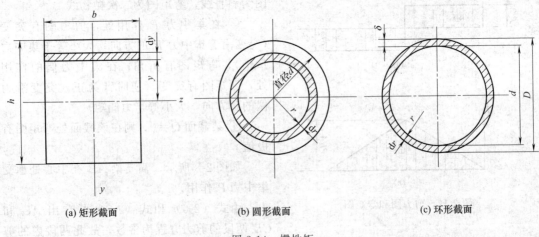

(a) 矩形截面　　　　　　　(b) 圆形截面　　　　　　　(c) 环形截面

图 2-14　惯性矩

（3）弯曲应力

如图 2-15 所示。

中性层：纵向纤维既不伸长也不缩短。

中性轴：中性层和横截面的交线。

① 几何方程　如图 2-16 所示。

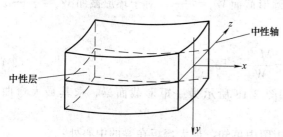

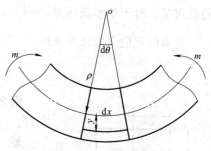

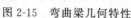

图 2-15 弯曲梁几何特性　　　　　　　　　图 2-16 梁的弯曲

$$\varepsilon = \frac{(\rho + y)\mathrm{d}\theta - \rho\mathrm{d}\theta}{\rho\mathrm{d}\theta} = \frac{y}{\rho} \qquad (2\text{-}12)$$

② 物理方程　根据胡克定律有：

$$\sigma = E\varepsilon = E\,\frac{y}{\rho} \qquad (2\text{-}13)$$

式中，E 为弹性模量。

③ 弯曲应力　如图 2-17 所示，弯矩是由正应力对中性轴取矩而得到的，对于纯弯曲梁的正应力是中性轴对称并线性分布的，因此有：

$$M = \int_A \sigma \mathrm{d}A\, y = \int_A E\,\frac{y^2}{\rho}\mathrm{d}A = \frac{E}{\rho}\int_A y^2 \mathrm{d}A$$

$$M = \frac{EI_z}{\rho} \qquad (2\text{-}14)$$

$$\frac{1}{\rho} = \frac{M}{EI_z}$$

式中，$\dfrac{1}{\rho}$ 为中性层的曲率。

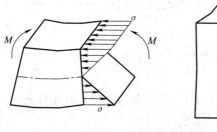

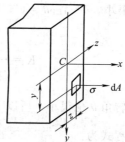

图 2-17 弯曲应力与弯矩关系

$$\sigma = E\varepsilon = Ey\,\frac{1}{\rho} = Ey\,\frac{M}{EI_z} = \frac{My}{I_z} \qquad (2\text{-}15)$$

梁的最大正应力发生在最大弯矩截面的上、下边缘处，故

$$\sigma_{\max} = \frac{M_{\max} y_{\max}}{I_z} = \frac{M_{\max}}{\dfrac{I_z}{y_{\max}}} = \frac{M_{\max}}{W_z} \qquad (2\text{-}16)$$

式中，W_z 为截面对于中性轴 z 的抗弯截面模量，是一个只取决于截面几何形状和尺寸

的几何量。对于矩形截面 $W_z = \dfrac{bh^2}{6}$；对于圆形截面 $W_z = \dfrac{\pi d^3}{32}$；对于环形截面 $W_z = \dfrac{\pi d^2 \delta}{4}$。

弯曲时正应力的强度条件：

$$\sigma_{\max} = \frac{M_{\max}}{W_z} \leqslant [\sigma] \tag{2-17}$$

例 2-2 如图 2-18 所示为一矩形截面梁，求其最大弯曲正应力。

解： 从弯矩图中可知，最大弯矩在梁的中心处：

$$M_{\max} = \frac{Pl}{4}$$

式中，l 为梁长度。如图 2-18 所示，对于矩形截面梁，其惯性矩为：

$$I_z = \int_A y^2 \mathrm{d}A = \int_{-\frac{h}{2}}^{\frac{h}{2}} y^2 b\, \mathrm{d}y = \frac{bh^3}{12}$$

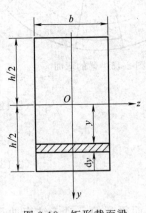

图 2-18 矩形截面梁

所以

$$W_z = \frac{I_z}{y_{\max}} = \frac{bh^3}{12} \bigg/ \frac{h}{2} = \frac{bh^2}{6}$$

因此

$$\sigma_{\max} = \frac{M_{\max}}{W_z} = \frac{3}{2} \times \frac{Pl}{bh^2}$$

2.2.5 挠度

梁在横向力作用下发生弯曲变形，原为直线的轴线将弯曲成一条连续且光滑的曲线，称为挠曲线，如图 2-19 所示。

轴线上任一点 C 的竖直位移 y 称为该点的挠度。

当梁变形时，每个横截面将转动一个角度 θ，称其为截面转角。θ 很小，$\theta \approx \tan\theta = y'$，因此曲率半径为：

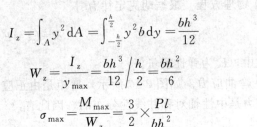

图 2-19 挠曲线

$$K = \frac{y''}{(1 + y'^2)^{\frac{3}{2}}} = \frac{1}{\rho}$$

因为变形很小，转角 θ 也很小，所以 $1 \gg y'$，故 $y' \approx 0$，因此有 $\dfrac{1}{\rho} = y''$，$y'' = \dfrac{M}{EI}$

挠曲线的微分方程式为：

$$EIy'' = M \tag{2-18}$$

如图 2-8 所示，其两侧弯矩为：

$$M_1 = \frac{P}{2} x_1$$

$$M_2 = \frac{P}{2} (l - x_2)$$

因此挠曲线微分方程为：

$$EIy'' = M_1 = \frac{P}{2} x_1$$

AC 段：

$$EIy' = \frac{P}{4}x_1^2 + C_1$$

$$EIy = \frac{P}{12}x_1^3 + C_1 x_1 + D_1$$

根据边界条件：当 $x_1 = 0$ 时，$y = 0$（端点无位移）；则 $x_1 = l/2$ 时，$y' = 0$（由于对称性，在中心是驻点，切线为一水平线），故有 $D_1 = 0$。

$$0 = \frac{P}{4}\left(\frac{l}{2}\right)^2 + C_1$$

$$C_1 = -\frac{Pl^2}{16}$$

由于对称性，C 点两侧挠曲线应一致，因此有：

$$EIy = \frac{P}{12}x^3 - \frac{Pl^2}{16}x$$

挠曲线方程为：

$$EIy' = \frac{P}{4}x^2 - \frac{Pl^2}{16}$$

转角为：

$$\theta = y' = \frac{P}{4EI}x^2 - \frac{Pl^2}{16EI}$$

最大挠度：令 $y' = 0$，则

$$x = \frac{l}{2},\ y_{\max} = -\frac{Pl^3}{48EI}$$

最大转角：令 $y'' = 0$，则

$$x = 0,\ \theta = y' = -\frac{Pl^2}{16EI}$$

2.3　轴扭转

在轴（或杆件）的不同横截面上受到力偶（或力矩）作用时，轴的横截面将绕轴线发生相对转动，纵向直线变成螺旋线，如搅拌反应釜中的搅拌轴等。一般情况下作为搅拌轴有三种功能：传递旋转运动、传递扭转力偶矩和传递功率。

工程上作用于轴上的外载荷通常用功率来表示，为了进行轴的强度和刚度计算，必须将功率换算成外力偶矩。

由物理学可知，单位时间所做的功称为功率 P，它等于力 F 和速度 v 的乘积，即：

$$P = Fv$$

在圆轴的周边作用一个力 F，若轴的转速是 n（r/min），则轴的角速度

$$\omega = \frac{2\pi n}{60}(\text{rad/s})$$

圆轴周边上 A 点的线速度等于角速度乘以圆轴半径 R，即 $v = R\omega$，代入上式，得：

$$P = Fv = FR\omega$$

式中，FR 是 F 对于 O 点的力矩 M，所以

$$P = M\omega = M \times \frac{2\pi n}{60} \tag{2-19}$$

若 F 的单位是 kN，R 的单位是 m，则 M 的单位为 kN·m，由式（2-19）求出的功率单位为 kN·（m/s），在工程上，通常用 kW（千瓦）表示。由式（2-19）得外力矩的计算公式为：

$$M = \frac{60P}{2\pi n} \text{ 或 } M = 9.55 \times 10^3 \frac{P}{n} \tag{2-20}$$

式中，M 为作用在圆轴上的外力矩，N·m；P 为轴所传递的功率，kW；n 为轴每分钟的转速，r/min。

从上述可以看出：

① 当轴传递的功率一定时，轴的转速越高，轴所受到的扭转力矩越小，因此，高速轴较细，低速轴较粗；

② 当轴的转速一定时，轴所传递的功率将随轴所受到扭转力矩的增加而增大；

③增加轴的转速，往往会使整个传动装置所传递的功率加大，有可能使电机过载，所以不应随意提高机器的转速。

习题与简解

扫描二维码获取

第3章 工程材料基础

3.1 材料的结构、组织及分类

3.1.1 材料结构

（1）材料的结合键

① 离子键：正负离子在静电力作用下，引力和斥力相等即形成稳定的离子键，离子键结合力很大。

② 共价键：由共用价电子对（一般指原子核最外层电子）产生的结合键，共价键结合力很大。

③ 金属键：处于凝聚状态的金属原子丢失价电子成为正离子，丢失的价电子成为自由电子，为全体原子共有，正离子在空间规则分布，并和自由电子之间产生强烈的静电吸引力，使全部离子结合起来，这种结合力就是金属键。金属键结合力大，自由电子的存在使金属具有良好的导电与导热性能；金属键没有方向性，原子间也没有选择性，因此具有良好的塑性。

④ 分子键：分子与分子之间的作用力，偶极分子之间产生的吸引力。分子键很弱，气体分子凝聚成液体和固体主要靠分子键。依靠分子键结合成的晶体具有低熔点、低沸点、低硬度、易压缩等特性。

（2）金属晶体结构

1）晶体

原子（离子或分子）在三维空间有规则地周期性重复排列的物质，如金刚石、水晶等，固态金属一般情况下均为晶体，无规则排列的是非晶体，如松香、石蜡、玻璃等。

① 晶格：为研究方便，人为地画出通过金属原子（离子或分子）中心的空间直线所形成的空间格架，如图 3-1（a）所示。

② 晶胞：反映晶格特征的最小组成单元，如图 3-1（b）所示。晶胞在三维空间重复排列构成晶格。

2）晶体结构

晶体中原子（离子或分子）之间由于相互吸引力与排斥力相平衡，而使其具有规则排列的方式称为晶体结构。

① 金属晶体结构　大多数金属的原子在空间的排列方式有三种，即体心立方晶格、面

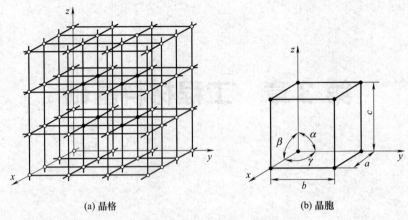

(a) 晶格　　　　　　　　(b) 晶胞

图 3-1　晶格、晶胞示意

心立方晶格和密排六方晶格，如图 3-2 所示。

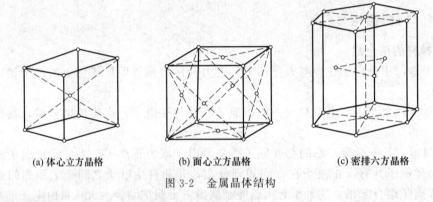

(a) 体心立方晶格　　　(b) 面心立方晶格　　　(c) 密排六方晶格

图 3-2　金属晶体结构

②　合金结构　合金即为通过熔炼、烧结或其他方法将一种金属元素与一种或几种其他元素结合在一起所形成的具有金属特性的新物质。下面简要介绍两种合金结构，固溶体和金属间化合物。

a. 固溶体　当合金由液态结晶为固态时，形成一种成分和性能均匀、晶体结构与组元之一相同的固相称为固溶体。元素含量较多的称为溶剂，元素含量少的称为溶质，固溶体的晶格与溶剂元素晶格相同。按溶质原子在溶剂晶格中的位置分为置换固溶体和间隙固溶体，如图 3-3 所示。

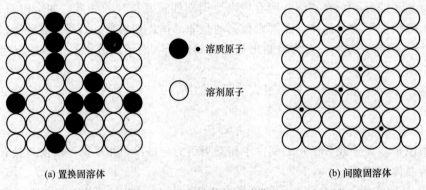

● 溶质原子

○ 溶剂原子

(a) 置换固溶体　　　　　　　　　　　　　(b) 间隙固溶体

图 3-3　固溶体的两种类型

置换固溶体：当溶质原子由于代替了一部分溶剂原子而占据着溶剂晶格中的某些结点位置时，所形成的固溶体，如图 3-3（a）所示。

间隙固溶体：当溶质原子在溶剂晶格中并不占据晶格结点的位置，而是嵌入各结点之间的空隙中所形成的固溶体，如图 3-3（b）所示。

通常固溶体按某种顺序（如固溶度）由低到高命名为 α 固溶体、β 固溶体、γ 固溶体等。

固溶体性能：由于溶质溶入，使固溶体晶格发生畸变，溶质浓度越大，畸变程度越大，一般情况下，强度、硬度增加，而塑性、电导率下降。

b. 金属间化合物 合金形成的固相晶格结构与合金各组成元素晶格结构均不相同，这种新相称为金属间化合物。

金属间化合物性能：由于金属间化合物具有复杂的晶格结构，故其熔点较高、硬度高、脆性大，当合金中含有金属间化合物时，强度、硬度和耐磨性提高，而塑性和韧性降低。

3.1.2 材料组织

碳钢和铸铁由 95% 以上的铁和 0.05%～4% 的碳及 1% 左右的其他杂质元素组成，因此碳钢和铸铁又称为"铁碳合金"。一般含碳量在 0.02%～2% 的称为碳钢，含碳量大于 2% 的称为铸铁。当含碳量小于 0.02% 时，称为工业纯铁。纯铁塑性极好，但强度太低，极少使用，常用的是铁碳合金。当含碳量大于 4.3% 时，铸铁太脆，没有实际应用价值。碳钢与铸铁之所以有不同的性能，主要是碳的含量及存在形式不同造成的，碳对铁碳合金性能影响极大，纯铁中加入少量的碳以后，强度显著增加，这是由于碳加入后引起内部组织改变的缘故。

（1）纯铁结构

纯铁在不同温度下的晶体结构分为面心立方晶格和体心立方晶格，如图 3-4 所示，前者的塑性好于后者，而后者的强度高于前者。

(a) 面心立方晶格　　　　　　　　　(b) 体心立方晶格

图 3-4　纯铁的晶体结构

（2）纯铁的同素异构转变

912℃ 以下存在的体心立方晶格的纯铁称为 α-Fe，而面心立方晶格的纯铁称为 γ-Fe。这种在固态下晶体构造随温度发生改变的现象，称为"同素异构转变"。如图 3-5 所示，铁的同素异构转变，是固态下铁原子重新排列的过程。其变化过程如下：

$$\delta\text{-Fe} \xrightleftharpoons{1394℃} \gamma\text{-Fe} \xrightleftharpoons{912℃} \alpha\text{-Fe}$$
　　（体心立方）　　　　　（面心立方）　　　　（体心立方）

（3）碳钢的基本组织

① 铁素体（F）　碳溶解在 α-Fe 中所形成的间隙固溶体叫做铁素体，以 F 或 α 表示，具有体心立方晶体结构。由于 α-Fe 的原子间隙很小，所以溶碳能力极低，铁素体的特点是强

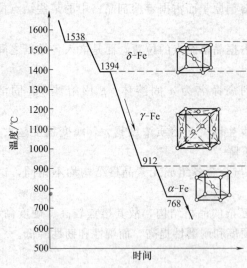

图 3-5　纯铁的冷却曲线及晶体结构变化

度和硬度低，但塑性和韧性很好，力学性能和工业纯铁大致相同，因而含铁素体多的钢（如低碳钢）就表现出软而韧的性能。

② 奥氏体（A）　碳溶解在 γ-Fe 中所形成的间隙固溶体叫做奥氏体，以 A 或 γ 表示。奥氏体具有面心立方晶体结构，由于 γ-Fe 原子间隙较大，所以碳在 γ-Fe 中的溶解度比在 α-Fe 中大得多。奥氏体的性能特点是有一定的强度、硬度，塑性好，韧性好，且没有磁性。奥氏体是铁碳合金的高温相，室温时，碳钢的组织中只有铁素体和渗碳体，没有奥氏体。

③ 渗碳体（C）　铁和碳以化合物形态出现的碳化铁（Fe_3C），称为渗碳体。其晶格特点是碳原子构成一个斜方晶格，在各个碳原子周围都有六个铁原子构成八面体，是一个复杂的间隙化合物，通常呈片状。

渗碳体的性能特点是硬度极高，塑性几乎为零。当铁碳合金中的碳溶入铁素体或奥氏体中后，"剩余"出来的碳将与铁形成化合物 Fe_3C。在常温下，钢中只有极少部分的碳溶入 α-Fe 中，而绝大部分的碳是以渗碳体形式存在，因此常温下，钢的组织是由铁素体和渗碳体组成的。钢中的含碳量越高，钢组织中渗碳体也将越多，因而钢的强度随碳含量的增多而提高，但当含碳量大于 0.9%，由于渗碳体在晶界呈连续的网状分布导致强度迅速降低。而其塑性、韧性则随着碳含量的增多而下降。

④ 珠光体（P）　珠光体是铁素体和渗碳体二者组成的机械混合物，以 P 表示。珠光体中渗碳体呈片状分布于铁素体的基体上。它的力学性能介于铁素体和渗碳体之间，即其强度、硬度比铁素体显著增高，塑性、韧性比铁素体要差，但比渗碳体要高得多。

⑤ 莱氏体（L）　常温下莱氏体为珠光体和初次渗碳体共晶混合物，以 Le 或 Ld 表示。它存在于高碳钢和白口铁中。莱氏体具有较高的硬度（HBW＞686），是一种较粗而硬的组织。

⑥ 马氏体（M）　钢和铁从高温奥氏体状态急冷（淬火）下来，得到一种碳原子在 α-Fe 中过饱和的固溶体，称为马氏体，以 M 表示。马氏体组织有很高的硬度，而且随着含碳量的增高而提高。但高碳马氏体很脆，延展性很低，几乎不能承受冲击载荷。马氏体由于过饱和，所以不稳定，加热后容易分解或转变为其他组织。

（4）碳的石墨化

当铁碳合金中的碳含量较高，并将合金从液态以缓慢的速度冷却下来时，合金中没有溶入固溶体的碳将以两种形式存在，即化合状态的渗碳体（Fe_3C）和极大部分游离状态的石墨（G）。

石墨的特点：石墨的晶格形式为简单六方，如图 3-6 所示，其面间距大，结合力弱，故其结晶形态常易发展为片状，因此石墨很软，而且很脆，它的强度与钢相比几乎为零。

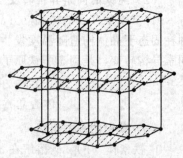

图 3-6　石墨的晶体结构

铸铁就是由分布在钢的基体（即由铁素体＋渗碳体构成的基体）上的石墨构成的，这就相当于在钢的基体内部挖了许多孔洞，因此铸铁的强度比钢低。铸铁的性能特点是具有良好的切削加工性，优良的耐磨性、消振性和铸造性，由于游离的石墨存在，石墨使切屑易于脆断，有利于切削加工；石墨具有润滑和储油作用，提高了用铸铁制造的摩擦零件的使用寿命；石墨可以将机械振动吸收，减缓或免除了机器因长期振动而可能造成的损坏；石墨还可以使铸铁的流动性增加，收缩性降低，从而有利于浇注形状复杂的铸件。

（5）铁碳合金平衡状态图

铁碳合金平衡状态图又称铁碳合金相图，是描绘铁碳合金内部组织、成分（含碳量）与温度关系的图形，它能显示出不同含碳量的钢和铸铁在缓慢加热或冷却过程中组织变化的规律，是研究钢铁组织与性能的基础，如图 3-7 所示。

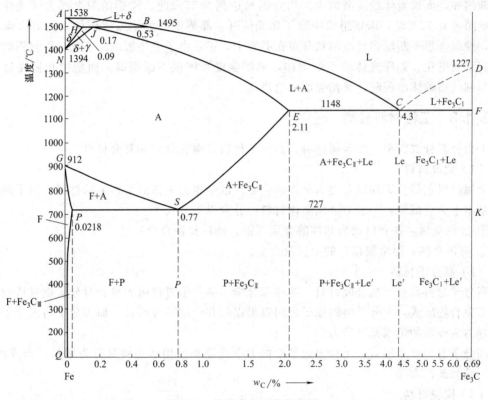

图 3-7　铁碳合金平衡状态图

① 碳钢在常温下的组织　由图 3-7 可以看出含碳量为 0.77％ 的钢，是由单一的珠光体所组成，称为共析钢；含碳量低于 0.77％ 的钢，是由铁素体加珠光体所组成，称为亚共析钢；含碳量大于 0.77％ 而小于 2.11％ 的钢，是由珠光体加渗碳体所组成，称为过共析钢。含碳量在 2.1％～4.3％ 的铸铁，是由珠光体加渗碳体加莱氏体组成。含碳量为 4.3％ 的铸铁为单一的莱氏体组织。含碳量在 4.3％ 以上的铸铁的平衡组织，则是由莱氏体加渗碳体所组成。

② 临界点及其意义　钢在加热或冷却过程中，其内部组织发生转变的温度叫做临界温度，或称临界点。在状态图中的临界点有 A_1（PSK 线）、A_3（GS 线）和 A_{cm}（ES 线），各临界点的组织转变情况如下。

A_1 在图上是一条水平线，温度为 727℃，它表示各种钢在加热到 727℃ 以上时，珠光体开始转变成奥氏体。反之，从高温冷却至727℃以下时，奥氏体转变为珠光体。

A_3表示亚共析钢加热到A_3以上时，其组织中的铁素体全部转变为奥氏体。反之当冷却到A_3时，奥氏体开始转变为铁素体。

A_{cm}表示过共析钢加热到A_{cm}以上时，其组织中的渗碳体全部溶解到奥氏体中。反之，当冷却到A_{cm}时，奥氏体中开始析出渗碳体。A_{cm}和A_3点一样，都是随着含碳量的变化而变化。

状态图中的$ABCD$线为液相线，即液态合金开始结晶温度的连线。$AHJECF$线为固相线，即液态合金结晶终了温度的连线。

通过对铁碳合金平衡状态图的分析可知，碳钢的组织主要取决于含碳量的多少。当含碳量极低时（小于0.0218%），组织由铁素体及少量渗碳体组成。随着含碳量的增加，珠光体量逐渐增加，而铁素体量逐渐减少。当含碳量达到0.77%时，碳钢组织全部为珠光体。当含碳量超过0.77%时，碳钢组织中除了珠光体外，晶界上开始出现渗碳体。随着含碳量的增加，渗碳体量不断增多且呈网状分布在晶界上，正是由于上述组织的变化，引起钢的性能随含碳量而变化。如珠光体量不断增加，钢的强度和硬度不断提高，而塑性和韧性有所降低。当网状渗碳体出现时，又使强度迅速降低。

3.1.3 工程材料分类

工程材料分成四类，即金属材料、高分子材料、陶瓷材料和复合材料。

（1）金属材料

金属材料包括金属和以金属为基体的合金。以金属为主体的工程金属材料，原子间的结合键基本上为金属键，一般为金属晶体材料，分为以下两大类。

① 黑色金属：铁和以铁为基体的合金（钢、铸铁和铁合金）。

② 有色金属：黑金属以外的金属及合金。

（2）高分子材料

高分子材料常指有机合成材料，亦称聚合物。高分子材料由大量相对分子质量特别大的大分子化合物组成，大分子内的原子之间以很强的共价键接合而成，而大分子与大分子之间的结合力为较弱的范德瓦耳斯力。

高分子材料种类很多，工程上通常根据力学性能和使用状态将其分为塑料、合成纤维、橡胶、胶黏剂四大类。

（3）陶瓷材料

陶瓷是一种或多种金属元素与一种非金属元素（通常为氧）组成的化合物，主要为金属氧化物和金属非氧化物。金属氧化物中氧原子与金属原子化合时形成很强的离子键，同时也存在一定成分的共价键。陶瓷的硬度很高，但脆性很大。

陶瓷材料属于无机非金属材料。按照成分和用途，工业陶瓷材料可分为以下三类。

① 普通陶瓷（或传统陶瓷）：主要为硅、铝氧化物的硅酸盐材料。

② 特种陶瓷（或新型陶瓷）：主要为高熔点的氧化物、碳化物、氮化物、硅化物等的烧结材料。

③ 金属陶瓷：主要指用陶瓷生产方法制取的金属与碳化物或其他化合物的粉末制品。

（4）复合材料

复合材料是指两种或两种以上不同材料的组合材料，其性能优于它的组成材料。复合材料可以由各种不同种类的材料复合组成。如环氧树脂玻璃钢由玻璃纤维与环氧树脂复合而成，碳化硅增强铝基复合材料由碳化硅微粒与铝合金复合而成。复合材料的结合键复杂，强度、刚度和耐蚀性比单纯的金属、陶瓷和聚合物都优越，具有广阔的发展前景。

3.1.4　金属材料分类

常用金属材料主要分为四类：碳钢，合金钢，铸铁，有色金属及其合金。

铁碳合金中，碳的质量分数（即含碳量的百分比）大于 0.02% 且小于 2.11% 的铁碳合金称为钢。常用碳钢中碳的质量分数一般都小于 1.3%。碳的质量分数大于 2.11% 的铁碳合金为铸铁。

钢中杂质对性能的影响如下。

① 锰：有益元素，锰大部分能溶于铁素体中，形成置换固溶体，使铁素体强化。

② 硅：有益元素，能溶于铁素体中，使铁素体强化，使钢的强度、硬度均提高，塑性、韧性均降低。

③ 硫：有害杂质，硫不溶于铁而以 FeS 形式存在于晶界处，其熔点低于通常的锻轧温度，特别易产生热脆现象。

④ 磷：有害杂质，磷在钢中全部溶于铁素体中，它虽可使铁素体的强度、硬度有所提高，但却使室温下钢的塑性、韧性急剧降低，使钢变脆，特别易产生冷脆现象。

3.1.4.1　碳钢

（1）碳钢分类

① 按碳质量分数分类：低碳钢（$W_C < 0.25\%$），中碳钢（$0.25\% \leqslant W_C \leqslant 0.6\%$），高碳钢（$W_C > 0.6\%$）。

② 按钢的质量分类：普通碳素钢，钢中 S、P 含量分别 $\leqslant 0.055\%$ 和 0.045%；优质碳素钢，钢中 S、P 含量均应 $\leqslant 0.040\%$；高级优质碳素钢，钢中 S、P 含量分别 $\leqslant 0.030\%$ 和 0.035%。

③ 按钢的用途分类：碳素结构钢，用于制造各种工程构件和机器零件；碳素工具钢，用于制造刀具、模具、量具等各种工具。

④ 按钢的冶炼方法分类：平炉钢、转炉钢。

（2）碳钢牌号

1）普通碳素结构钢

碳素结构钢分为普通碳素结构钢和优质碳素结构钢。

① 钢号（钢的牌号简称）

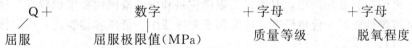

$$\underset{\text{屈服}}{Q} + \underset{\text{屈服极限值(MPa)}}{\text{数字}} + \underset{\text{质量等级}}{\text{字母}} + \underset{\text{脱氧程度}}{\text{字母}}$$

钢号说明：按照现行国家标准《碳素结构钢》GB/T 700—2006，以碳素结构钢屈服强度下限分为四个级别：Q195、Q215、Q235、Q275。

普通碳素结构钢的碳、硫、磷及其他残余元素的含量控制范围较宽，某些性能如低温韧性和时效敏感性较差，其质量等级按碳、硫、磷含量的控制范围、脱氧程度、允许使用的最低温度以及是否提供 A_{KV} 值，划分为 A、B、C、D 四级，D 级质量最高，A 级质量最低。

按照脱氧方法及程度分为四类，其中以沸腾钢（F）最差，半镇静钢（b）次之，镇静钢（Z）和特殊镇静钢（TZ）脱氧最完全。沸腾钢和半镇静钢的钢号中应注明"F"或"b"，脱氧方法为"Z"或"TZ"时可省略。

例：Q235B 为屈服极限为 235MPa，B 级质量镇静钢。

② 性能及用途　Q195 钢强度不高，塑性、韧性、加工性能与焊接性能较好，主要用于轧制盘条和薄板等；Q215 钢有一定的强度，塑性较好，主要用于制作管坯、螺栓、螺钉、螺母、铆钉等；Q235 钢强度适中，有良好的承载性，又具有较好的塑性和韧性，可焊性和可加工性也好，是钢结构常用的牌号，Q235 钢被大量制作成钢筋、型钢和钢板用于建造房屋和桥梁等；Q275 钢强度和硬度较高，耐磨性较好，但塑性、冲击韧性和可焊性差，主要用于制造轴类、农具、耐磨零件和垫板等。

2）优质碳素结构钢

优质碳素结构钢是碳质量分数小于 0.80% 的碳素钢，硫、磷及非金属夹杂物比普通碳素结构钢中少，塑性和韧性较好，可以进行热处理强化，多用于较重要的零件制造，是广泛应用的机械制造用钢。

① 钢号

$$\underset{\text{平均含碳量万之几}}{\text{数字}} \quad + \quad \underset{\text{含锰较高时加“Mn”}}{\text{元素}}$$

如 20 钢表示碳质量分数为 0.20%（万分之二十）的优质碳素结构钢；20Mn 表示碳质量分数为 0.20%，含锰量为 0.70%～1.00%（与低合金钢 16Mn 中锰含量不同，16Mn 含锰量为 1.20%～1.60%）。

② 性能及用途　主要用于制造一般结构及机械结构零、部件以及建筑结构件和输送流体用管道。根据使用要求，有时需热处理（正火或调质）后使用。优质碳素钢有 10、20、25、35、40、45 等，其中 10、20 用于制造钢管，20、25、35、45 用于制造锻件，35 用于制造螺栓。

例如，45 钢制造凸轮轴。热轧棒料模锻后进行正火，粗加工后调质处理，精加工后轴颈和凸轮表面淬火、低温回火。凸轮轴心部为回火索氏体，强韧性好。表面为回火马氏体，硬度为 58HRC，耐磨性高。

3）压力容器用钢

用于压力容器与化工设备的专用钢材有以下几个品种。

① 容器专用钢板：钢号为 Q245R（即 20R），R 是"容"字的汉语拼音首位字母。

② 锅炉专用钢板和钢管：钢板钢号为 20g，钢管钢号为 20G，g 和 G 是"锅"字的汉语拼音首位字母。

例如：Q245R 钢板（GB/T 713—2014）是在 20 钢基础上发展起来的，主要是对硫、磷等有害元素的控制更加严格，对钢材的表面质量和内部缺陷的要求也较高。这类钢强度较低，塑性和可焊性较好，价格低廉，故常用于常压或中、低压容器制造，也用作支座、垫板等零部件的材料。

3.1.4.2　合金钢

合金钢按照合金元素含量多少分为低合金钢、中合金钢和高合金钢。低合金钢中合金元素总质量分数低于 5%；中合金钢中合金元素总质量分数为 5%～10%；高合金钢中合金元素总质量分数高于 10%。

（1）钢号

$$\underset{\text{平均含碳量万分之几}}{\text{数字}} \quad + \quad \underset{\text{合金元素}}{\text{元素}} \quad + \quad \underset{\text{合金元素含量百分之几}}{\text{数字}}$$

钢号说明：首部用数字标明碳质量分数。规定结构钢以万分之一为单位的数字（两位数）、工具钢和特殊性能钢以千分之一为单位的数字（一位数）来表示碳质量分数，而工具钢的碳质量分数超过 1％时，碳质量分数不标出。主要合金元素，质量分数由其后面的数字标明，平均质量分数少于 1.5％时不标数，平均质量分数为 1.5％～2.49％、2.5％～3.49％时，相应地标以 2、3，以此类推。

例如：低合金钢 Q345（即 16Mn），平均含碳量 0.16％，含锰量小于 1.5％。低合金钢 40Cr，平均含碳量 0.4％，含铬量小于 1.1％。

（2）合金元素在钢中的作用

硅：降低钢的韧性和塑性，显著提高钢的弹性极限、屈服极限和屈强比，与铬共存时，可提高钢的高温抗氧化性，也可提高在烟气中的抗腐蚀性能，但硅使钢的焊接性能恶化。

锰：提高钢的强度、硬度及耐磨性，有利于提高韧性。

铬：提高钢的强度、硬度和耐磨性，但同时降低塑性和韧性。铬还能提高钢的高温力学性能，使钢具有良好的抗腐蚀性和抗氧化性，含量达到 13％后耐蚀性显著提高，是钢材耐蚀性的主要控制因素，但铬易促进钢的高温回火脆性。

镍：提高钢的强度，同时保持良好的韧性和塑性，改善钢的加工性和可焊性，扩大耐蚀范围，提高耐碱能力。

钼：提高耐热强度和淬透性，抑制回火脆性，有抗氢侵蚀的作用。含钼 2％～3％能增加耐蚀钢抗有机酸及还原性介质腐蚀的能力。钼对提高钢的持久强度有明显作用。

钛：细化晶粒，防止焊接用的不锈钢发生晶间腐蚀；钛能改善钢的热强性，提高钢的抗蠕变性能及高温持久强度，并能提高钢在高温高压氢气中的稳定性。

铌：能细化晶粒，降低钢的过热敏感性和回火脆性，有极好的抗氢性能，能提高钢的热强性。

铝：细化晶粒，提高冲击韧性，降低钢的脆性转变温度，提高钢的抗氧化性能，当其与铬合用时，能够明显提高钢的抗氧化性能，与镍形成 γ' 相（Ni_3Al），能够提高钢的热强性。

钨：钨可提高钢的持久强度及高温硬度。

硼：微量硼在晶界上阻抑铁素体晶核的形成，提高钢的淬透性。但随钢中碳含量的增加，此种作用逐渐减弱以至完全消失。

钒：通过细小碳化物颗粒弥散分布可以提高钢的蠕变和持久强度。钒、碳含量比大于5.7 时可防止或减轻介质对不锈耐酸钢的晶间腐蚀，并大大提高钢抗高温高压氢腐蚀的能力，但对钢高温抗氧化不利。钒在钢中能提高高温组织稳定性，还能抵消铬对焊接性能的不利影响。

砷：含量不超过 0.2％时，对钢的一般力学性能影响不大，但增加回火脆性的敏感性。

钴：改善钢的高温性能和抗氧化及耐蚀的能力，降低钢的淬透性，为超硬高速钢及高温合金的重要合金化元素。

（3）低合金钢性能

低合金钢具有较好的力学性能，强度较高，塑性好，韧性好，而焊接性能及冷成型性能也较好，由于钢中含有一定量的合金元素（总量一般不超过 5％）所以耐腐蚀性能比碳素钢强。由于低合金钢的力学性能好，用它制造的压力容器重量比碳钢制造的轻 20％～30％，成本也降低许多。采用低合金钢，不仅可以减小容器的厚度，减轻重量，节约钢材，而且能解决大型压力容器在制造、检验、运输、安装中因厚度太大所带来的各种困难。制造压力容器常用的钢板有 16MnR、15MnVR、15MnV、18Mo 等；其中 16MnR 是屈服点为 340MPa

级的压力容器专用钢板，也是中国压力容器行业使用量最大的钢板，它具有良好的综合力学性能和制造工艺性能，主要用于制造中低压压力容器和多层高压容器。低合金高强度钢牌号新旧标准对照及应用见表3-1。

表 3-1　低合金高强度钢牌号新旧标准对照及应用

新标准牌号	旧标准牌号	应　用
Q235	09MnV、09MnNb、09Mn2、12Mn	车辆的冲压件、冷弯型钢、螺旋焊管、低压锅炉汽包、中低压化工容器、输油管道、储油罐、油船等
Q345	12MnV、14MnNb、16Mn、18Nb、16MnRE	船舶、铁路车辆、桥梁、管道、锅炉石油储罐、起重及矿山机械、电站设备
Q390	15MnTi、16MnNb、10MnPNbRE、15MnV	中高压锅炉汽包、中高压石油化工容器、桥梁、车辆、起重机及其他较高载荷件等
Q420	15MnVN、14MnVTiRE	大型船舶、桥梁、机车车辆、中压或高压锅炉容器及其他大型锅炉焊接结构件等
Q460		可淬火加回火后用于大型挖掘机、起重运输机械、钻井平台等

（4）不锈钢

① 化学成分特点

不锈钢中碳的质量分数为 $0.08\% \sim 1.2\%$。其主加元素为 Cr、Cr-Ni，且铬的质量分数至少为 10.5%。辅加元素有 Ni、Ti、Mn、N、Nb、Mo、Si、Cu 等。

从耐蚀性要求考虑，碳含量越低越好，焊接用的铬镍不锈钢中碳会与铬形成 $Cr_{23}C_6$，沿晶界析出，使晶界周围基体严重贫铬，易晶间腐蚀。从力学性能要求考虑，含碳量越高，钢的强度、硬度、耐磨性也会相应地提高。

② 钢号

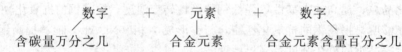

含碳量万分之几　　　合金元素　　合金元素含量百分之几

例如 20Cr13，平均含碳量 0.2%，平均含铬量 13%。

不锈钢新旧标准牌号及应用见表3-2。

表 3-2　不锈钢新旧标准牌号及应用

类别	新标准牌号	旧标准牌号	应　用
马氏体型	12Cr13 20Cr13 30Cr13	1Cr13 2Cr13 3Cr13	制作能抗弱腐蚀性介质，能承受冲击载荷的零件。如汽轮机叶片、结构架、螺栓、螺母等
铁素体型	10Cr17	1Cr17	制作硝酸工厂设备，如吸收塔、换热器、酸槽、输送管道、食品工厂设备等
奥氏体型	12Cr19Ni9 06Cr19Ni10	1Cr18Ni9 0Cr18Ni9	制作耐硝酸、有机酸及盐、碱熔池腐蚀的设备
	12Cr18Ni9Ti	1Cr18Ni9Ti	耐酸容器及设备衬里，具有抗晶间腐蚀性

3.1.4.3　铸铁

从化学组成上看，铸铁和碳钢一样也属于铁碳合金，铸铁是主要由铁、碳和硅组成的合金的总称，其中碳和硅的含量均高于钢，且对硫和磷等杂质的控制也比钢中宽松一些。一般铸铁的化学成分为：碳 $2.0\% \sim 4.5\%$，硅 $0.5\% \sim 3.0\%$，锰 $0.5\% \sim 1.5\%$，磷 $0.1\% \sim$

1.0%，硫不大于 0.15%。铸铁还可以溶入其他合金元素形成合金铸铁，碳在铸铁中多以石墨形态存在，有时也以渗碳体 Fe_3C 形态存在。

（1）铸铁分类

1）根据碳在铸铁中存在的形式不同分类

灰口铸铁　碳全部或大部分以游离状态的石墨形式存在于铸铁中，其断口暗灰色，称为灰口铸铁（灰铸铁）。广泛用于制造结构复杂铸件和耐磨件，是目前应用最广泛的一类铸铁。

白口铸铁　碳除了少量溶于铁素体以外，其余全部都以 Fe_3C 形式存在于铸铁中，断口呈银白色，因此称为白口铸铁。这类铸铁硬而脆，难以切削加工，很少直接用于制造机器零件。白口铸铁主要用作炼钢原料和生产可锻铸铁的毛坯。

麻口铸铁　碳一部分以石墨形式存在，另一部分以 Fe_3C 形式存在，断口夹杂着白亮的渗碳体和暗灰色的石墨，称为麻口铸铁。由于麻口铸铁也具有很大的脆性，工业上很少使用。

2）根据铸铁中石墨的形态不同分类

根据石墨的形态不同，2008 年实施的国家标准《铸铁牌号表示方法》（GB/T 5612—2008）将铸铁分为五类，即灰铸铁（HT，石墨为片状）、可锻铸铁（KT，石墨为团絮状）、球墨铸铁（QT，石墨为球状）、蠕墨铸铁（RuT，石墨为蠕虫状）和白口铸铁（BT，碳主要以渗碳体形态存在）等。

（2）常用铸铁

1）灰口铸铁

灰口铸铁一般含碳量为 2.7%～4.0%，硅含量为 1.0%～3.0%，其中约 80% 的碳以片状石墨的形态析出，石墨强度极低，导致基体组织的连续性被破坏，所以灰口铸铁的强度不高，脆性较大，但耐磨性较好，还具有优良的铸造性能、减摩性，最小的缺口敏感性及良好的被切削性，加之灰口铸铁生产工艺简单，成本低，被广泛应用于过程装备的制造领域。

① 牌号

灰口铸铁牌号用 HT（灰铁的汉语拼音字首）加上用单铸试棒作出的最低抗拉强度（MPa）组成，例如 HT100 表示灰口铸铁最小抗拉强度 100MPa。

② 性能　缺点是抗拉强度、塑性、韧性和疲劳强度都比钢低得多。优点是缺口敏感性低，抗压强度高，切削加工性能好，减摩性、耐磨性好，铸造性能好等。

2）球墨铸铁

球墨铸铁简称球铁，其基体中的石墨呈球状，对削弱基体和造成应力集中的作用较小，因而能够充分发挥基体的作用，其力学性能优于灰口铸铁，同时还具有灰口铸铁的一系列优点，如良好的铸造性能、减摩性、低的缺口敏感性及良好的被切削性等，某些性能甚至能和锻钢相媲美，如疲劳强度和中碳钢相近，耐磨性优于表面淬火钢等。另外，根据实际应用需求，采用一定的热处理工艺可以实现球墨铸铁基体组织的调整，从而获得多种牌号的球墨铸铁。

① 牌号

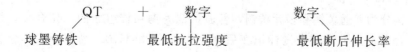

例如 QT400-18 表示最低抗拉强度 σ_b 为 400MPa，伸长率 δ 为 18%。

② 性能　力学性能优于灰铸铁，具有良好的铸造性、减摩性、切削加工性和低的缺口敏感性等。其力学性能接近于钢。

（3）铸铁材料用于压力容器的限定

1）铸铁材料的应用限定

对于毒性程度为极度、高度或者中度危害介质不得采用铸铁材质的容器盛装，设计压力大于或者等于 0.15MPa 的易爆介质压力容器的受压元件，以及管壳式余热锅炉的受压元件等均不能采用铸铁材料制造。除上述压力容器之外，牌号为 HT200、HT250、HT300 和 HT350 的灰口铸铁，以及牌号为 QT350-22R、QT350-22L、QT400-18R 和 QT400-18L 的球墨铸铁可作为备选材料用于制造相应的压力容器。

2）容器设计压力、温度限定

当容器设计压力不大于 0.8MPa，且设计使用温度范围为 10～200℃ 时，灰口铸铁材料可以作为备选；当设计压力不大于 1.6MPa，且设计使用温度范围为 0～300℃ 时，牌号为 QT350-22R 和 QT400-18R 的球墨铸铁可以作为备选材料，若设计使用温度范围进一步扩大为 -10～300℃ 时，牌号为 QT350-22L 和 QT400-18L 的球墨铸铁可以作为备选材料。

说明：

① 灰口铸铁牌号共 6 个（HT100、HT150、HT200、HT250、HT300 和 HT350），只允许用 4 个（HT200、HT250、HT300 和 HT350），其设计压力、设计温度的限制是根据造纸机械用铸铁烘缸的操作条件确定的。

② 球墨铸铁牌号 2009 年新标准（GB/T 1348—2019）增加到了 14 个，只允许其中 4 个塑性最好的 QT350-22R、QT350-22L、QT400-18R 和 QT400-18L 用于压力容器，这 4 种球墨铸铁要做冲击试验，结果应符合相应标准之规定。

③ 可锻铸铁需经长时间退火处理，能源消耗大，所以不用作压力容器受压元件。

3.1.4.4　有色金属及其合金

铁以外的金属称为有色金属。有色金属有很多优良的特殊性能，例如良好的导电性、导热性，密度小，熔点高，耐腐蚀性能好等，但是有色金属一般价格比较昂贵。有色金属及其合金的种类繁多，化工设备及其零部件经常用到的有色金属主要有铜、铝、钛等。

（1）铜及其合金

铜及其合金具有很高的导电性和导热性，较好的塑性、韧性及低温力学性能等，是化工生产中经常用到的一类金属材料。主要包括加工铜、加工黄铜、青铜、白铜及铸造铜合金等。

1）加工铜

加工铜是供压力加工用的纯铜，它具有高的导电性、导热性及良好的塑性，但强度不高（抗拉强度 $\sigma_b = 200～250$MPa，伸长率 $\delta \geqslant 30\%$）。冷加工后强度、硬度提高，但塑性下降。铜在低温下能保持较高的塑性和冲击韧性，它是制造深冷设备的良好材料。加工铜包括纯铜（代号 T1、T2、T3），无氧铜（TU1、TU2），磷脱氧铜（TP1、TP2）和银铜（TAg0.1）四种。加工铜产品有板、管、棒、带、箔、线。其热导率在 20℃ 时为 380W/(m·K)，线膨胀系数 $\alpha = 16.6 \times 10^{-6}$(1/℃)，弹性模量 $E = 1.1 \times 10^5$MPa。

2）加工黄铜

加工黄铜分为普通黄铜和多元黄铜，普通黄铜为铜和锌组成的二元合金，牌号用"H"表示，并将合金中的平均铜含量标识在后面，如 H68 和 H70。当合金中锌含量小于 32%

时，提高锌含量能够改善合金的力学性能，δ 具有最大值时，锌的含量范围为 $30\% \sim 32\%$。因此，H68 和 H70 力学性能最好，H68 板材与管材在退火状态下的 $\sigma_b = 294MPa$，$\delta_{10} = 40\%$，适于用冷冲压或深拉法制造各种形状复杂的零件。多元黄铜是在 Cu-Zn 合金中再加入少量其他元素（如锡、铅、铁、铝等）组成的三元、四元甚至五元的合金。其称呼是在黄铜前冠以第三种元素的名称，如锡黄铜、铝黄铜等。合金牌号仍以"H"表示，后面加注第三种元素符号，如 HSn70-1 表示该合金是含 Cu 70%，含 Sn 1%，余为锌的锡黄铜。当合金中除 Cu、Zn 外有两种以上其他元素时，则用含量最多的第三种元素来称呼和表示其牌号，如 HAl66-6-3-2 表示的是含 66% 的 Cu、6% 的 Al、3% 的 Fe、2% 的 Mn、余为锌的铝黄铜。

耐蚀性高、易于焊接的砷锡黄铜 HSn70-1 多用于热交换器和换热管的制备；铅黄铜 HPb59-1 具有较佳的耐磨性和切削性能，主要用于制造销子、螺钉、螺母及垫圈等零件；砷铝黄铜 HAl77-2 对高速海水具有耐蚀性，主要用于制作高强度的耐蚀管材，用于海水冷凝器；铁黄铜 HFe59-1-1 具有较高的合金强度、韧性及耐磨性，可用来制作摩擦和受海水腐蚀的零件。

3）青铜

用除锌和镍以外的元素作为主要合金元素与铜组成的合金统称为青铜。青铜的牌号由"Q＋主添元素符号＋除铜以外其他合金元素含量的百分数"组成。如 QAl9-4 为含 Al 9%，含 Fe 4%，其余为铜的铝青铜。青铜的种类很多，含铅的锡青铜 QSn4-4-2.5 主要用来制造耐蚀、耐磨、易切削零件或轴套、轴承内衬等零件；含磷的锡青铜 QSn6.5-0.4 主要用于制作弹簧及其他弹性元件；含铁的铝青铜 QAl9-4、含铁锰的铝青铜 QAl10-3-1.5 和含铁镍的铝青铜 QAl10-4-4 等可用作在高负荷、高速度下工作的耐腐蚀、抗摩擦的零件，如硫酸铵分离机上的刮刀、扒齿、齿轮轴套、蜗轮、阀座、轴承等。铍青铜是含 $1.5\% \sim 2.5\%$ Be 的铜合金，淬火时效后的强度极限可达 $1250 \sim 1500MPa$，弹性极限为 $700 \sim 780MPa$，硬度（HB）达 $350 \sim 400$，而且耐蚀、耐磨、耐寒、耐疲劳，无磁性、冲击不发生火花，导电、导热性好，主要用作高级弹性元件、有特殊要求的耐磨元件以及在高速、高压下工作的轴承、衬套、齿轮等。

4）白铜

白铜是铜镍合金，只由铜、镍组成的合金叫普通白铜。在普通白铜内加入铁、锌、铝、锰等元素后得到的合金分别称为铁白铜、锌白铜、铝白铜、锰白铜。白铜牌号与青铜、黄铜类似，字首为"B"，后边跟主添元素符号，如 BFe30-1-1 就是含 30% Ni、1% Fe、1% Mn、余为 Cu 的铁白铜。化工生产使用较多的是 B30、BFe30-1-1 和 BFe10-1-1，它们主要用作冷凝器、热交换器及各种耐蚀零件，相关合金材料的力学性能及规格尺寸参考国家标准（GB/T 8890—2015）。

5）铸造铜合金

铸造铜合金牌号的表示方法与加工铜合金有些不同，一律以 ZCu 表示，如果是黄铜，在 ZCu 后边跟 Zn；如果是青铜，后边跟 Sn、Pb 或 Al，再后边则是其他合金元素符号。例如，3-8-6-1 锡青铜的牌号为 ZCuSn3Zn8Pb6Ni1，该合金耐磨性较好，易加工，铸造性能好，气密性较好，耐腐蚀，可在流动海水中工作，可制作在各种液体燃料以及海水、淡水、蒸汽（≤225℃）中工作的零件，可作压力不大于 2.5MPa 的阀门和管配件；5-5-5 锡青铜的牌号为 ZCuSn5Pb5Zn5，主要用于制备轴瓦、衬套、缸套、泵件压盖、蜗轮等；17-4-4 铅青铜的牌号为 ZCuPb17Sn4Zn4，其耐磨性及自润滑性能好，易切削，适于制造高滑动速度轴承；16-4 硅黄铜的牌号为 ZCuZn16Si4，它具有较高的力学性能，用于接触海水的管配件、水泵、叶轮、旋塞和在空气、淡水、油、燃料，以及工作压力在 4.5MPa 和 250℃ 以下蒸汽中工作的铸件。

（2）铝及铝合金

我国现有 143 个铝和铝合金牌号，不同牌号的铝及铝合金可以轧制成板材（GB/T 3880）、挤压成管材（GB/T 4437）、棒材（GB/T 3191）、型材（GB/T 6892—2015）及作锻件（GB/T 8545—2012）使用。在上述这些标准中分别给出了板、管、棒、型材及锻件所用铝合金的牌号、规格尺寸以及力学性能。纯铝主要分为工业高纯铝、工业纯铝，变形铝合金主要分为加工硬化合金和热处理强化的变形铝合金，从使用来说纯铝、Al-Mn 和 Al-Mg 合金一般可用来制作储罐、塔器、热交换器、不污染产品的设备以及深冷设备。对于可以通过热处理强化的铝合金来说，它们大多以棒材供应，在化工上制作深冷设备中的螺栓及其他受力构件。

（3）钛及钛合金

纯钛有化学纯钛和工业纯钛之分，化学纯钛强度低，工业上较少使用。工业纯钛含有较多的氧、氮、碳及其他杂质元素（如铁）。如果把这些杂质元素看成是合金元素的话，不妨也可以认为工业纯钛是一种合金含量非常低的钛合金。事实上正是由于工业纯钛含有了一定量的杂质元素，才使它的强度提高很多，所以工业纯钛的牌号与一种钛合金的牌号有相同的"TA"字首，即 TA0、TA1、TA2、TA3 四种。

钛合金根据其组织结构不同有三种牌号，即"TA""TB"和"TC"。钛和铁类似，也是有两种晶格结构，在 882.5℃ 以下是密排六方晶格，叫 α 钛。在 882.5℃ 以上是体心立方晶格称为 β 钛，正是由于有这种同素异构的转变，导致了在钛中加入合金元素后，会得到不同的组织结构（类似于铁中加入碳后可以得到不同的铁碳合金组织结构），这些不同的组织形成的条件不同，性能各异，分别被称为 α 钛合金（合金牌号是 TA4、TA5、TA6 和 TA7），β 钛合金（合金牌号 TB2、TB3、TB4）和（$\alpha+\beta$）钛合金（合金牌号 TC1、TC2、TC3、TC4）。

纯钛及钛合金可以制成板材（GB/T 3621）、管材（GB/T 3624）、专用换热器及冷凝器换热管（GB/T 3625）、钛-不锈钢复合板（GB/T 8546）、钛-钢复合板（GB/T 8547）等，在过程装备设计及制造过程中应及时查阅相关标准。

3.2　金属材料性能

3.2.1　金属材料工艺性能

金属材料的工艺性能是指制造工艺过程中材料适应加工的性能，一般指金属材料的铸造性能、压力加工性能（锻造、轧制）、焊接性能、切削加工性能和热处理工艺性能等。

（1）铸造性能

金属及其合金材料通过铸造成型技术获得优良铸件的能力称为铸造性能，铸造性能的好坏取决于熔融液态金属的流动性、凝固过程的收缩性、氧化性和偏析倾向等。

① 流动性　液态金属充满铸模型腔的能力称为流动性。流动性好的金属容易充满整个铸模型腔，脱模后的铸件尺寸精确、轮廓清晰。若流动性不好，金属则不能很好地充满铸模型腔，脱模后的铸件无法达到设计要求，甚至会使铸件因"缺肉"而报废。金属材料的化学

成分、浇铸温度和熔点是其流动性好坏的主要影响因素。例如，相较于钢而言铸铁的流动性较好，易于铸造出形状复杂的铸件。相同的金属材料，提高浇铸温度，可以促进流动性的改善。

②收缩性　金属材料从液态向固态转变的过程中，体积收缩的程度称为收缩性。铸件收缩不仅影响尺寸，还会使铸件产生缩孔、疏松、内应力等缺陷；特别是在冷却过程中容易产生变形甚至开裂。因此，采用铸造工艺制备金属构件时，应尽量选择收缩性小的金属材料。影响金属材料收缩性的主要因素包括材料的种类和成分。

③偏析倾向　铸件（特别是厚壁铸件）凝固后，截面上的不同部分及晶粒内部不同区域会存在化学成分不均匀的现象，这种现象称为偏析。偏析是铸造工艺过程不可避免的现象，偏析会导致铸件各部位的化学成分、组织和性能不一致，进而降低铸件的强度、塑性和耐磨性等，严重时可使铸件各部分的力学性能产生很大差异，较大程度上降低铸件的质量。因此，铸造时，要获得化学成分非常均匀的铸件是十分困难的。目前，合理控制金属材料凝固温度范围、浇铸温度、浇铸速度及冷却速度等产生偏析的主要因素是降低偏析影响的主要方向。

（2）压力加工性能

金属材料采用压力加工（锻造、轧制等）工艺成型的难易程度称为压力加工性能。它与金属材料的塑性有着密切联系，金属材料的塑性越好，变形抗力越小，金属材料的压力加工性能就越好。金属材料用锻压加工方法成型的适应能力称锻造性，铜合金和铝合金在室温状态下就有良好的锻造性能。碳钢在加热状态下锻造性能较好，其中低碳钢最好，中碳钢次之，高碳钢较差，而铸铁不能锻造。

①可锻性　金属材料的可锻性是指金属材料在压力加工时，能改变形状而不产生裂纹的性能。钢能承受锤锻、轧制、拉拔、挤压等加工工艺，表现为良好的可锻性。

②锻压性　金属承受压力加工的能力叫锻压性。

③锻接性　把两块金属加热到熔点以下附近温度，加上锻接剂［硅铁（SiFe）40%、铸铁 10% 和脱水硼砂（$Na_2B_4O_7$）50%，三种粉末充分混匀］，再加锤击，使两块金属接合在一起的能力，叫锻接性。

（3）焊接性能

金属材料对焊接加工的适应性称为焊接性能。即在一定的焊接工艺条件下，获得预期质量要求的优质焊接接头的难易程度。焊接的性能好坏与材料的化学成分及采用的焊接工艺有关。钢材中碳含量高低是焊接性能好坏的主要影响因素。碳含量和合金元素含量越高，焊接性能越差。合金钢的焊接性能比碳钢差，铸铁的焊接性能更差。铜合金和铝合金的焊接性能都较差。

（4）切削加工性能

切削加工性能一般以刀具寿命、加工质量、单位切削力、极限金属切除率、断屑性能，包括切屑形状来衡量。影响切削加工性的因素主要有材料的化学成分、金相组织、热处理方式、硬度、韧性、导热性和形变硬化等。金属材料具有适当的硬度（170～230HBS）和足够的脆性时切削性良好。改变钢的化学成分（如加入少量铅、磷等元素）和进行适当的热处理（如低碳钢进行正火，高碳钢进行高温球化退火）可提高钢的切削加工性能。

（5）热处理工艺性能

热处理工艺性能是指金属材料通过热处理后改变或改善其性能的能力，是金属材料的重要工艺性能之一。对于钢而言，主要包括淬透性、淬硬性、氧化和脱碳、变形及开裂等。钢制工件通过热处理，可改善其切削加工性能，提高力学性能，延长其使用寿命。钢的热处理工艺性能主要考虑其淬透性，即钢接受淬火的能力（淬火能获得较高的硬度和光洁的表面），含锰、铬、镍等元素的合金钢淬透性比较好，碳钢的淬透性较差。铝合金的热处理要求较严，只有几种铜合金可以采用热处理工艺强化。

3.2.2　金属材料力学性能

金属材料在外力的作用下所引起的二次变形和破坏过程分三个阶段：弹性变形、塑性变形和断裂。断裂之前没有明显塑性变形的称为脆性断裂，经过大量塑性变形之后才发生断裂的称为韧性断裂。金属材料的力学性能就是指金属在受到外力作用时，抵抗外力所表现的行为，通过对金属材料的这些"表现行为"进行系统研究，为合理地使用金属材料提供依据。为了描述和比较不同金属的不同"表现行为"，需要对金属在外力作用下的各种表现规定一系列所谓的"性能参数"，并介绍这些性能参数的含义及它们的用途。

3.2.2.1　强度

（1）低碳钢拉伸试验

图 3-8（a）所示为拉伸试验棒，标距 $l=5d$ 或 $l=10d$。低碳钢拉伸试验分为四个阶段，如图 3-8（b）所示。

① 弹性段（OA）　弹性段内的变形是在弹性范围内的变化。σ_p 为比例极限，σ_e 为弹性极限。

② 屈服段（BC）　屈服段的变形有弹性变形和大部分为不可恢复的塑性变形。σ_s 为屈服极限。

③ 冷作硬化段（CD）　冷作硬化段的变形绝大部分是塑性变形。σ_b 为强度极限。

④ 颈缩段（DE）　试件局部变细，颈缩，直至断裂。

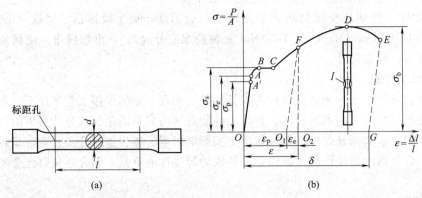

图 3-8　低碳钢拉伸试验

（2）强度指标

① 屈服极限 σ_s　金属材料承受载荷作用下，开始出现塑性变形时的应力。

② 条件屈服点 $\sigma_{0.2}$　除退火的或热轧的低碳钢和中碳钢等少数合金有明显的屈服点外，大多数金属合金没有明显的屈服点。工程上常规定发生 0.2% 残余伸长时的应力作为"条件屈服点"。

③ 抗拉强度 σ_b　金属材料在拉伸条件下，从开始加载到发生断裂所能承受的最大应力值。

④ 蠕变极限 σ_n　金属材料在一定的高温条件下和规定的时间内蠕变变形量或蠕变速度

不超过某一规定值时所能承受的最大应力。因此，常用蠕变极限有两种：一种是在工作温度下引起规定变形速度［如 $v=1\times10^{-5}\,\mathrm{mm/(mm\cdot h)}$ 或 $v=1\times10^{-4}\,\mathrm{mm/(mm\cdot h)}$］的最大应力值；另一种是在一定温度和规定的时间内，使试件发生一定变形量的最大应力值（如在某一温度下，在 $10^4\,\mathrm{h}$ 或 $10^5\,\mathrm{h}$ 内产生的总变形量为1%时的最大应力）。

⑤ 持久强度 σ_D　在给定温度下，促使试样或工件经过一定时间发生断裂的应力。持久强度是表示一定温度和一定应力下材料抵抗断裂的能力。在相同条件下能持续的时间越久，则该材料抵抗断裂的能力越大。在化工容器用钢中，设备的设计寿命一般为 $10^5\,\mathrm{h}$，以 σ_{10^5}（σ_D）表示试件经过 $10^5\,\mathrm{h}$ 断裂的应力。

⑥ 疲劳强度 σ_{-1}　金属材料在无数次交变载荷作用下，而不致引起断裂的最大应力。一般取经 $10^6\sim10^8$ 次循环试验不发生断裂的最大应力值为疲劳强度。如钢在纯弯曲交变载荷下循环 5×10^6 次时，所测得不发生断裂的最大应力为 σ_{-1}。一般钢铁的弯曲疲劳强度值只是抗拉强度的一半，甚至还低一点。

3.2.2.2　弹性与塑性

（1）弹性

① 弹性模量 E　材料在弹性范围内，单向应力状态下应力和应变成正比，即 $\sigma=E\varepsilon$。比例系数 E 称为弹性模量，单位 $\mathrm{N/m^2}$。它直接表示金属材料在弹性变形阶段的应力与应变关系。弹性模量是金属材料对弹性变形抗力的指标，衡量材料产生弹性变形难易程度。材料弹性模量越大，使它产生的弹性变形的应力也越大，即材料刚度越大，亦即在一定应力作用下，发生弹性变形越小。对同一种材料，弹性模量 E 随温度的升高而降低。

② 泊松比 μ　材料在单向受拉或受压时，横向正应变与轴向正应变绝对值的比值，也叫横向变形系数，它是反映材料横向变形的弹性常数，用 μ 表示，如图3-9所示。对于各种钢材它近乎为一个常

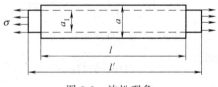

图3-9　泊松现象

数，即 $\mu=0.3$。变形前横向尺寸为 a，变形后为 a_1，横向应变为 $\varepsilon_t=\dfrac{a_1-a}{a}=\dfrac{\Delta a}{a}$，而纵向应变 $\varepsilon=\dfrac{\Delta l}{l}$，则 $\mu=\left|\dfrac{\varepsilon_t}{\varepsilon}\right|$。

（2）塑性

塑性是金属材料在断裂前发生不可逆永久变形的能力。塑性指标有伸长率 δ 和断面收缩率 Z 等。

① 伸长率 δ　试件拉力拉断后，总伸长长度与原始长度之比的百分率，以 δ（%）表示。

$$\delta=\frac{\Delta l_k}{l_0}\times100\%=\frac{l_k-l_0}{l_0}\times100\%$$

式中，l_k 为试件断裂后的标距长度；l_0 为试件的原始标距长度；Δl_k 为断裂后试件的绝对伸长。

δ 值的大小与试件尺寸有关，所以试件必须标准化，长径比（L/D）分别为5或10时，其伸长率分别为 δ_5 或 δ_{10}。工程中应用的主要塑性指标是 δ_5，对于厚度低于6mm的钢板，也可用 δ_{10}，一般 $\delta_5\approx1.2\delta_{10}$。

② 断面收缩率 Z 　材料受拉力断裂时断面缩小，断面缩小的面积与原始面积之比的百分率叫断面收缩率，以 Z（%）表示。

$$Z = \frac{F_0 - F_k}{F_0} \times 100\%$$

式中，F_k 为断裂后试件的最小截面积；F_0 为试件的原始截面积。

Z 与试件尺寸无关，它能更可靠、更灵敏地反映材料塑性的变化。δ 与 Z 愈大，金属材料的塑性愈好。如纯铁的伸长率几乎为 50%，而普通铸铁的伸长率还不到 1%。因此，纯铁的塑性远比铸铁好。

3.2.2.3 硬度

硬度是反映材料软硬程度的一种性能指数，它表示材料表面局部区域内抵抗变形或破裂的能力。也可以这样表述，在外力作用下，材料抵抗局部变形，尤其是抵抗塑性变形、压痕或划痕的能力。硬度是衡量材料软硬的指数，是反映材料弹性、强度、塑性和韧性等的综合性能指标。

常用的硬度测量方法都是用一定的载荷（压力）把一定的压头压入金属表面，然后测量压痕的面积或深度。很显然，当压头和压力一定时，压痕愈深或面积愈大，硬度就愈低。根据压头和压力的不同，常分为布氏硬度（HBS、HBW）、洛氏硬度（HRA、HRB、HRC）、维氏硬度（HV）和肖氏硬度（HS）等。

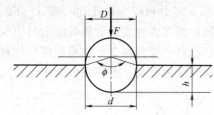

图 3-10　布氏硬度测量示意

布氏硬度是以直径为 D 的钢球，在载荷作用下压入金属表面，如图 3-10 所示。

$$\text{HBS 或 HBW} = 0.102 \frac{F}{A} = 0.102 \frac{2F}{\pi D(D - \sqrt{D^2 - d^2})} \text{（MPa）}$$

$$A = \frac{1}{2}\pi D(D - \sqrt{D^2 - d^2})$$

式中，F 为载荷，N；D 为钢球直径，mm；A 为压痕表面积，mm^2；d 为压痕直径，mm。

一般来说，强度高，硬度也高，耐磨性较好。大部分金属硬度和强度之间有一定的关系，如对碳钢，当 $\text{HBS} \leqslant 140$ 时，$\sigma_b = (3.68 \sim 3.76)\text{HBS}$；当 $140 < \text{HBS} \leqslant 450$ 时 $\sigma_b = (3.40 \sim 3.51)\text{HBS}$。

3.2.2.4 冲击韧性

冲击韧性是指金属材料抗冲击载荷的能力，是衡量材料韧性的一个指标，常以标准试件的冲击吸收功 A_K 表示。工程上常用一次摆锤冲击弯曲试验来测定金属抵抗冲击载荷的能力。冲击试样在受到摆锤突然打击发生断裂时，其断裂过程是一个裂纹发生和扩大的过程。在裂纹向前扩展的过程中，如果塑性变形发生在它的前面，就可以制止裂纹的继续扩展，它要继续发生，就需要另找途径，这样就能消耗更多的能量。

试验方法是将欲测定的材料先加工成标准试样，将具有一定重量 G 的摆锤举至一定的高度 H_1，使其获得一定的位能（GH_1）。再将其释放，冲断试样摆锤的剩余能量为 GH_2。摆锤冲断试样所失去的位能，即冲击载荷使试样破断所做的功，称为冲击吸收功，以 A_K 表示，单位为焦耳（J）。冲击试样缺口底部单位横截面积上的冲击吸收功，称为冲击韧度

（α_K），单位为焦耳/厘米^2（J/cm^2）。

因此可理解韧性为材料在外加动载荷突然袭击时的一种及时和迅速塑性变形的能力。韧性高的材料，一般都有较高的塑性指标，但塑性较高的材料，却不一定都有高的韧性。这是因为静载荷下能够缓慢塑性变形的材料在动载荷下不一定能够迅速塑性变形。

3.2.3 金属材料物理性能

① 密度　单位体积物质的质量。

② 熔点　金属从固态向液态转变时的温度，钨、钼、钒熔点高。

③ 导热性　用热导率来衡量。热导率越大，导热性越好。金属的导热性以银为最好，铜、铝次之。合金的导热性比纯金属差。在热加工和热处理时，必须考虑金属材料的导热性，防止材料在加热或冷却过程中形成过大的内应力，以免零件变形或开裂。导热性好的金属散热也好，在制造散热器、热交换器与活塞等零件时，要选用导热性好的金属材料。

④ 导电性　传导电流的能力称为导电性，用电阻率 ρ 来衡量。电阻率越小金属材料导电性越好，金属导电性以银最好，铜、铝次之。合金的导电性比纯金属差。电阻率小的金属（纯铜、纯铝）适于制造导电零件和电线。电阻率大的金属或合金（如钨、钼、铁、铬、铝）适于制造电热元件。

⑤ 热膨胀性　金属及合金受热时，一般说来体积都要膨胀。在一定温度变化下，单位长度线性尺寸的相应变化量称为线膨胀系数。线膨胀系数用 α 表示，即

$$\alpha = \frac{1}{l} \times \frac{\Delta l}{\Delta t} (1/℃)$$

式中，l 为试件原始长度；Δl 为试件伸长量；Δt 为温度差。

异种钢的焊接，要考虑到它们的线膨胀系数是否接近。否则会因膨胀量不等而使结构件变形或损坏。有些设备的衬里及组合件，应注意材料的线膨胀系数要和基本材料相同或接近，以免受热后因膨胀量不同而松动或破坏。

⑥ 磁性　金属材料可分为铁磁性材料（在外磁场中能强烈地被磁化，如铁、钴等）、顺磁性材料（在外磁场中只能微弱地被磁化，如锰、铬等）和抗磁性材料（能抗拒或削弱外磁场对材料本身的磁化作用，如铜、锌等）三类。铁磁性材料可用于制造变压器、电动机、测量仪表等；顺磁性材料用于微波放大器、激光器的研究；抗磁性材料则用于要求避免电磁场干扰的零件和结构材料，如航海罗盘。

3.2.4 金属材料化学性能

金属的化学性能是指材料在所处介质中的化学稳定性。即材料是否会与介质发生化学和电化学作用而引起腐蚀，主要为耐腐蚀性和抗氧化性。

金属和合金对周围介质如大气、水汽等各种电解液侵蚀的抵抗能力叫做耐腐蚀性。金属和合金在高温条件下，不仅有自由氧的氧化腐蚀过程，还有其他气体介质如水蒸气、CO_2、SO_2 等的氧化腐蚀作用，即氧化性，如锅炉给水中的含氧量和其他介质中的硫及其他杂质的含量，对钢的氧化有一定影响。

3.3　钢的热处理

钢铁在固态下通过加热、保温和不同的冷却方式，改变其组织，以满足所要求的物理、

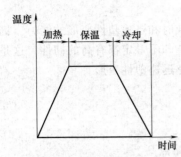

图 3-11　钢的热处理工艺曲线

化学与力学性能，这样的加工工艺称为热处理。经过热处理的设备和零件，可使其材料各种性能按所需要求得到改善和提高，充分发挥合金元素的作用和材料潜力，延长使用寿命和节约金属材料的消耗。钢的常规热处理工艺一般分为退火、正火、淬火和回火。如图 3-11 所示为钢的热处理工艺曲线。

（1）退火与正火

退火是把工件加热到临界点以上的某一温度，保温一段时间，然后随炉一起缓慢冷却下来，以得到接近平衡状态组织的一种热处理方法。正火是将工件加热到临界点以上 30～50℃，保温后将工件从炉中取出置于空气中冷却下来。它的冷却速度要比退火的快一些，因而晶粒细化。

退火和正火的作用相似：改变材料硬度以便进行切削加工；使组织均匀化消除残余应力；细化晶粒提高钢的力学性能。

（2）淬火与回火

淬火是将钢加热至淬火温度临界点以上 30～50℃，并保温一定时间，然后在淬火冷却介质中冷却得到马氏体或下贝氏体组织的一种热处理工艺。淬火的目的是提高硬度、强度和耐磨性。淬火介质的冷却能力按以下次序递进：空气、油、盐水、水。合金钢导热性比碳钢差，为防止产生过高应力，一般都在油中淬火；碳钢可在水和盐水中淬火。

回火是在零件淬火后再进行一次较低温度的加热保温与冷却的处理工艺，其目的是稳定组织，减少或消除内应力，获得工件要求的力学性能。工件经淬火后，硬度高而脆性大。为满足各种工件的不同性能要求，可通过适当回火的配合来调整硬度，减少脆性，得到需要的韧性、塑性。

① 低温回火　零件经淬火后，再加热至 150～250℃，保持 1～3h，然后在空气中冷却，得到回火马氏体，硬度比淬火马氏体稍低，但残余应力得到部分清除，脆性有所降低。一般对需要硬度高、强度大、耐磨的零件进行低温回火处理。

② 中温回火　在 350～500℃ 回火，得到回火屈氏体组织，具有较高的韧性、弹性极限和屈服强度。一般用于处理各种弹性零件，如弹簧、发条、锻模、冲击工具等。

③ 高温回火　在 500～650℃ 回火，得到回火索氏体组织，具有良好的综合力学性能，零件的强度、韧性、塑性都较好，并可消除材料内应力。

④ 调质处理　淬火加高温回火，得到回火索氏体组织，大大改善零件的综合力学性能。调质处理广泛用于各种重要的机器结构件，特别是受交变载荷的零件，如齿轮、轴、连杆等。

（3）化学热处理

将零件放在某种化学介质中，通过加热、保温、冷却等过程，使介质中的某元素渗入零件表面，改善表面层的化学成分和组织结构，从而使零件表面具有某些性能。如渗碳或碳与氮共渗（氰化）可提高零件的硬度及耐磨性。渗氮提高零件的疲劳强度及抗大气腐蚀性。渗铝、渗铬、渗硅提高抗蚀性及高温抗氧化性。

压力容器焊接工作全部结束并且经过检验合格后，在耐压试验前进行焊后热处理。

3.4　化工机器与化工设备用钢

3.4.1　化工机器零部件用钢

（1）轴瓦常用材料

① 金属材料　应用最广泛、性能最好的金属材料是锡基轴承合金、铅基轴承合金和铜基轴承合金。

锡基轴承合金、铅基轴承合金（如 ZSnSb11Cu6、ZPbSb16Sn16Cu2 等）耐磨性、抗胶合能力、跑合性、导热性、对润滑油的亲和性及塑性都好，但是强度低、价格贵，通常是浇铸在青铜、铸钢或铸铁的轴瓦上，作轴承衬用。

铜基轴承合金有 ZCuPb30、ZCuSn10P1、ZCuAl10Fe3 等。铜基轴承合金具有较高的机械强度和较好的减摩性与耐磨性，因此是最常用的材料。

② 非金属材料　包括塑料、橡胶及硬木等，而以塑料应用最多。塑料轴承具有很好的耐腐蚀性、减摩性和吸振作用。如在塑料中加入石墨或二硫化铝等添加剂，则具有自润性。缺点是承载能力低、热变形大及导热性差。它们适用于轻载、低速及工作温度不高的场合。

③ 粉末合金　粉末合金又称金属陶瓷，含油轴承就是用粉末合金材料制成的，有铁-石墨和青铜-石墨两种，前者应用较广且价廉。含油轴承的优点是在间歇工作的机械上可以长时间不加润滑油；缺点是强度较低，储油量有限。适用于载荷平稳、速度较低的场合。

（2）轴的材料

轴的常用材料是碳钢和合金钢，球墨铸铁也有应用。

碳钢价格低廉，对应力集中的敏感性小，并能通过热处理改善其综合力学性能，故应用很广。一般机械轴，常用 35、45、50 等优质碳素结构钢并经正火或调质处理，其中 45 钢应用最普遍。受力较小或不重要的轴，也可用 Q235、Q255 等碳素结构钢。

合金钢具有较高的机械强度和优越的淬火性能，但其价格较贵，对应力集中比较敏感。常用于要求减轻质量、提高轴颈耐磨性及在非常温条件下工作的轴。常用的有 40Cr、35SiMn、40MnB 等调质，1Cr18Ni9Ti（已不推荐使用）淬火，20Cr 渗碳淬火等，其中 1Cr18Ni9Ti 主要用于在高低温极强腐蚀性条件下工作的轴。

形状复杂的曲轴和凸轮轴，也可采用球墨铸铁制造。球墨铸铁具有价廉、应力集中不敏感、吸振性好和容易铸成复杂的形状等优点，但铸件的品质不易控制。

（3）蜗轮蜗杆材料

① 蜗杆材料　对高速重载的传动，蜗杆材料常用合金渗碳钢（如 20Cr、20CrMnTi 等）渗碳淬火，表面硬度达 56～62HRC（硬度再高易出现裂纹），并经磨削；对中速中载的传动，蜗杆材料可用调质钢（如 45、35CrMo、40Cr、40CrNi 等）表面淬火，表面硬度为 45～55HRC，也需磨削；低速不重要的蜗杆可用 45 钢调质处理，其硬度为 220～300HBS。

② 蜗轮材料　蜗杆传动的失效主要是由较大的齿面相对滑动速度 v_s 引起的。v_s 越大，相应需要选择更好的材料。因而，v_s 是选择材料的依据。

对滑动速度较高（$v_s = 5\sim25\text{m/s}$）、连续工作的重要传动，蜗轮齿圈材料常用锡青铜如 ZCuSn10P1 或 ZCuSn5Pb5Zn5 等，锡青铜的减摩性、耐磨性和抗胶合性能以及切削性能均好，但强度较低，价格较贵；对 $v_s \leqslant 6\sim10\text{m/s}$ 的传动，蜗轮材料可用无锡青铜 ZCuAl10Fe3 或锰黄铜 ZCuZn38Mn2Pb2 等，这两种材料的强度高，价格低廉，但切削性能和抗胶合性能不如锡青铜；$v_s \leqslant 2\text{m/s}$ 且直径较大的蜗轮，可采用灰铸铁 HT150 或 HT200 等。另外，也有用尼龙或增强尼龙来制造蜗轮的。

（4）齿轮材料

齿轮的常用材料是钢材，在某些情况下铸铁、有色金属、粉末冶金和非金属材料也可制作齿轮。

钢制齿轮一般通过热处理来改善其力学性能。按齿面硬度大小，钢齿轮分为硬度不小于 350HBS 的软齿面齿轮和硬度大于 350HBS 的硬齿面齿轮两类。

软齿面齿轮的常用材料为 40、45、35SiMn、40MnB、40Cr 等调质钢，并经调质处理改善其综合力学性能，以适应齿轮的工作要求；对于要求不高的齿轮，可选用 Q275 或 40、45，并经正火处理；对于大直径齿轮（齿顶圆直径 $d_a \geqslant 400 \sim 600\text{mm}$），因锻造困难，常用 ZG310-570、ZG340-640、ZG35SiMn 铸件毛坯，并经正火处理。在一对啮合的齿轮中，小齿轮轮齿的工作循环次数较多，因此，对软齿面齿轮往往选小齿轮的齿面硬度比大齿轮的齿面硬度高 25~40HBS。

硬齿面齿轮的常用材料为经表面淬火处理的调质钢，或用渗碳钢 20、20Cr、20CrMnTi 等经渗碳、淬火处理，也可采用 38CrMoAlA 钢经渗氮处理，以适应齿轮承受变载荷冲击的要求。这类齿轮承载能力高，用于重要传动。

灰铸铁价格便宜，铸造性能和切削加工性能良好，但强度和韧性差，只宜用于低速、轻载或开式传动。常用的灰铸铁有 HT250、HT300、HT350 等。球墨铸铁的力学性能接近钢材，可以代替铸钢制造大齿轮。常用的球墨铸铁有 QT500-5、QT600-2 等。

3.4.2 钢制压力容器材料

（1）钢板

钢板是压力容器最常见的材料，如圆筒一般由钢板卷焊而成，钢板通过冲压或旋压制成封头等。在制造过程中，钢板要经过各种冷热加工，如下料、卷板、焊接、热处理等，因此，钢板应具有较高的强度以及良好的塑性、韧性、冷弯性能和焊接性能。

① 非压力容器专用碳素钢板 碳素钢是压力容器中常用的材料，它不仅供应方便，价格低廉，还有一系列良好的工艺性能和使用性能。压力容器用碳素钢板包括普通碳素钢板和优质碳素钢板。

普通碳素钢板：以 Q235 系列钢板为主要代表，这类钢板属于非压力容器专用钢板，可以在规定的范围内用于制造压力容器的受压元件，表 3-3 给出了 Q235 系列钢的适用范围。

表 3-3　Q235 系列钢的适用范围

钢板牌号	许用设计压力 /MPa	钢板使用温度 /℃	用于容器壳体材料时 钢板厚度限制/mm	不允许盛装的介质
Q235AF	$\leqslant 0.6$	0~250	$\leqslant 12$	不得用于盛装易燃、毒性程度为中度、高度或极度危险的介质
Q235A	$\leqslant 1.0$	0~350	$\leqslant 16$	不得用于液化石油气，以及毒性程度为高度和极度危害的介质
注：上述两个钢号 GB 150—2011 已不允许使用。				
Q235B	$\leqslant 1.6$	0~350	$\leqslant 20$	不得用于盛装毒性程度为高度和极度危害的介质
Q235C	$\leqslant 2.5$	0~400	$\leqslant 30$	

优质碳素钢板：主要是对硫、磷等有害元素的控制更加严格，对钢材的表面质量和内部缺陷的要求也越高。例如 10、15 和 20 号钢等，这类钢强度较低，塑性和可焊性较好，价格低廉，故常用于常压或中、低压容器的制造，也用作支座、垫板等零部件的材料。20 号钢在国家标准 GB 150.2—2011 实施以后不能再用于压力容器的受压元件制造，但外压容器除外。

碳素钢钢板的化学成分见表 3-4，从表中可以看出碳素钢钢板的 S、P 含量均较高，Q235B 和 Q235C 若用于压力容器制造，S、P 含量均需控制在 0.035% 以下。

表 3-4　碳素钢钢板的化学成分（质量分数）　　　　　　　　　单位：%

序号	牌号	标准号	化学成分							
			C	Si	Mn	P	S	Cr	Ni	Cu
						不大于				
1	Q235B	GB/T 700—2006	≤0.20	0.35	1.4	0.045	0.045	0.30		
2	Q235C		≤0.17	0.35	1.4	0.040	0.040			
3	10	GB/T 711—2017	0.07～0.14	0.17～0.37	0.35～0.65	0.035	0.030	0.15	0.30	0.25
4	15		0.12～0.19	0.17～0.37	0.35～0.65	0.035	0.030	0.20	0.30	0.25
5	20		0.17～0.24	0.17～0.37	0.35～0.65	0.035	0.030	0.20	0.30	0.25

注：1. 在 GB/T 700—2006《碳素结构钢》中共有 Q195、Q215、Q235、Q275 4 个牌号，其中的 Q235B 和 Q235C 虽不是压力容器专用钢板，但允许有条件用于制造压力容器。

2. GB/T 700—2006 中的所有牌号的钢，氮含量应不大于 0.008%，如超过此值，氮含量每增加 0.001% 磷含量应减少 0.005%，熔炼分析氮的最大含量应不大于 0.012%；如果钢中的酸溶铝含量不小于 0.015% 或铝含量不小于 0.020%，氮含量上限可以不受限制，固定氮的元素应在质量证明书中注明。

常用碳素钢钢板的力学性能见表 3-5。

表 3-5　常用碳素钢钢板的力学性能（GB/T 700—2006、GB/T 711—2017）

序号	牌号	供货状态	钢板厚度 /mm	屈服强度 σ_s /MPa	抗拉强度 σ_b /MPa	伸长率 δ /%	冲击试验（V 形缺口）		弯曲试验 180°，$b=2a$	
							温度 /℃	纵向冲击吸收功 A_k/J	弯心直径 d/mm	
				不小于				不小于		
1～2	Q235B 和 Q235C	热轧或正火	≤16	235	370～500	26	20	27	钢板厚度 ≤60mm 纵向试样 $d=a$ 横向试样 $d=1.5a$	钢板厚度 >60～100mm 纵向试样 $d=2a$ 横向试样 $d=2.5a$
			>16～40	225						
			>40～60	215		25	0			
			>60～100	205		24				
			>100～150	195		22	−20			
			>150～200	185		21				
3	10	热轧或热处理	≤20		335	32	20	34	钢板厚度≤20 纵向试样 $d=0$	钢板厚度>20 纵向试样 $d=a$
							−20	27		
4	15		≤20		370	30	20	34	钢板厚度≤20 纵向试样 $d=0.5a$	钢板厚度>20 纵向试样 $d=1.5a$
							−20	27		
5	20		≤20		410	28	20	34	钢板厚度≤20 纵向试样 $d=a$	钢板厚度>20 纵向试样 $d=2a$
							−20	27		

注：锅炉和压力容器专用 20 钢板 20R 和 20g 已经统一收入《锅炉和压力容器用钢板》GB/T 713—2014，牌号定为 Q245R。

② 压力容器专用碳素钢与低合金高强度钢板　低合金钢具有较好的力学性能，强度高，塑性好、韧性好，而焊接性能及其他工艺性能也比较好，由于钢中含有一定量的合金元素（总量一般不超过 3%），所以耐腐蚀性远比碳素钢强。由于低合金钢的力学性能好，用它制

造的压力容器重量比碳钢制造的轻 20％～30％，成本也降低许多。采用低合金钢，不仅可以减小容器的厚度，减轻重量，节约钢材，而且还能解决大型压力容器在制造、检验、运输、安装中因厚度太大所带来的各种困难。制造压力容器常用的钢板有 Q245R、Q345R、Q370R、18MnMoNbR、13MnNiMoNbR、15CrMoR、14Cr1MoR、12Cr2Mo1R、12Cr1MoVR 等；其中 Q345R 是屈服点为 340MPa 级的压力容器专用钢板，也是中国压力容器行业使用量最大的钢板，它具有良好的综合力学性能和制造工艺性能，主要用于制造中低压压力容器和多层高压容器。由现行国家标准《锅炉和压力容器用钢板》（GB/T 713—2014）规定，将上述这些厚度为 3～250mm 的钢板列为适用于锅炉及其附件和中常温压力容器受压元件使用，表 3-6 和表 3-7 分别列出了这些钢板的化学成分、力学性能及工艺性能。

表 3-6　压力容器用碳素钢和低合金钢钢板（部分）的化学成分（GB/T 713—2014）

序号	牌号	化学成分（质量分数）/％												
		C[①]	Si	Mn	Cu	Ni	Cr	Mo	Nb	V	Ti	TAl[②]	P	S
1	Q245R	≤0.20	≤0.35	0.50~1.10	≤0.30	≤0.30	≤0.30	≤0.08	≤0.05	≤0.05	≤0.03	≥0.02	≤0.025	≤0.01
2	Q345R	≤0.20	≤0.55	1.20~1.70	≤0.30	≤0.30	≤0.30	≤0.08		≤0.05	≤0.03	≥0.02	≤0.025	≤0.01
3	Q370R	≤0.18	≤0.55	1.20~1.70	≤0.30	≤0.30	≤0.30	≤0.08	0.015~0.05	≤0.05	≤0.03		≤0.02	≤0.01
4	Q420R	≤0.20	≤0.55	1.30~1.70	≤0.30	0.20~0.50	≤0.30	≤0.08	0.015~0.05	≤0.10	≤0.03		≤0.02	≤0.01
5	18MnMoNbR	≤0.21	0.15~0.50	1.20~1.60	≤0.30		≤0.30	0.45~0.65	0.025~0.05				≤0.02	≤0.01
6	13MnNiMoR	≤0.15	0.15~0.50	1.20~1.60	≤0.30	0.60~1.00	0.20~0.40	0.20~0.40	0.005~0.02				≤0.02	≤0.01
7	15CrMoR	0.08~0.18	0.15~0.40	0.40~0.70	≤0.30	≤0.30	0.80~1.20	0.45~0.60	—	—	—	—	≤0.025	≤0.01
8	14Cr1MoR	≤0.17	0.50~0.80	0.40~0.65	≤0.30	≤0.30	1.15~1.50	0.45~0.65	—	—	—	—	≤0.02	≤0.01
9	12Cr2Mo1R	0.08~0.15	≤0.50	0.40~0.60	≤0.20	≤0.30	2.00~2.50	0.90~1.10	—	—	—	—	≤0.02	≤0.01
10	12Cr1MoVR	0.08~0.15	0.15~0.40	0.40~0.70	≤0.30	≤0.30	0.90~1.20	0.25~0.35		0.15~0.30			≤0.025	≤0.01
11	12Cr2Mo1VR	0.11~0.15	≤0.10	0.30~0.60	≤0.20	≤0.25	2.00~2.50	0.90~1.10	≤0.07	0.25~0.35	≤0.03		≤0.01	≤0.05

① 因为焊接工艺需要，钢板的碳含量下限可不作要求，供需双方协议确定；

② TAl（Total Al），简称全铝，为钢中铝的总含量。

注：1. Q245R、Q345R 和 Q370R 中，Cu+Ni+Cr+Mo≤0.70；12Cr2Mo1VR 中 B≤0.002，Ca≤0.015。

2. 表中没有全部列出国家标准 GB/T 713—2014 规定的所有钢板牌号。

从表 3-6 所列各牌号钢的化学成分可知，为了获取良好的塑性和焊接性能，各牌号钢都将碳（C）含量控制在较低的水平；硅（Si）会提高钢的强度和冷加工硬化程度，从而使钢的塑性降低、焊接性能恶化，因此，硅含量也要控制在低水平；锰（Mn）对提高低碳和中碳珠光体钢的强度有显著作用，还可提高钢的高温瞬时强度。但当锰的质量分数超过 1％时，由于锰能够促进组织晶粒长大，会使钢的焊接性能变坏，因此，必须要在钢中加入细化晶粒的元素，如钼、钒、铌、钛等，表 3-6 中锰的质量分数超过 1％的几个牌号钢，除

Q345R 外，都加了细化晶粒的元素，另外，在焊接工艺中，建议采用小线能量焊接，尤其是焊接 Q345R 时不可使用大的电流；铬（Cr）除了提高钢的强度，特别是钢的高温力学性能外，还可以使钢具有良好的抗腐蚀性和抗氧化性，这也是大部分低合金钢都含有铬的原因，含有铬的钢材会显著提高钢的脆性转变温度，还会促进钢的回火脆性，因此，要控制回火温度；钼（Mo）对铁素体有固溶强化作用，还可提高钢的热强性和抗氢腐蚀，所以也是低合金钢的重要添加元素，但要控制含量，因为钼能使低合金钼钢发生石墨化倾向；铌（Nb）元素能够细化晶粒、降低钢的过热敏感性和回火脆性，同时铌还有极好的抗氢性能，还能提高钢的热强性。

表 3-7　压力容器用碳素钢和低合金钢钢板（部分）的力学性能和工艺性能

序号	钢号	钢板标准	交货状态	钢板厚度 /mm	拉伸试验			冲击试验		弯曲试验
					抗拉强度 σ_b/MPa	屈服强度 σ_s/MPa	伸长率 δ/%	温度 /℃	A_k/J	180°, $b=2a$
1	Q245R	GB/T 713	热轧、控轧或正火	3～16	400～520	≥245	≥25	0	≥34	$d=1.5a$
				>16～36		≥235				
				>36～60		≥225				
2	Q345R			3～16	510～640	≥345	≥21	0	≥41	$d=2a$
				>16～36	500～630	≥325				
				>36～60	490～620	≥315				$d=3a$
3	Q370R		正火	10～16	530～630	≥370	≥20	−20	≥47	$d=2a$
				>16～36		≥360				
				>36～60	520～620	≥340				$d=3a$
4	Q420R			10～20	590～720	≥420	≥18	−20	≥60	$d=3a$
				>20～30	570～700	≥400				
5	18MaMoNhR		正火加回火	30～60	570～720	≥400	≥18	0	≥47	$d=3a$
6	13MnNiMoR			30～100	570～720	≥390	≥18	0	≥47	
7	15CrMoR			6～60	450～590	≥295	≥19	≥20	≥47	$d=3a$
				>60～100		≥275				
8	14Cr1MoR			6～100	520～680	≥310	≥19	≥20	≥47	$d=3a$
9	12Cr2Mo1R			6～200	520～680	≥310	≥19	≥20	≥47	$d=3a$
10	12Cr1MoVR			6～60	440～590	≥245	≥19	≥20	≥47	$d=3a$
11	12Cr2Mo1VR			6～200	590～760	≥415	≥17	−20	≥60	—

注：1. 序号 1～4 对应牌号钢中，厚度较大的钢板，本表未进行摘引。

　　2. "弯曲试验"栏下，a 为试件厚度，b 为试件宽度，d 为弯曲压头直径。

③ 低温容器用钢板　随着低温工业和深冷技术的发展，越来越多的压力容器需要在较低的温度下进行，如低温液化气体储罐等。所谓低温容器，各国规定的界限不大相同，例如美国为＜−30℃；法国为≤−20℃；日本、德国为＜0℃；而我国为≤−20℃。

16MnDR、15MnNiDR 和 09MnNiDR 三种钢板是工作在−20℃及更低温度的压力容器专用钢板，即低温压力容器用钢，D 表示低温用钢。16MnDR 是制造≤−40℃压力容器的经济而成熟的钢种，可用于制造液氨储罐等设备。在 16MnDR 的基础上，降低碳含量并加镍和微量钒而研制成功的 15MnNiDR，提高了低温韧性，常用于制造−40℃级低温球形容器。09MnNiDR 是一种−70℃级低温压力容器用钢，用于制造液丙烯（−43.70℃）、液硫化氢（−61℃）等设备。

我国现行的国家标准《低温压力容器用钢板》（GB/T 3531—2014）规定了低温压力容器适用的钢板材料，共计 6 个牌号钢，其化学成分、力学性能和工艺性能分别见表 3-8 和表 3-9。

表 3-8 部分低温压力容器用低合金钢钢板化学成分

序号	牌号	化学成分/%（质量分数）									
		C	Si	Mn	Ni	Nb	Mo	V	TAl[①]	P	S
1	16MnDR	≤0.20	0.15～0.50	1.20～1.60	≤0.40	—	—	—	≥0.02	≤0.02	≤0.01
2	15MnNiDR	≤0.18	0.15～0.50	1.20～1.60	0.20～0.60	—	—	≤0.05	≥0.02	≤0.02	≤0.008
3	09MnNiDR	≤0.12	0.15～0.50	1.20～1.60	0.30～0.80	≤0.04	—	≤0.05	≥0.02	≤0.02	≤0.008
4	15MnNiNbDR	≤0.18	0.15～0.50	1.20～1.60	0.30～0.70	0.015～0.04	—	—	—	≤0.02	≤0.008
5	08Ni3DR	≤0.10	0.15～0.35	0.30～0.80	3.25～3.70	—	≤0.12	≤0.05	—	≤0.015	≤0.005
6	06Ni9DR	≤0.08	0.15～0.35	0.30～0.80	8.50～10.00	—	≤0.10	≤0.01	—	≤0.008	≤0.004

① 表示可以用测定 Als（酸溶性铝）代替全铝 TAl，此时 Als 含量应不小于 0.015%；当钢中 Nb+V+Ti≥0.015% 时，Al 含量不作要求。

注：为改善钢板的性能，钢中可添加 Nb、V、Ti 等元素，Nb+V+Ti≤0.12%，元素质量分数应在质量证明书中注明。

表 3-9 部分低温压力容器用低合金钢钢板力学性能和工艺性能（GB/T 3531—2014）

序号	钢号	交货状态	钢板厚度/mm	拉伸试验			冲击试验		弯曲试验
				抗拉强度 σ_b/MPa	屈服强度 σ_s[①]/MPa	伸长率 δ/%	温度/℃	A_k/J	180° $b=2a$
1	16MnDR	正火，正火加回火	6～16	490～620	≥315	≥21	−40	≥47	$d=2a$
			>16～36	470～600	≥295				
			36～60	460～590	≥285				$d=3a$
2	15MnNiDR		6～16	490～620	≥325	≥20	−45	≥60	$d=3a$
			>16～36	480～610	≥315				
			36～60	470～600	≥305				
3	09MnNiDR	正火，正火加回火	6～16	440～570	≥300	≥23	−70	≥60	$d=2a$
			>16～36	430～560	≥280				
			36～60	430～560	≥270				
4	15MnNiNbDR		10～16	530～630	≥370	≥20	−50	≥60	$d=3a$
			>16～36	530～630	≥360				
			36～60	520～620	≥350				
5	08Ni3DR		6～60	490～620	≥320	≥21	−100	≥60	$d=3a$
6	06Ni9DR	淬火加回火[②]	5～30	680～820	≥560	≥18	−196	≥100	$d=3a$
			>30～50		≥550				

① 表示在试验中屈服现象不明显时，可测量 $\sigma_{0.2}$ 代替 σ_s。

② 表示对于厚度不大于 12mm 的钢板可两次正火加回火状态交货。

注："弯曲试验"栏内 a、b 为试件厚度和宽度，d 为弯曲压头直径。

④ **高温容器用钢板** 在高温下承载的压力容器考虑材料的抗蠕变能力。GB 150—2011 列入的低合金耐热钢板号为：15CrMoR 和 12Cr2Mo1R。15CrMoR 是中温抗氢钢板，常用于制造壁温不超过 560℃ 的压力容器。此外，尚可用的钢号有 14Cr1MoR、12Cr1MoVR 等。有些承压部件可能工作温度更高一些，则应采用高合金镍铬钢，如 06Cr19Ni10、06Cr18Ni11Ti、1Cr18Ni9Ti 等，这些钢的使用温度上限可达到 700℃。

⑤ **不锈钢板** 不锈耐酸钢在空气、水、酸、碱及其他化学侵蚀性介质中具有较高的稳定性。

铬钢 06Cr13 是常用的铁素体不锈钢，有较高的强度、塑性、韧性和良好的切削加工性能，在室温的稀硝酸以及弱有机酸中有一定的耐腐蚀性，但不耐硫酸、盐酸、热磷酸等介质的腐蚀。

06Cr19Ni10、06Cr18Ni11Ti、022Cr19Ni10 这三种钢均属于奥氏体不锈钢。其中，06Cr19Ni10 在固溶态具有良好的塑性、韧性、冷加工性，在氧化性酸和大气、水、蒸汽等介质中耐腐蚀性亦佳，但长期在水及蒸汽中工作时，06Cr19Ni10 有晶间腐蚀倾向，并且在氯化物溶液中易发生应力腐蚀开裂。06Cr18Ni11Ti 具有较高的抗晶间腐蚀能力及高温强度，可在 −196～600℃ 的范围内长期使用。022Cr19Ni10 为超低碳不锈钢，具有更好的耐蚀性。

022Cr19Ni5Mo3Si2N 是奥氏体-铁素体双相不锈钢，耐应力腐蚀、小孔腐蚀的性能良好，适用于制造介质中含氯离子的设备。

部分常用不锈钢牌号及其力学性能如表 3-10 所示。

表 3-10　部分不锈钢牌号及其力学性能（GB/T 24511—2017）

序号	国标牌号	美标牌号	规定非比例延伸强度 $\sigma_{0.2}$/MPa	抗拉强度 σ_b/MPa	断后伸长率 δ/%	硬度值		
						HBW	HRB 或（HRC）	HV
			不小于			不大于		
1	06Cr19Ni10	S30408	205	520	40	201	92	210
2	07Cr19Ni10	S30409	205	520	40	201	92	210
3	06Cr18Ni11Ti	S32168	205	520	40	217	95	220
4	06Cr17Ni12Mo2	S31608	205	520	40	217	95	220
5	06Cr17Ni12Mo2Ti	S31668	205	520	40	217	95	220
6	06Cr19Ni13Mo3	S31708	205	520	35	217	95	220
7	022Cr19Ni10	S30403	180	490	40	201	92	210
8	022Cr17Ni12Mo2	S31603	180	490	40	217	95	220
9	022Cr19Ni13Mo3	S31703	205	520	40	217	95	220
10	015Cr21Ni25Mo5Cu2	S39042	220	490	35		90	
11	022Cr19Ni25Mo3Si2N	S21953	440	630	25	290	31	
12	022Cr22Ni5Mo3N	S22253	450	620	25	293	31	
13	022Cr23Ni5Mo3N	S22053	450	620	25	293	31	
14	06Cr13	S11306	205	415	20	183	89	200
15	06Cr13Al	S11348	170	415	20	179	88	200
16	019Cr19Mo2NiTi	S11972	275	415	20	217	96	230
17	06Cr25Ni20	S31008	205	515	40	217	95	220
18	022Cr25Ni17Mo4N	S25073	550	800	15	300	22	

注：序号为 14～16 的三种牌号钢要冷弯 180°，弯芯直径 d 等于 2 倍钢板厚度。

⑥ 复合钢板　复合钢板是一种新型材料，是指不锈钢或其他金属材料与普通钢板通过爆炸、轧制或爆炸轧制等技术工艺复合而成的钢板，主要包括不锈钢-钢复合板、镍-钢复合板、钛-钢复合板以及铜-钢复合板等。例如，将不锈钢板与普通钢板（碳素结构钢、低合金高强度结构钢、优质碳素结构钢等）复合而成的钢板称为不锈钢-钢复合钢板。一般复层（不锈钢）厚度仅为基层（碳钢和普通低合金钢）厚度的 1/10～1/3。基层作用是承受强度，复层则作为防腐层，与介质接触，因此，特别适用于既要耐蚀又要传热效率高的设备。不锈钢-钢复合钢板同时具有两种不同钢种的特性，既有不锈钢的耐蚀性，又有普通钢价格低廉、刚度好等优点。复合钢板是为了保护普通钢板免遭锈蚀，还可用电镀、粘黏和喷涂等方法，在钢板的表面罩上一层防护"外衣"，形成复合钢板。

（2）钢管

钢管分为有缝的焊接钢管和热轧或冷拔的无缝钢管两类。两类钢管都分别有相对应的国家标准，《低压流体输送用焊接钢管》（GB/T 3091—2015）为有缝的焊接钢管现行的国家标准，该标准主要适用于水、污水、煤气、空气、取暖蒸气等较低压力的流体输送过程中的钢管，钢管材质一般为低碳钢。《流体输送用不锈钢焊接钢管》（GB/T 12771—2019）为不锈钢焊接钢管现行的国家标准，当输送低压腐蚀性介质时通常会使用不锈钢焊接钢管，这类钢管的代表性牌号分别有：06Cr13、06Cr19Ni10、022Cr19Ni10、022Cr18Ti、06Cr18Ni11Nb、022Cr17Ni12Mo2 等。

无缝钢管有冷拔管和热轧管，前者直径和壁厚均较小，制备材料大多是采用 10、20 等优质碳素钢，当然也可以采用合金钢。当工作压力超过 0.6MPa 时，不允许使用有缝钢管来输送介质，因此，无缝钢管广泛用于压力容器和化工设备中。例如，压力容器的接管、换热管等常用无缝钢管制造。它们通过焊接与容器壳体、法兰等连接在一起。一般要求钢管有较高的强度、塑性和良好的焊接性能。无缝钢管常用的碳素钢、低合金钢分别有 10、20、16Mn、15MnV、09Mn2V、16Mo 等；不锈钢钢管材料有 0Cr13、1Cr18Ni9Ti、0Cr18Ni12Ti 等。无缝钢管涉及的国家标准较多，根据应用的专业领域不同，主要有以下 5 个常用的国家标准，分别为：《输送流体用无缝钢管》（GB/T 8163—2018）、《高压化肥设备用无缝钢管》（GB/T 6479—2013）、《石油裂化用无缝钢管》（GB/T 9948—2013）、《锅炉、热交换器用不锈钢无缝钢管》（GB/T 13296—2013）和《流体输送用不锈钢无缝钢管》（GB/T 14976—2012）。每个标准规定所使用的材质、尺寸、外径和壁厚的允许偏差、制造方法、检验项目和要求等。在化工设备设计图样中所使用的无缝钢管（包括做筒体用）都必须注明钢管的标准号。容器制造厂要按标准要求验收所采购的钢管。

（3）锻件

化工设备和高压容器的平盖、端部法兰与接管法兰、整锻件补强用元件等常用锻件制造。根据锻件检验项目和数量的不同，中国压力容器锻件标准中，将锻件分为 Ⅰ、Ⅱ、Ⅲ、Ⅳ 四个级别，各个级别对应的检验项目和检验数量如表 3-11 所示。从表中可以看出，Ⅰ级锻件只需逐件检验硬度，而Ⅳ级锻件却要逐件进行超声检测，并逐件进行拉伸和冲击试验。由于检验项目的不同，同一材料锻件的价格随级别的提高而升高。压力容器上使用的锻件不得低于Ⅱ级，当锻件的截面尺寸大于 300mm 时，或者使用该锻件的容器盛装极度或高度危害的介质，且锻件截面尺寸达 50mm 时，锻件级别不得低于Ⅲ级。设备总图的技术条件中应注明锻件级别，区分了锻件与钢管，如 16MnⅡ，验收设备时应查验锻件质量证明书。证明书上的化学成分与力学性能均应符合所选标准之规定。

表 3-11　锻件级别、检验项目和检验数量

锻件级别	检验项目	检验数量
Ⅰ	硬度（HBW）	逐件检查
Ⅱ	拉伸和冲击（σ_b、σ_s、δ、A_k）	同冶炼炉号、同炉热处理，锻造工艺、锻造比和厚度相近的锻件组成一批，每批抽检公称厚度最大的一件
Ⅲ	拉伸和冲击（σ_b、σ_s、δ、A_k）	逐件检查
	超声检测	逐件检查
Ⅳ	拉伸和冲击（σ_b、σ_s、δ、A_k）	逐件检查
	超声检测	逐件检查

原锻件标准 JB/T 4726～4728 已被现行 NB/T 47008～47010 承压设备用锻件新标准取代。NB/T 表示能源行业推荐性标准，在原 JB 行业标准中，凡是由国家能源局发布的标准均将 JB 改用 NB 表示。其中，NB/T 47008～47010—2017 承压设备用的锻件新标准还是按三类锻件材料：碳素钢和合金结构钢、低温用钢、高合金钢分别制定的。

根据现行国家标准《压力容器 第 2 部分：材料》（GB/T 150.2—2011），将所涉及的三

类钢锻件的力学性能分别摘引，见表 3-12～表 3-14。

表 3-12　压力容器用碳素钢和合金结构钢锻件力学性能（NB/T 47008—2017）

序号	钢号	公称厚度/mm	热处理状态	回火温度/℃ 不低于	σb/MPa	σs/MPa 不小于	δ/% 不小于	Ak/J 不小于	冲击试验温度/℃	布氏硬度 HBW
1	20	≤100	N, N+T	620	410～560	235	24	34	0	110～160
		>100～200			400～550	225				
		>200～300			380～530	205				
2	35	≤100	N, N+T	590	510～670	265	18	41	20	136～192
		>100～300			490～640	245				
3	16Mn	≤100	N, N+T Q+T	620	480～630	305	20	41	0	128～180
		>100～200			470～620	295				
		>200～300			450～600	275				
4	14Cr1Mo	≤300	N+T, Q+T	620	490～660	290	19	47	20	—
		>300～500			480～650	280				
5	20MnMo	≤300	Q+T	620	530～700	370	18	47		—
		>300～500			510～680	350				
		>500～850			490～660	330				
6	20MnMoNb	≤300	Q+T	630	620～790	470	16	47		—
		>300～500			610～780	460				
7	15CrMo	≤300	N+T, Q+T	620	480～640	280	20	47		118～180
		>300～500			470～630	270				115～178
8	35CrMo	≤300	Q+T	580	620～790	440	15	41	0	—
		>300～500			610～780	430				
9	12Cr1MoV	≤300	N+T, Q+T	680	470～630	280	20	47	20	118～180
		>300～500			460～620	270				115～178
10	12Cr2Mo1	≤300	N+T, Q+T	680	510～680	310	18	47	20	125～180
		>300～500			500～670	300				
11	12Cr5Mo	≤500	N+T, Q+T	680	590～760	390	158	47	20	—

注：1. 如屈服现象不明显，屈服强度区 σ0.2。
　　2. 热处理状态代号：N—正火；Q—淬火；T—回火。

表 3-13　低温压力容器用钢锻件力学性能（NB/T 47009—2017）

材料牌号	公称厚度/mm	热处理状态	回火温度/℃ 不低于	拉伸性能 σb/MPa	σs/MPa 不小于	δ/% 不小于	冲击吸收能量 试验温度/℃	Ak/J 不小于
16MnD	≤100	Q+T	620	480～630	305	20	−45	47
	>100～200			470～620	295		−40	
	>200～300			450～600	275			
20MnMoD	≤300	Q+T	620	530～700	370	18	−40	60
	>300～500			510～680	350			
	>500～700			490～660	330		−30	
08MnNiMoVD	≤300	Q+T	620	600～760	480	17	−40	80
10Ni3MoVD	≤300	Q+T	620	600～760	480	17	−50	80
09MnNiD	≤200	Q+T	620	440～590	280	23	−70	60
	>200～300			430～580	270			
08Ni3D	≤300	Q+T	620	460～610	260	21	−100	60
06Ni9D	≤125	Q+T	620	680～840	550	18	−196	60

注：1. 如屈服现象不明显，屈服强度取 σ0.2。
　　2. 热处理状态代号：Q—淬火；T—回火。

表 3-14　压力容器用不锈钢和耐热钢锻件力学性能（NB/T 47010—2017）

钢号	公称厚度/mm	热处理状态	σ_b/MPa	$\sigma_{0.2}$/MPa	δ/%	HBW
				$\geqslant$		
06Cr13(S11306)	≤150	A(800～900℃ 缓冷)	410	205	20	110～163
06Cr19Ni10(S30408)	≤150	S(1010～1150℃ 快冷)	520	220	35	139～192
	>150～300		500	220	35	131～187
022Cr19Ni10(S30403)	≤150	S(1010～1150℃ 快冷)	480	210	35	128～187
	>150～300		460	210	35	121～187
06Cr17Ni12Mo2(S31608)	≤150	S(1010～1150℃ 快冷)	520	220	35	139～187
	>150～300		500	220	35	131～187
022Cr17Ni12Mo2(S31603)	≤150	S(1010～1150℃ 快冷)	480	210	35	128～187
	>150～300		460	210	35	121～187
022Cr19Ni13Mo3(S31703)	≤150	S(1010～1150℃ 快冷)	480	195	35	128～187
	>150～300		460	195	35	121～187
06Cr18Ni11Ti(S32168)	≤150	S(920～1150℃ 快冷)	520	205	35	139～187
	>150～300		500	205	35	131～187
06Cr17Ni12Mo2Ti(S31668)	≤150	S(1010～1150℃ 快冷)	520	210	35	139～187
	>150～300		500	210	35	131～187
022Cr19Ni5Mo3Si2N(S21953)	≤150	S(950～1050℃ 快冷)	590	390	25	—

注：A—退火；S—固溶。

（4）压力容器材料的选用原则

压力容器受压元件用钢应当是氧气转炉或者电炉冶炼的镇静钢。对标准抗拉强度下限值大于或等于 540MPa 的低合金钢板和奥氏体-铁素体不锈钢钢板，以及设计温度低于−20℃的低温钢板和低温钢锻件，还应当采用炉外精炼工艺。

由于压力容器是具有爆炸危险的特种设备，近 20 多年来，国家锅炉压力容器安全监察机构颁布了《压力容器安全技术监察规程》《锅炉压力容器压力管道焊工考试管理规则》等法则，以及相应的产品标准。GB/T 150.2—2011《压力容器 第 2 部分：材料》中对压力容器用钢（钢板、钢管、锻件等）作了规定。GB/T 3531—2014《低温压力容器用钢板》、GB/T 713—2014《锅炉和压力容器用钢板》、NB/T 47008—2017《承压设备用碳素钢和合金钢锻件》、NB/T 47009—2017《低温承压设备用合金钢锻件》和 NB/T 47010—2017《承压设备用不锈钢和耐热钢锻件》等针对压力容器的特点，规定了用于压力容器钢材的技术要求。选用压力容器钢材时，应注意如下问题。

① 选用压力容器材料时，必须考虑容器的工作条件，如温度、压力和介质特征；材料的使用性能，如力学性能、物理性能和化学性能；加工性能，如材料的焊接性能和冷加工性能；经济合理性能，如材料的价格、制造费用和使用寿命。

② 钢制压力容器用材料应按照国家标准 GB/T 150.2—2011《压力容器 第 2 部分：材料》中所列材料选用。标准中规定设计压力不大于 35MPa，对于超出规定的，应进行具体分析，并进行试验，经过研究以后再决定。

③ 钢材的使用温度最高不超过各钢号许用应力中所对应的上限温度。但要注意，碳素钢和碳锰钢在高于 425℃下长期使用时，应考虑钢中碳化物的石墨化倾向。奥氏体钢的使用温度高于 525℃时，钢中含碳量不应小于 0.04%。对于≤−20℃的低温容器用材料，还应进行夏比"V"形缺口冲击试验。

④ 压力容器受压元件用钢材的质量及规格符合相应的国标、部标和有关技术条件要求，并应由平炉、电炉或氧化炉炼制。钢材制造厂必须保证质量，并提供质量证明书。证明书中应列出炉号、批号、实测的化学成分和力学性能（对奥氏体不锈钢可不提供值），以及熔炼、

热处理状态。

⑤ 压力容器非受压元件用钢必须有良好的可焊性。

⑥ 在考虑压力容器受压元件有足够的强度情况下，必须考虑它的韧性，以防止在外加载荷作用下发生脆性破坏。

3.4.3 锅炉和压力容器用钢板新旧标准

2008 年颁布实施的 GB 713—2008《锅炉和压力容器用钢板》全部代替了 GB 713—1997《锅炉用钢板》和 GB 6654—1996《压力容器用钢板》，具体改变如下：

①扩大钢板厚度、宽度范围；②改变标准名称和牌号表示方法；③取消 15MnVR、15MnVNR，纳入 14Cr1MoR 和 12Cr2Mo1R；④20R 和 20g 合并为 Q245R，16MnR 和 16Mng、19Mng 合并为 Q345R，13MnNiMoNbR 和 13MnNiCrMoNbg 合并为 13MnNiMoR，15CrMog 和 15CrMoR 合并后改为 15CrMoR，增加了 14Cr1MoR 和 12Cr1MoR；⑤降低各牌号的 S、P 含量；⑥提高各牌号的 V 型冲击功指标；⑦取消 20g、16Mng 时效冲击试验。

现行国家标准 GB/T 713—2014《锅炉和压力容器用钢板》于 2015 年开始实施，全部代替了 GB 713—2008《锅炉和压力容器用钢板》，在 GB 713—2008 的基础上，进一步扩大了钢板厚度范围，降低了各牌号的 S、P 含量上限，提高了各牌号的夏比 V 形冲击吸收能量指标，并将 Q420R、07Cr2AlMoR、12Cr2Mo1VR 等牌号纳入标准，规定了钢锭、电渣重熔坯压缩比及大单重钢板组批原则。

其中，钢牌号表示方法为：碳素钢和低合金高强度钢的牌号用屈服强度值和"屈"字、压力容器"容"字的汉语拼音首位字母表示，例如 Q345R；钼钢、铬-钼钢的牌号用平均含碳量和合金元素字母、压力容器"容"字的汉语拼音首位字母表示，例如 15CrMoR。

锅炉和压力容器用钢板新旧牌号对照见表 3-15。

表 3-15　锅炉和压力容器用钢板新旧牌号对照表

GB/T 713—2014	GB 713—2008	GB 713—1997	GB 6654—1996
Q245R	Q245R	20g	20R
Q345R	Q345R	16Mng、19Mng	16MnR
Q370R	Q370R		15MnNbR
18MnMoNbR	18MnMoNbR		18MnMoNbR
13MnNiMoR	13MnNiMoR	13MnNiCrMoNbg	13MnNiMoNbR
15CrMoR	15CrMoR	15CrMog	15CrMoR
12Cr1MoVR	12Cr1MoVR	12Cr1MoVg	
14Cr1MoR	14Cr1MoR		
12Cr2Mo1R	12Cr2Mo1R		
Q420R			
07Cr2AlMoR			
12Cr2Mo1VR			

习题与简解

扫描二维码获取

第4章 腐蚀与密封

4.1 腐蚀

腐蚀一词起源于拉丁文"corrodere",意为"损坏""腐烂"。金属腐蚀的定义为:金属与其周围介质发生化学或电化学作用而产生的破坏。

4.1.1 腐蚀分类

4.1.1.1 按腐蚀机理分类

按腐蚀机理分为化学腐蚀和电化学腐蚀两类。

(1)化学腐蚀

化学腐蚀是指金属与非电解质直接发生化学作用而引起的破坏。腐蚀过程是一种纯氧化和还原的化学反应,即腐蚀介质直接与金属表面的原子相互作用而形成腐蚀产物。化学腐蚀的特点是反应进行过程中没有电流产生,其过程符合化学动力学规律。

(2)电化学腐蚀

电化学腐蚀是金属与电解质溶液发生电化学作用而引起的破坏,反应过程同时有阳极失去电子、阴极获得电子的流动(电流),其历程服从电化学动力学的基本规律。化工生产中绝大多数腐蚀破坏事故都属于电化学腐蚀。

4.1.1.2 按金属破坏的特征分类

按金属破坏的特征,可分为全面腐蚀和局部腐蚀两类。

(1)全面腐蚀

全面腐蚀是指腐蚀作用发生在整个金属表面上,它可能是均匀的,也可能是不均匀的。碳钢在强酸、强碱中的腐蚀属于均匀腐蚀,这种腐蚀是在整个金属表面以同一腐蚀速率向金属内部蔓延,相对来说危险较小,因为事先可以预测,设计时可根据机器、设备要求的使用寿命估算腐蚀裕度。

(2)局部腐蚀

局部腐蚀是指腐蚀集中在金属内部某一区域,而其他部分几乎没有腐蚀或腐蚀很轻微,局部腐蚀的类型很多,主要有以下几种。

① 应力腐蚀破裂 在拉应力和特定腐蚀介质联合作用下,以显著的速率发生和扩展的一种开裂破坏。

② 腐蚀疲劳　金属在腐蚀介质和交变应力或脉动应力作用下产生的腐蚀。

③ 磨损腐蚀　金属在高速流动或含固体颗粒的腐蚀介质中，以及摩擦副在腐蚀性介质中发生的腐蚀破坏。

④ 小孔腐蚀　腐蚀破坏主要集中在某些活性点上，蚀孔的直径等于或小于蚀孔的深度，严重时可导致设备穿孔。

⑤ 晶间腐蚀　腐蚀沿晶间进行，使晶粒间失去结合力，金属机械强度急剧降低。破坏前金属外观往往无明显变化。

⑥ 缝隙腐蚀　发生在铆接、螺纹连接、焊接接头、密封垫片等缝隙处的腐蚀。

⑦ 电偶腐蚀　在电解质溶液中，异种金属接触时，电位较正的金属促使电位较负的金属加速腐蚀。

其他如氢脆、选择性腐蚀、空泡腐蚀、丝状腐蚀等都属于局部腐蚀。

此外，还可以按照腐蚀环境将金属腐蚀分为：大气腐蚀、土壤腐蚀、电解质溶液腐蚀、熔融盐中的腐蚀以及高温气体腐蚀等。

4.1.2　腐蚀机理

4.1.2.1　电化学腐蚀

电化学腐蚀是指金属与电解质溶液相接触产生电化学作用引起的破坏，电化学腐蚀过程是一种原电池工作过程，腐蚀过程中有电流存在，使其中电位较负的部分（阳极）失去电子而遭受腐蚀。

（1）原电池构成

将两个不同的电极用盐桥和导线连接起来可构成原电池，把锌和硫酸锌水溶液、铜和硫酸铜水溶液连接成如图 4-1 所示的形式，这样就构成了回路，形成了铜锌原电池（亦称丹尼尔电池）。

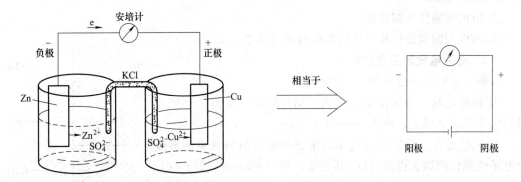

图 4-1　铜锌原电池装置示意

电子流动方向由锌极到铜极，电流方向由铜极到锌极。在电池内，锌极为阳极，铜极为阴极；在电池外，锌极为负极，铜极为正极。

原电池反应过程：锌溶解到硫酸锌溶液中而被腐蚀，电子通过外部导线流向铜而产生电流，同时铜离子在铜上析出，其表达式如下。

正极反应：　　　　　　　　　$Cu^{2+} + 2e \longrightarrow Cu \downarrow$

负极反应：　　　　　　　　　$Zn \longrightarrow Zn^{2+} + 2e$

电池反应：$\qquad Cu^{2+}+Zn\longrightarrow Cu\downarrow+Zn^{2+}$

盐桥是一种充满盐溶液的玻璃管，管的两端分别与两种溶液相连接，形成离子导电通路。

（2）腐蚀电池

如图 4-2 所示，将锌和铜浸到稀硫酸中构成导电回路，铜和锌之间存在电位差，因而产生电动势，回路中电子将从低电位锌极流向高电位铜极。这样电极电位低的锌极即阳极，不断失去电子，变成锌离子进入溶液，出现腐蚀，而电位高的阴极铜得到电子，受到保护。由此可见，在整个电池中总的阳极氧化反应速率和总的阴极还原反应速率都比构成电池之前要大，这就使处于电池阳极的金属腐蚀加大，而处于阴极的金属腐蚀减小或停止，这种腐蚀电池称为宏电池。而由于金属表面化学成分不均一、组织结构不均一、物理状态不均一等因素，在金属或合金表面存在大量微小的阴极和阳极，在电解质溶液中构成短路的微电池系统，产生腐蚀。

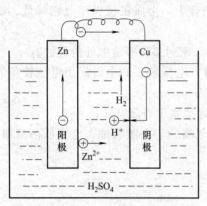

图 4-2　腐蚀电池作用示意

阳极上发生氧化反应使锌原子离子化：$\qquad Zn\longrightarrow Zn^{2+}+2e$

阴极铜棒上发生消耗电子的还原反应：$\qquad 2H^++2e\longrightarrow H_2\uparrow$

腐蚀电池总反应：$\qquad 2Zn+4H^+\longrightarrow 2Zn^{2+}+2H_2\uparrow$

（3）构成腐蚀电池的必要条件

① 同一金属上有不同电位的部分存在电位差（如微电池）或不同金属之间存在电位差（即宏观腐蚀电池）。

② 阳极和阴极互相连接。

③ 阳极和阴极处在相互连接的电解质溶液中。

（4）腐蚀电池的工作过程

腐蚀电池的工作过程如图 4-3 所示。

① 阳极过程　金属溶解，以离子的形式进入溶液，并把当量的电子留在金属上，即 $M\longrightarrow M^{n+}+ne$。

② 阴极过程　从阳极流过来的电子被电解质溶液中能够吸收电子的氧化剂即去极剂（D）所接受，即 $D+ne\longrightarrow[D\cdot ne]$。

③ 电流的流动　电流在金属中是依靠电子从阳极流向阴极，而在溶液中是依靠离子的迁移，这样就使电池系统中的电路构成通路。

（5）电极电位

电极是能够与电解质溶液交换电子的金属或非金属；电位是电荷在电场中某一点所具有的势能，在数值上等于将单位正电荷由无穷远处移动至参考点而反抗电场力所做的功；电极电位是电极与电解质熔液之间的电位差。常用电极电位见表 4-1。

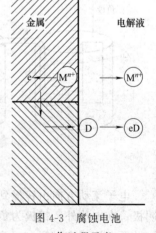

图 4-3　腐蚀电池
工作过程示意

表 4-1 金属在 25℃ 时常用电极电位   单位：V

电极反应	电位	电极反应	电位	电极反应	电位
$K \Longleftrightarrow K^+ + e$	-2.92	$Fe \Longleftrightarrow Fe^{2+} + 2e$	-0.44	$O_2 + 2H_2O + 4e \Longleftrightarrow 4OH^-$	0.40
$Na \Longleftrightarrow Na^+ + e$	-2.71	$Cd \Longleftrightarrow Cd^{2+} + 2e$	-0.40	$Fe^{3+} + e \Longleftrightarrow Fe^{2+}$	0.77
$Mg \Longleftrightarrow Mg^{2+} + 2e$	-2.37	$Co \Longleftrightarrow Co^{2+} + 2e$	-0.28	$Hg \Longleftrightarrow Hg^+ + e$	0.79
$Al \Longleftrightarrow Al^{3+} + 3e$	-1.66	$Ni \Longleftrightarrow Ni^{2+} + 2e$	-0.25	$Ag \Longleftrightarrow Ag^{2+} + 2e$	0.80
$Ti \Longleftrightarrow Ti^{2+} + 2e$	-1.63	$Sn \Longleftrightarrow Sn^{2+} + 2e$	-0.14	$Pd \Longleftrightarrow Pd^{2+} + 2e$	0.99
$V \Longleftrightarrow V^{3+} + 3e$	-0.88	$Pb \Longleftrightarrow Pb^{2+} + 2e$	-0.13	$Pt \Longleftrightarrow Pt^{2+} + 2e$	1.19
$Zn \Longleftrightarrow Zn^{2+} + 2e$	-0.76	$2H^+ + 2e \Longleftrightarrow H_2$	0.00(参比)	$O_2 + 4H^+ + 4e \Longleftrightarrow 2H_2O$	1.23
$Cr \Longleftrightarrow Cr^{3+} + 3e$	-0.74	$Cu \Longleftrightarrow Cu^{2+} + 2e$	0.34	$Au \Longleftrightarrow Au^{3+} + 3e$	1.50

4.1.2.2 化学腐蚀

（1）金属的高温氧化及脱碳

金属的高温氧化及脱碳是一种高温下的气体腐蚀，是化工设备中常见的腐蚀形态之一。

① 氧化 当温度高于 300℃ 时，碳钢和铸铁就在表面出现可见的氧化皮，随着温度的升高，钢铁的氧化速度大大增加。在 570℃ 以下氧化时，形成的氧化物中不含 FeO，其氧化层由 Fe_3O_4 和 Fe_2O_3 构成，如图 4-4（a）所示。这两种氧化物组织致密、稳定、附着在钢铁的表面上不易脱落，于是就起到了保护膜的作用。570℃ 以上时，形成的氧化物有三种，如图 4-4（b）所示。其厚度比约为 $d(Fe_2O_3) : d(Fe_3O_4) : d(FeO) = 1 : 10 : 100$。氧化层主要成分是 FeO，它结构疏松，容易脱落，即常见的氧化皮。此种结构对基体金属没有保护作用，因此 570℃ 以上时，碳钢会快速氧化腐蚀。

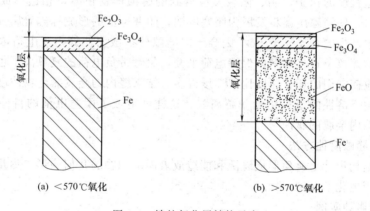

(a) <570℃氧化   (b) >570℃氧化

图 4-4 铁的氧化层结构示意

为了提高碳钢的高温抗氧化能力，必须设法阻止或减弱 FeO 的形成。冶金工业中，在钢中加入适量的合金元素铬、硅或铝是冶炼抗氧化不起皮钢的有效方法。

② 脱碳 在高温（700℃ 以上）氧化的同时，钢还发生脱碳作用，脱碳作用的反应如下：

$$Fe_3C + O_2 \Longleftrightarrow 3Fe + CO_2$$
$$Fe_3C + CO_2 \Longleftrightarrow 3Fe + 2CO$$
$$Fe_3C + H_2O \Longleftrightarrow 3Fe + CO \uparrow + H_2 \uparrow$$

脱碳作用使钢的力学性能下降，特别是降低了表面硬度和抗疲劳强度。

（2）氢腐蚀

碳钢受高温高压的氢气作用而发生氢侵蚀，一般发生下列反应：

$$Fe_3C+2H_2 \xrightleftharpoons[]{\text{高温、高压}} 3Fe+CH_4$$

这一反应过程实质上是脱碳过程，常在晶界上发生，产生的甲烷气聚集在晶界原有的微观孔隙内，形成局部高压，引起应力集中，使晶界变宽，发生更大的裂纹或在钢材表层夹杂等缺陷中聚集形成鼓泡，使材料强度降低。

为了防止氢腐蚀的发生，可以降低钢中的含碳量使其没有碳化物（Fe_3C）析出，此外在钢中加入合金属元素如铬、钛、钼、钨、钒等，形成稳定的碳化物，不易与氢作用，因而可以避免氢腐蚀。

4.1.3 石油化工生产中常见的腐蚀形式及防护措施

4.1.3.1 缝隙腐蚀

生产中铆接板的接合面、螺纹连接、螺母压紧面、法兰垫片接合面、设备底板与基础的接触面，金属表面的泥沙、污垢、灰尘等固体沉积物下面都会发生缝隙腐蚀。

（1）缝隙腐蚀机理

腐蚀初期阶段，缝隙内外发生氧去极化的均匀腐蚀。由于缝隙内的介质不能对流流动，氧的扩散补充困难，氧化还原反应逐步停止。随后就构成了宏观的氧浓差电池，缺氧的缝内成为阳极，缝外为阴极。因为作为阳极的缝内面积比缝外面积小很多，于是缝内金属将以较大的速度进行阳极溶解反应 $Fe \longrightarrow Fe^{2+}+2e$；而缝外发生 $\frac{1}{2}O_2+H_2O+2e \longrightarrow 2OH^-$ 反应，并受到一定程度的保护。阴、阳极反应得到的腐蚀产物在缝口相遇形成二次产物而沉积，封闭了缝口，使缝隙内逐步发展为闭塞电池，闭塞电池的形成标志着腐蚀进入了发展阶段。此时缝隙中产生的金属离子 Fe^{2+} 因难于向缝隙外扩散而使缝内正电荷浓度增高，此时必然有缝隙外的氯离子迁移进来以保持电荷平衡，尽管带负电荷的氢氧离子也可能迁入，但是由于体积效应使它们的迁移速度比 Cl^- 慢得多。结果缝内的金属氯化物浓度增加，氯化物进一步水解产生不溶性的氢氧化物和游离酸。这样就造成了闭塞电池的自催化酸化腐蚀过程，加速了缝隙内金属的腐蚀。

（2）防止缝隙腐蚀方法

主要是在结构设计上避免形成缝隙和能造成表面沉积物的几何构形，尽量避免积液和死区。也可以采用电化学保护。

（3）缝隙腐蚀实例

① 储槽出口接管 如图 4-5 所示。

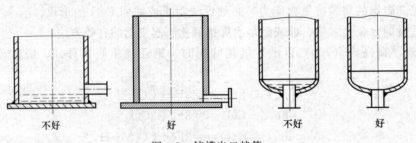

不好　　　　好　　　　不好　　　　好

图 4-5　储槽出口接管

② 塔体刚性圈 如图 4-6 所示。

③ 换热器中管子与管板连接 如图 4-7 所示为管子与管板焊接连接结构，在管板内

径与管子外径之间存在缝隙，因而在工作时产生缝隙腐蚀，消除办法是焊后再胀，消除缝隙。

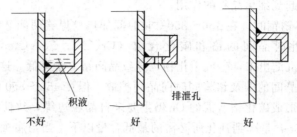

积液　　　　排泄孔

不好　　　　好　　　　好

图 4-6　塔体刚性圈

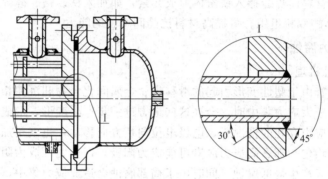

图 4-7　换热器中管子与管板连接

4.1.3.2　晶间腐蚀

（1）晶间腐蚀机理

在黑色金属中，只有部分铁素体不锈钢和奥氏体不锈钢才有可能产生晶间腐蚀。

如奥氏体不锈钢的晶间腐蚀，奥氏体不锈钢中含有少量的碳，在高温（1050℃）时，碳可以完全分布在整个合金里面，但在 450～850℃ 的范围内加热或缓慢冷却时，碳就与 Cr 和 Fe 生成复杂的碳化物（Cr·Fe）$_{23}$Cr$_6$ 沿晶界析出，如图 4-8 所示。

此时，这种钢就有晶间腐蚀的敏感性，该温度区域称为"敏化温度"。在敏化温度内，奥氏体不锈钢中的碳很快向晶界处扩散，并优先与铬化合成上述的碳化铬析出。由于铬的扩散速度比较慢，碳化物中铬主要从晶界附近获取，于是便形成晶界附近

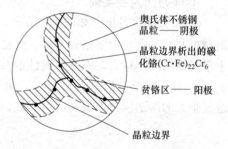

奥氏体不锈钢晶粒——阴极

晶粒边界析出的碳化铬(Cr·Fe)$_{22}$Cr$_6$

贫铬区——阳极

晶粒边界

图 4-8　奥氏体不锈钢的晶间腐蚀

一带铬含量减少的贫铬带（图 4-8）。如果铬含量降低至钝化所需的极限（如 12.5%）以下，则贫铬带便处于活化状态，也就是在电化学行为中，成为阳极区，此时晶粒本身为阴极，就会产生微电池作用，晶间腐蚀迅速进行。

（2）晶间腐蚀的防护

通过控制焊缝中的含碳量（使其低于 0.004%），可大大降低碳化铬的析出量；加入钛、铌、钽等比铬亲碳能力更强的合金元素，用碳与这些合金元素优先形成碳化物析出，起到稳定奥氏体内铬含量的作用，避免了贫铬，还可以通过固溶处理、稳定化退火等方式防护。

（3）晶间腐蚀实例

① 在压力容器用钢中，加入钛，如 1Cr18Ni9Ti 这类稳定型 18-8 钢，钛避免晶间腐蚀的作用，同时它也能起到细化晶粒的作用。

② 焊接奥氏体不锈钢时，在 450~850℃ 长时间加热，焊缝两侧 2~3mm 处将被加热到晶间腐蚀敏化区，此时晶间的铬和碳化合成 $(Cr、Ni、Fe)_4C$、$(Cr、Fe、Ni)_7C_3$ 或 $Cr_{23}C_6$，从固溶体中沉淀出来，生成碳化物，导致晶间铬含量降低。这是由于晶内与晶间的元素存在浓度梯度，晶间的碳及铬将同时向晶间扩散，但在 450~850℃ 时，Cr 比 C 的扩散速度慢，因此进一步形成碳化铬所需的 Cr 仍主要来自晶粒边缘，致使靠近碳化铬薄层固溶体中严重缺 Cr，使 Cr 含量降到钝化所必需的最低含量以下。当与腐蚀性介质接触时，晶间贫铬区相对于碳化物和固溶体其他部分将形成小阳极对大阴极的微电池，从而发生严重的晶间腐蚀。通过焊接材料向焊缝掺入铁素体形成元素，如加入钛、铬、硅等铁素体元素，使焊缝呈奥氏体-铁素体的双相组织，可提高材料抗晶间腐蚀的能力。

4.1.3.3　应力腐蚀

（1）应力腐蚀机理

晶粒边界存在着由于塑性变形引起的滑移带、金属间化合物和沉淀相、应变引起表面膜的局部破裂，当有较大应力集中时，会在这些地方进一步产生变形，形成新的活性阳极。由此，金属材料在有应力存在的情况下，电极电位向负方向移动，也就是加速腐蚀的进行，如果金属材料受力不均匀，那么高应力区有可能成为阳极，低应力区成为阴极，产生差异应力电位差，使高应力区产生局部腐蚀，同时由于局部腐蚀会造成应力集中，引起金属破裂，应力腐蚀是应力与腐蚀介质综合作用的结果，其中应力必须是拉应力，而压应力的存在不仅会引起应力腐蚀，甚至可以使之延缓。

（2）应力腐蚀的防止

降低设计应力，使最大有效应力或应力强度降低到临界值以下；合理设计与加工，减少局部应力集中；采用合理的热处理方法清除残余应力；合理选材等。

（3）应力腐蚀实例

① 设备接管衬里　如图 4-9 所示，设备在压力 p 作用下，介质为 H_2S 溶液，由于不锈钢衬里与长颈法兰内壁贴合不好，致使局部有间隙，衬里薄板几乎承受了全部介质压力，产生了过高的局部应力，在介质腐蚀的共同作用下，加速了腐蚀速率。

② 碳钢碱泵　如图 4-10 所示，由于泵的进出口管与管道的刚性连接使泵壳靠近法兰处造成很大的附加应力而发生应力腐蚀。

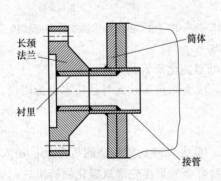

图 4-9　设备接管衬里腐蚀

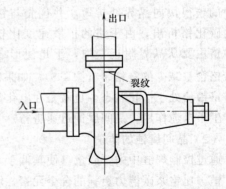

图 4-10　泵体与管线刚性连接的腐蚀破裂

③ 立式不锈钢冷凝器　如图 4-11 所示，由于和其他设备管线相连接的位差考虑不周，造成管间空间的死区，结果溶液喷溅引起交替的湿态和干态，本来水中含量极低的氯化物被浓集了，致使不锈钢胀管颈部出现应力腐蚀破裂。

④ 卧式容量　如图 4-12 所示，卧式容器的最大径向拉应力出现在 A 或 B 点处，因此容器的环焊缝尽量使之位于支座以外。

⑤ 壳体与接管焊接　如图 4-13 所示，将图 4-13（a）改成图 4-13（b），即改成挠性结构，同时焊接由角焊变成对焊，大大降低了应力集中。

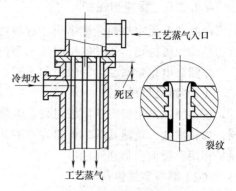

图 4-11　不锈钢胀管颈部的破裂

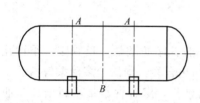

图 4-12　筒体中最大径向应力位置

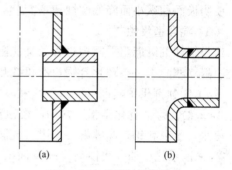

图 4-13　壳体与接管焊接

4.1.3.4　衬里防腐

金属涂层包括金属衬里、金属镀层（电镀、喷镀、渗镀、热浸镀）、复合金属板等；非金属涂层包括衬里（橡胶、塑料、石墨）、搪瓷、搪玻璃、涂料等。

衬里是将耐腐蚀性好的橡胶、玻璃钢及陶瓷等衬在碳钢设备基体表面的方法。常用的衬里如下。

（1）玻璃钢衬里

玻璃钢衬里的设备钢壳承受全部负荷，衬里并不受力，起防腐作用。在衬贴过程中，涂刷胶黏剂，并使每层玻璃布充分浸润，每衬贴一层，待干燥或热处理后再衬下一层。玻璃钢衬里抗渗不理想且不耐磨。

（2）橡胶衬里

橡胶衬里是经过设备表面处理、刷橡胶、设备缺陷处理再刷胶浆、衬贴、硫化等工序完成的，衬里用的胶片是由橡胶、硫黄和其他添加剂配制而成，衬贴于设备表面，经硫化后使黏胶变成结构稳定的防腐层，其具有良好的耐酸和耐磨性。

（3）搪玻璃衬里

搪玻璃容器是由含碳量高的搪玻璃釉通过 900℃ 左右的多次高温煅烧，使搪玻璃釉密着于金属基体表面而制成的，搪玻璃层的厚度一般为 0.8～1.5mm。由于搪玻璃层对金属的保护，使搪玻璃容器具有优良的耐腐蚀性能，并能防止某些介质与金属离子发生作用而污染物品，如常用的搪玻璃反应釜等容器。但其需整体设备置于加热炉加热，部分零部件往往会发生变形，压力较高时不易保持密封性，所以适用于压力较低的场合。

4.1.3.5 缓蚀剂保护

向腐蚀介质中添加少量物质，这种物质能阻滞电化学腐蚀过程，从而减缓金属的腐蚀，该物质称为缓蚀剂。通过使用缓蚀剂而使金属得到保护的方法，称为缓蚀剂保护。

按照对电化学腐蚀过程阻滞的不同，缓蚀剂分为三种。

（1）阳极型缓蚀剂

这类缓蚀剂主要阻滞阳极过程，促使阳极金属钝化而提高耐腐蚀性，故多为氧化性钝化剂，如铬酸盐、硝酸盐等。值得注意的是，使用阳极型缓蚀剂时必须够量，否则不仅起不了保护作用，反而会加速腐蚀。

（2）阴极型缓蚀剂

这类缓蚀剂主要阻滞阴极过程，例如锌、锰和钙的盐类如 $ZnSO_4$、$MnSO_4$、$Ca(HCO_3)_2$ 等，能与阴极反应产物 OH^- 作用生成难溶性的化合物，它们沉积在阳极表面上，使阴极面积减小而降低腐蚀速率。

（3）混合型缓蚀剂

这类缓蚀剂既能阻滞阴极过程，又能阻滞阳极过程，从而使腐蚀得到缓解。常用的有铵盐类、醛（酮）类、杂环化合物、有机硫化物等。

（4）缓蚀剂保护实例

① 采油、炼油及化学工厂常用的缓蚀剂 18 烷基胺，脂肪酸盐，松香胺，季铵盐，酰胺，氨水，氢氧化钠，咪唑啉，吗啉，酰胺的聚氧乙烯化合物，磺酸盐多磷酸锌盐。

② 采油系统中油井缓蚀剂 随着油田开发时间的延长，综合含水量不断增加，油井采出液中含 CO_2、H_2S、溶解氧、有机酸、硫酸盐还原菌等，且水的矿化度较高，对油井、套管和原油运输系统造成腐蚀，不少油田发现油井油管、套管腐蚀穿孔、变形和断裂，我国油田加药技术刚刚起步。油井加药防腐不但可以保护油管、套管及井下设备，而且也可以起到保护集油管线和设备的作用。

国外油井加药缓蚀剂主要类型有丙炔醇类、有机胺类、咪唑啉类和季铵盐类。国内胜利油田等单位研究出适宜油田采出油高温（脱水湿度 85℃）、腐蚀条件较为苛刻的井底下挂固体缓蚀剂 SL-3。

对油中加液体缓蚀剂采用冲击式预膜处理，周期性加药，浓度为 $20\sim50mg/L$，用泵将缓蚀剂注入油套管环形空间，靠缓蚀剂的自重降到井底，随产出液从油管内返出，在这一过程中，缓蚀剂大部分溶解于产出水中，少量分散在油中，随着上返缓蚀剂在金属表面被吸附而形成保护膜，由此起到了防护的作用。

4.2 密封

流体密封系统中起密封作用的零部件称为密封件，放置密封件的部位是密封箱或密封室。较复杂的密封部件或部件的组合特别是带有辅助系统的称为密封装置。流体密封包括流体静密封和动密封。没有相对运动或相对静止的接合面间的密封称为静密封，如各种容器、设备和管道法兰接合面间的密封，阀门的阀座与阀体以及各种机器的机壳接合面间的密封等；而彼此有相对运动的接合面间的密封称为动密封，常用的动密封是旋转轴和往复杆的密封，简称轴封和杆封。此外，还有螺旋运动件和摆动件的密封。密封装置是机器、设备的重要组成部分，是流体动力机械、过程设备、工艺设备（包括压力容器）、液压设备、管道和阀体等部件中不可缺少的零部件。

流体密封问题的理论基础是根据流体力学中的缝隙流动、孔口与夹缝出流、转盘侧隙旋流和喷管气流等简单的流动模型来确定流体密封中流体的压力、流速、流量或泄漏量、间隙及其变化。

4.2.1　泄漏与密封

（1）泄漏

所谓泄漏，就是高能流体经隔离物缺陷通道向低能区侵入的负面传质现象。泄漏的形式包括界面泄漏、渗漏和扩散。

① 界面泄漏　通常将通过密封面间隙的泄漏称为界面泄漏。此时被密封流体在密封件两侧压力差 Δp 作用下通过宏观或微观的缝隙 h 泄漏，因此界面泄漏是单向泄漏。

② 渗漏　在密封件两侧压力作用下，被密封流体通过密封件材料的毛细管泄漏称为渗漏。因此，渗漏也是单向分子泄漏流动。

③ 扩散　在浓度差的作用下，被密封介质通过密封间隙或密封材料的毛细管产生的物质传递叫做扩散。介质通过密封件的扩散泄漏可分为三个阶段：密封件吸收液（气）体；介质通过密封件扩散；介质从密封件的另一侧析出。扩散过程是双向进行的，扩散作用的介质泄漏量要比其他两类泄漏小得多。

综上所述，造成泄漏的原因，一是密封连接处有间隙（包括宏观间隙或微观间隙），二是密封连接处两侧存在压力差或浓度差。消除或减少任一因素都可以阻止或减少泄漏。就一般设备而言，减少或消除间隙是阻止泄漏的主要途径。

（2）密封

隔离高能流体向低能区进行负面传质的有效措施称为密封。起密封作用的零部件称为密封件。密封装置可以由几个零部件组成，也可以附带各种辅助系统，这里统称为密封装置。

防止或减少泄漏的方法一般有以下几种。

① 尽量减少设置密封的部位　这一点对处理那些易燃、有毒、强腐蚀介质尤为重要。例如，当可以同时选择单级单吸和单级双吸离心泵输送上述物料时，则宜用前者，因为单吸离心泵比双吸离心泵少一处密封。

② 堵塞或隔离　静密封采用的各种密封垫、密封胶、胶黏剂就属于这一类。对于动密封，泄漏主要发生在高低压相连通且具有相对运动的部位，由于有相对运动，则必然存在间隙。设法把间隙堵塞住，即可做到防止或减少泄漏，软填料密封属于这一类。隔离泄漏通道，就是在泄漏通道中设置障碍，使通道切断（泄漏亦被切断），机械密封、油封等接触式密封都属于这一类。

③ 引出或注入　将泄漏流体引回吸入室或低压的吸入侧（例如抽气密封、抽射器密封等），也可将无害的流体注入密封室，阻止被封流体的泄漏（例如缓冲气密封、氮气密封等）。

④ 增加泄漏通道中的阻力　流体在通道中做泄漏流动时，会遇到阻力。阻力的大小与通道两端的压差、通道的长短、壁面的粗糙度以及通道中是否开槽（突然扩大、突然缩小）等有关。因此，在同样的压差下，可把通道加设很多齿，或开各式沟槽，以增加泄漏时流体的阻力，从而阻止或减少泄漏，如迷宫密封、间隙密封等。

⑤ 在通道中增设做功元件　因加设做功元件，工作时做功元件对泄漏液造成反压力，

与引起泄漏的压差部分抵消或完全平衡（大小相等，方向相反），以阻止介质泄漏。离心密封、螺旋密封即属于这一类。

⑥ 几种密封方法的组合　把两种或两种以上密封组合在一起来达到密封的效果。例如填料-迷宫、螺旋-填料、迷宫-浮环密封等。

4.2.2　垫片密封

（1）基本结构

如图 4-14 所示，垫片密封一般由连接件（法兰）、紧固件（螺栓、螺母）、垫片组成。

（2）泄漏形式

垫片泄漏形式如图 4-15 所示。

① 界面泄漏　两连接表面间由于存在机械加工的微观纹理所产生的粗糙度和变形而形成的泄漏通道。

② 渗透泄漏　对非金属材质的垫片，从材料微观结构看其本身存在微小缝隙或细微的毛细管，在一定压力下会产生泄漏。

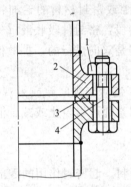

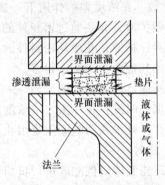

图 4-14　垫片密封基本结构

1—螺母；2—法兰；3—垫片；4—螺栓

图 4-15　垫片泄漏形式

（3）密封原理

垫片密封的基本原理是靠外力压紧密封垫片，使其本身发生弹性或塑性变形，以填满密封面上的微观凹凸不平来实现密封。也就是利用密封面上的比压使介质通过密封面的阻力大于密封面两侧的介质压力差来实现密封，包括初始密封和工作密封两部分，如图 4-16 所示。

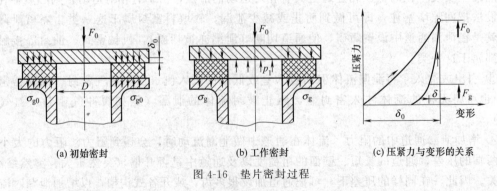

(a) 初始密封　　　　　(b) 工作密封　　　　　(c) 压紧力与变形的关系

图 4-16　垫片密封过程

① 初始密封　预紧工况下，把法兰螺栓的螺母拧紧，螺栓力通过法兰压紧面作用在垫片上，由于垫片的强度和硬度比钢制的法兰低很多，因而当垫片表面单位面积上所受的压紧

力达到一定值时，垫片产生的弹性或屈服变形能填塞密封面的变形及由于表面粗糙度而出现的微观凹凸不平，以阻止介质通过垫片本身泄漏，堵塞了流体泄漏的通道，使法兰压紧面的凹凸不平处基本吻合，形成了阻止介质泄漏的初始密封条件。形成初始密封条件时垫片单位面积上所受的最小压紧力称为预紧密封比压（又称为垫片比压力），用 y 表示，单位为 MPa。预紧密封比压主要决定于垫片的材质、形状和几何尺寸，而与介质压力无关。

② 工作密封　操作工况下，由于介质压力作用，一方面介质内压引起的轴向力将促使上、下法兰的压紧面分离，垫片在预紧工况所形成的压缩量随之减少，压紧面上的密封比压力下降；另一方面，垫片预紧时的弹性压缩变形部分产生回弹，使其压缩变形的回弹量补偿因螺栓伸长所引起的压紧面分离，进而使作用在压紧面上的密封比压仍能维持一定值以保持密封性能。保证在操作状态时法兰密封性能而必须施加在垫片上的压应力，称为工作密封比压，单位 MPa。工作密封比压（mp）往往用介质设计压力 p 的 m 倍表示，m 称为垫片系数，为无量纲量，是由实验测定的。

垫片系数 m 不仅与垫片的类型和材质有关，而且与介质性质、温度、压力及压紧面状况有关，如加以限制，基本上可视为常数，垫片系数 m 和比压 y 值均以 1943 年 Rossheim 和 Markl 所发表的数据为依据，但这些数据并未得到实验的证实，大多仍为经验数据。各种垫片的 m 和 y 推荐值见表 4-2。

表 4-2　垫片性能参数

类别	垫片材料	垫片系数 m	预紧面比压 y/MPa	简图
橡胶	低于肖氏硬度 75 高于肖氏硬度 75	0.50 1.00	0 1.4	
石棉橡胶板	厚 3mm 厚 1.5mm 厚 0.75mm	2.00 2.75 3.50	11 21.5 44.8	(a)
缠绕式垫片内填石棉	碳钢 不锈钢或蒙乃尔	2.50 3.00	69 69	(b)
平形金属包石棉垫片	软铝 软铜或黄铜 铁或软钢 蒙乃尔 4%～6%铬钢 不锈钢	3.25 3.50 3.75 3.50 3.75 3.75	38 44.8 52.4 51.2 62.1 62.1	(c)
齿形金属垫片	软铝 软铜或黄铜 铁或软钢 蒙乃尔（或 4%～6%铬钢） 不锈钢	3.25 3.50 3.75 3.75 1.25	38 44.8 52.4 62.1 65.6	(d)
金属平垫	软铝 软铜或黄铜 铁或软钢 蒙乃尔（或 4%～6%铬钢） 不锈钢	4.00 4.75 1.50 6.00 6.50	60.7 85.6 124.1 150.3 175.3	(e)

续表

类别	垫片材料	垫片系数 m	预紧面比压 y/MPa	简图
椭圆或八角形 金属垫片	铁或软钢 蒙乃尔（或 $4\%\sim6\%$ 铬钢） 不锈钢	1.50 6.00 6.50	124.1 150.3 175.3	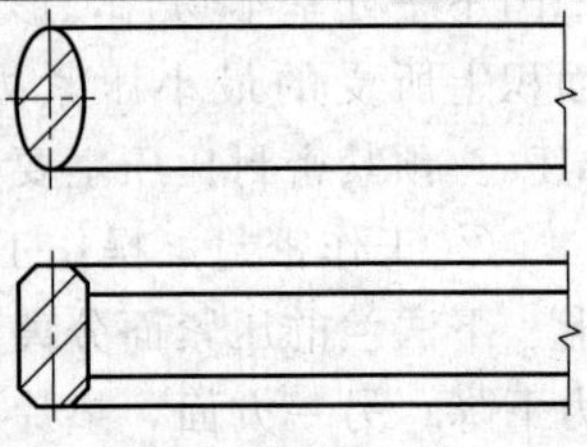 (f)

（4）影响垫片密封性能的主要因素

1）螺栓预紧力

螺栓预紧力是影响密封的一个重要因素。预紧力必须使垫片压紧以实现初始密封。适当提高螺栓的预紧力可以增加垫片的密封能力，因为加大预紧力可使垫片在正常工况下保留较大的接触面比压力。但预紧力不宜过大，否则会使垫片整体屈服而丧失回弹能力，甚至将垫片挤出或压坏。另外预紧力应尽可能均匀地作用到垫片上。通常采取减小螺栓直径、增加螺栓数量、采取适当的预紧方法等措施来提高密封性能。

2）垫片性能

理论上，如果密封面完全光滑、平行，并有足够的刚度，则可直接用紧固件夹持在一起，不用垫片即可达到密封的目的（即直接接触密封）。但在实际生产中，连接件的两个密封面上存在粗糙度，也不是绝对平行的，刚度也是有限的，加上紧固件的韧性不同及分散排列，因此垫片接受的载荷是不均匀的，为弥补不均匀的载荷和相应变形，在两连接密封面间插入一垫片，使之适应密封面的不规则性，补偿密封面的变形和粗糙度引起的凹凸不平，以达到密封的目的。

① 非金属垫片　在中低压设备和管道法兰上通常用橡胶、石棉橡胶、聚四氟乙烯等非金属垫片，它们的耐蚀性和柔软性较好，但强度和耐温性能较差。它们通常是从整张垫片板材上裁剪下来的，整个垫片的外形是个圆环，截面为矩形。

② 缠绕垫片　是用 0Cr13、0Cr18Ni9 或 08F 等钢带与石棉或聚四氟乙烯或柔性石墨等填充带相间缠卷而成，具有多道密封作用，且回弹性好，提高了垫片的强度和耐热性，用于较高温度和压力的场合，并能在压力、温度波动条件下保持良好的密封。

③ 金属包垫片　是由石棉胶板作为内芯，外包厚度为 $0.2\sim0.5mm$ 的薄金属板构成的，金属板的材料可以是铝、钢及其合金，也可以采用不锈钢或优质碳钢，金属包垫片只用于乙型平焊法兰和长颈对焊法兰上。

④ 金属垫片　金属垫片的材质常采用软铝、铜、软钢和不锈钢等，用在压力大、密封要求很严格、温度高或腐蚀性极强的高压设备和管道上。

3）法兰密封面

法兰密封面结构如图 4-17 所示。

① 平面密封面　密封面并非一个光滑的平面，在平面上往往开有 $2\sim4$ 条同心圆分布的三角形截面的沟槽（即法兰水线）。

平面密封面结构简单，制造方便，便于进行防腐衬里。这种结构密封面的宽度较大，故使用中常采用非金属或金属软质垫片。但螺栓上紧后，垫圈材料容易往两侧伸展。用于所需压力不高且介质无毒的场合。

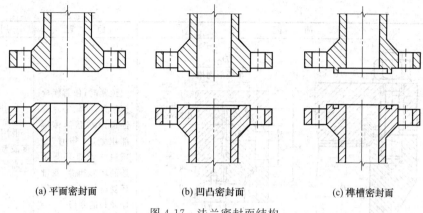

(a) 平面密封面　　　　　　　(b) 凹凸密封面　　　　　　　(c) 榫槽密封面

图 4-17　法兰密封面结构

②凹凸密封面　它相当于在一对平面密封面的法兰上,其中一个制成带有凸起平台的压紧面,并把这个法兰叫做凸面法兰,另一个相应做成凹面的叫做凹面法兰,与凹面尺寸恰好相同的垫片嵌入其中,垫片便于对中。凸起平面的高度略大于凹面的深度,用螺栓压紧起密封作用。

这种结构能限制垫片的径向变形,可防止垫片被挤出,在一定程度上会提高密封性能。适用于压力较高的场合。

③榫槽密封面　在一对平面密封面宽度方向的中间,其一面做成截面如榫,另一面做成截面如槽的压紧面配对使用,前者称为榫面法兰,后者称为槽面法兰。

槽型压紧面可限制嵌入垫片的径向变形,密封性能良好,同时垫片可少受介质的冲刷和腐蚀。但榫面部分容易破坏。常用于易燃、易爆、有毒的介质以及较高压的场合。

采用凹凸面或榫槽面法兰面时,立式容器法兰的槽面或凹面必须向上,卧式容器法兰的槽面或凹面应位于筒体上。

4）法兰刚度

因法兰刚度不足而产生过大的翘曲变形,往往是实际生产中造成螺栓法兰连接密封失效的主要原因之一。刚度大的法兰变形小,可将螺栓预紧力均匀地传递给垫片,从而提高法兰的密封性能。

5）操作条件

压力、温度及介质的物理化学性质对密封性能有影响。

（5）常见密封结构

常见密封结构见表 4-3。

表 4-3　常见密封结构

名称	简　图	原　理	用　途
平垫 密封	1—螺母；2—垫圈；3—顶盖；4—螺栓；5—筒体端部；6—平垫片	通过螺栓预紧力的作用,使垫片发生变形而填满密封面的不平处	用于温度不高、压力不大、直径较小的高压容器

名称	简　图	原　理	用　途
双锥环密封	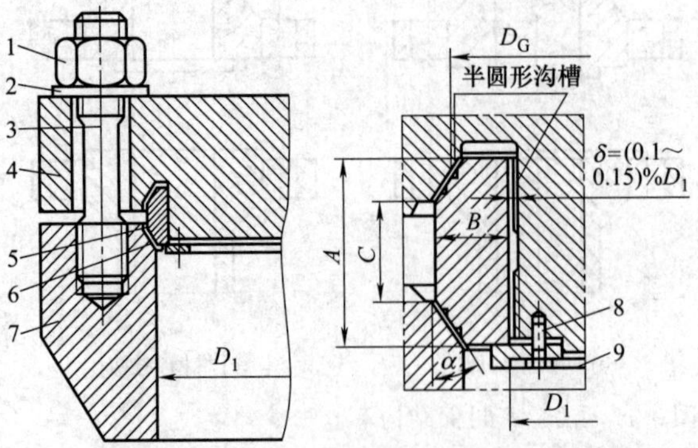 1—主螺母；2—垫圈；3—主螺栓；4—顶盖；5—双环；6—软金属垫片；7—筒体端部；8—螺栓；9—托环	预紧时，依靠螺栓预紧力，使软垫片双锥面与端盖筒体端部压紧，工作时，介质进入双锥环与顶盖的环形间隙，双锥环受压外胀，补偿螺栓伸长的变形	适用于压力与温度波动的场合，用于高压容器上
C形环密封	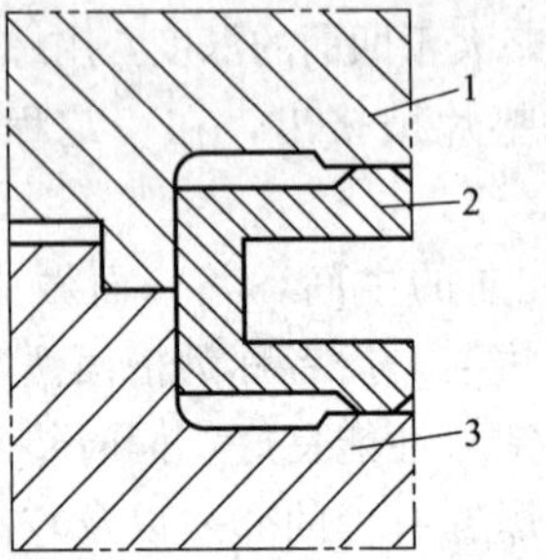 1—顶盖或封头；2—C形环；3—筒体端部	预紧时 C 形环轴向压缩，工作时 C 形环回弹张开，同时介质在内腔，向外压力张开	用于内径小于 1000mm、压力小于 32MPa、温度小于 350℃以下场合
O形环密封	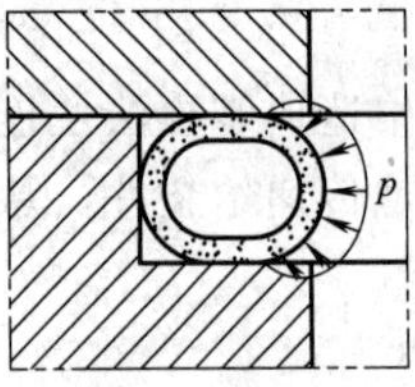 (a) 普通O形环 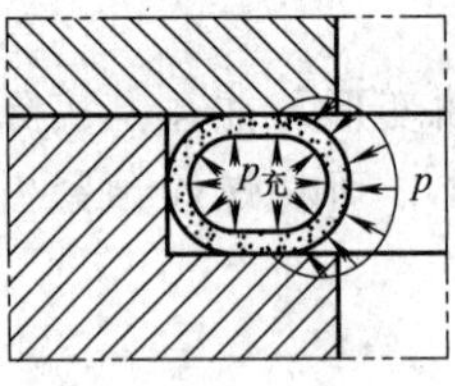　(b) 充气O形环 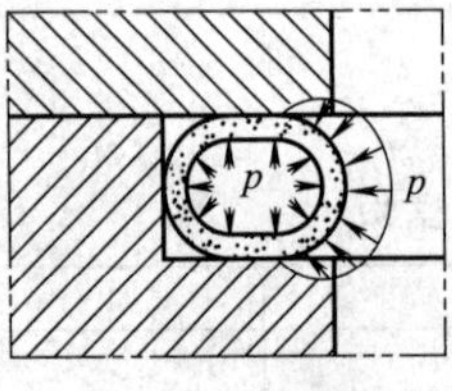　(c) 自紧O形环	O 形环由无缝金属圆管弯制而成，主要靠回弹力密封；充气式的内充惰性气体或易汽化的固体材料（如干冰），充气气体受热膨胀产生压力；自紧装置在环上开有小孔，介质压力在其内腔向外膨胀形成密封	用于高压容器上，压力小于 280MPa
三角垫密封	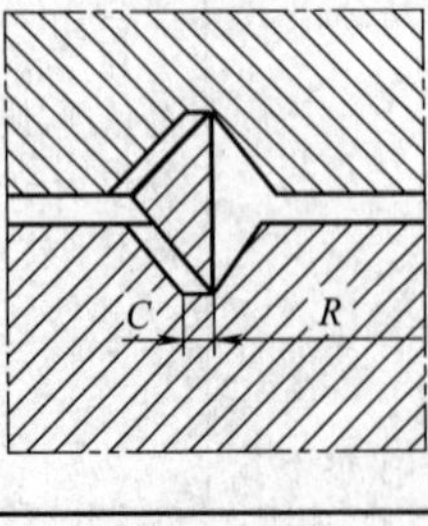	三角垫用 20 钢或 1Cr18Ni9Ti。在介质压力作用下，三角垫片向外弯曲，与上下 V 形槽形成密封	适用 $t < 350℃$、$D_i < 1000mm$、$p < 10MPa$ 的场合

图中标注：D_G　半圆形沟槽　$\delta = (0.1 \sim 0.15)\% D_1$　A　B　C　D_1　α　D_1

续表

名称	简　图	原　理	用　途
B 形环密封		B 形环是依靠工作介质的压力使密封垫径向压紧	适用于中、低压到高压以至高温下的场合
透镜垫密封		预紧力作用下透镜垫在接触处产生塑形变形	用于高压管道连接中

4.2.3　填料密封

填料密封是在轴与壳体之间用弹性、塑性材料或具有弹性结构的元件堵塞泄漏通道的密封装置。按其结构特点，可分为软填料密封、成型填料密封和硬填料密封。

（1）软填料密封

软填料密封又叫压盖填料密封，俗称盘根。它是一种填塞环缝的压紧式密封。

① 基本结构及密封原理　图 4-18 所示为典型结构的软填料密封。软填料 4 装在填料函 5 内，压盖 2 通过压盖螺栓 1 轴向预紧力的作用使软填料产生轴向压缩变形，同时引起填料产生径向膨胀的趋势，而填料的膨胀又受到填料函内壁与轴表面的阻碍作用，使其与两表面之间产生紧贴，间隙被填塞而达到密封。即软填料是在变形时依靠合适的径向力紧贴轴和填料函内壁表面，以保证可靠的密封。

为了使沿轴向径向力分布均匀，采用中间封液环 3 将填料函分成两段。为了使软填料有足够的润滑和冷却，往封液环入口注入润滑性液体（封液），为了防止填料被挤出，采用具有一定间隙的底衬套 6。

② 流体可泄漏途径　如图 4-19 所示 A、B、C 处 。

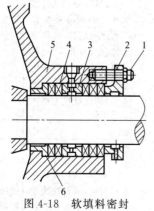

图 4-18　软填料密封

1—压盖螺栓；2—压盖；3—封液环；
4—软填料；5—填料函；6—底衬套

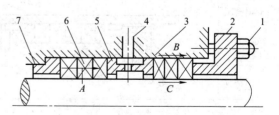

图 4-19　软填料密封泄漏途径

1—压盖螺栓；2—压盖；3—填料函；4—封液口；
5—封液环；6—软填料；7—底衬套；
A—软填料渗漏；B—靠填料函内壁侧泄漏；
C—靠轴侧泄漏

③ 填料　一般石棉或浸渍的石棉填料用于操作压力不大于 0.6MPa，介质无毒、非易燃易爆的轴封上；压力较高或介质有毒、易燃易爆时，可按产品说明书选用新型的膨胀聚四氟乙烯、柔性石墨、碳纤维、芳砜纶等制成的填料。

④ 常见结构　填料密封常见结构见表 4-4。

表 4-4　填料密封常见结构

名称	简　图	特　点	用　途
单填料函	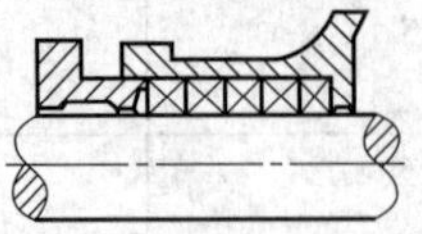	无需径向辅助装置	适于低温，低压，低真空度
夹套填料函	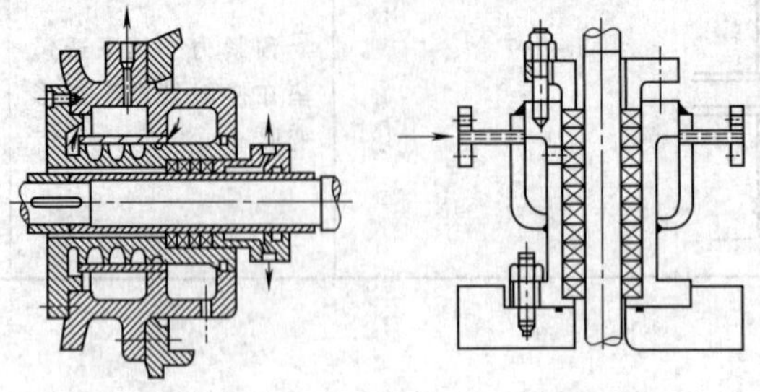 (a) 卧式　　　(b) 立式	夹套通以冷却水或蒸汽以改善工作条件	适于高温介质或低温易结晶介质
封流填料函	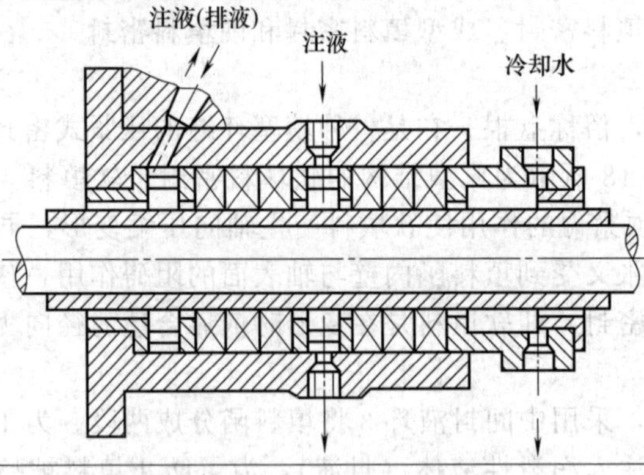 注液(排液)　注液　冷却水	在填料函中部或底部引入封液，通过液环进入填料两侧，当封液压力大于介质压力时，可阻止介质外漏，封液可堵漏，又可润滑和冷却	适于化工转动设备中
带节流衬套填料函	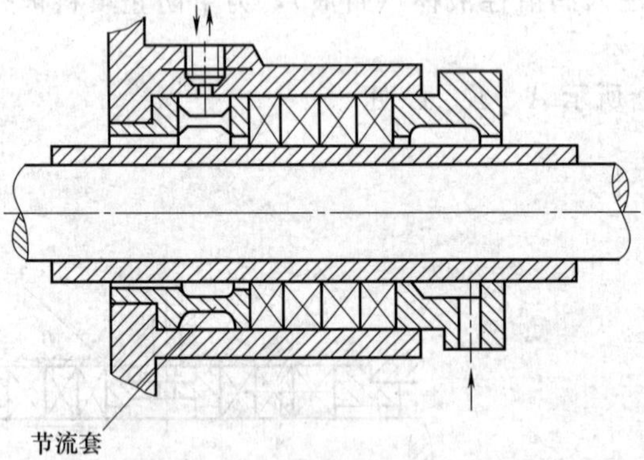 节流套	节流套通以高于介质压力 0.05～0.1MPa 的介质，防止含有固体颗粒介质进入填料，或从节流套通到低压端（如泵吸入口），使高压介质经节流套后降温，使填料处于低压下工作	
双重填料函	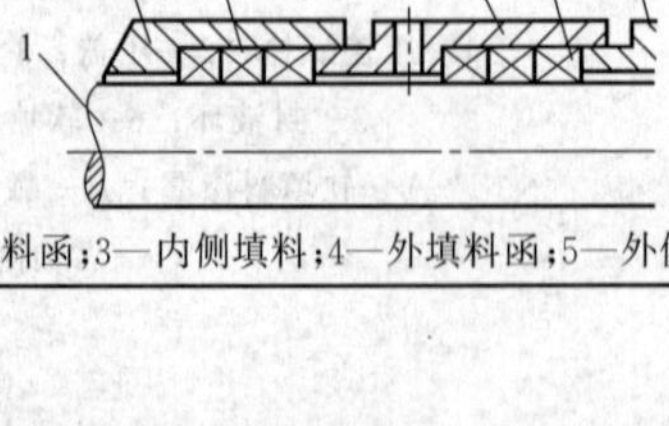 封液 2　3　4　5　6　1 1—轴；2—内填料函；3—内侧填料；4—外填料函；5—外侧填料；6—压盖	双重密封，并可通以封液，进行冲洗冷却，稀释漏液并带走	适于易燃易爆介质或压力较高的场合

⑤ 用途举例　例如反应釜填料密封装置，如图 4-20 所示，置于填料箱体与转轴之间的填料（如油浸石棉绳）在螺栓力及压盖的轴向挤压下，产生径向伸延，使填料紧贴在转轴的接触面间存在一层极薄的液（油）膜，这层液膜既可起到润滑作用，又可阻止釜内介质的外逸或釜外气体渗入。这种填料密封不同于以前讨论过的法兰连接处的静密封，因为这种密封是在轴不断运动下实现的，因而填料密封属于动密封结构中的一种。

（2）成型填料密封

成型填料密封泛指用橡胶、塑料、皮革及软金属材料经模压或车削加工成型的环状密封圈。成型填料密封是依靠填料本身受到机械压紧力或同时受到介质压力的自紧作用，产生弹塑性变形而堵塞流体泄漏通道。其结构简单紧凑，密封性能良好，品种规格多，工作参数范围广，是往复动密封及静密封的主要结构形式之一。部分成型填料也可作为旋转运动密封件。油封实质上也属于成型填料密封中的一种。

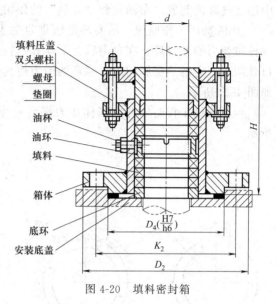

图 4-20　填料密封箱

成型填料密封与软填料密封的区别即其不仅依靠密封圈先被挤压而因弹性变形产生预紧力，同时在工作介质压力作用下，也挤压密封圈，其变形产生预紧力，因此是自紧式密封。

例如 O 形（密封）圈，工作特性如图 4-21 所示。橡胶 O 形圈用作静密封元件时，密封圈受沟槽的预压缩作用产生弹性变形，变形能转变为接触面的初始压力，工作时介质压力 p_i 将 O 形圈压到沟槽一侧，截面形状改变，接触压力也随之变化，当接触处 p_{max} 大于工作密封压力 p_g 时，就实现了密封。

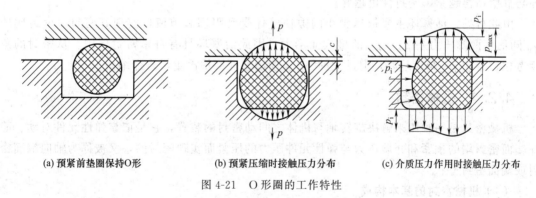

(a) 预紧前垫圈保持O形　　　(b) 预紧压缩时接触压力分布　　　(c) 介质压力作用时接触压力分布

图 4-21　O 形圈的工作特性

（3）硬填料密封

硬填料密封是依靠填料的弹性结构和流体压力作用使密封环与轴紧密贴合，以达到节流阻漏的目的。硬填料密封有开口环和分瓣环两类密封。活塞环为典型的开口环，下面仅以活塞环为例介绍硬填料密封。

① 活塞环作用　活塞环是活塞式压缩机和活塞式发动机中的主要易损件之一。活塞环能密封气缸工作表面之间的间隙，防止气体从压缩容积的一侧漏向另一侧。在活塞往复运动

中还在气缸内起着"布油"和"导热"的作用。

② 活塞环工作原理 活塞环是依靠阻塞为主兼有节流工作的自紧式接触型动密封，是一种带弹力的开口环。在自由状态下，其外径大于气缸内径，装入气缸后直径变小，仅在切口处留下一定的热膨胀间隙，靠环的弹力使其外圆与气缸内表面贴合产生一定的预紧比压，如图 4-22 所示。

当压缩机工作时，缸内气体压力把活塞环推向环槽的一侧，使之紧贴槽壁，如图 4-23 所示。

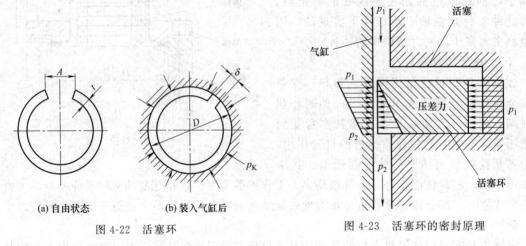

(a) 自由状态　　　(b) 装入气缸后
图 4-22　活塞环

图 4-23　活塞环的密封原理

由于活塞环紧贴缸壁和槽壁，使气体流通受到阻塞。但由于金属表面存在加工不平度造成的微小间隙，不可能完全阻塞气流，而使气体在密封面间隙中产生节流效应，压力从 p_1 降到 p_2，若认为压力沿环高度按直线分布，则环侧面的平均压力为 $(p_1 + p_2)/2$，由于活塞环上侧与环槽的间隙较大，可认为环内侧所受压力约为 p_1，根据环受力平衡，必然还作用一个力使活塞环紧贴缸壁，称密封力，单位表面所受的密封力称密封比压 p_d，p_d 越大，环与缸壁贴得越紧，密封性也越好。

由此可见，活塞环主要依靠微小间隙使气体受到阻塞和节流，实现其密封。密封比压 p_d 随活塞两侧压力差 $p_1 - p_2$ 的增大而增大。因此活塞环具有自紧密封作用。从密封的角度考虑，希望 p_d 越大越好，但过大的 p_d 会使活塞环磨损严重，寿命缩短。

4.2.4　机械密封

机械密封是一种用来解决旋转轴与机体之间动密封的装置，它是依靠弹性元件对动、静环端面密封副的预紧和介质压力与弹性元件压力的压紧而实现密封的，又被称为轴向端面密封或端面密封。

（1）机械密封的基本构成

① 端面密封副（动环和静环） 端面密封副要求紧密贴合，组成密封面以防止介质泄漏。这就要求摩擦副要有良好的耐磨性；动环可以轴向移动，自动补偿密封面磨损，使之与静环良好地贴合；静环具有浮动性，起缓冲作用。

② 弹性元件（如弹簧、波纹管、隔膜等） 它主要起补偿、预紧及缓冲作用，也是对密封端面产生合理比压的因素。要求它始终保持弹性来克服辅助密封和传动件的摩擦及动环的惯性，保证端面摩擦副良好地贴合和动环补偿作用。

③ 辅助密封（如O形圈）　它主要起到相对静止件的密封作用，同时也起到浮动和缓冲作用。要求静环的辅助密封元件能保证静环和压盖之间的密封性和使密封环有一定的浮动性；要求动环的辅助密封元件能保证动环和轴套之间的密封。材料应具有耐热、耐寒性能并与介质接触相容性。

④ 传动件（如传动销和传动螺钉）　它起到将轴的转矩传给动环的作用；中间传动的传动销、压环、传动环、传动键与传动座均起到传动作用。材料要求耐腐蚀、耐磨损。

⑤ 防转件（如防转销）和紧固件　如弹簧座、推环、压盖、紧定螺钉与轴套。

（2）机械密封的工作原理

如图4-24所示为典型机械密封结构。机械密封安装在旋转轴上，密封腔内有紧定螺钉1、弹簧座2、弹簧3、动环辅助密封圈4、动环5，它们随轴一起旋转。机械密封的其他零件包括静环6、静环辅助密封圈7和防转销8安装在端盖内，端盖与密封腔体螺栓连接。轴通过紧定螺钉、弹簧座、弹簧带动动环旋转，而静环由于防转销的作用而静止于端盖内。动环在弹簧力和介质压力的作用下，与静环的端面紧密贴合并发生相对滑动阻止介质沿端面间的径向泄漏（泄漏点1），构成了机械密封的主密封。摩擦副磨损后在弹簧和密封流体压力的推动下实现补偿，始终保持两密封端面的紧密接触。动、静环中具有轴向补偿能力的称为补偿环。不具有轴向补偿能力的称为非补偿环。动环为补偿环，静环为非补偿环。动环辅助密封圈阻止了介质可能沿动环与轴之间间隙的泄漏（泄漏点2），而静环辅助密封圈阻止了介质可能沿静环与端盖之间间隙的泄漏（泄漏点3）。工作时，辅助密封圈无明显相对运动，基本上属于静密封。端盖与密封腔体连接处的泄漏点4为静密封，常用O形圈或垫片来密封。

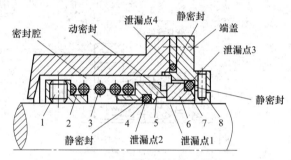

图 4-24　机械密封的基本结构

1—紧定螺钉；2—弹簧座；3—弹簧；4—动环辅助密封圈；
5—动环；6—静环；7—静环辅助密封圈；8—防转销

从结构上看，机械密封主要是将极易泄漏的轴向密封，改变为不易泄漏的端面密封。由动环端面与静环端面相互贴合而构成动密封。

（3）机械密封泄漏渠道

① 静环与动环的端面之间　这是主要密封面，是决定机械密封摩擦和密封性能的关键，同时也决定机械密封的工作寿命。因此，对接触端面的粗糙度要求高。对于不同介质，要求用合适的摩擦副材料组合，注意耐磨损、耐腐蚀，选用合适的几何参数（面积比、宽径比等）和性能参数（比压、弹簧压力等）。这种泄漏发生在旋转动密封上，是主要的泄漏形式。

② 动环与旋转轴（轴套）之间　与静环和密封压盖之间的泄漏面相似，也发生在往复密封上。

③ 静环与密封压盖之间　这是辅助密封面的密封问题，决定机械密封性和动环随动性的关键，特别是动环与轴（轴套密封面），首先要防止锈蚀、结垢或化学反应，物料的堆积造成动环不能随动。这种泄漏主要发生在往复密封上。

④ 密封压盖与壳体之间。

（4）机械密封常见形式

① 单端面密封：指由一对密封端面组成的机械密封，如图4-24所示，应用广，适合一

般液体场合，如油品等。

② 双端面密封：指由两对密封面组成的机械密封，如图 4-25 所示，适用于腐蚀、高温、液化气带固体颗粒及纤维润滑性差的介质以及易挥发、易燃、易爆、有毒、易结晶和贵重的介质。

③ 双级串联机械密封：指密封流体处于两种压力状态，该密封中的二级密封串联布置使密封介质的压力依次降低，如图 4-26 所示，适用于介质压力较高及对介质泄漏有要求的场合。

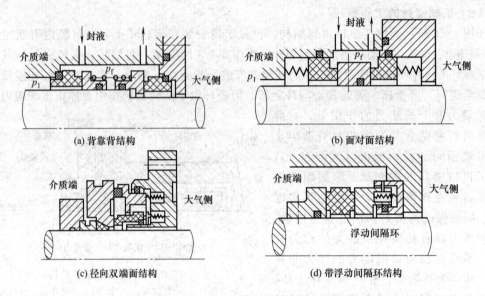

图 4-25　双端面机械密封

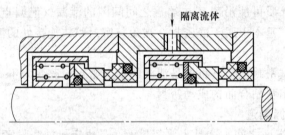

图 4-26　双级串联机械密封

④ 平衡型机械密封：液体作用于单位密封面上的轴向压力小于密封腔内流体压力，如图 4-27 所示，适用于压力较高的场合。

⑤ 非平衡型机械密封：密封流体作用于单位密封面上的轴向压力大于或等于密封腔内流体压力，如图 4-28 所示，适用于压力较低的场合。

⑥ 内装式密封：指静止环装于密封端盖内侧，如图 4-29 所示，适用于介质无强腐蚀性以及不影响弹性元件性能的场合。

⑦ 外装式密封：指静止环装于密封端盖外侧，如图 4-30 所示，适用于强腐蚀性介质、黏稠介质及压力较低场合。

⑧ 波纹管式机械密封：指用波纹管压紧密封端盖面，如图 4-31 所示，多用于高温或腐蚀性介质场合。

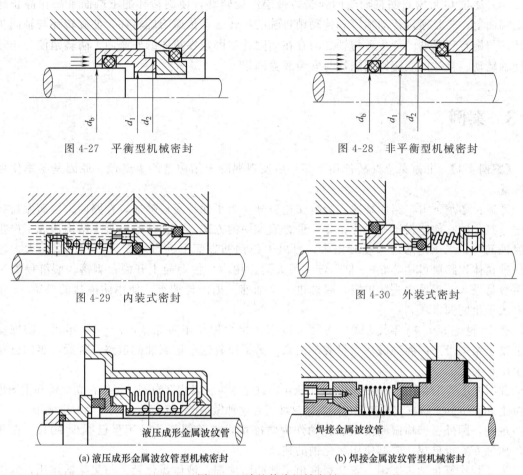

图 4-27　平衡型机械密封　　　　　　　　　图 4-28　非平衡型机械密封

图 4-29　内装式密封　　　　　　　　　　　图 4-30　外装式密封

(a) 液压成形金属波纹管型机械密封　　　　　　(b) 焊接金属波纹管型机械密封

图 4-31　波纹管式机械密封

（5）机械密封常见实例

反应釜搅拌器机械密封如图 4-32 所示。弹簧座用紧定螺钉固定在轴上。可与轴一起旋转，沿其周围均匀加工出数个安放弹簧的孔座和放置传动螺钉的通孔，压环松套在轴上，用

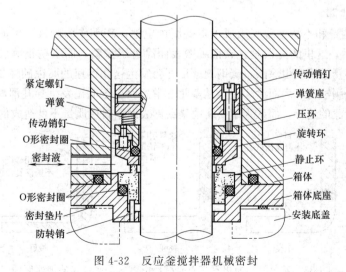

图 4-32　反应釜搅拌器机械密封

于：一是通过 O 形密封圈将轴向的弹簧力传递给旋转环，使旋转环的下端面紧贴在静止环的上端面上；二是通过传动螺钉和传动销将轴的旋转运动传递给旋转环，使旋转环与轴同步旋转；与旋转环紧贴的静止环与轴之间存在间隙并被固定在箱体的底座内。防转销使静止环不随轴转动。箱体的底座则用螺栓与安装底盖固定。

4.3　案例

【案例 4-1】　北京某立交桥使用十多年后发现混凝土结构已严重腐蚀。原因是冬季使用防冻盐。

评述：冬季下雪，路面结冰，影响交通安全。为了保持交通畅通，在路面、桥面撒盐或盐水（氯化钠）使冰雪迅速融化，是一种普遍采用的方法。但盐却给混凝土结构造成了严重的腐蚀问题。当氯化钠进入混凝土中，氯离子使钢筋表面由钝态转变为活态，腐蚀大大增加。铁锈体积膨胀可达 2.5～5 倍，产生很大的作用力，使混凝土开裂、剥落。裂缝使腐蚀剂更容易进入，钢筋失去防护层，腐蚀进一步加速。据国外调查，使用防冻盐的桥梁 15 年左右表现出腐蚀破坏。

在 20 世纪 50～60 年代，美国等西方国家开始大量使用防冻盐，70～80 年代，防冻盐给混凝土结构带来的腐蚀破坏大量表现出来。为了修复这些遭腐蚀的道路、桥梁，美国已花费上千亿美元。

我国近几年开始在北方地区相继使用氯化钠融化冰雪，以北京为例，每年在立交桥和主干道上撒盐 400～600t。该立交桥表现出的腐蚀破坏就是这种做法产生负面影响的一个突出例子。

现在，国外已严格限制使用氯化钠作为防冻剂，在美国氯化钠用量已减少 90%。在我国，腐蚀专家也已提出限制使用氯化钠的建议。

为了替代氯化钠，美国一家公司推出了新的防冻剂：液体氯化钙。与氯化钠相比，其腐蚀性降低了 80%～90%，而融化冰和雪的能力更强。

【案例 4-2】　某厂有一些大型啤酒罐，用碳钢制造，表面涂覆酚醛烤漆，用了 20 年。在扩建时为了解决罐底涂料层容易损坏的问题，新造储罐采用了不锈钢板作罐底，筒体仍用碳钢。认为不锈钢完全耐蚀就没有涂覆涂料。几个月后，碳钢罐底靠近不锈钢的一条窄带内发生了大量蚀孔而泄漏。

评述：碳钢罐壁和不锈钢罐底组成了电偶腐蚀电池，碳钢作为阳极，可能发生加速腐蚀破坏。如图 4-33 所示。这里的失误是：碳钢罐壁表面涂覆了涂料，而不锈钢罐底表面没有涂覆涂料。如果当初在不锈钢罐底也涂漆，碳钢罐壁是不会发生这么迅速的腐蚀破坏的。在一般人的心目中不锈钢既然是耐蚀的，表面涂漆完全是多此一举。以至于储罐发生穿孔泄漏后，厂方开始还拒绝在不锈钢上涂漆的建议，而认为罐壁腐蚀是碳钢表面涂料层质量不良造成的问题。

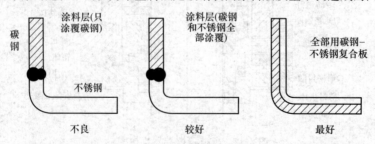

图 4-33　避免涂料使用不当引起涂料空隙中基底金属的加速腐蚀

涂料层由于薄，很难避免孔隙。孔隙中裸露出的碳钢便成为小小的阳极区；而罐底不锈钢作为很大的阴极区，根据阴极对阳极的面积比估计，孔隙内碳钢的腐蚀率可达到 25mm/a，难怪在几个月内就将碳钢罐壁"钻"了许许多多小孔。

【案例 4-3】　一根地下蒸汽冷凝回流管原用碳钢制造，由于冷凝液的腐蚀发生破坏，便用 304 型不锈钢管更换。使用不到两年出现泄漏，检查管道外表面（土壤侧）发生穿晶型应力腐蚀破坏。原来该埋地管道与公路交叉，冬季道路上使用防冻盐，使潮湿土壤中氯化物浓度达 0.5%，这足以引起热的奥氏体不锈钢管道发生应力腐蚀破裂。

评述：这个事例也应归入选材不当造成的腐蚀事故。只考虑不锈钢在土壤中全面腐蚀速率低，而没有考虑不锈钢可能发生的局部腐蚀问题。

本事例中选材的错误在于对该管道使用环境不清楚，而选择材料时首先就应把环境条件搞清楚。土壤含盐量一般约 0.008%～0.15%，其中含有或多或少的氯化物，在海边潮汐区或接近盐场的土壤，氯化物含量就比较高。而本事例中是公路边的土壤，在北方冬季公路上撒盐作防冻剂，盐渗入土壤使公路两侧的土壤中氯化钠含量大大增加（达到 0.5%）。而选材者却不了解，也没有对土壤腐蚀性做过分析，就决定更换为不锈钢管。将奥氏体不锈钢用在这种含很多氯化物的潮湿土壤中，不锈钢肯定表现不佳。

【案例 4-4】　某化工厂有一批储罐，内存对硝基氯化苯，原储存温度为 60℃，防腐工艺采用热喷涂不锈钢加改性环氧呋喃树脂封闭，第一批储罐使用一年后检查，防护层完好。一年后第二批储罐采用同样的工艺，同一个施工队伍，但开车后不到 48h，刚存储进来的对硝基氯化苯颜色由无色变成黄褐色，开罐检查，表面封闭层起皮、脱落、鼓泡。检查后发现，进罐原料的温度未经冷却，将 130℃的原料直接投入罐内，导致封闭层破坏，厂方要追究施工人员的责任，施工方找出合同，允许的工况为物料温度≤60℃。

评述：改性环氧呋喃树脂的使用温度为 90℃，在 130℃温度下，封闭层不能抵抗热破坏，产生变形、起壳、鼓泡，这是典型的由于操作不当导致防腐层失效的案例，厂方操作人员将工况搞错了，想当然地认为可以存放，结果铸成了大错，造成物料报废。在化工操作过程中，对操作参数的控制应当引起足够重视。

【案例 4-5】　美国海军和空军使用的一种战斗机涂了包括各种颜色的伪装漆。大约两年后发现深绿色区域出现了大量的小黑点。检查结果是漆下面腐蚀产物造成的。因为直接的日光照射造成深色区高温，引起涂料热震产生裂缝，暴露出的基体发生点蚀。而当初的腐蚀试验用涂漆试板是在恒定温度下进行的。

评述：温度对耐蚀性具有重要的影响，在试验设计中要予以充分考虑。因为涂料主要用于防止机器设备的大气腐蚀，而大气温度不可能恒定，不仅一年四季有很大变化，而且白天黑夜也不一样，所以，涂料的耐蚀性是一个重要的性能指标。日照是影响涂层性能的一个重要因素，长期处于阳光照射下的涂料，特别是深色涂料，因吸热而使温度升高，就可能造成涂层性能劣化。看来，如果当初试验时考虑这一因素，不是在恒温下进行试验，而是将涂漆试板进行大气暴晒试验，就可能避免本事例中发生的腐蚀问题。

涂层的耐大气腐蚀性能评定，除在实验室进行加速试验，一般还要进行大气暴晒试验。专门进行大气暴晒试验的部门叫"大气腐蚀试验站"。由于不同区域的大气腐蚀性有很大差异，所以在各种气候区域都要设立大气腐蚀试验站。根据涂漆设备及服役地域的大气特征，选择相应的大气腐蚀试验站，将样板（如本事例中涂漆样板）挂在试样架上，让其在实际大气条件下经受风吹、日晒、雨淋，经过一定的暴露周期，再对基体金属的腐蚀情况进行评定。

【案例 4-6】　美国佛罗里达海湾区停车场，照明灯的柱子是用碳钢管制造的。钢管底部的平板用埋在混凝土底座的长螺栓固定。为了美观，将底板和螺栓、螺母等用一个钢板箱盖起来（这种设计在美国普遍采用），后来钢柱倒了。检查表明，被箱子盖起来的部分发生了广泛的腐蚀，钢管已不能承受自身重力，而箱外部分的钢柱则完好。有趣的是，有些没有安装钢板箱的灯柱却未发生腐蚀问题。看来，腐蚀原因在钢板箱上。

评述：这是设计不良的典型例子。海湾区空气湿度大，白天气温高，夜间发生水汽凝结。由于不可能完全密封，水汽可进入箱内，当气温低时，在箱内的钢柱和螺栓、螺母上形成冷凝液；气温高时箱内的水汽由于闭塞条件而难以排除。即这种封闭箱内的局部环境很难随外部大气变化而平衡。钢板箱的相对密闭造成了一个停滞的潮湿的局部环境。而敞露灯柱的腐蚀环境条件与箱内灯柱部分相比就要温和一些，夜晚在灯柱上凝结的水汽，白天会散失，因为空气是流通的。

当然，并不是说敞露的灯柱就不会腐蚀。灯柱处于空气中经受大气腐蚀，而大气的腐蚀性与空气的湿度和污染程度有很大关系。试验表明，当空气湿度超过临界湿度（对钢板，大约为65%），金属的腐蚀速率迅速增大。城市特别是工业区大气的腐蚀性比农村大气严重，海岸地区大气比内地特别是沙漠地区大气的腐蚀性严重。像本事例中的大气腐蚀性应是较大的，所以灯柱钢管一定要采用涂层保护。

对箱内灯柱部分的腐蚀问题提出了各种解决方法。美观自然是市政建设的重要要求，因此去掉箱子的设计是不能接受的。选用更耐蚀的材料费用太高，镀锌只能略为延长使用寿命。如果仍然要使用箱子，看来最简单也是最经济的办法是在箱子各边开通风孔，以消除箱内空气的停滞状态，使白天气温高时箱内的水汽容易散去。

同样道理，在仓库中保持良好通风（自然通风和强制通风），使湿气容易排出仓库，也是防止储存金属部件生锈的一种有效措施。

【案例4-7】　一家船厂与地方涂料施工队签订合同，在船坞内对一个小船进行喷砂除锈和刷漆。承包人被要求提供防爆设备和充分通风，以保证船舱大气中溶剂浓度在爆炸低限的20%以下。工作在两天内完成，星期二下午承包人卸任，离开了工地。大约在晚10点，承包人派一个焊工进行船舱外表面上的一个加强板的烧焊施工，导致爆炸发生。船损坏的损失近25万美元。

评述：这里派焊工动火是完全错误的！

第一，如果设备内部有涂层或衬里层，是不允许在壳外表面进行烧焊的，这是一个基本原则。因为烧焊会破坏内表面的涂层或衬里层。

第二，涂层施工完以后的相当长时间内船舱中的空气仍含有溶剂。在这段时间内应继续通风，否则施工场所大气内溶剂量可能达到爆炸低限，特别是在密闭空间的低部位，挥发出的溶剂难以逸出，溶剂浓度更高。在这段时间内烧焊动火，很可能引起失火或爆炸这样的严重后果。

为什么会犯这种基本常识错误？看来承包工程的人既不懂腐蚀与防护知识，也不懂安全施工知识。

习题与简解

扫描二维码获取

第5章 公差配合与表面粗糙度

互换性是指同一规格的一批零部件，任取其一，不需任何挑选和修理就能装在机器上，并能满足其使用功能的性能。互换性是机器和仪器制造行业中产品设计和制造的重要原则。

例如：在设计方面，零部件具有互换性，可最大限度地采用标准件。通用件和标准部件大大简化了绘图和计算工作，缩短了计算周期，有利于计算机辅助设计和产品品种的多样性。在制造方面，互换性有利于组织专业化生产，有利于采用先进工艺和高效率的专用设备，有利于计算机辅助制造，有利于实现加工过程和装配过程机械化、自动化，从而可以提高劳动生产率和产品质量，降低生产成本，同时在使用和维修过程中，具有互换性的零部件在磨损及损坏后可及时更换，从而减少了机器的维修时间和费用。

标准化是实现互换性生产的基础。所谓标准是指为了取得国民经济的最佳效果，对需要协调统一的、具有重要特征的物品和概念，在总结科学试验和生产实践的基础上，由有关方面协调制定，经主管部门批准后，在一定范围内作为活动的共同准则和依据。

我国颁布的公差与配合标准：GB/T 1804—2000、GB/T 4458.5—2003、GB/T 1182—2018、GB/T 1800.1—2020、GB/T 1800.2—2020、GB/T 1958—2017。

5.1 公差与配合

公差是零件尺寸的允许变动量，主要反应机器零件使用要求与制造要求的矛盾。零件制造过程中，由于多种因素的影响，完工后的尺寸与公称尺寸间总会存在一定的误差，所以零件应规定合理的尺寸精度。如果公差与配合精度要求高，则加工难，成本高；反之，则加工易，成本低。所以应在满足设计要求的前提下，考虑加工的可能性和经济性，尽量选用较低的精度，按选用的精度等级，必须将零件的尺寸控制在允许变动的范围内。制定公差的目的就是为了确定产品的几何参数，使其变动量在一定的范围之内，以便达到互换或配合的要求。

公称尺寸相同的、相互结合的孔和轴公差带之间的关系，称为配合。配合反映组成机器的零件之间的关系，三种基本的配合关系为过盈配合、过渡配合、间隙配合。配合的目的在于使零件之间牢固地固定，以免在相互配合面上出现不利的滑动。

5.1.1 基本术语

（1）孔

孔是指工件的圆柱形内表面，用 D 表示。

（2）轴

轴是指工件的圆柱形外表面，用 d 表示。

（3）尺寸

尺寸是指用特定单位表示线性尺寸值的数值，如直径等。

① 基本尺寸　由设计给定的尺寸（公称尺寸）。

② 试验尺寸　通过测量所得的尺寸。由于存在测量误差，实际尺寸并非被测尺寸的真值。

③ 作用尺寸　孔的作用尺寸是指在配合面全长上与实际孔内接的最大理想轴的尺寸，如图 5-1（a）所示。

轴的作用尺寸是指在配合面全长上与实际孔外接的最大理想孔的尺寸，如图 5-1（b）所示。

④ 极限尺寸　允许尺寸变化的两个界限值称为极限尺寸。两个界限值中较大的一个称为最大极限尺寸，较小的一个称为最小极限尺寸。孔和轴的最大、最小极限尺寸分别为 D_{max}、d_{max} 和 D_{min}、d_{min}，如图 5-2、图 5-3 所示。

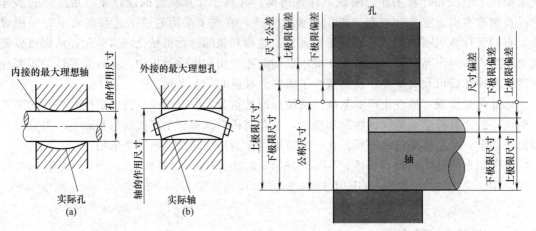

图 5-1　孔或轴的作用尺寸　　　　图 5-2　公称尺寸、极限尺寸和极限偏差、尺寸公差示意

（4）公差与偏差

公差带大小由标准公差确定，用以反映尺寸精度；公差带位置由基本偏差确定，用以反映配合精度。

① 偏差　某一尺寸减去公称尺寸所得的代数差。

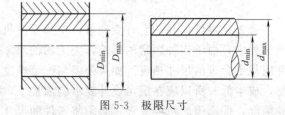

图 5-3　极限尺寸

上偏差：最大极限尺寸减去基本尺寸所得的代数差，孔的上极限偏差用 ES 表示，轴的上极限偏差用 es 表示。

下偏差：最小极限尺寸减去基本尺寸所得的代数差，孔的下极限偏差用 EI 表示，轴的下极限偏差用 ei 表示。

用公式表示为

$$ES = D_{max} - D; es = d_{max} - d$$
$$EI = D_{min} - D; ei = d_{min} - d$$

② 公差　允许尺寸的变动量，公差等于最大极限尺寸与最小极限尺寸的代数差的绝对值，也等于上偏差与下偏差的代数差的绝对值，即

$$T_{h} = |D_{\max} - D_{\min}| = |\mathrm{ES} - \mathrm{EI}|$$
$$T_{s} = |d_{\max} - d_{\min}| = |\mathrm{es} - \mathrm{ei}|$$

式中，T_{h}、T_{s} 分别为孔、轴公差带大小。公差带表示制造精度，影响配合精度。极限偏差主要反映的是公差带的位置，影响配合松紧程度。其公差带如图 5-4 所示，表示基本尺寸的一条直线称为零线，以其为基准确定偏差和公差，由上、下偏差的两条直线所限定的一个区域称为尺寸公差带。

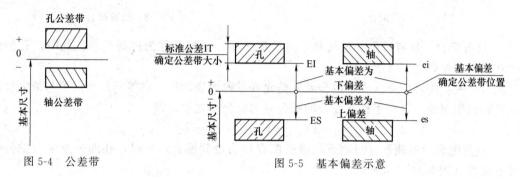

图 5-4　公差带　　　　　　　　　　　　　图 5-5　基本偏差示意

③ 基本偏差　用以确定公差带相对于零线位置的上偏差或下偏差称为基本偏差。基本偏差一般为靠近零线的那个极限偏差，如图 5-5 所示。

④ 标准公差　国家标准中规定的、用以确定公差带大小的任一公差称为标准公差。

5.1.2　配合

配合是基本尺寸相同的，相互结合的孔和轴公差带之间的关系，如图 5-6 所示。

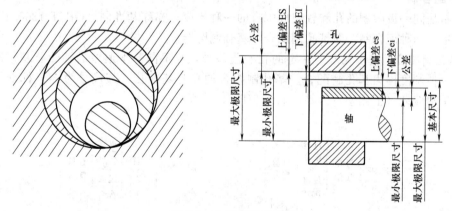

图 5-6　公差与配合示意

（1）配合种类

间隙与过盈是指孔的尺寸减去相配合的轴的尺寸所得的代数差。差值为正值时，称为间隙，用 X 表示；差值为负值时，称为过盈，用 Y 表示。

① 间隙配合　具有间隙（包括最小间隙等于零）的配合称为间隙配合。此时，孔的公差带在轴的公差带之上（图 5-7）。

配合公差：配合公差（或间隙公差）是允许间隙的变动量，等于最大间隙与最小间隙之代数差的绝对值，也等于相互配合的孔公差与轴公差之和。配合公差用 T_{f} 表示，即

$$T_{f} = |X_{\max} - X_{\min}| = T_{h} + T_{s}$$

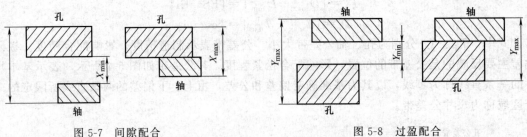

图 5-7 间隙配合   图 5-8 过盈配合

② 过盈配合 具有过盈（包括最小过盈等于零）的配合称为过盈配合。此时，孔的公差带在轴的公差带之下（图 5-8）。

配合公差：配合公差（或过盈公差）是允许过盈的变动量，它等于最小过盈与最大过盈之代数差的绝对值，也等于相互配合的孔公差与轴公差之和。即

$$T_f = |Y_{min} - Y_{max}| = T_h + T_s$$

③ 过渡配合 可能具有间隙或过盈的配合称为过渡配合。此时，孔的公差带与轴公差带相互交叠（图 5-9）。

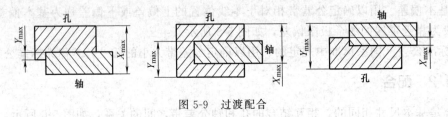

图 5-9 过渡配合

（2）配合制

配合制是同一极限制的孔和轴组成配合的一种制度，亦称基准制。GB/T 1800.1—2020 对配合规定了两种配合制，即基孔制配合、基轴制配合。

① 基孔制配合 基本偏差为一定的孔的公差带，与不同基本偏差的轴的公差带形成各种配合的一种制度称为基孔制配合。基孔制配合的孔为基准孔，其代号为 H。标准规定的基准孔的基本偏差（下偏差）为零，如图 5-10（a）所示。

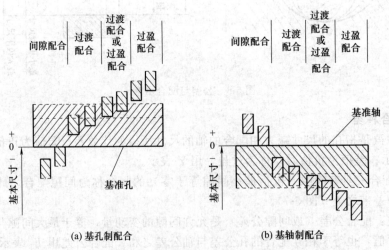

(a) 基孔制配合   (b) 基轴制配合

图 5-10 基孔制配合和基轴制配合

② 基轴制配合　基本偏差为一定的轴的公差带，与不同基本偏差的孔的公差带形成各种配合的一种制度称为基轴制配合。基轴制配合的轴为基准轴，其代号为 h。标准规定的基准轴的基本偏差（上偏差）为零，如图 5-10（b）所示。

5.1.3　公差

（1）公差等级
国家标准规定的标准公差是由公差等级系数和公差单位的乘积值决定的。

在基本尺寸一定的情况下，公差等级系数是决定标准公差大小的唯一参数。

根据公差等级系数不同，规定标准公差分为 20 个等级，以 IT 后加阿拉伯数字表示，即 IT01、IT0、IT1、IT2、……、IT18。IT 表示标准公差，即国际公差（ISO Tolerance）的编写代号。如 IT8 表示标准公差 8 级或 8 级标准公差。从 IT01 到 IT18，等级依次降低，而相应的标准公差值依次增大。标准公差见表 5-1。

表 5-1　标准公差

基本尺寸/mm	公差等级																			
	IT01	IT0	IT1	IT2	IT3	IT4	IT5	IT6	IT7	IT8	IT9	IT10	IT11	IT12	IT13	IT14	IT15	IT16	IT17	IT18
	/μm														/mm					
>10~18	0.5	0.8	1.2	2	3	5	8	11	18	27	43	70	110	180	0.27	0.43	0.70	1.10	1.8	2.7
>50~80	0.8	1.2	2	3	5	8	13	19	30	46	74	120	190	300	0.46	0.74	1.2	1.90	3.0	4.6
>80~120	1	1.5	2.5	4	6	10	15	22	35	54	87	140	220	350	0.54	0.87	1.40	2.20	3.5	5.4
>120~180	1.2	2	3.5	5	8	12	18	25	40	63	100	160	250	400	0.63	1.00	1.60	2.50	4.0	6.3
>400~500	4	6	8	10	15	20	27	40	63	97	155	250	400	630	0.97	1.55	2.50	4.00	6.3	9.7
>500~630	4.5	6	9	11	16	22	32	44	70	110	175	280	440	700	1.10	1.75	2.8	4.4	7.0	11.0
>630~800	31	43	62	84	115	155	215	310	490	760	1200	1950	3100	4900	7.60	12.0	19.5	31.0	19.0	76.0

注：基本尺寸小于 1mm 时，无 IT14~IT18。

（2）基本偏差
1）基本偏差及其代号

① 基本偏差　基本偏差是确定零件公差带相对零线位置的上偏差或下偏差，基本偏差一般为靠近零线的那个极限偏差。它是公差带位置标准化的唯一指标。除 JS 和 js 以外，均指靠近零线的偏差，它与公差等级无关。而 JS 和 js，对称零线分布，其基本偏差是上偏差或下偏差，它与公差等级有关。

② 基本偏差代号　图 5-11 所示为基本偏差系列。基本偏差的代号用拉丁字母表示，大写代表孔、小写代表轴。在 26 个字母中，除去易与其他混淆的五个字母：I、L、O、Q、W（i、l、o、q、w），再加上七个用两个字母表示的代号（CD、EF、FG、JS、ZA、ZB、ZC 和 cd、ef、fg、js、za、zb、zc），共有 28 个代号，即孔和轴共有 28 个基本偏差。其中 JS 和 js 在各个公差等级中相对零线是完全对称的。JS、js 将逐渐代替近似对称的基本偏差 J 和 j。因此在国家标准中，孔仅留 J6 和 J8，轴仅留 j5、j6、j7 和 j8。

对于轴：a~h 的基本偏差为上偏差 es，其绝对值依次减小；j~zc 的基本偏差为下偏差 ei，其绝对值逐渐增大。

对于孔：A~H 的基本偏差为下偏差 EI，其绝对值依次减小；J~ZC 的基本偏差为上偏差 ES，其绝对值依次增大。H 和 h 的基本偏差为零。

2）轴的基本偏差

轴的基本偏差是在基孔制的基础上制定的。

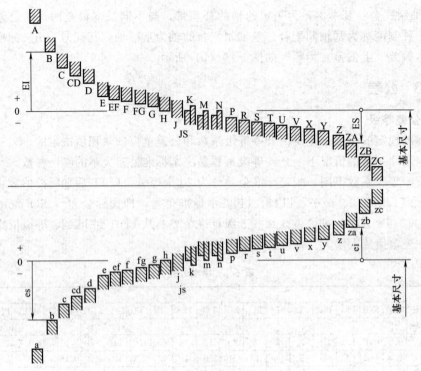

图 5-11　基本偏差系列

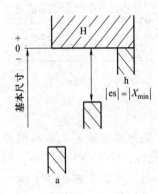

图 5-12　轴基本偏差 a～h

间隙配合：a～h 用于间隙配合，当与基准孔配合时，这些轴的基本偏差的绝对值正好等于最小间隙的绝对值，如图 5-12 所示。

过渡配合：js、j、k、m、n 五种为过渡配合，基本偏差为下偏差 ei。计算公式基本上是根据经验与统计的方法确定，如图 5-13 所示。

过盈配合：p～zc 按过盈配合来规定，如图 5-14 所示。

3）孔的基本偏差

基本尺寸≤500mm 时，孔的基本偏差是从轴的基本偏差换算得来的。

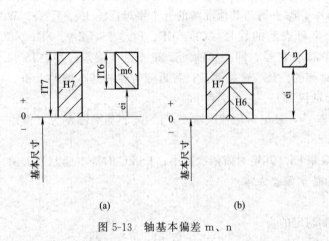

(a)　　　　　　(b)

图 5-13　轴基本偏差 m、n

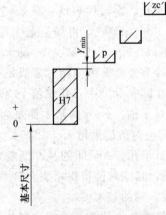

图 5-14　轴基本偏差 p～zc

5.1.4　尺寸公差与配合的选用

公差与配合的选择是机械设计与制造中至关重要的一环，公差与配合的选用是否恰当，对机械的使用性能和制造成本都有很大影响，有时甚至起决定作用。因此，公差与配合的选择，实质上是尺寸精度的设计。

在设计工作中，公差与配合的选用主要包括配合制、公差等级及配合种类。

（1）配合制的选用

选用配合制时，应从零件的结构、工艺、经济几方面来综合考虑，权衡利弊。一般情况下，设计时应优先选用基孔制配合。因为孔通常用定值刀具（如钻头、铰刀、拉刀等）加工，用极限量规检验，所以采用基孔制配合可减少孔公差带的数量，大大减少用定值刀具和极限量规的规格与数量，显然是经济合理的。但在有些情况下采用基轴制配合比较合理。例如，在同一基本尺寸的轴上需要装配几个具有不同配合性质的零件时，应选用基轴制配合；再如，与标准件相配合的孔或轴，应以标准件为基准件来确定配合制。

（2）公差等级的选用

选用公差等级时，要正确处理使用要求、制造工艺和成本之间的关系。因此，选用公差等级的基本原则是：在满足使用要求的前提下，尽量选取低的公差等级。

各公差等级的应用范围如下。

IT5～IT12 用于常用配合尺寸。IT5 的轴和 IT6 的孔用于高精度的重要配合，例如内燃机的活塞销与活塞销孔的配合；IT6 的轴和 IT7 的孔用于较重要的配合，例如普通机床的重要配合、与滚动轴承相配合的外壳孔和轴颈的尺寸公差；IT7～IT8 用于中等精度的配合，例如通用机械的滑动轴承与轴颈的配合；IT9～IT10 用于一般要求的配合，例如键与键槽的配合；IT11～IT12 用于不重要的配合。

国家标准各公差等级与各种加工方法的大致关系如表 5-2 所示。

表 5-2　各种加工方法的加工精度

加工方法	公差等级																	
	01	0	1	2	3	4	5	6	7	8	9	10	11	12	13	14	15	16
研磨	━	━	━	━	━	━	━											
珩磨						━	━	━	━									
圆磨、平磨、拉削							━	━	━	━								
铰孔								━	━	━	━							
车、镗									━	━	━	━	━					
铣										━	━	━	━					
钻孔												━	━	━				
刨、插、滚压、挤压												━	━	━	━			
冲压													━	━	━	━		

续表

加工方法	公差等级																
---	01	0	1	2	3	4	5	6	7	8	9	10	11	12	13	14	15	16
压铸																	
锻造																	
砂型铸造、气割																	

（3）配合的选用

选择配合主要是为了解决零件孔与轴在工作时的相互关系，以保证机器正常工作。在设计中，根据使用要求，应尽可能地选用优先配合和常用配合。

配合的使用要求为：

① 孔轴间有相对运动（相对转动或相对移动）；

② 通过配合面来传递扭矩或载荷；

③ 用配合面确定孔轴间的相互位置。

5.2　几何公差

零件在加工过程中由于受各种因素的影响，零件的几何要素不可避免地会产生几何误差。几何公差（旧标准称形位公差）是用来研究这些要素在形状及其相互间方向及位置面的精度问题，它是实际被测要素的允许变动全量。几何公差包括形状公差和位置公差。形状公差是指单一实际要素的形状允许的变动量；位置公差是指关联实际要素的位置对基准所允许的变动量。

对精度较高的零件，不仅尺寸公差需要得到保证，而且还要保证其形状和位置公差的准确性，这样才能满足零件的使用和装配要求，因此，形位公差和尺寸公差一样是评定产品质量的重要技术指标。

（1）形状公差

形状公差带是单一实际被测要素允许变动的区域，它不涉及基准。形状公差有直线度、平面度、圆度、圆柱度、无基准要求的线轮廓度和无基准要求的面轮廓度六个项目。

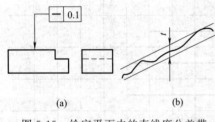

图 5-15　给定平面内的直线度公差带

① 直线度（—）　直线度公差用于限制平面内或空间直线的形状误差。根据零件的功能要求不同，可分别提出给定平面内、给定方向上和任意方向的直线度要求，在给定平面内，公差带是给定平面内间距为公差值 t 的两平行直线所限定的区域，如图 5-15 所示。框格中标注的 0.1 的意义是：在任一平行于图示投影面的平面内，上平面的提取（实际）线应限定在间距等于 0.1mm 的两平行直线之间。

② 圆度（○）　公差带是在同一正截面上，半径差为公差值 t 的两同心圆之间的区域，如图 5-16（c）所示。图 5-16（a）框格中标注的 0.03 的意义是：被测圆柱面任一正截面的圆周必须位于半径差为公差值 0.03mm 的两同心圆之间。图 5-16（b）框格中标注的 0.1 的

意义是：被测圆锥面任一正截面上的圆周必须位于半径为公差值 0.1mm 的两同心圆之间，如图 5-16 所示。

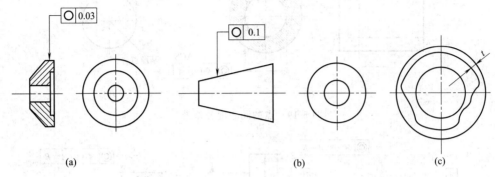

图 5-16　圆度公差带

（2）方向公差

方向公差是指被测要素对基准在方向上允许的变动量。被测要素为直线和平面，基准要素有直线和平面。方向公差分为平行度、垂直度、倾斜度三个项目。

① 平行度（∥）　平行度公差用于限制被测要素对基准要素平行的误差，如图 5-17 所示。

② 垂直度（⊥）　垂直度公差用于限制被测要素对基准要素垂直的误差，如图 5-18 所示。

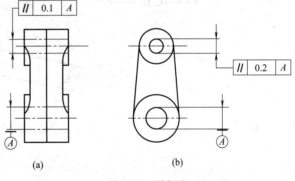

图 5-17　平行度

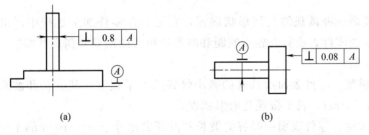

图 5-18　垂直度

（3）位置公差

位置公差是关联实际被测要素对基准在位置上所允许的变动量。位置公差分为位置度、同轴（心）度和对称度三个项目。

点的同心度公差：公差带前标注符号 ϕ，公差带为直径等于公差值 ϕt 的圆周所限定的区域（图 5-19）。该圆周的圆心与基准点重合，如图 5-19（b）所示。

轴线的同轴度公差：公差带值前标注符号中，公差带为直径等于公差值 t 的圆柱面所限定的区域（图 5-20）。该圆柱面的轴线与基准轴线重合，如图 5-20（d）所示。

轴线的同轴度：公差带是直径为公差值 ϕ_t 的圆柱面内的区域，该圆柱面的轴线与基准轴线同轴。

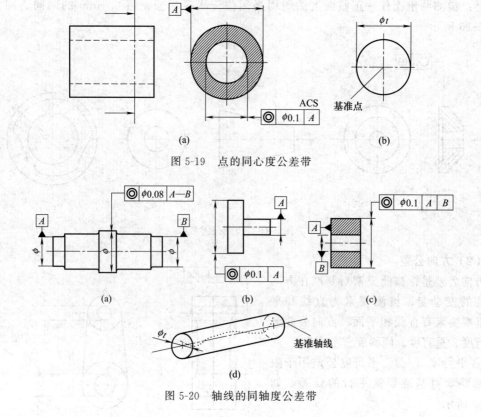

图 5-19　点的同心度公差带

图 5-20　轴线的同轴度公差带

5.3　表面粗糙度

　　表面粗糙度是一种微观的几何形状误差，它是指在零件加工过程中，由于加工方法不同，使得加工后的零件表面具有较小间距和峰谷所组成的微观几何形状特征。表面粗糙度越小，则表面越光滑。

　　① 表面粗糙度：零件表面所具有的微小峰谷的不平程度，其波长和波高之比一般小于50（或波长小于 1mm），属于微观几何形状误差。

　　② 表面波纹度：零件表面中峰谷的波长和波高之比等于 50～1000 的不平程度（或波长在 1～10mm 之间）称为波纹度。波纹度会引起零件运转时的振动、噪声，特别是对旋转零件（如轴承）的影响是相当大的。

　　③ 形状误差：零件表面中峰谷的波长和波高之比大于 1000 的不平程度（或波长大于10mm）属于形状误差。如图 5-21 所示。

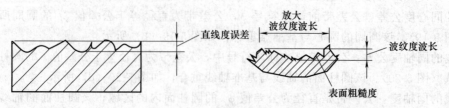

图 5-21　表面粗糙度

表面精糙度对机械零件使用性能的影响主要体现在以下几个方面。

① 表面粗糙度影响零件的耐磨性。表面越粗糙，配合表面间的有效接触面积就减小，压强增大，磨损就越快。

② 表面粗糙度影响配合性质的稳定性。对间隙配合来说，表面越粗糙，就越易磨损，使工作过程中间隙逐渐增大；对过盈配合来说，由于装配时将微观凸峰挤平，减小了实际有效过盈，降低了连接强度。

③ 表面粗糙度影响零件的疲劳强度。粗糙的零件表面，存在较大的波谷，它们像尖角缺口的裂纹一样，对应力集中很敏感，从而影响零件的疲劳强度。

④ 表面粗糙度影响零件的抗腐蚀性。粗糙的表面，易使腐蚀性气体或液体通过表面的微观凹谷渗入金属内层，造成表面锈蚀。

⑤ 表面粗糙度影响零件的密封性。粗糙的表面之间无法严密的贴合，气体或液体通过接触面间的缝隙渗漏。

表面粗糙度国家标准有 GB/T 3505—2009、GB/T 131—2006、GB/T 1031—2009、GB/T 10610—2009、GB/T 6062—2009 等。

5.3.1　表面粗糙度的评定参数

用以说明表面粗糙度的参数，称为表面粗糙度评定参数。这里只介绍常用的高度参数。

（1）有关术语及参数

① 基准线 m　为了评定表面粗糙度数值，要求采用一定的评定基准线，如图 5-22 所示，因零件表面的实际轮廓起伏不定，测量时，以基准线（即轮廓中线 m）作为测量基准，它是具有几何轮廓形状并划分轮廓的基准线，以中线为基础来计算各种评定参数的数值。

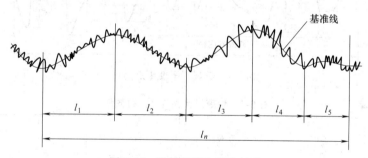

图 5-22　取样长度和评定长度

② 取样长度 l　测量表面粗糙度时所规定的一段基准线长度。它在轮廓总的走向上量取。取样长度一般包括 5 个以上的轮廓峰和轮廓谷。

③ 评定长度 l_n　评定某一表面轮廓粗糙度时所必需的一段长度（几个连续的取样长度）。l_n 一般为 5 个 l，以各取样长度 l 上表面粗糙度数值的算术平均值作为评定结果。

（2）评定参数

表面粗糙度评定参数常用的有 4 个。高度参数 2 个：轮廓算术平均偏差 Ra 和轮廓最大高度 Rz。间距参数 1 个：轮廓单元的平均宽度参数 RSm，在取样长度内轮廓单元的平均值。形状参数 1 个：轮廓的支撑长度率 $Rmr(c)$。

评定参数的选择：如无特殊要求，一般仅选用高度参数。推荐优先选用 Ra 值，因为 Ra 能充分反映零件表面轮廓的特征。但当表面过于粗糙（$Ra > 6.3\mu m$）或非常光滑（$Ra < 0.025\mu m$）时，可选用 Rz。因为此范围便于选用测量 Rz 的仪器；当零件材料较软时，因为

Ra 一般采用触针测量，故选用 Rz；当测量面积很小时，也选用 Rz，如顶尖、刀锯的刃部、仪表的小元件的表面。

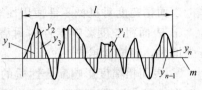

图 5-23　轮廓的算术平均偏差

① 轮廓的算术平均偏差 Ra　在取样长度内，轮廓线上各点至轮廓中心线距离（y_1，y_2，……y_n）取绝对值的算术平均值，如图 5-23 所示，用公式表示为

$$Ra = \frac{1}{n}\sum_{i=1}^{n}|y_i|$$

Ra 能较客观地反映表面微观几何形状特性，测量简单方便，用途较广。Ra 的数值国家标准做了规定，见表 5-3。

表 5-3　轮廓算术平均偏差 Ra 的数值

Ra	0.012	0.2	3.2	50
	0.025	0.4	6.3	100
	0.05	0.8	12.5	
	0.1	1.6	25	

② 轮廓最大高度 Rz　在取样长度内，轮廓峰顶线和轮廓谷底线之间的距离，如图 5-24 所示。Rz 数值见表 5-4。

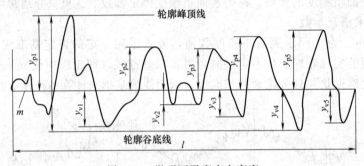

图 5-24　微观不平度十点高度

表 5-4　轮廓最大高度 Rz 的数值

Rz	0.025	0.4	6.3	100	1600
	0.05	0.8	12.5	200	
	0.1	1.6	25	400	
	0.2	3.2	50	800	

（3）极限值及其判断规则

极限值是指图样上给定的粗糙度参数值（单向上限值、下限值、最大值或双向上限值和下限值）。极限值的判断规则是指在完工零件表面上测出实测值后，如何与给定值比较，以判断其是否合格的规则。极限值的判断规则有两种。

① 16％规则　当所注参数为上限值时，用同一评定长度测得的全部实测值中，大于图样上规定值的个数不超过测得值总个数的 16％时，则该表面是合格的。对于给定表面参数下限值的场合，如果用同一评定长度测得的全部实测值中，小于图样上规定值的个数不超过总数的 16％时，该表面也是合格的。

② 最大规则　是指在被检的整个表面上测得的参数值中，一个也不应超过图样上的规定值。为了指明参数的最大值，应该在参数代号后面增加一个"max"的标记，例如：$Rz1max$。

5.3.2　表面粗糙度的符号

表面结构的完整图形符号应注写表面结构参数和数值、加工方法、表面纹理方向、加工余量等内容。标注表面结构参数时应使用完整符号，其符号及含义如表 5-5 和表 5-6 所示。

表 5-5　表面结构图形符号

符号名称	符 号	含 义
基本图形符号	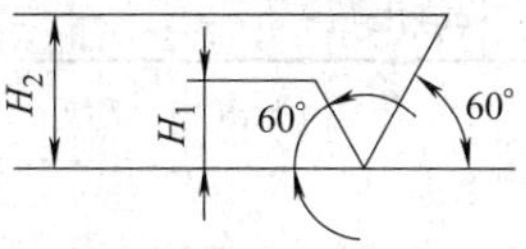 H_2　H_1　60°　60°	未指定工艺方法的表面,仅用于简化代号标注,如果与补充要求一起使用,则不需要说明应去除材料或不去除材料
扩展图形符号		指定表面是用去除材料的方法获得的,如车、铣、钻、磨、抛光、腐蚀、电火花加工、气割等
		指定表面是用不去除材料的方法获得的,如铸造、锻造、冲压、轧制、粉末冶金等,也可用于表示保持上道工序形成的表面,无论这种状态是通过去除材料或不去除材料形成的
完整图形符号		用于标注表面结构特征的补充信息

表 5-6　表面结构代号示例

序号	代号示例	含义/解释
1	$Ra\,0.8$	表示不允许去除材料,单向上限值,默认传输带,R 轮廓,算术平均偏差 0.8μm,评定长度为 5 个取样长度(默认),"16%规则"(默认)
2	$Rz\,\max 0.2$	表示去除材料,单向上限值,默认传输带,R 轮廓,机度度最大高度的最大值 0.2μm,评定长度为 5 个取样长度(默认),"最大规则"
3	$0.008-4/Ra\,\max 0.8$	表示去除材料,单向上限值,传输带 0.008~4mm,R 轮廓,算术平均偏差 0.8μm,评定长度为 5 个取样长度(默认),"16%规则"(默认)
4	$-0.8/Ra\,3\,3.2$	表示去除材料,单向上限值,传输带,取样长度 0.8mm(λ_s 默认 0.0025mm),R 轮廓,算术平均偏差 3.2μm,评定长度为 3 个取样长度,"16%规则"(默认)
5	U $Ra\,\max 3.2$ L $Ra\,0.8$	表示不允许去除材料,双向极限值,两极限均使用默认传输带,R 轮廓,上限值:算术平均偏差 3.2μm,评定长度为 5 个取样长度(默认),"最大规则";下限值:算术平均偏差 0.8μm,评定长度为 5 个取样长度(默认),"16%规则"(默认)

5.3.3　表面粗糙度的选择与标注

表面粗糙度简化标注方法如图 5-25 所示。

常用零件表面粗糙度数值见表 5-7。

表 5-7　常用零件表面粗糙度数值

表面粗糙度数值/μm	应用场合	应用举例
$Ra\,25$	不重要的加工表面	如栓孔、油孔、倒角,不重要的轴端面等
$Ra\,12.5$	尺寸精确度不高,没有相对运动的接触面或重要零件的非工作表面	如壳体、支座的底面,轴、套、盘、盖的端面,齿轮、皮带轮的侧面,键槽的非工作表面等
$Ra\,6.3$	有相对运动或较重要的接触面	如机座、箱体的安装底面和端面,轴肩端面以及键槽的工作表面等
$Ra\,3.2$	传动零件的配合表面	如低速工作的滑动轴承和轴的摩擦表面,轴承盖凸肩表面、端盖的内侧面等

表面粗糙度数值/ μm	应用场合	应用举例
Ra 1.6	较重要的配合面	如与滚动轴承配合的轴与孔、中速转动的轴颈、齿轮的齿廓表面、拨叉的工作表面等
Ra 0.8	重要的配合面	如高速转动的轴颈与衬套孔的工作表面，曲轴、凸轮轴的工作表面，气缸与活塞的配合面，滑动导轨的工作面，阀与阀座的接触面，齿轮的孔与轴，销孔等

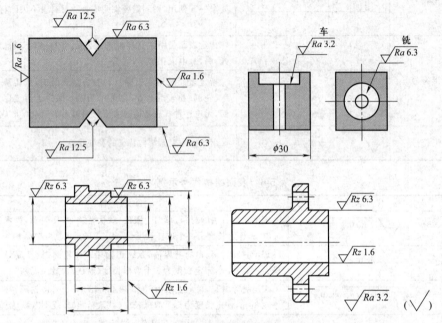

图 5-25　表面粗糙度简化标注

习题与简解

扫描二维码获取

第6章　机械零部件

6.1　连接

连接是将两个或两个以上的物体结合在一起的形式。

机械连接有两大类：一类是机器工作时，被连接的零（部）件间可以有相对运动的连接，称为机械动连接，如机械原理课程中讨论的各种运动副；另一类则是在机器工作时，被连接的零（部）件间不允许产生相对运动的连接，称为机械静连接。

6.1.1　键连接

键是一种标准零件，键连接主要用于轴和带毂零件（如齿轮、蜗轮等）的轴与毂连接，实现周向固定以传递扭矩，有的还能实现轴上零件的轴向固定或轴向滑动的导向。键连接的主要类型有平键连接、半圆键连接、楔键连接、切向键连接。

（1）平键连接

平键的侧面是工作面，工作时，靠键与键槽的互压传递扭矩，键的上表面和轮毂的键槽底面间则留有间隙。如图 6-1 所示。平键连接具有结构简单、装拆方便、对中性较好等优点，因而得到广泛应用。这种键连接不能承受轴向力，因而对轴上的零件不能起到轴向固定的作用。

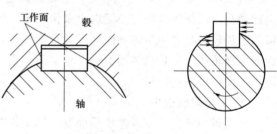

图 6-1　键的工作原理

平键按用途通常分为普通平键、导向平键和滑键三种，如图 6-2 所示。

① 普通平键　普通平键主要用于静连接，不能承受轴向力，因而对轴上的零件不能起到轴向固定的作用。普通平键有圆头（A 型）、平头（或称方头，B 型）及单圆头（C 型）三种。

圆头平键 ［图 6-2（a）］宜放在轴上用键槽铣刀铣出的键槽中，键在键槽中轴向固定良好。缺点是键的头部侧面与轮毂上的键槽并不接触，因而键的圆头部分不能充分利用，而且轴上键槽端部的应力集中较大。

平头平键 ［图 6-2（b）］是放在用盘铣刀铣出的键槽中，因而避免了上述缺点。但因键与键槽两端有较大间隙，对于尺寸大的键，宜用紧定螺钉固定在轴上的键槽中，以防止松动。

单圆头平键 ［图 6-2（c）］则常用于轴端与毂类零件的连接。

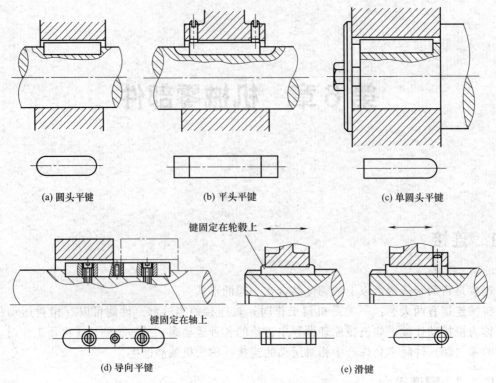

图 6-2　平键分类

② 导向平键与滑键　导键与滑键主要用于动连接。当被连接的毂类零件在工作过程中必须在轴上作轴向移动时（如变速箱中的滑移齿轮），需采用导向平键或滑键。导向平键 [图 6-2（d）] 是一种较长的平键，用螺钉固定在轴上的键槽中。为了便于拆卸，键上制有起键螺孔，以便拧入螺钉使键退出键槽。轴上的传动零件则可沿键作轴向滑移。当零件需滑移的距离较大时，因所需导向平键的长度过大，制造困难，故宜采用滑键 [图 6-2（e）]。滑键固定在轮毂上，轮毂带动滑键在轴上的键槽中作轴向滑移。这样，只需在轴上铣出较长的键槽，而键可做得较短。

（2）半圆键连接

半圆键用圆钢切割或冲压后磨制。轴上键槽用半径与键相同的盘状铣刀铣出，因而键在槽中能绕其几何中心摆动以适应毂上键槽的斜度，如图 6-3 所示。

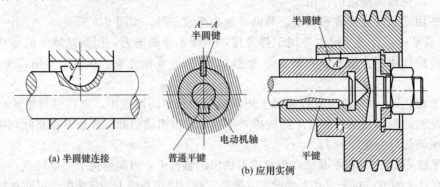

图 6-3　半圆键连接

半圆键用于静连接。键的侧面是工作面，主要用于载荷较轻或位于轴端的连接，但其轴向键槽较深，对轴的强度削弱较大，不能实现轴上零件的轴向固定，不能传递轴向力。一般只用于轻载静连接中。

（3）楔键连接

楔键连接如图 6-4 所示。楔键的上下两面是工作面，分别与毂和轴上键槽的底面贴合。键的上表面与它相配合的轮毂键槽底面均具有 1：100 的斜度。装配后，键即楔紧在轴和轮毂的键槽里。工作时，靠键的楔紧作用来传递转矩，同时还可以承受单向的轴向载荷，对轮毂起到单向的轴向固定作用。楔键的侧面与键槽侧面间有很小的间隙，当转矩过载而导致轴与轮毂发生相对转动时，键的侧面能像平键那样参加工作。因此，楔键连接在传递有冲击和振动的较大转矩时，仍能保证连接的可靠性。楔键连接的缺点是键楔紧后，轴和轮毂的配合产生偏心和偏斜，因此主要用于毂类零件的定心精度要求不高和低转速的场合。

楔键分为普通楔键和钩头楔键两种，普通楔键有圆头、平头和单圆头三种形式。

装配时，圆头楔键要先放入轴上键槽中，然后打紧轮毂 ［图 6-4（a）］；平头、单圆头和钩头楔键则在轮毂装好后才将键放入键槽并打紧。钩头楔键的钩头供拆卸用，安装在轴端时，应注意加装防护罩。

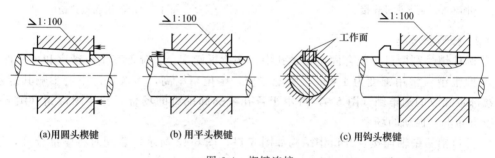

(a)用圆头楔键　　　　　(b)用平头楔键　　　　　(c)用钩头楔键

图 6-4　楔键连接

6.1.2　花键连接

花键连接是由带键齿的花键轴（外花键）和带键齿槽的轮毂（内花键）所组成的一种连接，工作时靠键齿侧面与键槽侧面的挤压传递转矩，如图 6-5、图 6-6 所示。

花键的优点是键齿多，分布均匀，故承载能力强，且对中性好，旋转精度高；键槽浅，应力集中较小；用作动连接时，导向好。因此多用于载荷较大，定心精度要求较高的静连接和动连接中。其缺点是需专用设备加工，制造成本高。

花键连接可用于静连接或动连接。按齿形不同，花键可分为矩形花键和渐开线花键两类，均已标准化。

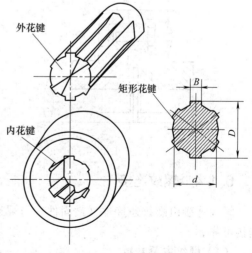

图 6-5　花键连接

6.1.3　销连接

销主要用来固定零件的相对位置，通常只传递少量载荷，如图 6-7～图 6-12 所示。

（1）按用途分类

① 定位销　主要用来固定零件之间的相对位置。一般不承受载荷或只承受很小的载荷。

② 连接销　主要用于连接。可传递不大的载荷。

③ 安全销　用作安全装置中的过载剪断元件，安全销的直径按销的抗剪强度计算。安全销如图 6-8 所示。

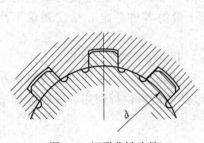

图 6-6　矩形花键连接

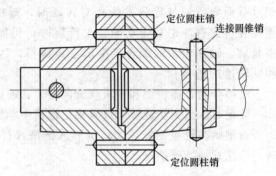

图 6-7　定位销和连接销

（2）按形状分类

① 圆柱销　利用过盈配合固定在销孔中，多次拆卸配合会降低其定位精度和可靠性。

② 圆锥销　常用锥度为 1∶50，装配方便，定位精度高，多次拆卸不会影响其定位精度。端部带螺纹的圆锥销（图 6-9）可用于盲孔或拆卸困难的场合。开尾圆锥销（图 6-10）适用于有冲击、振动的场合。

③ 开口销　销轴连接及开口销结构如图 6-11、图 6-12 所示。装配时将尾部分开，以防脱出。开口销除与销轴配用外，还常用于螺纹连接的防松装置中。

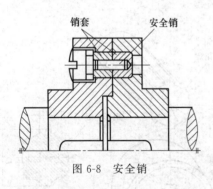

图 6-8　安全销

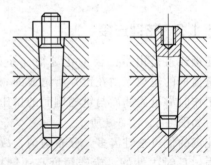

图 6-9　端部带螺纹的圆锥销

6.1.4　螺纹连接

螺纹连接由螺纹连接件（紧固件）与被连接件构成。连接特点是结构简单，装拆方便，连接可靠。

（1）螺纹主要参数

螺纹有内螺纹和外螺纹，它们共同组成螺旋副。常用连接螺纹类型有普通螺纹、梯形螺纹、锯齿螺纹、矩形螺纹和圆弧螺纹等，如图 6-13 所示。其主要几何参数如图 6-14 所示。

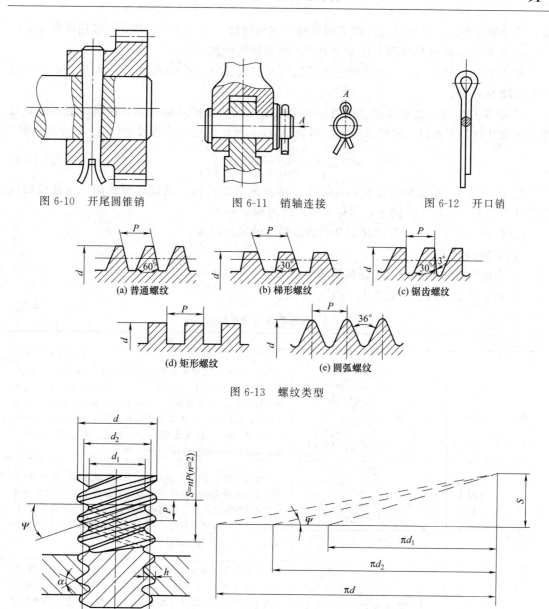

图 6-10 开尾圆锥销　　　图 6-11 销轴连接　　　图 6-12 开口销

(a) 普通螺纹　　(b) 梯形螺纹　　(c) 锯齿螺纹

(d) 矩形螺纹　　　(e) 圆弧螺纹

图 6-13 螺纹类型

(a)　　　　　　　　　　(b)

图 6-14 螺纹的主要几何参数

① 大径 d　螺纹的最大直径，即与螺纹牙顶相重合的假想圆柱面的直径，在标准中定为公称直径。

② 小径 d_1　螺纹的最小直径，即与螺纹牙底相重合的假想圆柱面的直径，在强度计算中常作为螺杆危险截面的计算直径。

③ 中径 d_2　通过螺纹轴向截面内牙型上的沟槽和凸起宽度相等处的假想圆柱面的直径，近似等于螺纹的平均直径，$d_2 \approx 0.5 \times (d + d_1)$。中径是确定螺纹几何参数和配合性质的直径。

④ 线数 n　螺纹的螺旋线数目。沿一根螺旋线形成的螺纹称为单线螺纹；沿两根以上的等距螺旋线形成的螺纹称为多线螺纹。常用的连接螺纹要求具有自锁性，故多用单线螺

纹；传动螺纹要求传动效率高，故多用双线或三线螺纹。为了便于制造，一般用线数 $n \leqslant 4$。

⑤ 螺距 P 螺纹相邻两个牙型上对应点间的轴向距离。

⑥ 导程 S 螺纹上任一点沿同一条螺旋线转一周所移动的轴向距离。单线螺纹 $S=P$；多线螺纹 $S=nP$。

⑦ 螺纹升角 Ψ 螺旋线的切线与垂直于螺纹轴线的平面间的夹角。在螺纹的不同直径处，螺纹升角各不相同，其展开形式如图 6-14（b）所示。通常按螺纹中径 d_2 处计算，即

$$\Psi = \arctan \frac{S}{\pi d_2} = \arctan \frac{nP}{\pi d_2} \tag{6-1}$$

⑧ 牙型角 α 螺纹轴向截面内，螺纹牙型两侧边的夹角。螺纹牙型的侧边与螺纹轴线的垂直平面的夹角称为牙侧角，对称牙型的牙侧角 $\beta = \alpha/2$。

⑨ 接触高度 h 内、外螺纹旋合后的接触面的径向高度。

（2）螺纹应用

① 连接螺纹类型及特点 连接螺纹类型及特点见表 6-1。

② 螺纹连接形式 见表 6-2。

表 6-1 连接螺纹类型及特点

螺纹类型	牙 型 图	特点和应用
连接螺纹	普通螺纹	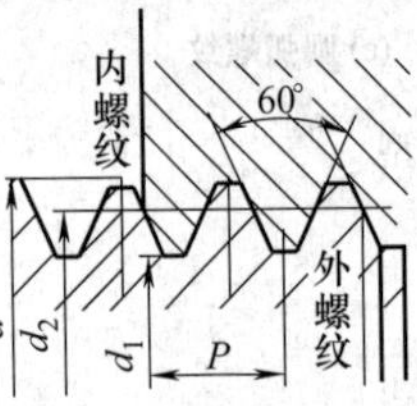 牙型为等边三角形，牙型角 $\alpha=60°$，内外螺纹旋合后留有径向间隙。外螺纹牙根允许有较大的圆角，以减小应力集中。同一公称直径按螺距大小，分为粗牙和细牙。细牙螺纹的牙型和粗牙相似，但螺距小，升角小，自锁性好，强度高，因牙细部耐磨，容易滑扣，一般连接多用粗牙螺纹，细牙螺纹常用于细小零件，薄壁管件或受冲击、震动和变载荷的连接中，也可作为微调机构的调整螺纹
	非螺纹密封的管螺纹	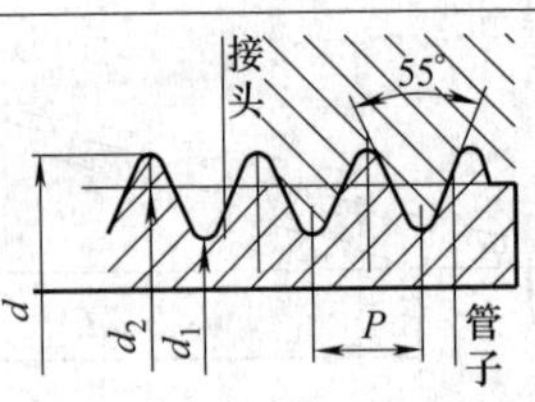 牙型为等腰三角形，牙型角 $\alpha=55°$，牙顶有较大的圆角，内外螺纹旋合后无径向间隙，管螺纹为英制细牙螺纹，尺寸代号为管子的内螺纹大径。适用于接头、旋塞、阀门及其他附件。若要求连接后具有密封性，可压紧被连接件螺纹副外的密封面，也可在密封面添加密封物
	用螺纹密封的管螺纹	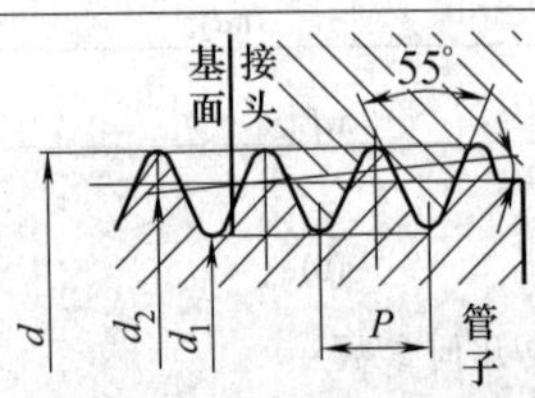 牙型为等腰三角形，牙型角 $\alpha=55°$，牙顶有较大的圆角，螺纹分布在锥度为 $1:16$（$\varphi=1°47'24''$）的圆锥管上。它包括圆锥内螺纹和圆锥外螺纹与圆柱内螺纹和圆锥外螺纹两种连接形式。螺纹旋合后，利用本身的变形就可以保证连接的紧密性，不需要任何填料，密封简单。适用于管子、管接头、旋塞、阀门和其他螺纹连接的附件

表 6-2 螺纹连接形式

类型	构 造	特点及应用
螺栓连接	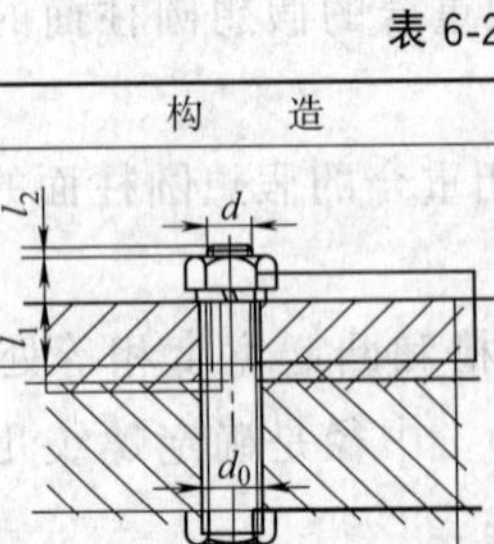	无需在被连接件上切割螺纹，故使用不受被连接材料的限制。构造简单，装拆方便，损坏后容易更换。广泛用于传递轴向载荷且被连接件厚度不大，能从两边进行安装的场合

类型	构　造	特点及应用
双头螺柱连接		一端旋入并紧定在较厚被连接件的螺纹孔中,另一端穿过较薄被连接件的通孔,与螺母组合使用,用于结构受限制、不能用螺栓连接且需经常装拆的场合
螺钉连接		应用与双头螺柱连接相似,但不能受力过大或经常装拆,以免损伤被连接件的螺纹孔。由于不用螺母,结构上比双头螺柱连接更简单、紧凑
紧定螺钉连接		紧定螺钉旋入被连接件之一的螺纹孔中,其末端顶住另一被连接件的表面的凹坑中,以固定两个零件的相对位置,并可传递不大的力或力矩
等长双头螺柱		由法兰、垫片、螺柱组成的法兰连接结构。等长双头螺柱减少螺柱应力集中,并且结构简单,拆装方便,密封可靠,常用于压力容器连接

（3）螺纹连接的力学分析

1）自锁

拧紧（或升举重物）、松开（或降落重物）螺纹连接时的变力关系如下。

圆周力　　　　拧紧时：$p = Q\tan(\Psi + \varphi_v)$　　　　　　　　　　　　　　　（6-2）

　　　　　　　松开时：$p = Q\tan(\Psi - \varphi_v)$　　　　　　　　　　　　　　　（6-3）

效率　拧紧时：$\eta = \dfrac{升举重物的有效力（无摩擦）}{螺纹总的圆周力} = \dfrac{Q\tan\Psi}{Q\tan(\Psi + \varphi_v)} = \dfrac{\tan\Psi}{\tan(\Psi + \varphi_v)}$　（6-4）

　　松开时：$\eta = \dfrac{有阻止下滑摩擦力时的圆周力}{无摩擦力时的圆周力} = \dfrac{Q\tan(\Psi - \varphi_v)}{Q\tan\Psi} = \dfrac{\tan(\Psi + \varphi_v)}{\tan\Psi}$　（6-5）

$$f_v = \frac{f}{\cos\beta}, \quad \varphi_v = \arctan\left(\frac{f}{\cos\beta}\right)$$

自锁条件：$\eta \leqslant 0$，即 $\Psi \leqslant \varphi_v$。

式中，Q 为轴向力；f 为实际摩擦因数；f_v 为当量摩擦因数；φ_v 为当量摩擦角。

2）螺纹连接预紧力

预紧力即螺纹连接在装配时要拧紧螺母，使连接在承受工作载荷之前，预先受到力的作用。拧紧螺母时，需要克服螺纹副的螺纹力矩 T 和螺母的支承面力矩。在螺纹力矩影响下螺

纹副间有圆周力 P 的作用，从而螺栓受到轴向预紧力 Q_P 而被连接件受到轴向预紧压力 Q_P'。

如图 6-15 所示，拧紧力矩 T 等于螺旋副间的摩擦阻力矩 T_1 与螺母环形面和被连接件（或垫圈）支承面间的摩擦阻力矩 T_2 之和，即

$$T = T_1 + T_2 \tag{6-6}$$

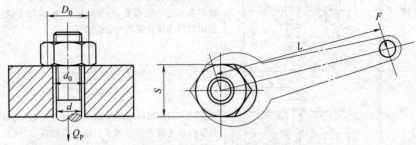

图 6-15　螺旋副的拧紧力矩

螺旋副间的摩擦力矩为

$$T_1 = Q_P \frac{d_2}{2} \tan(\Psi + \varphi) \tag{6-7}$$

螺母与支承面间的摩擦力矩为

$$T_2 = \frac{1}{3} f_c Q_P \frac{D_0^3 - d_0^3}{D_0^2 - d_0^2} \tag{6-8}$$

将式（6-7）、式（6-8）代入式（6-6），得

$$T = \frac{1}{2} \left[d_2 \tan(\Psi + \varphi_v) + \frac{2}{3} f_c \frac{D_0^3 - d_0^3}{D_0^2 - d_0^2} \right] Q_P \tag{6-9}$$

式中，f_c 为螺母与被连接件支承面之间的摩擦因数。

对于 M10～M64 粗牙普通螺纹的钢制螺栓，螺纹升角 $\alpha = 1°42' \sim 3°2'$；螺纹中径 $d_2 \approx 0.9d$；螺旋副的当量摩擦角 $\varphi_v \approx \arctan 1.55f$（$f$ 为摩擦因数，无润滑时 $f \approx 0.1 \sim 0.2$）；螺栓孔直径 $d_0 \approx 1.1d$；螺母环形支承面的外径 $D_0 \approx 1.5d$；螺母与支承面间的摩擦因数 $f_c = 0.15$。将上述各参数代入式（6-9）整理后可得

$$T \approx 0.2 Q_P d \tag{6-10}$$

对于一定公称直径 d 的螺栓，当所要求的预紧力 Q_P 已知时，即可按式（6-10）确定扳手的拧紧力矩 T。一般标准扳手的长度 $L \approx 15d$，若拧紧力为 F，则 $T = FL$。

3）紧螺纹连接强度

① 仅承受预紧力的紧螺栓连接强度　紧螺栓连接装配时，螺母需要拧紧，在拧紧力矩作用下，螺栓除受预紧力 Q_P 的拉伸而产生拉伸应力外还受螺纹摩擦力矩 T_1 的扭转而产生扭转应力。因此，螺栓处于拉、扭复杂应力状态，其危险截面为 d_1 处。

螺栓危险截面的拉伸应力为

$$\sigma = \frac{Q_P}{\frac{\pi}{4} d_1^2} \tag{6-11}$$

螺栓危险截面的扭转切应力为

$$\tau = \frac{M}{\omega_n} = \frac{P \times \dfrac{d_2}{2}}{\dfrac{\pi}{16} d_1^3} = \frac{Q_P \tan(\Psi + \varphi_v) \dfrac{d_2}{2}}{\dfrac{\pi}{16} d_1^3} = \frac{\tan\Psi + \tan\varphi_v}{1 - \tan\Psi \tan\varphi_v} \times \frac{2d_2}{d_1} \times \frac{Q_P}{\dfrac{\pi}{4} d_1^2} \tag{6-12}$$

对于 M10～M64 普通螺纹的钢制螺栓，可取 $\tan\varphi_v=0.17$，$\dfrac{d_2}{d_1}=1.04\sim1.08$，$\tan\Psi=0.05$，则

$$\tau=0.5\sigma \tag{6-13}$$

由于螺栓材料是塑性的，故可根据第四强度理论得强度条件

$$\sigma_{ca}=\sqrt{\sigma^2+3\tau^3}=\sqrt{\sigma^2+3(0.5\sigma)^2}\approx1.3\sigma=\frac{1.3Q_P}{\dfrac{\pi}{4}d_1^2}\leqslant[\sigma] \tag{6-14}$$

式中，σ_{ca} 为当量应力。

② 受外载荷作用的螺栓连接强度　在压力容器中，如图 6-16 所示，在内压 P 作用下，螺栓连接承受轴向拉伸工作载荷，由于螺栓和被连接件的强度变形，螺栓所受的总压力并不等于预紧力和工作拉力之和，螺栓的总压力 P 和预紧力 Q_P、工作拉力 F 有关，还受到螺栓刚度 C_b 及被连接件刚度 C_m 等因素的影响。因此，应从受力和变形两个方面研究螺栓受力状态。下面分析螺栓连接的受力状态和变形，如图 6-16 和表 6-3 所示。

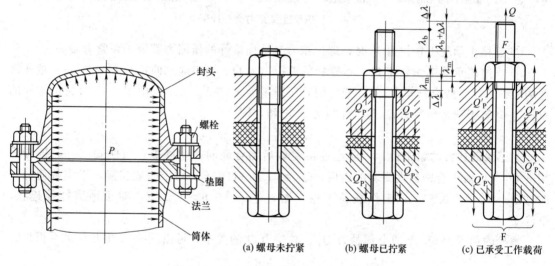

图 6-16　压力容器中螺栓受力和变形情况

表 6-3　工作载荷作用下螺栓连接受力状态和变形

状　　态		受　　力	变　　形
螺母未拧紧，即螺母刚好拧到和被连接件相接触[图 6-16(a)]		螺栓和被连接件都不受力	不产生变形
螺母已拧紧，但未承受工作载荷，即在预紧力作用下[图 6-16(b)]		螺栓受预紧力 Q_P 的拉伸作用，被连接件受预紧力 Q_P 的压缩作用	螺栓伸长量 λ_b 被连接件压缩量 λ_m
承受工作载荷 [图 6-16(c)]	螺栓	螺栓和被连接件材料在弹性变形范围内，受力和变形符合胡克定律，当螺栓承受工作载荷后，拉力由 Q_P 增至 Q	伸长量增加 $\Delta\lambda$ 总伸长量为 $\lambda_b+\Delta\lambda$
	被连接件	由于变形的原因，被连接件的压缩力由 Q_P 减至 Q'_P，Q'_P 为残余预紧力	被连接件原来被压缩，而因螺栓伸长而放松，压缩量也随之减小。根据变形协调条件被连接件压缩变形等于螺栓拉伸变形的增加量 $\Delta\lambda$ 总压缩量为 $\lambda'_m=\lambda_m-\Delta\lambda$

可见，连接受载后，由于预紧力的变化，螺栓的总拉力 Q 并不等于预紧力 Q_P 与工作拉力 F 之和，而等于残余预紧力 Q'_P 与工作拉力 F 之和。

4）螺栓连接受力变形线图分析法

如图 6-17 所示，纵坐标为力，横坐标为变形，根据胡克定律在弹性范围内受力与变形是线性关系。螺栓拉伸由坐标原点 O_b 向右量起，被连接件压缩变形由坐标原点 O_m 向左量起，从螺栓受力变形线图中分析可知：

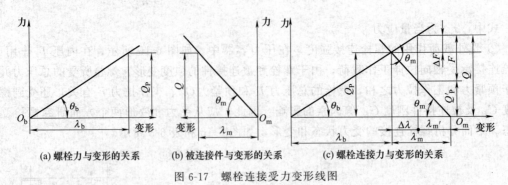

图 6-17　螺栓连接受力变形线图

① 连接未承受工作拉力 F 时，螺栓拉力与被连接件的压缩力都等于预紧力 Q_P；

② 当连接承受工作载荷 F 时，螺栓的总拉力为 Q，相应地总伸长量为 $\lambda_b + \Delta\lambda$；被连接件的压缩力等于残余预紧力 Q'_P，相应的总压缩量为 $\lambda'_m = \lambda_m - \Delta\lambda$。由图 6-17 可见，螺栓的总拉力 Q 等于残余预紧力 Q'_P 与工作拉力 F 之和，即

$$Q = Q'_P + F \tag{6-15}$$

为了保证连接的紧密性，以防止连接受载后结合面间产生缝隙，应使 $Q'_P > 0$。推荐采用的 Q'_P 为：对于有密封性要求的连接，$Q'_P = (1.5 \sim 1.8)F$；对于一般连接，工作载荷稳定时，$Q'_P = (0.2 \sim 0.6)F$；工作载荷不稳定时，$Q'_P = (0.6 \sim 1.0)F$；对于地脚螺栓连接，$Q'_P \geqslant F$。

螺栓的预紧力 Q_P 与残余预紧力 Q'_P、总拉力 Q 的关系，可由图 6-17 中几何关系得出。

$$\frac{Q_P}{\lambda_b} = \tan\theta_b = C_b \quad 或 \quad \frac{Q_P}{\lambda_m} = \tan\theta_m = C_m \tag{6-16}$$

式中，C_b、C_m 分别表示螺栓和被连接件的刚度，均为定值。

$$Q_P = Q'_P + (F - \Delta F) \tag{6-17a}$$

按图中的几何关系得

$$\frac{\Delta F}{F - \Delta F} = \frac{\Delta\lambda \tan\theta_b}{\Delta\lambda \tan\theta_m} = \frac{C_b}{C_m} \quad 或 \quad \Delta F = \frac{C_b}{C_b + C_m}F \tag{6-17b}$$

将式（6-17b）代入式（6-17a）得螺栓的预紧力为

$$Q_b = Q'_P + \left(1 - \frac{C_b}{C_b + C_m}\right)F = Q'_P + \frac{C_m}{C_b + C_m}F \tag{6-18}$$

螺栓的总拉力为

$$Q = Q_P + \Delta F \quad 或 \quad Q = Q_P + \frac{C_b}{C_b + C_m}F \tag{6-19}$$

式中，$\dfrac{C_b}{C_b + C_m}$ 为螺栓的相对刚度，其大小与螺栓和被连接件的结构尺寸、材料以及垫

片、工作载荷的作用位置等因素有关，其值在 $0\sim1$ 之间变动。$\dfrac{C_b}{C_b+C_m}$ 值可通过计算或实验确定，见表 6-4。

表 6-4 螺栓的相对刚度 $\dfrac{C_b}{C_b+C_m}$

被连接钢板间所用垫片类别	金属垫片(或无垫片)	皮革垫片	铜皮石棉垫片	橡胶垫片
$\dfrac{C_b}{C_b+C_m}$	0.2～0.3	0.7	0.8	0.9

螺栓危险截面的拉伸强度条件为

$$\sigma_{ca} = \frac{1.3Q}{\frac{\pi}{4}d_1^2} \leqslant [\sigma] \tag{6-20}$$

（4）螺纹连接的防松

螺纹连接件一般采用单线普通螺纹。连接螺纹都能满足自锁条件。此外，拧紧以后螺母和螺栓头部等支承面上的摩擦力也有防松作用，所以在静载荷和工作温度变化不大时，螺纹连接不会自动松脱。但在冲击、振动或变载荷的作用下，螺旋副间的摩擦力可能减小或瞬时消失。这种现象多次重复后，就会使连接松脱。在高温或温度变化较大的情况下，由于螺纹连接件和被连接件的材料发生蠕变和应力松弛，也会使连接中的预紧力和摩擦力逐渐减小，最终将导致连接失效。

螺纹连接一旦出现松脱，轻者会影响机器的正常运转，重者会造成严重事故。因此，为了防止连接松脱，保证连接安全可靠，设计时必须采取有效的防松措施。

防松的根本问题在于防止螺旋副在受载时发生相对转动。防松的方法，按其工作原理分为摩擦防松、机械防松和破坏螺旋副运动关系防松等。一般来说，摩擦防松简单、方便，但没有机械防松可靠。对于重要的连接，特别是在机器内部不易检查的连接，应采用机械防松。螺纹连接常用的防松方法见表 6-5。

表 6-5 螺纹连接常用的防松方法

防松方法		结构形式	特点和应用
摩擦防松	对顶螺母	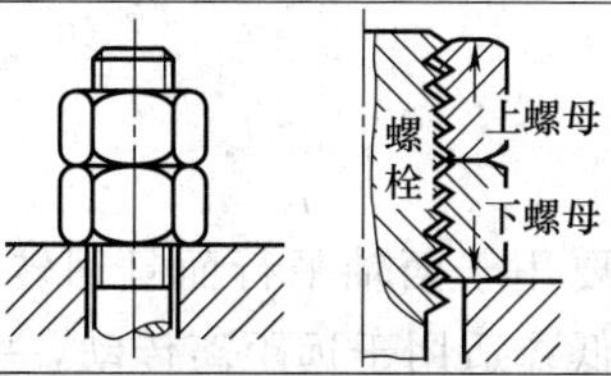	两螺母对顶拧紧后，使旋合螺纹间始终受到附加的压力和摩擦力的作用。工作载荷有变动时，该摩擦力仍然存在。旋合螺纹间的接触情况如图所示，下螺母螺纹牙受力较小，其高度可小些，但为了防止装错，两螺母的高度取成相等为宜。 结构简单，适用于平稳、低速和重载的固定装置上的连接
	弹簧垫圈	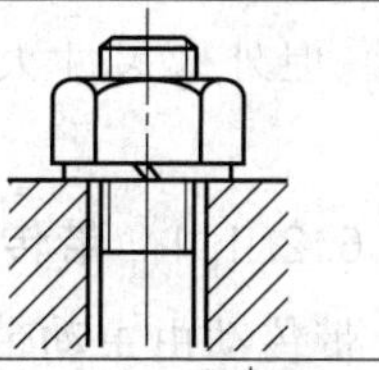	螺母拧紧后，靠垫圈压平而产生的弹性反力使旋合螺纹间压紧。同时，垫圈斜口的尖端抵住螺母与被连接件的支承面也有防松作用。 结构简单，使用方便。但由于垫圈的弹力不均，在冲击、振动的工作条件下，其防松效果较差，一般用于不重要的连接
	自锁螺母	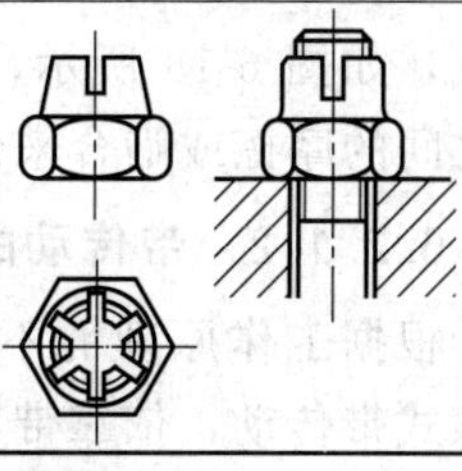	螺母一端制成非圆形收口或开缝后径向收口。当螺母拧紧后，收口胀开，利用收口的弹力使旋合螺纹间压紧。 结构简单，防松可靠，可多次装拆而不降低防松性能

防松方法	结构形式	特点和应用
机械防松	开口销与六角开槽螺母	六角开槽螺母拧紧后，将开口销穿入螺栓尾部小孔和螺母的槽内，并将开口销尾部掰开与螺母侧面贴紧。也可用普通螺母代替六角开槽螺母，但需拧紧螺母后再配钻销孔。 适用于有较大冲击、振动的高速机械中运动部件的连接
	止动垫圈	螺母拧紧后，将单耳或双耳止动垫圈分别向螺母和被连接件的侧面折弯贴紧，即可将螺母锁住。若两个螺栓需要双联锁紧时，可采用双联止动垫圈，使两个螺母相互制动。 结构简单，使用方便，防松可靠
	串联钢丝 (a)正确 (b)错误	用低碳钢丝穿入各螺钉头部的孔内，将各螺钉串联起来，使其相互制动。使用时必须注意钢丝的穿入方向[图(a)正确，图(b)错误]。 适用于螺钉组连接，防松可靠，但装拆不便

6.2　传动

6.2.1　带传动

　　带传动是一种应用较广的机械传动机构，主要用于两轴平行而且回转方向相同的场合，这种传动称为开口传动。带传动结构简单，成本低；适用于远距离传动，中心距大，而且中心距无严格要求；运转平稳，噪声小；可过载保护。但外廓尺寸大，传动比不稳定，寿命短，效率低。V带是带传动中的一种最常见类型。

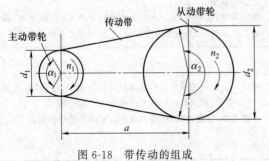

图 6-18　带传动的组成

6.2.1.1　带传动的组成

　　带传动由主动带轮、从动带轮和传动带组成，如图 6-18 所示，工作时依靠带与带轮之间的摩擦或啮合来传递运动和动力。

6.2.1.2　带传动的类型与特点

　　根据工作原理的不同，带传动可分为：摩擦式带传动，依靠带与带轮间的摩擦传递运动和动力；啮合式带传动，依靠带上的齿或孔与带轮上的齿或孔啮合传递运动和动力。在这里主要介绍摩擦式带传动。

① 平带传动　如图 6-19（a）所示，平带传动结构最简单，其工作表面为内表面，平带挠曲性好，易于加工，在传动中心距较大场合应用较多。

② V 带传动　如图 6-19（b）所示，V 带俗称三角带，其工作表面为两侧面，与平带相比，在相同的正压力作用下，V 带的当量摩擦因数大，故能传递较大的功率，且 V 带结构紧凑，因此应用广泛。

③ 多楔带传动　如图 6-19（c）所示，多楔带是在平带基体上由多根 V 带组成的传动带，兼有平带挠曲性好及 V 带传动能力强等优点，可以避免使用多根 V 带时长度不等、受力不均等缺点。

④ 圆带传动　如图 6-19（d）所示，圆带通常用棉绳或皮革制成。圆带传动能力小，适合于仪器和家用机械，如缝纫机等。

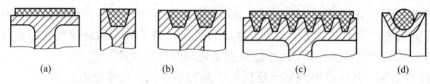

(a)　　　　　　(b)　　　　　　(c)　　　　　　(d)

图 6-19　摩擦式带传动的类型

带是传动元件，因此带传动有以下特点：

① 能吸收振动，缓和冲击，传动平稳，噪声小。

② 过载时，带会在带轮上打滑，防止其他机件损坏，起到过载保护作用。

③ 结构简单，制造、安装和维护方便，成本低。

④ 带与带轮之间存在一定的弹性滑动，故不能保证恒定的传动比，传动精度和传动效率较低。

⑤ 由于带工作时需要张紧，带对带轮轴有很大的压轴力。

⑥ 带传动装置外廓尺寸大，结构不够紧凑。

⑦ 带的寿命较短，需要经常更换。

⑧ 不适用于高温、易燃及有腐蚀介质的场合。

摩擦带传动适用于要求传动平稳、传动比要求不准确、中小功率的远距离传动。一般情况下，带传动的传递功率 $P \leqslant 100\text{kW}$，带速 $v = 5 \sim 25\text{m/s}$，传动比 $i \leqslant 7$，传动效率 $\eta = 0.90 \sim 0.95$。

6.2.1.3　带传动主要参数

① 传动比

$$i = \frac{n_1}{n_2} = \frac{d_2}{d_1} \qquad (6\text{-}21)$$

② 小带轮包角　带轮的包角 α 是带轮按接触面的弧长所对应的中心角（图 6-20），包角 α 直接影响带传动的承载能力。特别是对小带轮包角 α_1 过小则易产生打滑，因此对 V 带传动，应使 $\alpha_1 \geqslant 120°$。

$$\alpha_1 = 180° - \frac{d_2 - d_1}{a} \times 57.3° \qquad (6\text{-}22)$$

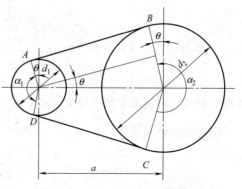

图 6-20　开口传动的几何关系

③ 中心距 a。

④ 带的准则长度 L_d　V 带的中性层（即 V 带弯曲时，保持原长度不变的中性层）长度 L_d，即

$$L_d = \overline{AB} + \overparen{AD} + \overline{CD} + \overparen{BC} = 2\overline{AB} + \overparen{BC} + \overparen{AD}$$

$$\approx 2a + \frac{\pi}{2}(d_1 + d_2) + \frac{(d_1 - d_2)^2}{4a} \tag{6-23}$$

⑤ 带速

$$v = \frac{\pi d n}{60 \times 1000} (\text{m/s}) \tag{6-24}$$

一般应使带速 v 在 $5 \sim 25\text{m/s}$。

6.2.1.4　带传动的弹性滑动和打滑

（1）弹性滑动

弹性滑动是由于带的弹性变形而引起的滑动。产生原因：带是弹性体，由于作用在轮毂带上的力不同因而产生力差，带受力后产生弹性变形，带受力不同时弹性变形量亦不同。产生结果是从动轮的圆周线速度 v_2 总是低于主动轮的圆周线速度 v_1。

① 弹性滑动率　从动轮的圆周线速度的降低量用弹性滑动率表示，即

$$\varepsilon = \frac{v_1 - v_2}{v_1}$$

$$v_1 = \frac{\pi d_1 n_1}{60 \times 1000}, v_2 = \frac{\pi d_2 n_2}{60 \times 1000} \tag{6-25}$$

式中，d_1、d_2 分别为主、从动轮的计算直径，mm；n_1、n_2 分别为主、从动轮的转速，r/min。

$$\varepsilon = \frac{v_1 - v_2}{v_1} \times 100\% = \left(1 - \frac{d_2 n_2}{d_1 n_1}\right) \times 100\% \tag{6-26}$$

当考虑弹性滑动时，n_1 与 n_2 的关系为

$$n_2 = \frac{d_1}{d_2} n_1 (1 - \varepsilon) \tag{6-27}$$

一般带传动的弹性滑动率 $\varepsilon = 0.01 \sim 0.02$，$\varepsilon$ 的值很小，非精确计算时可忽略不计。

② 传动比

$$i = \frac{\text{主动轮转速}}{\text{从动轮转速}} = \frac{n_1}{n_2} \tag{6-28}$$

$\Delta l = \Delta \varphi \times r$。由于 $\omega = 2\pi n$，$\omega = \frac{\Delta \varphi}{t} = \frac{\Delta l}{t \times \frac{d}{2}} = \frac{2\Delta l}{td}$，$\Delta l$ 表示带转过 $\Delta \varphi$ 对应的带长。当

带没有弹性变形时即 ε 可忽略，这时 $\Delta l_1 = \Delta l_2$，则 $i = \frac{n_1}{n_2} = \frac{d_2}{d_1}$

当考虑弹性滑动时

$$i = \frac{n_1}{n_2} = \frac{d_2}{d_1(1 - \varepsilon)} \tag{6-29}$$

（2）打滑

打滑即是带与带轮产生整体相对滑动。带传动时，当传动功率过大（带速 v 一定）或

过载，即 $F > F_{\max}$ 时，带将在轮面上发生全面滑动。打滑使传动失效，应当避免。

6.2.1.5　带传动中的力学分析

（1）带传动中的受力分析

① 预紧状态下　安装带传动时，传动带即以一定的预紧力 F_0 紧套在两个带轮上。由于 F_0 的作用，带和带轮的接触面上就产生了正压力。带传动不工作时，传动带两边的拉力相等，都等于 F_0，如图 6-21（a）所示。

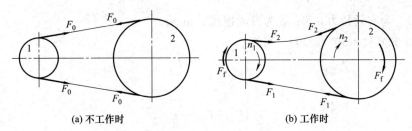

(a) 不工作时　　　　(b) 工作时

图 6-21　带传动的工作原理

② 工作状态下　带传动工作时如图 6-21（b）所示，设主动轮以转速 n_1 转动，带与带轮的接触面间便产生摩擦力 F_f，主动轮作用在带上的摩擦力的方向和主动轮的圆周速度方向相同，主动轮即靠此摩擦力驱使带运动；带作用在从动轮上的摩擦力的方向，显然与带的运动方向相同，带同样靠摩擦力 F_f 而驱使从动轮以转速 n_2 转动。这时传动带两边的拉力也相应地发生变化：带绕上主动轮的一边被拉紧，叫做紧边，紧边拉力由 F_0 增加到 F_1；带绕上从动轮的一边被放松，叫做松边，松边拉力由 F_0 减少到 F_2。根据和谐条件，如果近似地认为带工作的总长度不变，则带的紧边拉力的增加量，应等于松边拉力的减少量，即

$$\begin{cases} F_1 - F_0 = F_0 - F_2 \\ F_1 + F_2 = 2F_0 \end{cases} \tag{6-30}$$

当取主动轮一端的带为分离体时，如图 6-22（a）所示，则总摩擦力 F_f 两边拉力对轴心的力矩的代数和 $\sum T = 0$，即

$$F_f \frac{d_1}{2} - F_1 \frac{d_1}{2} + F_2 \frac{d_1}{2} = 0 \tag{6-31}$$

由上式可得

$$F_f = F_1 - F_2$$

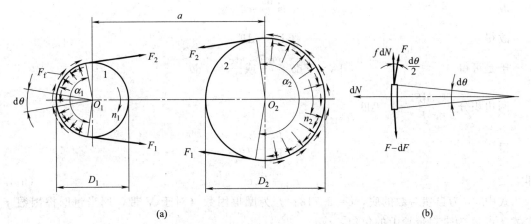

(a)　　　　　　　　　　　(b)

图 6-22　带与带轮的受力分析

在带传动中，有效拉力 F_e 并不是作用于某固定点的集中力，而是带和带轮接触面上各点摩擦力的总和，故整个接触面上的总摩擦力 F_f 即等于所传递的有效拉力，则由上式关系可得

$$F_e = F_f = F_1 - F_2 \tag{6-32}$$

带传动所能传递的功率 P 为

$$P = \frac{F_e v}{1000}(kW) \tag{6-33}$$

式中，F_e 为有效拉力，N；v 为带的速度，m/s。

将式（6-32）代入式（6-30），可得

$$\begin{cases} F_1 = F_0 + \dfrac{F_e}{2} \\[2mm] F_2 = F_0 - \dfrac{F_e}{2} \end{cases} \tag{6-34}$$

在带传动的传动能力范围内，F_e 的大小又和传动的功率 P 及带的速度有关。当传动的功率增大时，带的两边拉力的差值 $F_e = F_1 - F_2$ 也要相应地增大。带的两边拉力的这种变化，实际上反映了带和带轮接触面上摩擦力的变化。显然，当其他条件不变且预紧力 F_0 一定时，这个摩擦力有一极限值（临界值）。这个极限值就限制着带传动的传动能力。

（2）带传动的最大有效拉力

带传动中，当带有打滑趋势时，摩擦力即达到极限值，这时带传动的有效拉力亦达到最大值。下面分析摩擦达到最大值临界状态时力的平衡关系，从而得到最大的有效拉力。

如果略去带沿圆弧运动时离心力的影响，截取微量长度的带为分离体，如图 6-23（b）所示，则

$$dN = F\sin\frac{d\theta}{2} + (F+dF)\sin\frac{d\theta}{2} \tag{6-35}$$

式中，因 $d\theta$ 很小，可取 $\sin\dfrac{d\theta}{2} \approx \dfrac{d\theta}{2}$，并略去二次微量 $dF\sin\dfrac{d\theta}{2}$，于是得 $dN = Fd\theta$

又

$$f\,dN + F\cos\frac{d\theta}{2} = (F+dF)\cos\frac{d\theta}{2} \tag{6-36}$$

取

$$\cos\frac{d\theta}{2} \approx 1$$

故得

$$f\,dN = dF$$

于是可得

$$dN = Fd\theta = \frac{dF}{f} \text{ 或 } \frac{dF}{F} = f\,d\theta$$

两边积分

$$\int_{F_2}^{F_1}\frac{dF}{F} = \int_0^a f\,d\theta$$

得

$$\ln\frac{F_1}{F_2} = fa$$

即

$$F_1 = F_2 e^{fa} \tag{6-37}$$

式中，e 为自然对数的底，e=2.718；f 为摩擦因数（对于 V 带，用当量摩擦因数 f_v 代替 f）；α 为带在带轮上的包角，rad。

带在带轮上的包角为

$$\begin{cases} \alpha_1 \approx 180° - \dfrac{D_2 - D_1}{\alpha} \times 60° \\[2mm] \alpha_2 \approx 180° + \dfrac{D_2 - D_1}{\alpha} \times 60° \end{cases} \tag{6-38}$$

整理后可得出带所能传递的最大有效拉力（即有效拉力的临界值）F_{ec} 为

$$F_{ec} = 2F_0 \frac{e^{f\alpha}-1}{e^{f\alpha}+1} = 2F_0 \frac{1-1/e^{f\alpha}}{1+1/e^{f\alpha}} \tag{6-39}$$

由式（6-39）可知，最大有效拉力 F_{ec} 与下列几个因素有关。

① 预紧力 F_0　最大有效拉力 F_{ec} 与 F_0 成正比。这是因为 F_0 越大，带与带轮间的正压力越大，则传动时的摩擦力就越大，最大有效拉力 F_{ec} 也就越大。但 F_0 过大时，将使带的磨损加剧，以致过快松弛，缩短带的工作寿命。

如 F_0 过小，则带传动的工作能力得不到充分发挥，运转时容易发生跳动和打滑。

② 包角 α　最大有效拉力 F_{ec} 随包角 α 的增大而增大。这是因为 α 越大，带和带轮的接触面上所产生的总摩擦力就越大，传动能力就越高。

③ 摩擦因数 f　最大有效拉力 F_{ec} 随摩擦因数的增大而增大。如图 6-23 所示，带和带轮之间的压力为 Q，对于平带，极限摩擦力为 $F_f = Qf$，对于 V 带，极限摩擦力为

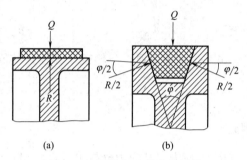

图 6-23　平带和 V 带摩擦因数

$$F_v = Rf = \frac{Qf}{\sin \dfrac{\varphi}{2}} = Qf_v$$

$$f_v = \frac{f}{\sin \dfrac{\varphi}{2}} \tag{6-40}$$

式中，f 为摩擦因数；φ 为 V 带轮槽的楔角；f_v 为 V 带的当量摩擦因数。

（3）带传动中的应力分析

传动时，带中应力由以下三部分组成。

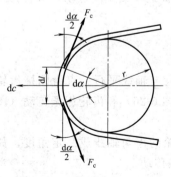

图 6-24　带传动离心力

① 由于传递圆周力而产生的拉应力

紧边　　　　　　　$\sigma_1 = \dfrac{F_1}{A} \tag{6-41}$

松边　　　　　　　$\sigma_2 = \dfrac{F_2}{A} \tag{6-42}$

式中，A 为带的横截面积，mm^2。

② 由于离心力而产生的拉应力　当带绕过带轮时，作用于带的微弧段 dl（图 6-24）的离心力为

$$dc = (r d\alpha)q \frac{v^2}{r} = qv^2 d\alpha \tag{6-43}$$

式中，q 为每米带长的质量，kg/m；v 为带速，m/s。

设因离心力使该微弧段两边产生拉力 F，则由微弧段上各力的平衡可得

$$2F_0 \sin \frac{d\alpha}{2} = qv^2 d\alpha \tag{6-44}$$

取 $\sin \frac{d\alpha}{2} \approx \frac{d\alpha}{2}$，则拉力 F_c 为

$$F_c = qv^2 \tag{6-45}$$

由离心力引起的拉应力

$$\sigma_c = \frac{F_c}{A} = \frac{qv^2}{A} \tag{6-46}$$

③ 由带的弯曲而产生的弯曲应力

$$M = \frac{EI}{\rho}, \sigma_w = \frac{M}{W} \tag{6-47}$$

故有

$$\sigma_w = \frac{EI}{\rho W} = \frac{Eh}{2\rho} \tag{6-48}$$

式中，h 为带厚，与轮径 d 相比，其值很小，可取

$$\rho = \frac{d}{2} + \frac{h}{2} \approx \frac{d}{2} \tag{6-49}$$

因此

$$\sigma_w = \frac{Eh}{d} \tag{6-50}$$

④ 总应力　　从应力分析中可以看出，带在运转过程中经受变应力作用，最大应力发生在紧边与小轮接触处的横截面中，其值为

$$\sigma_{\max} = \sigma_1 + \sigma_c + \sigma_{w_1} = \frac{F_1}{A} + \frac{qv^2}{A} + \frac{Eh}{d_1} \tag{6-51}$$

6.2.2　齿轮传动

齿轮传动是应用极为广泛的传动形式之一。其主要特点是：能够传递任意两轴间的运动和动力，传动平稳、可靠，效率高，寿命长，结构紧凑，传动速度和功率范围广。但是，齿轮需要专门设备制造，加工精度和安装精度较高，且不适宜远距离传动。

6.2.2.1　齿轮传动的类型

齿轮传动的类型很多，按照两齿轮传动时的相对运动为平面运动或空间运动，可将其分为平面齿轮传动和空间齿轮传动两大类。

（1）平面齿轮传动

平面齿轮传动用于两平行轴之间的传动。

① 直齿圆柱齿轮传动　　直齿圆柱齿轮简称直齿轮，其轮齿与轴线平行。直齿圆柱齿轮传动又可分为外啮合齿轮传动（图 6-25）、内啮合齿轮传动（图 6-26）和齿轮齿条传动（图 6-27）。

② 斜齿圆柱齿轮传动　　斜齿圆柱齿轮简称斜齿轮。斜齿轮的齿与轴线成一定角度，如图 6-28 所示。斜齿轮传动也可分为外啮合、内啮合和齿轮齿条传动。

③ 人字齿轮传动　　人字齿轮的轮齿呈人字形，如图 6-29 所示。

（2）空间齿轮传动

空间齿轮传动用于相交轴和交错轴之间的传动。

① 圆锥齿轮传动　　圆锥齿轮传动用于相交轴之间的传动，有直齿圆锥齿轮传动（图 6-30）

和曲齿圆锥齿轮传动（图 6-31）。

　　② 螺旋齿轮传动　螺旋齿轮传动用于交错轴之间的传动，如图 6-32 所示。

　　③ 蜗轮蜗杆传动　蜗轮蜗杆传动用于垂直交错轴之间的传动，如图 6-33 所示。

图 6-25　外啮合齿轮传动

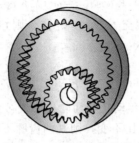

图 6-26　内啮合齿轮传动

图 6-27　齿轮齿条传动

图 6-28　斜齿圆柱齿轮传动

图 6-29　人字齿轮传动

图 6-30　直齿圆锥齿轮传动

图 6-31　曲齿圆锥齿轮传动

图 6-32　螺旋齿轮传动

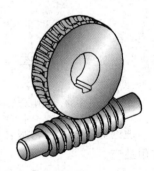

图 6-33　蜗轮蜗杆传动

6.2.2.2　齿轮啮合基本定律

　　齿轮传动是依靠两轮齿的相互嵌合，由主动轮的轮齿依次推动从动轮的轮齿来进行的，这种传动过程称为啮合传动。为了使啮合传动时的瞬时传动比保持不变，轮齿齿廓形状必须遵循一定的规律。

　　如图 6-34 所示为齿轮 1 和齿轮 2 的齿廓在 K 点接触，两轮的角速度分别为 ω_1 和 ω_2，两齿廓在 K 点的速度分别为

$$\begin{cases} v_{K_1} = \omega_1 O_1 K \\ v_{K_2} = \omega_2 O_2 K \end{cases} \tag{6-52}$$

过 K 点作两齿廓的公法线 nn 与两轮的轴心连线 O_1O_2 交于 C 点。为了保证啮合传动时两齿廓不会互相嵌入或分离，v_{K_1} 和 v_{K_2} 在法线 nn 上的分速度应相等，否则两轮沿齿廓切线方向有滑动存在，即

$$v_{K_1} = \cos\alpha_{K_1} = v_{K_2}\cos\alpha_{K_2}$$

或

$$\omega_1 O_1 K \cos\alpha_{K_1} = \omega_2 O_2 K \cos\alpha_{K_2}$$

过 O_1、O_2 点分别作 nn 的垂线交于 N_2、N_1 点，则 $O_1 K \cos\alpha_{K_1} = O_1 N_1$，$O_2 K \cos\alpha_{K_2} = O_2 N_2$，又因为 $\triangle O_1 C N_1 \sim \triangle O_2 C N_2$，故

$$i_{12} = \frac{\omega_1}{\omega_2} = \frac{O_2 N_2}{O_1 N_1} = \frac{O_2 C}{O_1 C} \tag{6-53}$$

式（6-53）表明，两轮的瞬时传动比与两轮连心线被齿廓啮合点的公法线所分得的两线段成反比。要保证啮合传动的传动比不变，则其两齿廓不论在哪点接触，过接触点所作的齿廓公法线必须与两轮的轴心连线交于一定点 C，这就是齿廓啮合基本定律。C 点称为节点。以 O_1、O_2 为圆心，$O_1 C$、$O_2 C$ 为半径所作的两个相切的圆称为节圆。

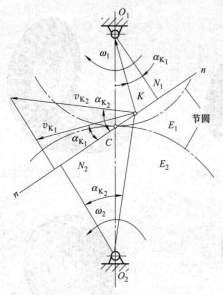

图 6-34　相啮合的两齿廓

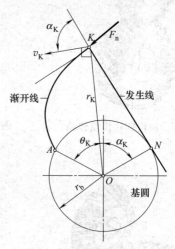

图 6-35　渐开线的形成

理论上讲满足齿轮啮合基本定律的齿轮曲线很多，如渐开线、摆线和圆弧线等，渐开线应用最广。

6.2.2.3　渐开线

（1）渐开线的形成

如图 6-35 所示，当直线 KN 沿一圆周作纯滚动时，直线上任一点 K 的轨迹就是渐开线。此圆称为渐开线的基圆，半径用 r_b 表示，直线 KN 称为渐开线的发生线。θ_K 称为渐开线在 K 点的展角。

（2）渐开线的性质

根据渐开线的形成，可知渐开线具有下列一些特性。

① 发生线沿基圆滚过的直线长度等于基圆上滚过的圆弧长度，即

$$\overline{KN} = \overset{\frown}{AN} \tag{6-54}$$

② 发生线 KN 是渐开线在任意点 K 的法线。因此，发生线上一点的法线必切于

基圆。

③ 渐开线作为齿轮的齿廓并且与其共轭齿廓在点 K 啮合时，则此齿廓在点 K 所受正压力方向（即齿廓曲线在该点的法线）与齿轮绕 O 点回转时点 K 的速度 v_K 方向线所夹的锐角称为渐开线在点 K 的压力角，以 α_K 表示

$$\cos\alpha_K = \frac{r_b}{r_K} \tag{6-55}$$

由上式可知，渐开线上各点的压力角是不相等的。

④ 渐开线的形状完全取决于基圆的大小。基圆半径相等，则渐开线相同；基圆半径愈小，则渐开线愈弯曲；基圆半径愈大，则渐开线愈平直；基圆半径为无穷大时，渐开线就变成直线。

⑤ 基圆内无渐开线。

（3）渐开线齿廓的特点

① 渐开线齿廓的传动比不变。

② 渐开线齿廓的受力方向不变。

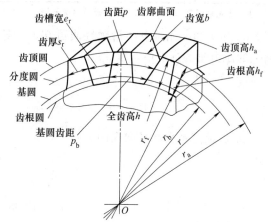

图 6-36　齿轮各部分名称

6.2.2.4　渐开线直齿圆柱齿轮

（1）齿轮各部分的名称

渐开线标准直齿圆柱齿轮每一个齿的两侧，是由一对反向对称的渐开线组成，如图 6-36 所示，齿轮各部分名称定义见表 6-6。

表 6-6　对齿轮各部分名称定义

部　分	符　号	定　义
齿顶圆	r_a	过齿轮顶端的圆
齿根圆	r_f	过齿轮各齿槽的圆
齿厚	s_r	轮齿在任意圆周上所切割的弧线长度
齿槽宽	e_r	齿槽在任意圆周上所切割的弧线长度
齿宽	b	齿轮沿轴线方向的宽度
分度圆	r	标准齿轮齿厚及齿槽宽相等的圆
齿顶高	h_a	齿轮分度圆到齿顶圆间的径向长度
齿根高	h_f	齿轮分度圆到齿根圆间的径向长度
全齿高	h	齿轮齿根圆到齿顶圆间的径向长度
周节（齿距）	p	相邻齿在分度圆上对应点间的弧长
径向间隙	c	一对啮合齿齿顶与齿根间的径向距离

（2）基本参数

① 齿数 z　形状相同、沿圆周方向均布的轮齿个数，称为齿数。齿轮的齿数与传动比有关，通常由工作条件确定。

② 模数　为使设计制造方便，人为取定一个直径为 d 的圆，使其满足 $d = \frac{zp}{\pi}$，把这个圆称为齿轮的分度圆。因为 z 为整数，为使分度圆有比较完整的数值，人为地将齿距 p 取

为 π 的整数倍。把比值 p/π 人为地规定成一些简单的有理数。此比值称为模数，以 m 表示，即 $m=\dfrac{p}{\pi}$，由此得 $d=mz$。

模数是确定齿轮尺寸的重要参数。模数越大，齿距就越大，齿轮的尺寸也就越大，齿轮承受的载荷也就大。考虑到设计、制造等方面，模数系列已经标准化，见表 6-7。设计标准齿轮时，必须选用标准模数。

表 6-7 标准模数系列摘录（GB/T 1357—2008）

第一系列		1 1.25 1.5 2 2.5 3 4 5 6 8 10 12 16 20 25 32 40 50
第二系列	1.125 1.375 1.75 2.25 2.75 3.5 4.5 5.5 (6.5) 7 9 11 14 18 22 28 36 45	

注：优先采用第一系列，括号内的模数尽量不用。

③ 压力角 由渐开线齿廓性质可知，齿轮各点压力角是变化的，我国规定了齿轮分度圆上的压力角为标准值，取 $\alpha=20°$。

④ 传动比

$$i=\frac{\omega_1}{\omega_2}=\frac{n_1}{n_2}=\frac{z_2}{z_1} \tag{6-56}$$

⑤ 齿顶高系数和径向间隙系数

$$\begin{cases} h_a=h_a^* m \\ h_f=(h_a+c^*)m \end{cases} \tag{6-57}$$

式中，h_a^* 为齿顶高系数；c^* 为径向间隙系数。二者的标准数值见表 6-8。工程上通常采用正常齿制。

表 6-8 系数 h_a^* 和 c^*

齿型标准	齿顶高系数 h_a^*	径向间隙系数 c^*
正常齿	1	0.25
短齿	0.8	0.3

（3）渐开线齿轮啮合传动条件

① 正确的啮合条件 如图 6-37 所示，设相邻两齿同侧齿廓与啮合线（也是公法线）N_1N_2 的交点分别为 K_1 和 K_2，线段 K_1K_2 的长度称为齿轮的法向齿距。要使两轮正确啮合，它们的法向齿距必须相等。由渐开线的性质可知，法向齿距等于两轮基圆上的齿距。因此，要使两轮正确啮合，必须满足 $p_{b_1}=p_{b_2}$，且 $p_b=\pi m\cos\alpha$，故可得 $\pi m_1\cos\alpha_1=\pi m_2\cos\alpha_2$。

由于模数 m 和压力角 α 都已经标准化，因此有

$$\begin{cases} m_1=m_2=m \\ \alpha_1=\alpha_2=\alpha \end{cases} \tag{6-58}$$

渐开线齿轮正确啮合条件是：两轮的模数和压力角分别相等。

② 标准中心距 为了避免冲击、振动，理论上齿轮传动应为无侧隙传动。由于一对齿轮传动相当于一对节圆作纯滚动，因此，要使一对齿轮作无侧隙传动，就应使一个齿轮节圆上的齿厚等于另一齿轮节圆上的齿槽宽。对于满足正确啮合条件的一对标准齿轮，其分度圆上的齿厚与齿槽宽相等，即 $s=e=\pi m/2$。因此，要保证无侧隙传动，要求分度圆与节圆重合。分度圆与节圆重合的安装称为标准安装，此时的中心距称为标准中心距，即

$$a=r'+r_2'=r_1+r_2=\frac{m}{2}(z_1+z_2) \tag{6-59}$$

标准安装时两齿轮留有径向间隙 c

$$c=(h_a^* + c^*)m - h_a^* m = c^* m \tag{6-60}$$

③ 连续传动条件

a. 渐开线齿轮的啮合过程。图 6-38 所示为一对渐开线齿轮的啮合过程。轮 1 为主动轮，轮 2 为从动轮，两轮的角速度方向如图所示。N_1N_2 为啮合线。开始进入啮合时，先是主动轮的齿根部分与从动轮的齿顶部分接触，啮合的起点为从动轮的齿顶圆与啮合线 N_1N_2 的交点 B_2。随着传动的进行，主动轮轮齿上的啮合点逐渐向齿顶部分移动，而从动轮轮齿上的啮合点逐渐向齿根部分移动。啮合的终点为主动轮的齿顶圆与啮合线 N_1N_2 的交点 B_1。

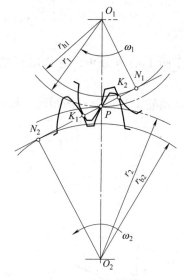

图 6-37　正确啮合条件

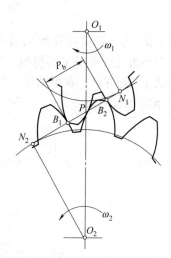

图 6-38　渐开线齿轮的啮合过程

从一对轮齿的啮合过程来看，啮合点实际的轨迹只是啮合线 N_1N_2 上的 B_1B_2 段，故把 B_1B_2 称为实际啮合线段，N_1、N_2 称为啮合极限点。

b. 连续传动条件。要使齿轮连续传动，就必须在前一对轮齿还未脱离啮合时，后一对轮齿已经进入啮合。显然，必须使 $B_1B_2 \geqslant p_b$，即要求实际啮合线段 B_1B_2 大于或等于基圆齿距 p_b，如图 6-38 所示。齿轮的连续传动条件为

$$\varepsilon = \frac{B_1B_2}{p_b} \geqslant 1 \tag{6-61}$$

式中，ε 称为重合度，它表明同时参与啮合轮齿的对数。$\varepsilon=1$ 表明始终有一对齿啮合，$\varepsilon=2$ 表明始终有两对齿啮合，而 $\varepsilon=3$ 表明在齿轮转过一个基圆齿距的时间内有 30% 的时间是两对齿啮合，70% 的时间是一对齿啮合。

实际中，为确保齿轮传动的连续性，ε 值应大于或至少等于一定的许用值 $[\varepsilon]$，即

$$\varepsilon \geqslant [\varepsilon] \tag{6-62}$$

许用值 $[\varepsilon]$ 的大小是随着齿轮传动的使用要求和制造精度而定的，一般可在 $1.05 \sim 1.35$ 范围内选取。

（4）标准直齿圆柱齿轮强度计算

齿轮传动的强度计算方法取决于齿轮的失效形式，一般齿轮传动只进行齿面接触疲劳强度和齿根弯曲疲劳强度的计算或校核。

① 轮齿受力分析　若主动轮传递的功率为 P_1（kW），转速为 n_1（r/min），则转矩为

$$T_1 = 9.55 \times 10^6 \frac{P_1}{n_1} (\text{N} \cdot \text{mm}) \tag{6-63}$$

如图 6-39（a）所示的一对标准直齿圆柱齿轮，不计摩擦力，两齿廓在节点 C 啮合时，两齿廓在节点处相互作用的总压力 F_n 沿啮合线方向 N_1N_2。F_n 可分解为圆周力 F_t 和径向力 F_r。

而
$$F_t = \frac{2T_1}{d_1}(\text{N}) \tag{6-64}$$

$$F_r = F_t \tan\alpha (\text{N}) \tag{6-65}$$

$$F_n = \frac{F_t}{\cos\alpha} = \frac{2T_1}{d_1\cos\alpha}(\text{N}) \tag{6-66}$$

式中，d_1 为小齿轮的分度圆直径，mm；α 为分度圆上的压力角，对标准齿轮，$\alpha = 20°$；T_1 为小齿轮传递的名义扭矩，N·mm。

圆周力 F_t 的方向，在主动轮上与运动方向相反，从动轮上与运动方向相同。径向力 F_r 的方向是指向各自的圆心。

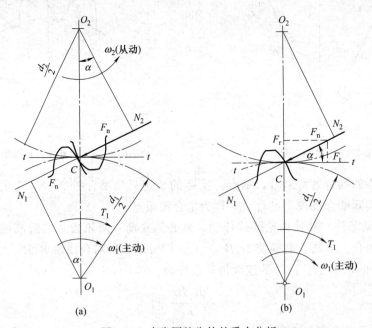

图 6-39　直齿圆柱齿轮的受力分析

以上按传递功率求得的总压力 F_n 称为名义载荷。设计齿轮传动时，还要考虑原动机即工作机载荷变化形成的附加载荷，因加工、安装误差和受力变形引起的附加动载荷以及载荷沿齿宽分布不均匀产生的偏载荷。因此设计时应采用比名义载荷大的计算载荷 F_{nc} 计算：

$$F_{nc} = KF_n(\text{N}) \tag{6-67}$$

式中，K 为载荷系数，一般取 $K = 1.3 \sim 1.6$。

② 齿面接触疲劳强度计算　齿面接触疲劳强度计算是为了防止齿面点蚀失效，这种失效形式与齿面接触应力大小有关。由于点蚀多发生在节点附近，设计时只计算节点处的接触应力。如图 6-40 所示，将一对齿轮在节点处的接触看成是曲率半径分别为 ρ_1、ρ_2 的两个圆柱体线接触，根据弹性力学的赫兹公式，最大接触应力 σ_H（MPa）为

$$\sigma_{\mathrm{H}}=\sqrt{\frac{F_{\mathrm{n}}}{\pi b}\times\frac{\dfrac{1}{\rho_1}\pm\dfrac{1}{\rho_2}}{\dfrac{1-\mu_1^2}{E_1}+\dfrac{1-\mu_2^2}{E_2}}} \tag{6-68}$$

式中，b 为齿轮的接触宽度，mm。

标准直齿圆柱齿面接触应力的强度条件为

$$\sigma_{\mathrm{H}}=Z_{\mathrm{E}}Z_{\mathrm{H}}\sqrt{\frac{2KT_1}{bd_1^2}\times\frac{u\pm1}{u}}\leqslant[\sigma_{\mathrm{H}}]\,(\mathrm{MPa}) \tag{6-69}$$

式中，Z_{E} 为材料弹性系数；Z_{H} 为节点区域系数，对于标准圆柱齿轮，$Z_{\mathrm{H}}=2.5$；$[\sigma_{\mathrm{H}}]$ 为材料的许用接触应力，"+"用于外啮合，"−"用于内啮合。

③ 齿根弯曲疲劳强度计算　齿根弯曲疲劳强度计算是针对轮齿折断失效进行的。将轮齿视为悬臂梁，并假定全部载荷由一对轮齿传递。当载荷作用在齿顶时，齿根有最大弯曲应力。如图 6-41 所示，作用在齿顶的法向力 F_{n} 可以分解为径向力 $F_{\mathrm{r}}=F_{\mathrm{n}}\sin\alpha_{\mathrm{F}}$ 和圆周力 $F_{\mathrm{t}}=F_{\mathrm{n}}\cos\alpha_{\mathrm{F}}$ 两个分力，F_{r} 产生压应力，F_{t} 产生剪应力和弯曲应力。因压应力和剪应力均较小，通常略去不计，所以轮齿的计算仅按 F_{t} 产生的弯曲应力来进行。

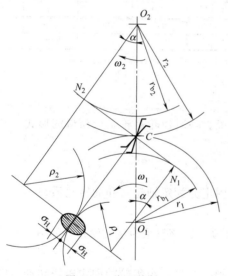

图 6-40　齿面接触

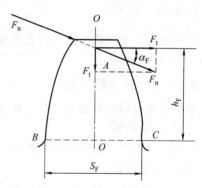

图 6-41　轮齿弯曲的力

设齿宽为 b，齿根危险截面 BC 处的弯矩 M 为

$$M=F_{\mathrm{t}}h_{\mathrm{F}}=F_{\mathrm{n}}\cos\alpha_{\mathrm{F}}h_{\mathrm{F}} \tag{6-70}$$

抗弯截面模量 W 为

$$W=\frac{1}{6}bS_{\mathrm{F}}^2 \tag{6-71}$$

引入载荷系数 K，得危险截面的弯曲应力为

$$\sigma_{\mathrm{F}}=\frac{M}{W}=\frac{KF_{\mathrm{n}}\cos\alpha_{\mathrm{K}}h_{\mathrm{F}}}{\dfrac{bS_{\mathrm{F}}^2}{6}}=\frac{6KF_{\mathrm{n}}\cos\alpha_{\mathrm{K}}h_{\mathrm{F}}}{bS_{\mathrm{F}}^2} \tag{6-72}$$

将 $F_{\mathrm{n}}=F_{\mathrm{t}}/\cos\alpha$ 代入上式并将分子分母同除以模数 m 得

$$\sigma_{\mathrm{F}}=\frac{KF_{\mathrm{t}}}{bm}\times\frac{6\left(\dfrac{h_{\mathrm{F}}}{m}\right)}{\left(\dfrac{S_{\mathrm{F}}}{m}\right)^{2}\cos\alpha}\,(\mathrm{MPa}) \tag{6-73}$$

令

$$Y_{\mathrm{F}}=\frac{6\left(\dfrac{h_{\mathrm{F}}}{m}\right)\cos\alpha_{\mathrm{F}}}{\left(\dfrac{S_{\mathrm{F}}}{m}\right)^{2}\cos\alpha} \tag{6-74}$$

式中，Y_{F} 称为齿形系数，它是考虑法向力作用于齿顶时，齿廓形状对弯曲应力影响的系数。因 h_{F} 和 S_{F} 都与模数成正比，故 Y_{F} 值只与齿形有关而与模数无关。对正常齿制的标准齿轮，Y_{F} 值仅决定于齿数 z，其值见表 6-9。由此可得齿根疲劳强度的校核公式

$$\sigma_{\mathrm{F}}=\frac{KF_{\mathrm{t}}}{bm}Y_{\mathrm{F}}=\frac{2KT_{1}}{bd_{1}m}Y_{\mathrm{F}}\leqslant[\sigma_{\mathrm{F}}] \tag{6-75}$$

式中，$[\sigma_{\mathrm{F}}]$ 为轮齿材料的弯曲疲劳许用应力，MPa。

表 6-9　标准外齿轮齿形系数 Y_{F} （$\alpha=20°$，$h_{\mathrm{a}}^{*}=1$，$c^{*}=0.25$）

z	12	14	16	17	18	19	20	22	25
Y_{F}	3.47	3.22	3.04	2.97	2.91	2.86	2.81	2.75	2.64
z	30	35	40	45	50	60	80	100	150
Y_{F}	2.54	2.47	2.41	2.37	2.34	2.29	2.24	2.21	2.14

注：如齿全高 $h\neq2.25m$，应将表中查得的 Y_{F} 值乘以比值 $h/2.25m$。h 为所计算齿轮的齿全高。

6.2.3　轮系

轮系即由两个及两个以上齿轮组成的传动系统。一对齿轮是轮系最简单的形式，其最大传动比大约为 10∶1。

6.2.3.1　轮系的分类

根据轮系运转时各齿轮轴线的相对位置是否固定分为定轴轮系和周转轮系。

（1）定轴轮系

轮系在转动时，若各齿轮的轴线位置均固定不动，则该轮系为定轴轮系，如图 6-42 所示。

（2）周转轮系

轮系在转动时，若轮系中至少有一个齿轮的轴线绕另一个齿轮的固定轴线转动，则该轮系为周转轮系，如图 6-43 所示。

① 周转轮系的组成　如图 6-44 所示为一周转轮系，轴线位置固定的齿轮 1、3 为太阳轮（或中心轮）；既绕太阳轮轴线转，又绕自身轴线转的齿轮 2 叫行星轮；支持行星轮的物件 H 为行星支架（或系杆）。

为了使转动时的惯性力平衡，以及减轻齿轮上的载荷，常常采用几个完全相同的行星轮，如图 6-45 所示为三个行星轮均匀地分布在中心轮的周围，且同时进行传动。因为这种行星齿轮的个数对研究动轴轮系的运动没有任何影响，而在机构简图中可以只画出一个。

运转时，构件 H，齿轮 1、3 分别绕自身的几何中心旋转，轮 2 一方面绕自身几何轴线自转，同时又随物件 H 一起绕固定轴线公转。

这种由一个系杆，一个或两个中心轮组成的单一周转轮系中，系杆和中心轮的几何轴线必须重合，否则不能转动，图中 O_{1}、O_{2}、O_{H} 必须重合。

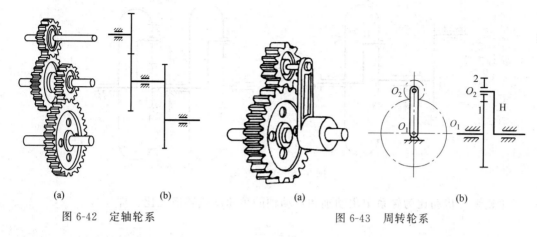

图 6-42 定轴轮系   图 6-43 周转轮系

② 周转轮系的分类 在周转轮系中，它的两个中心轮都能转动的轮系称为差动轮系，如图 6-44（a）所示；轮系中有一个中心轮能转动，另一个中心轮固定的轮系称为行星轮系，如图 6-44（b）所示。

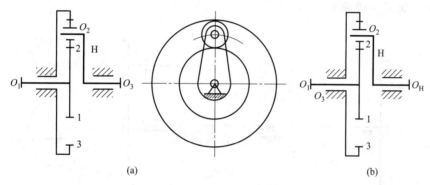

图 6-44 周转轮系的组成

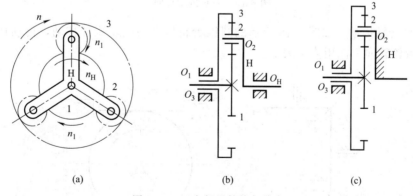

图 6-45 三个行星轮均匀分布

③ 复合轮系 由定轴轮系和周转轮系或由几个周转轮系组成的轮系，如图 6-46 所示。

6.2.3.2 轮系传动比

对于一对齿轮传动，其传动比定义为

$$i = \frac{\omega_1}{\omega_2} = \pm \frac{z_2}{z_1}$$

（6-76）

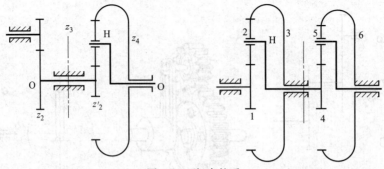

图 6-46　复合轮系

对于轮系，传动比为轮系中主动轴和从动轴的角速度或转速之比，即

$$i_{1K}=\frac{\omega_1}{\omega_K} \tag{6-77}$$

一对齿轮传动的转向，如式（6-76）中，"＋"号表示一对内啮合圆柱齿轮传动时，从动轮转向与主动轮转向相同。"－"号表示一对外啮合圆柱齿轮传动时，从动轮转向与主动轮转向相反，如图 6-47 所示。

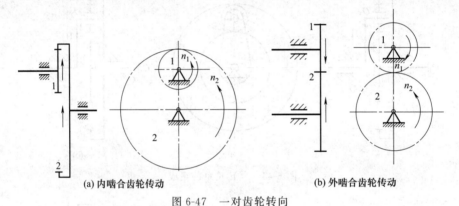

(a) 内啮合齿轮传动　　　　　　　　　　　　　　(b) 外啮合齿轮传动

图 6-47　一对齿轮转向

对于非平行轴传动，如图 6-48 所示的圆锥齿轮传动和蜗轮蜗杆传动，传动比应遵循式（6-76），但齿轮转向只能用箭头表示。

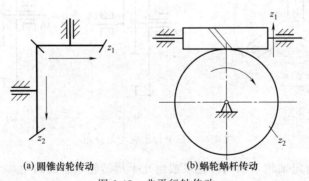

(a) 圆锥齿轮传动　　　　　　　　(b) 蜗轮蜗杆传动

图 6-48　非平行轴传动

（1）定轴轮系传动比

轮系中首末两轮的转速之比称为轮系的传动比，如图 6-49 所示为由圆柱齿轮组成的平行轴定轴轮系，齿轮 1 为首轮（主动轮），齿轮 5 为末轮（从动轮），设轮系中各齿轮的齿数

分别为 z_1、z_2、z_2'、z_3、z_4'、z_4、z_5，转速分别为 n_1、n_2、$n_2'(n_2=n_2')$、n_3、n_4'、n_4、n_5。则连续的传动比为

$$i_{15}=\frac{n_1}{n_5} \tag{6-78}$$

因为

$$i_{12}=\frac{n_1}{n_2}=-\frac{z_2}{z_1} \tag{6-79}$$

$$i_{2'3}=\frac{n_2'}{n_3}=\frac{n_2}{n_3}=-\frac{z_3}{z_2'} \tag{6-80}$$

$$i_{34}=\frac{n_3}{n_4}=-\frac{z_4}{z_3} \tag{6-81}$$

$$i_{4'5}=\frac{n_4'}{n_5}=\frac{n_4}{n_5}=+\frac{z_5}{z_4'} \tag{6-82}$$

由此可得

$$i_{12}i_{2'3}i_{34}i_{4'5}=\frac{n_1}{n_2}\times\frac{n_2'}{n_3}\times\frac{n_3}{n_4}\times\frac{n_4'}{n_5}=\left(-\frac{z_2}{z_1}\right)\left(-\frac{z_3}{z_2'}\right)\left(-\frac{z_4}{z_3}\right)\left(+\frac{z_5}{z_4'}\right)=(-1)^3\frac{z_2z_3z_4z_5}{z_1z_2'z_3z_4'} \tag{6-83}$$

故

$$i_{15}=\frac{n_1}{n_5}=i_{12}i_{2'3}i_{34}i_{4'5}=(-1)^3\frac{z_2z_4z_5}{z_1z_2'z_4'} \tag{6-84}$$

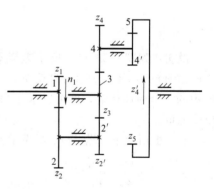

图 6-49　平行轴定轴轮系的传动比

由式（6-84）可知，该定轴轮系传动比等于各对啮合齿轮的传动比之连乘积，也等于轮系中所有从动轮齿数的乘积与所有主动轮齿数的乘积之比，传动比的正负号取决于外啮合齿轮的对数，外啮合齿轮为奇数对时取负号，表示首末两齿轮转向相同。图 6-49 中有三对外啮合，故取负号。

图 6-49 中，齿轮 3 分别与齿轮 2′ 和齿轮 4 相啮合，它既是从动轮，又是主动轮，称为惰轮或介轮。式（6-84）中等式右边的分子、分母都已消去齿数 z_3，说明 z_3 并不影响轮系传动比的大小，但会改变传动比的正负号。应用惰轮不仅可以改变从动轴的转向，还可以起到增大两轴间距的作用。

对于一般情况，若用 1、k 表示首末两轮，则定轴轮系的传动比定义为

$$
\begin{aligned}
i_{1k}&=\frac{n_1}{n_k}=i_{12}i_{2'3}i_{3'4}\cdots i_{(k-1)'k}=(-1)^m\frac{z_2z_3z_4\cdots z_k}{z_1z_2'z_3'\cdots z_{(k-1)}'}\\
&=(-1)^m\frac{\text{所有各对齿轮的从动轮齿数连乘积}}{\text{所有各对齿轮的主动轮齿数连乘积}}
\end{aligned} \tag{6-85}
$$

式中，m 为轮系中外啮合齿轮的对数。$(-1)^m$ 用来判断平行轴定轴轮系的转向。

（2）周转轮系传动比

在周转轮系中，行星轮系的运动不是只绕固定轴的简单运动，因此传动比不能直接应用求解定轴轮系传动比的方法来计算。但是，如果将系杆视为固定不动，并保持轮系中各构件之间的相对运动不变，这样就将原周转轮系转化为定轴轮系。

如图 6-50 所示，在周转轮系中，ω_1、ω_2、ω_3、ω_H 分别为齿轮 1、2、3 及系杆 H 的角速度。现给整个周转轮系加上一个角速度（$-\omega_H$）后，系杆就相对静止不动，而轮系中各构件之间的相对运动仍保持不变。这样就将周转轮系转化为定轴轮系。这种转化后的定轴轮系称为原周转轮系的转化机构，转化机构的传动比就用定轴轮系传动比的计算方法。

转化机构中各构件的角速度用定轴轮系传动比的计算方法计算。转化机构中各构件的角速度用 ω_1^H、ω_2^H、ω_3^H、ω_4^H 表示，则

$$\omega_1^H = \omega_1 - \omega_H \tag{6-86}$$

转化机构中轮 1、3 间的传动比为

$$i_{13}^H = \frac{\omega_1^H}{\omega_3^H} = \frac{\omega_1 - \omega_H}{\omega_3 - \omega_H} = (-1)\frac{z_2 z_3}{z_1 z_2} = -\frac{z_3}{z_1} \tag{6-87}$$

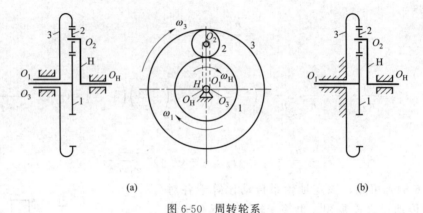

(a)　　　　　　　　　　　　　　　(b)

图 6-50　周转轮系

说明：如图 6-50（a）所示差动轮系，可任意给定 ω_1、ω_3、ω_H 中的两个而求出第三个；如图 6-50（b）所示行星轮系，因中心轮 3 固定，$\omega_3 = 0$，因此，只要已知轮 1 和构件 H 中的一个构件运动，就可以求出另一个构件的运动，计算时可假定某一转向为正，与其相反为负。

对一般情况下，若用 1、k 表示首末两轮，则转化轮系的传动比为

$$i_k^H = \frac{\omega_1 - \omega_H}{\omega_k - \omega_H} = \frac{n_1 - n_H}{n_k - n_H} = (-1)^m \frac{\text{从齿轮 1 至 } k \text{ 间所有从动轮齿数的乘积}}{\text{从齿轮 1 至 } k \text{ 间所有主动轮齿数的乘积}} \tag{6-88}$$

（3）复合轮系传动比

计算复合轮系的传动比时，必须首先将该轮系分解为几个单一的基本轮系，再分别按相应的传动比计算公式列出方程式，最后联立解出所求的传动比。

解决此类问题的关键是，在轮系中找出单一的行星轮系，即先找出行星轮，再找出支持行星轮的行星架以及行星轮相啮合的太阳轮，即确定了行星轮系。

6.2.3.3　轮系应用

（1）实现大传动比传动

当两轴之间需要较大的传动比时，如果仅用一对齿轮传动，必然使两轮的尺寸相差很大，小齿轮也较易损坏。通常一对齿轮的传动比不大于 5～7。由于定轴轮系的传动比等于该轮系中各对啮合齿轮传动比的连乘积，因此采用轮系可获

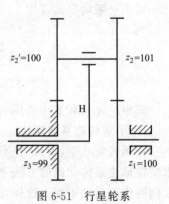

图 6-51　行星轮系

得较大的传动比。尤其是周转轮系，可以用很少的齿轮获得很大的传动比，而且结构很紧凑。如图 6-51 所示的行星轮系，H、1 分别是主、从动件，可列出

$$\frac{n_1-n_H}{0-n_H}=\frac{z_2 z_3}{z_1 z_2}，1-i_{1H}=\frac{101\times99}{100\times100}，i_{1H}=\frac{1}{10000}，i_{H1}=10000 \tag{6-89}$$

即当系杆转 10000 转时，齿轮 1 才转 1 转，可见传动比确实很大。

（2）实现远距离传动

当两轴间的距离较远时，如果仅用一对齿轮传动（如图 6-52 中齿轮 1、2），两轮尺寸很大。这样既占空间又费材料。若改用轮系传动（如图 6-52 中齿轮 A、B、C、D），则可使整个机构的轮廓尺寸减小。

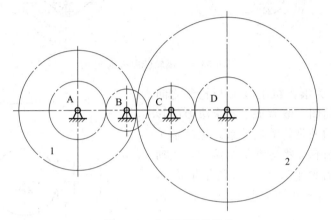

图 6-52　实现远距离传动

（3）实现变速传动

在主动轴转速不变的情况下，通过轮系，可以使从动轮获得若干种转速。如图 6-53 所示的车床变速箱，通过三联齿轮 a 和双联齿轮 b 在轴上的移动，使得带轮可以有 6 种不同的转速。此外，用周转轮系也可以实现变速传动。

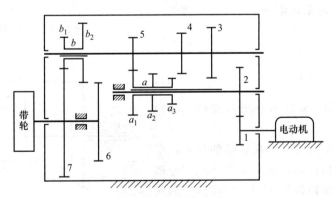

图 6-53　车床变速箱

（4）实现换向传动

在主动轴转向不变的情况下，利用轮系可以改变从动轴的转向。如图 6-54 所示为车床上走刀丝杠的三星轮转向机构。通过扳动手柄 A，从动轮 4 可实现换向。

（5）实现分路传动

利用轮系，可以将主动轴上的运动传递给若干个从动轴，实现分路传动。

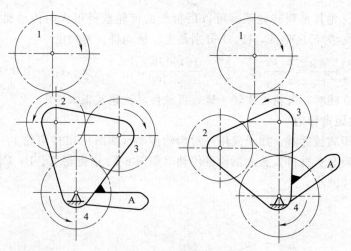

图 6-54　三星轮转向机构

如图 6-55 所示为滚齿机上滚刀与轮坯之间作展成运动的运动简图。滚齿加工要求滚刀的转速与轮坯的转速必须满足传动比关系。主动轴Ⅰ通过锥齿轮 1 经锥齿轮 2 将运动传给滚刀，主动轴又通过齿轮 3 经齿轮 4-5、6、7-8 传给蜗轮 9，带动轮坯传动，从而满足滚刀与轮坯的传动比要求。

（6）实现运动的合成与分解

对于差动轮系，必须给定两个基本构件的运动，第三个基本构件的运动才能确定。也就是说，第三个基本构件的运动是另两个基本构件的运动的合成。

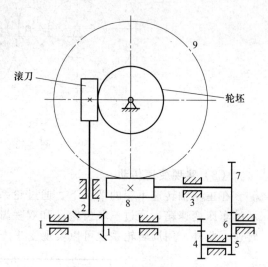

图 6-55　滚齿机中的轮系

如图 6-56 所示的差动轮系，$z_1 = z_2$，故

$$\frac{n_1 - n_H}{n_3 - n_H} = -\frac{z_3}{z_1} = -1 \qquad (6\text{-}90)$$

即

$$n_H = \frac{1}{2}(n_1 + n_3) \qquad (6\text{-}91)$$

式（6-91）说明，系杆 H 的转速是轮 1 和轮 3 转速的合成。

同样，差动轮系也可以实现运动的分解，即将一个主动的基本构件的转动，按所需比例分解为另两个从动的基本构件的转动。比较典型的实例是汽车的差速器。当汽车转弯时，将主轴的一个转动，利用差速器分解为两个后轮的两个不同转动。

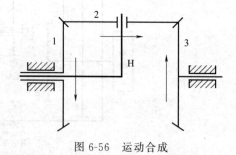

图 6-56　运动合成

6.2.4　常用机构

6.2.4.1　机构

机构是用来传递运动和动力或改变运动形式、运动轨迹的装置。机构是通过运动副连接

起来的，机构中各构件之间具有确定的相对运动。

（1）构件

构件是指机器中每一个独立的运动单元体，构件按运动性质分为 3 类。

① 机架　是机构中视作固定不动的构件，用来支承其他可动构件，如机床的机身，它支承着轴、齿轮等活动构件。

② 原动件　已给定运动规律的活动构件，其直接接受或外界运动输入，或有驱动力或力矩的构件，如柴油机中的活塞，在机构运动图中，将原动件标上箭头。

③ 从动件　机构中随原动件运动而运动的可动构件，其运动规律取决于原动件的运动规律和机构的结构，如柴油机中的连杆、曲轴等。

（2）运动副

机构的每个构件以一定的方式连接并且可以产生一定的相对运动。而使两构件直接接触而又能产生一定形式的相对运动的连接称为运动副，运动副限制了两构件之间的某些独立运动，这种限制称为约束。如轴与轴承的连接，齿轮之间的连接都属于运动副。

1）按构成运动副的两构件接触情况分类

① 高副：两构件通过点或线接触而构成的运动副，如凸轮与推杆，轮齿与轮齿。特点：高副是点或线接触，因此承载能力差，容易磨损，同时由于高副的接触面多为曲面，因而制造比较困难，但是高副接触部分的几何形状可多种变化，因而能完成比较复杂的运动，每个高副有一个约束，保留两个自由度。

② 低副：两构件通过面接触而构成的运动副，如轴与轴承，滑块与导轨。特点：低副接触面一般为平面和圆柱面，它制造容易，承载能力强，耐磨损，每个低副有两个约束，保留一个自由度。

2）按构成运动副的两构件之间的相对运动不同分类

① 回转副：两构件之间的相对运动为转动的运动副，如轴与轴承、固定铰链、活动铰链。

② 移动副：相对运动为移动的运动副，如滑块与导轨。

各种运动副如图 6-57 所示。

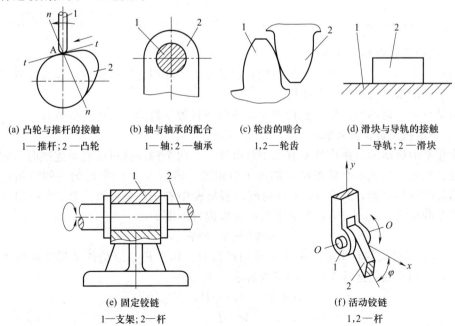

(a) 凸轮与推杆的接触　　(b) 轴与轴承的配合　　(c) 轮齿的啮合　　(d) 滑块与导轨的接触
1—推杆；2—凸轮　　　1—轴；2—轴承　　　1,2—轮齿　　　1—导轨；2—滑块

(e) 固定铰链　　　　　　　　　(f) 活动铰链
1—支架；2—杆　　　　　　　　1,2—杆

图 6-57　运动副

6.2.4.2　自由度

物件所具有的独立运动的数目称为物件的自由度。

（1）空间自由度

在空间中有两个构件，坐标系 $Oxyz$ 固定于物件之上，如图 6-58 所示，当构件 1 尚未与构件 2 构成运动副之前，构件 1 相对于构件 2 能产生 6 个独立的相对运动，即沿 x、y、z 轴的三个移动和绕 x、y、z 轴的三个转动。

当将两物体以某种方式相连接而构成运动副时，两者间的相对运动便受到一定的约束，使 6 个独立的相对运动中的某些运动不再可能产生，亦即 6 个自由度因引入的约束而减少，显然减少的数目等于引入约束的数目。

对于空间问题，两构件构成运动副后，仍要求其能产生一定的相对运动，故引入约束的数目最多 5 个，最少 1 个。

（2）平面自由度

如图 6-59 所示，在 Oxy 坐标系中，一个作平面运动的自由结构件，其运动可以分解为沿 x 轴和 y 轴方向移动及在 Oxy 平面内的转动三个独立运动。由此可见，一个作平面运动的自由构件有三个自由度。这三个自由度可以用三个独立参数 x、y 和角度 φ 表示。

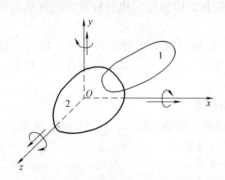
图 6-58　空间自由度

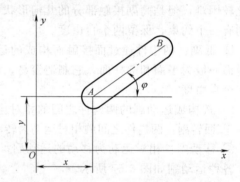
图 6-59　平面自由度

（3）机构有确定运动的条件

机构有确定的运动时所必须给定的独立运动参数，亦即为使机构的位置得以确定必须给定的广义坐标的数目为机构的自由度。

机构具有确定运动的条件：机构中原动件的数目等于机构中自由度的数目。

（4）平面机构自由度计算

一个作平面运动的自由构件具有 3 个自由度。当两个构件通过运动副连接时，它们的相对运动受到约束，引入一个低副则限制两个自由度。若有 n 个作平面运动的可动构件，在没通过运动副连接之前，共有 $3n$ 个自由度；若机构中有 P_L 个低副，P_H 个高副，则机构中引入的总约束为 $2P_L + P_H$，所剩下的就是机构自由度 F。

$$F = 3n - 2P_L - P_H \tag{6-92}$$

当用 F 表示机构的自由度，W 表示原动件数时，由于机构原动件的运动是由外界给定的，因此，机构有确定运动条件可用下式表示

$$W > 0 \ (即 \ W = 3n - 2P_L - P_H > 0)$$

$$W = F \tag{6-93}$$

计算自由度时需注意的三个问题。

① **复合铰链**　两个以上的构件同时在同一处形成的转动副，称为复合铰链，如图 6-60 所示。图 6-60（a）中，误视为一个转动副，实际上这三个构件在此处形成两个转动副即构件 1 与 2、构件 1 与 3。在计算自由度时，复合铰链所代表的转动副个数应是在此处汇交构件的个数减去 1。

② **局部自由度**　机构中常出现一种不影响整个机构的、局部的独立运动，称为局部自由度。在计算自由度时应将局部自由度去除。如图 6-61 所示机构中，滚子 3 的转与不转、快转与慢转都不影响整个机构的运动。局部自由度虽然不影响整个机构的运动，但滚子可以使接触的滑动摩擦变为滚动摩擦，减少磨损。

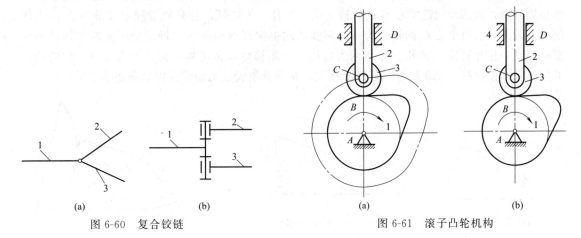

图 6-60　复合铰链　　　　　　图 6-61　滚子凸轮机构

如在图 6-61（a）中可动构件 1、2、3，即 $n=3$。其中 1、3 组成一个高副即 $P_{\mathrm{H}}=1$，A、B 组成转动副，2、4 组成一个移动副即 $P_{\mathrm{L}}=3$，则机构自由度为

$$F=3n-2P_{\mathrm{L}}-P_{\mathrm{H}}=3\times3-2\times3-1\times1=2 \tag{6-94}$$

实际上如图 6-61（b）中，滚子 3 和推杆 2 焊接在一起，C 点转动副为局部自由度该去除。故可动构件为 2，高副为 1，低副为 2，则构件自由度为

$$F=3\times3-2\times2-1\times1=1 \tag{6-95}$$

③ **虚约束**　在机构中，有些运动副带入的约束，对机构的运动实际上起不到约束的作用，这种约束称为虚约束。

如图 6-62 所示，连杆 3 在 BC 线上的各点轨迹都为以 AD 连线上某一点为圆心，半径为 AB 的圆周，因而图 6-62（a）中构件 5 与构件 2、4 相互平行且长度相等，对机构的运动不产生任何影响，因此转动副 E、F 为虚约束，可去除。

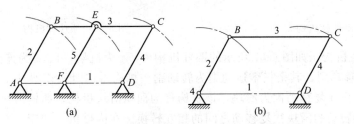

图 6-62　平行四边形机构中的虚约束

1—机架；2,4,5—连架杆；3—连杆

虚约束虽然对运动不起作用，但能改善机构受力情况和增加刚度，因此实际中常有虚约束存在。

6.2.4.3 常用机构的组成和特点

（1）四杆机构

在平面四杆机构中，若运动副都是转动副，则称其为铰链四杆机构。如图 6-63（a）所示。在此机构中，构件 4 为机架；构件 1、3 与机架直接相连，称为连架杆；构件 2 与机架间接相连，称为连杆。机构工作时，连架杆作定轴转动，连杆作平面复杂运动。如图 6-63（b）所示，能作整周转动的连杆称为曲柄 1，只能在一定角度范围内摆动的连架杆称为摇杆 3。

① 曲柄摇杆机构　在铰链四杆机构中，若两个连架杆之一为曲柄，另一为摇杆，则称为曲柄摇杆机构，如图 6-63（b）所示。在此机构中，连架杆 1 为曲柄，它可绕固定铰链中心 A 作整周转动，故活动铰链中心 B 的轨迹为圆；架杆 3 为摇杆，它只能绕固定铰链中心 D 来回摆动，故活动铰链中心 C 的轨迹为一段圆弧。曲柄摇杆机构的转动特点是可实现曲柄转动与摇杆摆动的相互转换。如图 6-64 所示为雷达天线俯仰角调整机构，构件 1 为曲柄，它转动后通过连杆 2 使摇杆 3（即天线）绕 D 点摆动，从而调整天线的俯仰角以对准通信卫星。

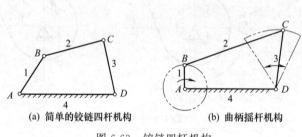

(a) 简单的铰链四杆机构　　(b) 曲柄摇杆机构

图 6-63　铰链四杆机构

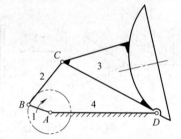

图 6-64　雷达天线俯仰角调整机构

② 双曲柄机构　在铰链四杆机构中，若两个连杆均为曲柄，则称为双曲柄机构，如图 6-65 所示。双曲柄机构的转动特点是当主动曲柄匀速转动时，从动曲柄一般作变速转动。如图 6-66 所示为惯性筛机构，它利用双曲柄机构 $ABCD$ 中从动曲柄 3 的变速转动，通过杆 5 带动筛子 6 作变速往复移动，从而达到利用惯性筛分物料的目的。

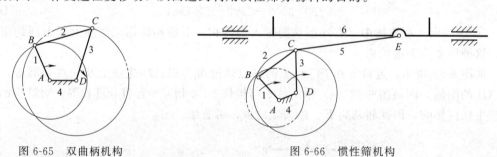

图 6-65　双曲柄机构　　　　　图 6-66　惯性筛机构

③ 曲柄滑块机构　如图 6-67 所示的四杆机构中，4 为机架，1、3 为连架杆，2 为连杆，3 与 4 之间构成移动副，其余三个运动副为转动副。机构工作时，连架杆 1 作整周转动称为曲柄，连架杆 3 作往复移动称为滑块，该机构称为曲柄滑块机构。曲柄滑块机构的转动特点是可以实现曲柄转动和滑块往复移动之间的相互转换。在内燃机、冲床、空压机等机械中广泛应用。

（2）凸轮机构

凸轮机构是由凸轮 1、从动件 2 和机架 3 组成的高副机构，如图 6-68 所示。它可以实现许多复杂的运动要求，且机构简单紧凑。因为凸轮机构中凸轮轮廓与从动件之间的接触是点

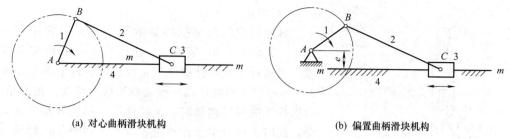

(a) 对心曲柄滑块机构　　　　　　　(b) 偏置曲柄滑块机构

图 6-67　曲柄滑块结构

接触或线接触，难以形成润滑油膜、易于磨损，所以凸轮机构一般多用在传递动力不大的场合，如图 6-69 所示。图 6-69（a）可使构件 5 实现预期运动规律的往复移动。图 6-69（b）可使构件 4 实现预期运动规律的往复摆动。图 6-69（c）为双凸轮机构，它不仅可使构件 4 实现预期的运动要求，而且可以使构件 4 上的 F 点按照所需要的轨迹运动。

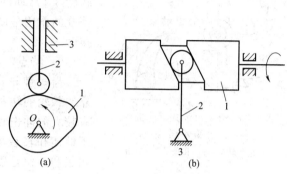

图 6-68　简单的凸轮机构

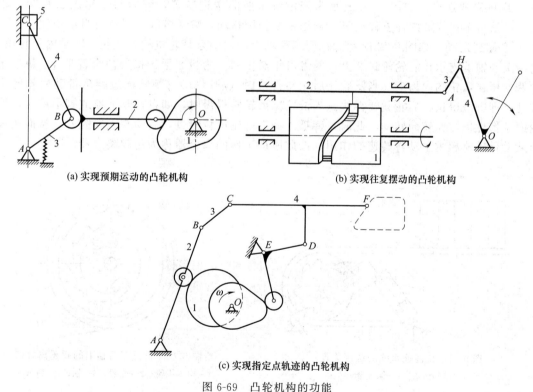

(a) 实现预期运动的凸轮机构　　　　　　　(b) 实现往复摆动的凸轮机构

(c) 实现指定点轨迹的凸轮机构

图 6-69　凸轮机构的功能

（3）棘轮机构

在机构中，若主动件运动而从动件周期性间歇运动，则称该机构为间歇运动机构，棘轮是其中一种。

1）组成

棘轮机构的典型结构如图 6-70 所示，它主要由摇杆 1、主动棘爪 2、棘轮 3、止回棘爪 4 和机架 5 等组成。当摇杆 1 逆时针摆动时，铰链在摇杆上的主动棘爪 2 插入棘轮 3 的齿槽内，推动棘轮同步转动一定的角度。当摇杆 1 顺时针摆动时，止回棘爪 4 阻止棘轮 3 反向转动，此时主动棘爪 2 在棘轮 3 齿背滑回原位，棘轮 3 静止不动。这样，当摇杆 1（主动件）连续往复摆动时，棘轮 3（从动件）便得到单向的间歇转动。图 6-70 中弹簧 6 的作用是使主动棘爪 2 和止回棘爪 4 与棘轮 3 保持接触。

2）特点

齿式棘轮机构具有结构简单、制造方便、运动可靠、棘轮的转角可调等优点。其缺点是传力小，工作时有较大的冲击和噪声，而且运动精度低。因此，它适用于低速和轻载场合，通常用来实现间歇式送进、制动、超越和转位分度等要求。

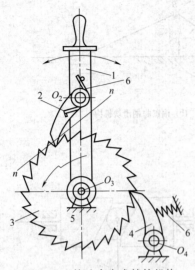

图 6-70　外啮合齿式棘轮机构

1—摇杆；2—主动棘爪；3—棘轮；

4—止回棘爪；5—机架；6—弹簧

3）应用

① 间歇式送进　如图 6-71 所示为浇注流水线的送进装置，棘轮与带轮固联在同一轴上，当活塞 1 在气缸内往复移动时，输送带 2 间歇移动，输送带静止时进行自动浇注。

② 超越运动　如图 6-72 所示为自行车后轴上的内啮合棘轮机构，飞轮 1 即是内齿棘轮，它用滚动轴承支承在后轮轮毂 2 上，两者可相对转动。轮毂 2 上铰接着两个棘爪 4，棘爪用弹簧丝压在棘轮的内齿上。当链轮比后轮转得快时（顺时针），棘轮通过棘爪带动后轮同步转动，即脚蹬得快，后轮就转得快。当链轮比后轮转得慢时，如自行车下坡或脚不蹬时，后轮由于惯性仍按原转向转动，此时，棘爪 4 将沿棘轮齿背滑过，后轮与飞轮脱开，从而实现了从动件转速超越主动件转速的作用。按此原理工作的离合器称为超越离合器。

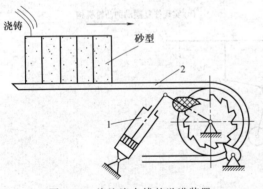

图 6-71　浇注流水线的送进装置

1—活塞；2—输送带

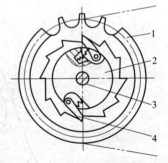

图 6-72　自行车后轴上的超越离合器

1—飞轮；2—轮毂；3—轴；4—棘爪

6.2.5　螺纹传动

螺纹传动是利用螺杆和螺母组成的螺旋副来实现传动的。主要用于将回转运动转为直线运动，同时传递运动和动力。

（1）螺纹传动原理

如图 6-73 所示为简单的螺旋机构。当螺杆 1 转过角 φ 时，螺母 2 将沿螺杆的轴向移动一段距离 s，其值为

$$s = l \frac{\varphi}{2\pi} (\text{mm}) \tag{6-96}$$

式中，l 为螺旋的导程，mm。

又设螺杆的转速为 n（r/min），则螺母移动的速度为

$$v = \frac{nl}{60} (\text{mm/s}) \tag{6-97}$$

如图 6-74 所示的螺旋机构中，螺杆 1 的 A 段螺旋在固定的螺母中转动，而 B 段螺旋在不能转动但能移动的螺母 2 中转动。设 A、B 段的螺旋导程分别为 l_A、l_B，如果这两段螺旋的旋向相同（同为左旋或同为右旋），则根据式（6-96）可求出当螺杆 1 转动角 φ 时，螺母 2 移动的距离为

$$s = (l_A - l_B) \frac{\varphi}{2\pi} \tag{6-98}$$

若图 6-74 中两段螺旋的螺纹旋向相反，则螺母 2 的位移为

$$s = (l_A + l_B) \frac{\varphi}{2\pi} \tag{6-99}$$

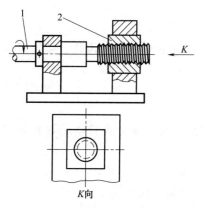

图 6-73　简单的螺旋机构

1—螺杆；2—螺母

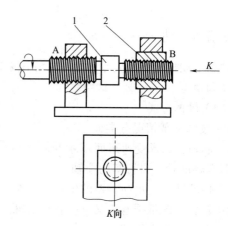

图 6-74　两段螺旋螺纹旋向相反的螺旋机构

1—螺杆；2—螺母

（2）传动螺纹类型及特点

传动螺纹类型及特点见表 6-10。

表 6-10　传动螺纹类型及特点

矩形螺纹 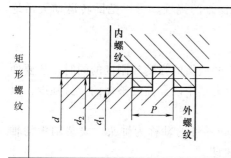	牙型为正方形，牙型角 $\alpha = 0°$。其传动效率较其他螺纹高，但牙根强度弱，螺旋副磨损后，间隙难以修复和补偿，传动精度降低。为了便于铣、磨削加工，可制成 $10°$ 的牙型角 矩形螺纹尚未标准化，推荐尺寸：$d = \frac{5}{4} d_1$，$P = \frac{1}{4} d_1$。目前已逐渐被梯形螺纹所代替

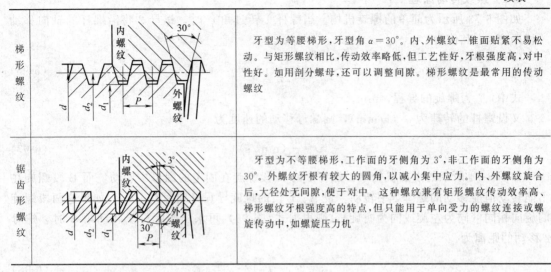

| 梯形螺纹 | | 牙型为等腰梯形，牙型角 $\alpha=30°$。内、外螺纹一锥面贴紧不易松动。与矩形螺纹相比，传动效率略低，但工艺性好，牙根强度高，对中性好。如用剖分螺母，还可以调整间隙。梯形螺纹是最常用的传动螺纹 |
| 锯齿形螺纹 | | 牙型为不等腰梯形，工作面的牙侧角为 $3°$，非工作面的牙侧角为 $30°$。外螺纹牙根带有较大的圆角，以减小集中应力。内、外螺纹旋合后，大径处无间隙，便于对中。这种螺纹兼有矩形螺纹传动效率高、梯形螺纹牙根强度高的特点，但只能用于单向受力的螺纹连接或螺旋传动中，如螺旋压力机 |

6.3　轴和轴承

6.3.1　轴

轴是组成机器的主要零件之一，它用来支承旋转的机械零件（如齿轮、带轮等），并传递运动和动力。

（1）轴的分类

1）按轴承载情况分类

① 芯轴：只承受弯矩而不承受转矩的轴。按其是否转动又分为转动芯轴和固定芯轴，如铁路车辆的轴、自行车的前轴。

② 传动轴：只承受转矩的轴，如汽车变速器与后桥之间的传动轴。

③ 转轴：既承受弯矩又承受转矩的轴，如齿轮变速器中的转轴。

2）按轴线形状分类

① 直轴：可分为光轴和阶梯轴。光轴形状简单，加工容易，应力集中源少，但轴上零件不易装配及定位。光轴主要用于芯轴和传动轴，阶梯轴常用于转轴。

② 曲轴：曲轴通过连杆可以将旋转运动改变为往复直线运动，或作相反的运动变换，常用于往复式机械中。

③ 挠性轴：是由多组钢丝分层卷绕而成的，具有良好的挠性，可以把回转运动灵活地传到不开放的空间位置，常用于振捣器等设备中。

（2）轴的结构设计

轴的设计与选择需考虑很多因素的影响。在满足不同截面的强度和刚度的同时，还要便于轴上零件的固定、定位、拆装、调整，尽可能减少应力集中以提高轴整体的疲劳强度，以及轴本身的加工工艺性。

如图 6-75 所示为阶梯轴的典型结构。轴上安装旋转零件的轴称为轴头，安装轴承的轴段称为轴颈，连接轴头和轴颈部分的非配合轴段称为轴身。

① 轴上零件的轴向定位与固定　见表6-11。

② 轴上零件的周向定位与固定　周向定位与固定的目的是限制轴上零件相对于轴转动和保证同轴度，以很好传递转矩和运动。常用的周向定位与固定方法有销、键、花键、过盈配合和紧定螺钉连接等。

（3）轴的强度计算

① 传动轴的强度计算　传动轴只传递转矩而不承受弯矩，其强度条件为

$$\tau = \frac{M_n}{W_n} \leqslant [\tau] \qquad (6\text{-}100)$$

式中，τ 为剪应力；M_n 为传递的转矩；W_n 为抗扭截面模量；$[\tau]$ 为许用剪应力。

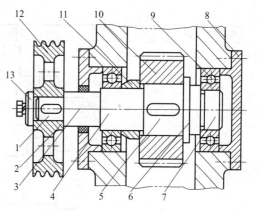

图 6-75　典型阶梯轴

1,5—轴头；2—轴肩；3—轴身；4,7—轴颈；
6—轴环；8—轴承盖；9—滚动轴承；10—齿轮；
11—套筒；12—带轮；13—轴端挡圈

表 6-11　轴上零件的轴向定位与固定方法

定位、固定方式	结构图形	应用说明
轴肩或轴环		固定可靠，承受轴向力大
套筒		固定可靠，承受轴向力大，多用于轴上相邻两零件相距不远的场合
锥面		对中性好，常用于调整轴端零件位置或需经常拆卸的场合
圆螺母与止动垫片		常用于零件与轴承之间的距离较大，轴上允许车制螺纹的场合

定位、固定方式	结构图形	应用说明
双圆螺母	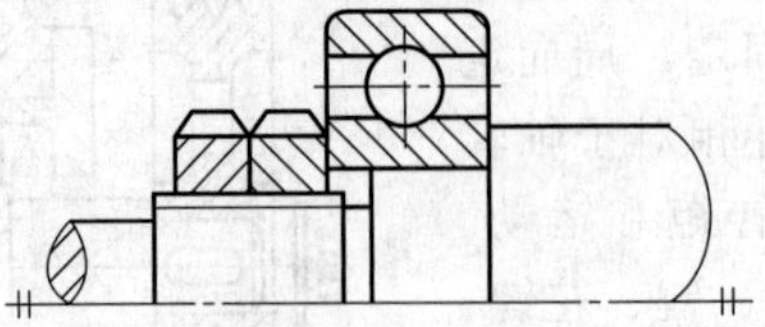	可以承受较大的轴向力，螺纹对轴的强度削弱较大，应力集中严重
弹性挡圈	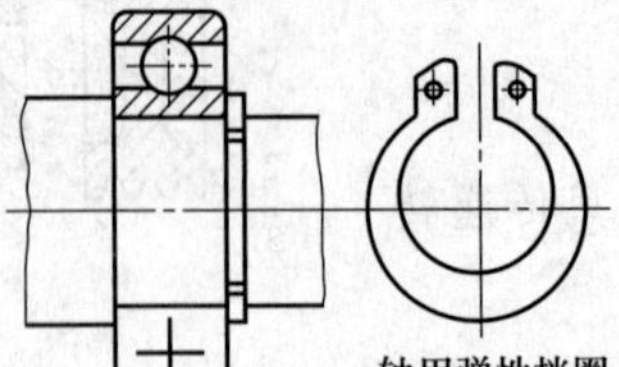 轴用弹性挡圈	承受轴向力或不承受轴向力的场合，常用做滚动轴承的轴向固定
轴端挡圈	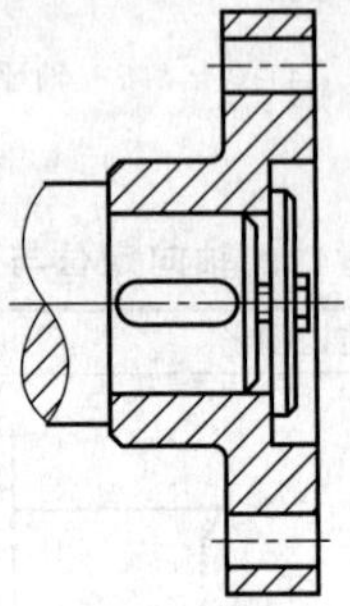	用于轴端零件要求固定的场合
紧定螺钉	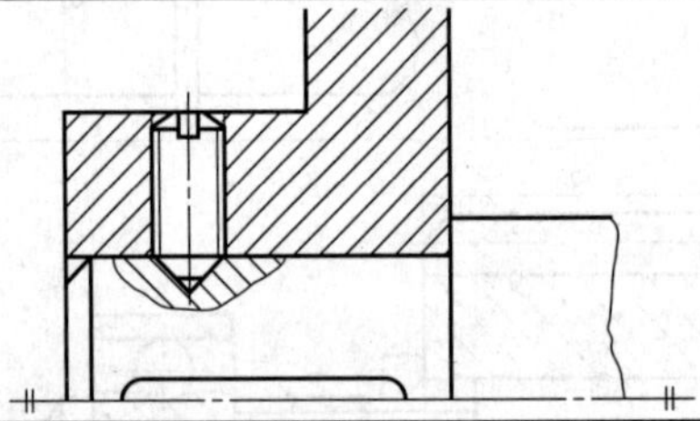	承受轴向力小或不承受轴向力的场合

当轴的转速为 n（r/min），传递的功率为 P（kW），则转矩

$$M_n = \frac{9.55 \times 10^3 P}{n} \qquad (6\text{-}101)$$

当轴的截面为圆的实心轴时，$W_n = \frac{\pi d}{16} \approx 0.2 d^3$，则

$$\tau = \frac{9.55 \times 10^6 P}{0.2 d^3 n} \leqslant [\tau] \qquad (6\text{-}102)$$

式中，d 为轴的直径，mm。

对于实心圆轴，设计公式为

$$d \geqslant \sqrt[3]{\frac{9.55 \times 10^3 P}{0.2 [\tau] n}} = \sqrt[3]{\frac{9.55 \times 10^3}{0.2 [\tau]}} \times \sqrt[3]{\frac{P}{n}} \qquad (6\text{-}103)$$

令 $C = \sqrt[3]{\frac{9.55 \times 10^3}{0.2 [\tau]}}$，则 $\qquad d \geqslant C \sqrt[3]{\frac{P}{n}} \qquad (6\text{-}104)$

对于空心圆轴，设计公式为

$$d \geqslant C \sqrt[3]{\frac{P}{n(1 - \beta^4)}} \qquad (6\text{-}105)$$

式中，$\beta = d_1/d$，即空心轴的内径 d_1 与外径 d 之比，通常取 $\beta = 0.5 \sim 0.6$；常数 C 及 $[\tau]$ 见表 6-12。

表 6-12　轴常用材料的 [τ] 值及 C 值

轴的材料	20、Q235	35、Q275	45	40Cr、35SiMn
$[\tau]$/MPa	$12 \sim 20$	$20 \sim 30$	$30 \sim 40$	$40 \sim 52$
C	$135 \sim 160$	$118 \sim 138$	$106 \sim 118$	$98 \sim 106$

若轴上有一个键槽，可将算得的直径增大 $3\% \sim 5\%$，如有两个键槽可增大 $7\% \sim 10\%$。

② 转轴的强度计算　转轴同时承受转矩和弯矩，其强度应按弯、扭组合计算，其处于二向应力状态下，如图 6-76 所示。

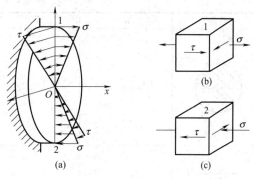

图 6-76　转轴应力状态

将二向应力状态下主应力与其他应力的关系代入强度理论关系式中，得

第三强度理论下：

$$\sigma_{eq3} = \sqrt{\sigma^2 + 4\tau^2} \leqslant [\sigma] \qquad (6\text{-}106)$$

第四强度理论下：

$$\sigma_{eq4} = \sqrt{\sigma^2 + 3\tau^2} \leqslant [\sigma] \qquad (6\text{-}107)$$

式中，σ_{eq3}，σ_{eq4} 为当量应力。

又因为弯曲应力 $\sigma = M/W$，扭转应力 $\tau = M_n/W_n$，并注意到对于圆截面，抗扭截面模量 $W_n = \pi d^3/16$ 是抗弯截面模量 $W = \pi d^3/32$ 的二倍，即 $W_n = 2W$，对于弯、扭组合其当量弯矩为

$$M_{eq3} = \sqrt{M^2 + M_n^2} \qquad (6\text{-}108)$$

$$M_{eq4} = \sqrt{M^2 + \frac{3}{4}M_n^2} \qquad (6\text{-}109)$$

则

$$\sigma_{eq3} = \frac{M_{eq3}}{W} = \frac{1}{W}\sqrt{M^2 + M_n^2} \leqslant [\sigma] \qquad (6\text{-}110)$$

$$\sigma_{eq4} = \frac{M_{eq4}}{W} = \frac{1}{W}\sqrt{M^2 + \frac{3}{4}M_n^2} \leqslant [\sigma] \qquad (6\text{-}111)$$

下面以第三强度理论说明具体计算步骤：作出轴的计算简图；作出弯矩图；作出扭矩图；校核轴的强度。

按第三强度理论有：

$$\sigma_{eq3} = \sqrt{\sigma^2 + 4\tau^2} \qquad (6\text{-}112)$$

通常由弯矩所产生的弯曲应力 σ 是对称循环变应力，而由扭矩产生的扭转切应力 τ 则常常不是对称循环变应力。为了考虑两者循环特性不同的影响，引入折合系数 α，则计算应力为

$$\sigma_{eq3} = \sqrt{\sigma^2 + 4(\alpha\tau)^2} \qquad (6\text{-}113)$$

式中，弯曲应力为对称循环变应力。当扭转切应力为变应力时，取 $\alpha \approx 0.3$；当扭转切应力为脉动循环变应力时，取 $\alpha \approx 0.6$；若扭转切应力亦为对称循环变应力时，则取 $\alpha \approx 1$。

对于直径为 d 的圆轴，弯曲应力 $\sigma = M/W$，扭转切应力 $\tau = M_n/W_n = M/2W$，将 σ 和 τ 代入式（6-113），则轴的弯扭合成强度条件为

$$\sigma_{ca}=\sqrt{\left(\frac{M}{W}\right)^2+4\left(\frac{\alpha T}{2W}\right)^2}=\frac{\sqrt{M^2+(\alpha T)^2}}{W}\leqslant[\sigma_{-1}] \qquad (6\text{-}114)$$

式中，σ_{ca} 为轴的计算应力，MPa；M 为轴所受的弯矩，N·mm；W 为轴的抗弯截面模量，mm^3，计算公式见表 6-13；$[\sigma_{-1}]$ 为对称循环变应力时轴的许用弯曲应力，其值按表 6-14 选用。

表 6-13 抗弯、抗扭截面模量计算公式

截面	W	W_n	截面	W	W_n
	$\dfrac{\pi d^3}{32}=0.1d^3$	$\dfrac{\pi d^3}{16}=0.2d^3$		$\begin{aligned}&\dfrac{\pi d^3}{32}(1-\beta^4)\\&\approx 0.1d^3(1-\beta^4)\\&\beta=d_1/d\end{aligned}$	$\begin{aligned}&\dfrac{\pi d^3}{16}(1-\beta^4)\\&\approx 0.2d^3(1-\beta^4)\\&\beta=d_1/d\end{aligned}$
	$\dfrac{\pi d^3}{32}-\dfrac{bt(d-t)^2}{2d}$	$\dfrac{\pi d^3}{16}-\dfrac{bt(d-t)^2}{2d}$		$\dfrac{\pi d^3}{32}\left(1-1.54\dfrac{d_1}{d}\right)$	$\dfrac{\pi d^3}{16}\left(1-\dfrac{d_1}{d}\right)$
	$\dfrac{\pi d^3}{32}-\dfrac{bt(d-t)^2}{d}$	$\dfrac{\pi d^3}{16}-\dfrac{bt(d-t)^2}{d}$		$\begin{aligned}&[\pi d^4+(D-d)\\&(D+d)^2zb]/32D\\&z\text{—花键齿数}\end{aligned}$	$\begin{aligned}&[\pi d^4+(D-d)\\&(D+d)^2zb]/16D\\&z\text{—花键齿数}\end{aligned}$

注：近似计算时，单、双键槽一般可忽略，花键轴截面可视为直径等于平均直径的圆截面。

表 6-14 许用弯曲应力

材料	许用弯曲应力$[\sigma_{-1}]$/MPa	用途	材料	许用弯曲应力$[\sigma_{-1}]$/MPa	用途
Ce235A	40	用于不重要及受载荷不大的轴	20Cr	60	用于要求强度及韧性均较高的轴
45	55	应用最广泛	3Cr13	75	用于腐蚀条件下的轴
40Cr	70	用于载荷较大，而无很大冲击的重要轴	1Cr18Ni9Ti	45	用于高、低温及腐蚀条件下的轴

（4）轴上零件的装配

所谓装配方案，就是预定出轴上主要零件的装配方向、顺序和相互关系。例如图 6-77 中的装配方案是齿轮、套筒、右端轴承、轴承端盖、半联轴器依次从轴的右端向左安装，左端只装轴承及其端盖。

6.3.2 轴承

轴承用于支承作旋转运动的轴，其作用为：一是支承轴及轴上零件，并保持轴的旋转精

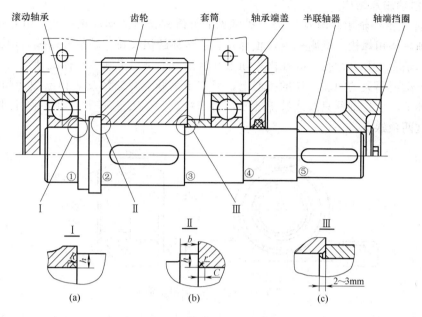

图 6-77 轴上零件装配

度；二是减少转轴与轴承之间的摩擦与磨损。根据承受载荷的方向，轴承分为径向轴承和推力轴承；据轴承工作的摩擦性质分为滑动轴承和滚动轴承。

6.3.2.1 滑动轴承

（1）滑动轴承原理

轴颈和轴承两工作表面有足够的润滑油，形成的油膜厚度大到足以将两表面的不平的凸峰完全隔开，即形成了液体摩擦状态。滑动轴承可以分为动压轴承和静压轴承两种。动压轴承是轴颈旋转时把润滑油带进轴颈与轴瓦表面所形成的楔形空间，产生压力油膜把轴颈托起。静压轴承则是由外部的油压系统供给一定压力的润滑油，在轴承间隙中形成静压承载油膜，强行将轴颈浮起，保证轴承在液体摩擦状态下工作，如图 6-78 所示。

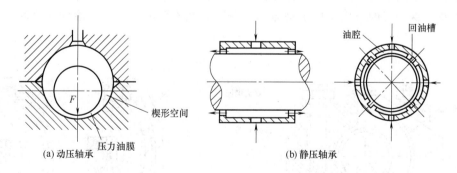

图 6-78 滑动轴承

（2）滑动轴承特点

由于滑动表面被润滑油膜分开而不直接接触，表面间的摩擦实为液体分子间的摩擦，这样就大大减少了摩擦损失和表面磨损，同时油膜还具有一定的吸振作用。因此，滑动轴承工作平稳、可靠、无噪声，常用于转速特别高、冲击振动载荷和有特别装配要求的场合。

（3）滑动轴承结构

① 整体式滑动轴承。图 6-79 是一种常见的整体式径向滑动轴承。最常用的轴承座材料为铸铁。轴承座用螺栓与机座相连，顶部设有装油杯的螺纹孔。轴承孔内压入用减摩材料制成的轴套，轴套上开有油孔，并在内表面上开油沟以输送润滑油。整体式轴承构造简单，常用于低速、载荷不大的间歇工作的机器上，但有下列缺点：当滑动表面磨损而间隙过大时，无法调整轴承间歇；轴颈只能从端部装入，对于粗重的轴安装不便。如果采用剖分式轴承，可以克服这两项缺点。

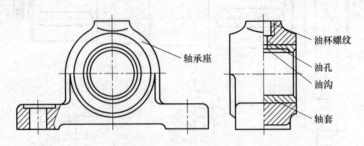

图 6-79　整体式径向滑动轴承

② 剖分式轴承。图 6-80 是剖分式向心滑动轴承，由轴承座、轴承盖、剖分轴瓦、轴承盖螺柱等组成。轴瓦是轴承直接和轴颈相接触的零件。通常下轴瓦承受载荷，上轴瓦不承受载荷。轴瓦材料通常有：铜基轴承合金、塑料、橡胶、砾木及金属陶瓷等。为了节省贵金属或其他需要，常在轴瓦内表面贴附一层轴承衬。不重要的轴承也可以不装轴瓦。在轴瓦内壁不负担载荷的表面上开设油沟，润滑油通过油孔和油沟流进轴承间隙。

6.3.2.2　滚动轴承

（1）滚动轴承原理

如图 6-81 所示，滚动轴承由内圈、外圈、滚动体、保持架组成。一般内圈与轴配合较紧并随轴一起转动，外圈与轴承座孔或机座孔配合较松，一般固定不动，但也有外转内不转或内、外不同速度转动；内、外圈上有滚道，起着降低接触应力和限制滚动体轴向移动的作用。滚动体沿滚道滚动，滚动体是滚动轴承的核心元件，它使相对运动表面间的滑动摩擦变为滚动摩擦。保持架的作用是使滚动体均匀分开，互不接触，以减少滚动体之间的摩擦和磨损。

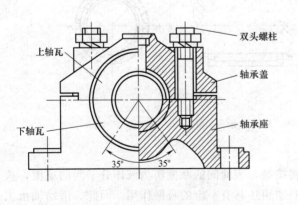

图 6-80　剖分式向心滑动轴承

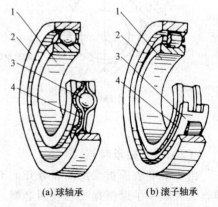

（a）球轴承　　（b）滚子轴承

图 6-81　滚动轴承的基本构造

1—内圈；2—外圈；3—滚动体；4—保持架

（2）滚动轴承的基本类型、特点和应用（见表6-15）

表 6-15 滚动轴承的基本类型、特点和应用

类型名称及代号		结构简图 承载方向	特点及应用
径向接触轴承	深沟球轴承 6	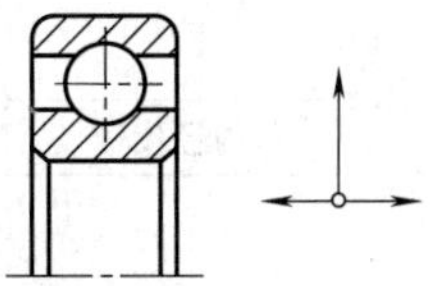	主要用于承受径向载荷，也可以同时承受一定的轴向载荷（两个方向都可以）。在转速很高而轴向载荷不大时，可代替推力轴承 适用于高速高精度处 工作时，内、外圈轴线相对偏斜不能超过 $2'\sim10'$，因此适用于刚性较大的轴
	调心球轴承 1	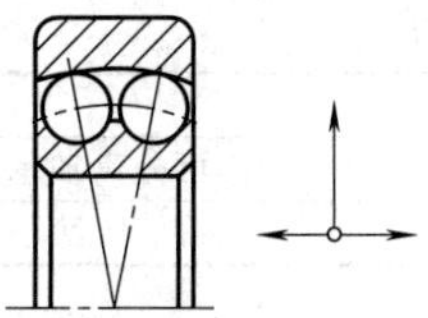	主要用于承受径向载荷，也可同时承受微量的轴向载荷 外圈滚道表面是以轴承中点为中心的球面，内、外圈允许有较大的轴线相对偏斜（小于 $4°$），因能自动调心，故适用于多支点轴、挠度较大的轴及不能精确对中的支承
	圆柱滚子轴承 NU	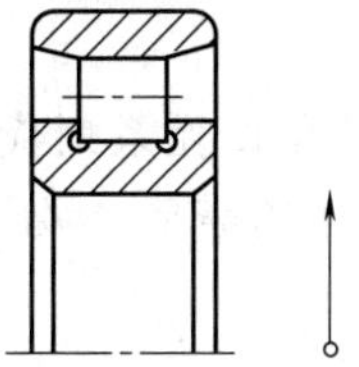	主要用于承受径向载荷，完全不能承受轴向载荷 安装时，内外圈可分别安装 对轴的偏斜很敏感，内外圈轴线相对偏斜 $\leqslant2'\sim4'$，适用于刚度很大、对中良好的轴
	调心滚子轴承 2	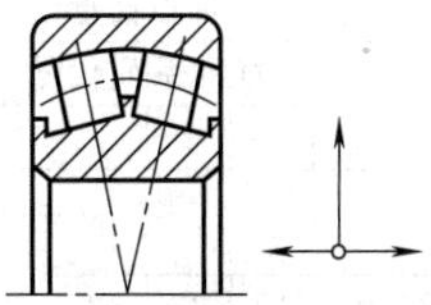	用于承受径向载荷，其承载能力比相同尺寸的调心轴承大一倍。也能承受不大的轴向载荷 具有与调心球轴承相同的调心特性
	滚针轴承 NA	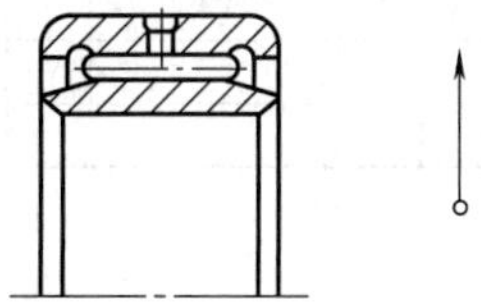	受径向载荷能力很大，但完全不能承受轴向载荷 一般无保持架，适用于径向载荷很大，而径向尺寸又受限制的地方
向心角接触轴承	角接触球轴承 7	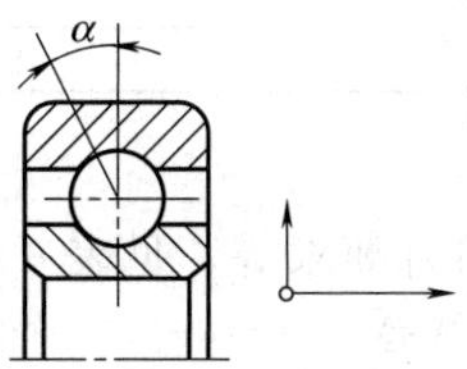	用于同时承受中等的径向载荷和一个方向的轴向载荷 球和外圈接触角 α 有 $15°、25°、40°$ 三种，α 角越大，承受轴向载荷的能力越大 通常成对使用，一般应对反向安装以承受两个方向的轴向载荷，内外圈轴线相对偏斜允许为 $2'\sim10'$
	圆锥滚子轴承 3	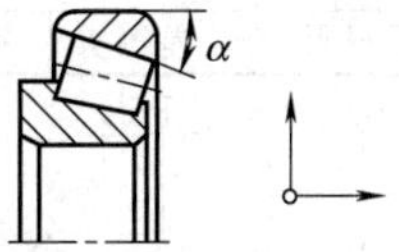	与角接触式轴承性能相似，但承载能力较大 锥面的 α 角有 $15°、25°$ 两种，内外圈也分别安装。内外圈轴线偏斜允许 $<2'$
轴向接触轴承	单向推力球轴承 5	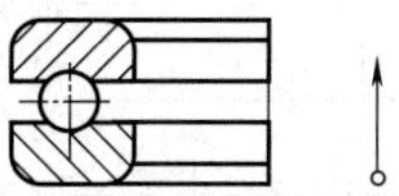	用于承受纯轴向载荷（单向） 两个圈的内孔不一样大，一个与轴配合，另一个与轴有间隙 高速时离心力大，不适用于高速

（3）滚动轴承代号

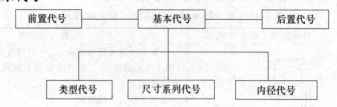

1）前置代号

表示成套轴承的分布体，见表 6-16。

表 6-16　前置代号

代号	含　义	代号	含　义
F	凸缘外圈的向心轴承	L	可分离轴承的可分离内圈或外圈
R	不带可分离内圈或外圈的轴承	K	滚子和保持架组件

2）基本代号

① 类型代号　见表 6-15。

② 尺寸系列代号　是由轴承的宽（高）度系列代号和直径系列代号组合而成的。对于同一内径轴承，为了适应不同承载能力、转速或结构尺寸的需要，要用不同大小的滚动体、外径和宽度（对推力轴承则为高度），见表 6-17。

表 6-17　轴承的尺寸系列代号

直径系列代号	向心轴承								推力轴承				直径系列代号	向心轴承								推力轴承			
	宽度系列代号								高度系列代号					宽度系列代号								高度系列代号			
	8	0	1	2	3	4	5	6	7	9	1	2		8	0	1	2	3	4	5	6	7	9	1	2
	尺寸系列代号													尺寸系列代号											
7			17		37								2	82	02	12	22	32	42	52	62	72	92	12	22
8		08	18	28	38	48	58	68					3	83	03	13	23	33				73	93	13	33
9		09	19	29	39	49	59	69					4		04		24					74	94	14	24
0		00	10	20	30	40	50	60	70	90	10		5										95		
1		01	11	21	31	41	51	61	71	91	11														

③ 内径代号　见表 6-18。

表 6-18　内径代号

内径代号	00	01	02	03	04～96
轴承内径/mm	10	12	15	17	内径代号×5

3）后置代号

用字母和数字表示轴承的结构、公差及材料的特殊要求等，见表 6-19。

表 6-19　常见后置代号

1	2	3	4	5	6	7	8
内部结构	密封与防尘套圈类型	保持架及其材料	轴承材料	公差等级	游隙	配置	其他

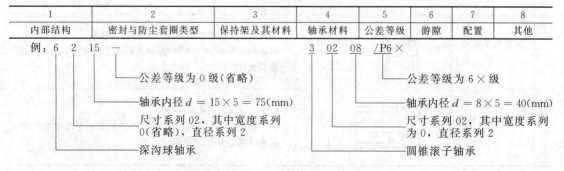

（4）滚动轴承固定

① 滚动轴承轴向外圈固定，见表 6-20。

表 6-20　滚动轴承轴向外圈固定

名称	固定方式	简图	特点
端盖固定	利用端盖窄断面 A，顶住轴承外圈端面	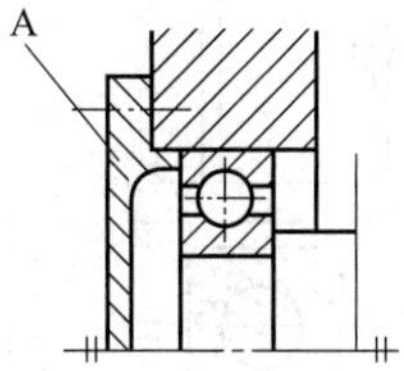	结构简单，紧固可靠，调整方便
弹性挡圈固定	用弹性挡圈嵌在箱体槽中，以固定轴承外圈	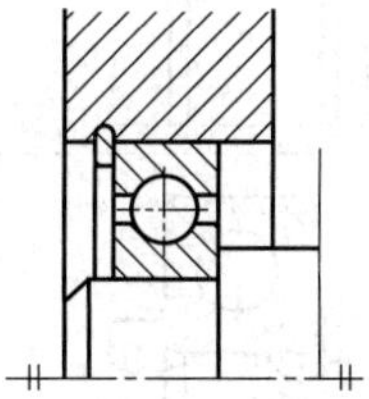	结构简单，装拆方便，占用空间小，多用于向心轴承，能承受较小的轴向载荷
箱体挡肩固定	用箱体上的挡肩 A，固定轴承外圈一端	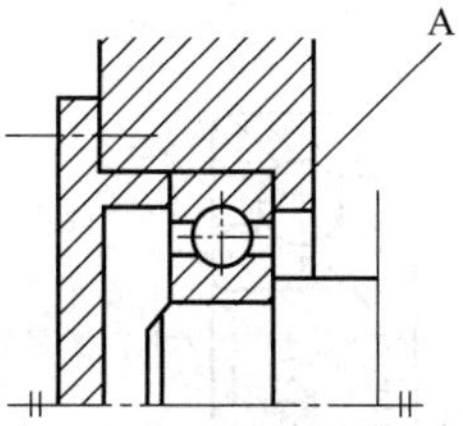	结构简单，工作可靠，箱体加工较为复杂
套筒挡肩固定	用套筒上的挡肩和轴承端盖双向定位	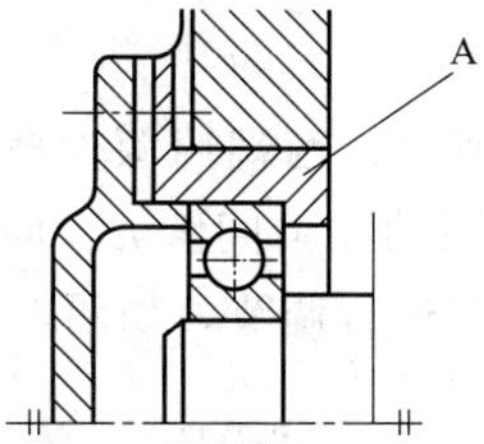	结构简单，箱体可不通孔，易加工，用垫片可调整轴系的轴向位置，装配工艺性好。但增加了一个加工精度要求较高的套筒零件
调节压盖固定	外圈用调节压盖和螺钉轴向固定	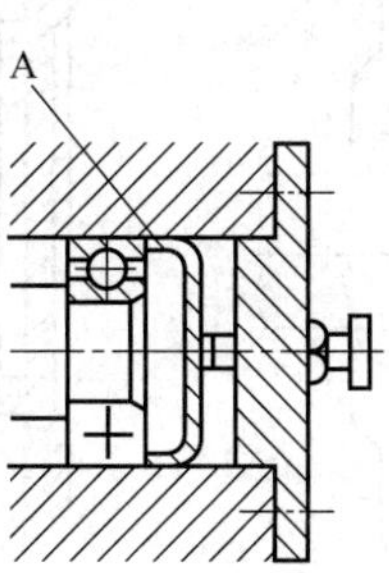	便于调节轴承游隙，用于角接触轴承的轴向固定和调节

② 滚动轴承轴向内圈固定，见表 6-21。

表 6-21　滚动轴承轴向内圈固定

名称	固定方式	简　图	特　点
轴肩固定	内圈靠轴肩单向固定		结构简单，装拆方便
弹性挡圈固定	用弹性挡圈与轴肩对轴承双向定位		结构简单，但弹性挡圈承受轴向载荷的能力较小，不宜高速
圆螺母固定	用圆螺母与止动垫圈固定		用于轴向载荷大且转速高的场合
轴端压板固定	用轴端压板和螺钉固定		允许较高转速，轴承受中等轴向载荷

（5）滚动轴承支承

① 两端固定式　如图 6-82（a）所示，两端用深沟球轴承支承。轴承靠端盖轴向固定，通过调整垫片，调整轴承盖与轴承外圈的预留间隙 a。向心轴承 $a \approx 0.2 \sim 0.3$mm；向心角接触轴承的预留间隙依赖轴承内部游隙进行调节，如图 6-82（b）所示。

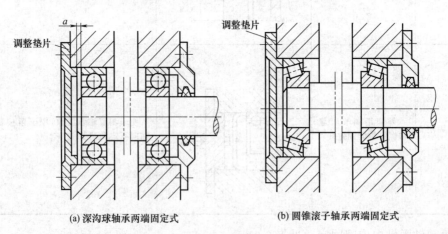

(a) 深沟球轴承两端固定式　　　　(b) 圆锥滚子轴承两端固定式

图 6-82　两端固定式

② 一端固定、一端游动 当轴的支撑点跨距较大或工作温升较高时，多采用一端固定、一端游动支承。固定端能承受双向轴向载荷；当轴受热膨胀伸长时，游动端能自由伸长和缩短，如图 6-83 所示。

6.3.3 轴承选择

6.3.3.1 轴承选择原则

（1）根据轴承载荷选择

① 根据载荷的大小选择轴承的类型 由于

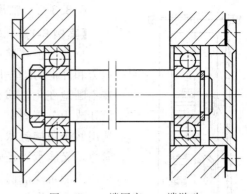

图 6-83 一端固定、一端游动

滚子轴承中主要元件是线接触，宜用于承受较大的载荷，承载后的变形也较小。而球轴承中则主要为点接触，宜用于承受较轻或中等的载荷，故在载荷较小时，可优先选用球轴承。

② 根据载荷方向选择轴承类型 对于纯轴向载荷，一般选用推力轴承。较小的纯轴向载荷可选用推力球轴承；较大的纯轴向载荷可选用推力滚子轴承。对于纯径向载荷一般选用深沟球轴承、圆柱滚子轴承或滚针轴承。当轴承在承受径向载荷的同时，还有不大的轴向载荷时，可选用深沟球轴承或接触角不大的角接触球轴承或圆锥滚子轴承，当轴向载荷较大时，可选用接触角较大的角接触球轴承或圆锥滚子轴承，或者选用向心轴承和推力轴承组合在一起的结构，分别承担径向载荷和轴向载荷。

（2）根据轴承转速选择

在一般转速下，转速的高低对类型的选择不产生什么影响，只有在转速较高时，才会有比较显著的影响。

① 球轴承与滚子轴承相比较，有较高的极限转速，故在高速时应优先选用球轴承。

② 在内径相同的情况下，外径越小，则滚动体就越小，运转时滚动体加在外圆滚道上的离心力就越小，因而也就适于在更高的转速下工作。故在高速时，宜选用相同内径而外径较小的轴承，或者考虑采用宽系列的轴承。外径较大的轴承，宜用于低速重载的场合。

③ 保持架的材料与结构对轴承转速的影响极大。实体保持架比冲压保持架允许高一些的转速，青铜实体保持架允许更高的转速。

④ 推力轴承的极限转速均很低。当工作转速高时，若轴向载荷不十分大，可以采用角接触球轴承承受纯轴向力。

⑤ 若工作转速略超过样本中规定的极限转速，可以选用较高公差等级的轴承，或者选用较大游隙的轴承，采用循环润滑或油雾润滑，加强对循环油的冷却等措施来改善轴承的高速性能。若工作转速超过极限转速较多，应选用特制的高速滚动轴承。

（3）根据轴承调心性能选择

支点跨距大，轴的变形大或多支点轴，宜采用调心轴承。调心轴承或带座外球面球轴承具有一定的调心作用。圆柱滚子轴承和滚针轴承对轴承的偏斜最为敏感，在偏斜状态下的承载能力可能低于球轴承，应尽量避免使用这类轴承。

（4）根据轴承安装和拆卸选择

在轴承座没有剖分面而必须沿轴向安装和拆卸轴承部件时，应优先选用内外圈可分离的轴承（如 N0000、NA0000、30000 等）。当轴承在长轴上安装时，为了便于装拆，可以选用其内圈孔为 1∶12 的圆锥孔（用以安装在紧定衬套上）的轴承。

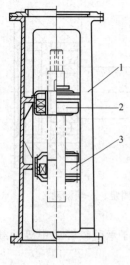

图 6-84　双支点机架
1—机架；2—上轴承；
3—下轴承

6.3.3.2　轴承应用案例

【案例 6-1】　　轴承应用案例 1

反应釜搅拌桨运转时要搅拌混合剪切罐体中的液体，必受到轴向力和径向力的作用，同时由于分阶段加入液体，所以这两种力又在不断地变化，那么对于立式轴的设计和轴承的选择，就由原来的设计改为上端固定、下端游动的设计，上端轴承如图 6-84 上轴承 2 选用两个角接触球轴承背对背安装。因为角接触球轴承既能承受轴向力，又能承受径向力，并且球轴承适应于高速，背对背安装时轴承的接触角线沿回转轴线方向扩散，可增加其径向和轴向的支承角度刚性抗变形能力最大；下端轴承如图 6-84 下轴承 3 选用内外圈可分离的圆柱滚子轴承，主要承受径向力。内圈游动释放在运转时发热形变产生的应力。

【案例 6-2】　　轴承应用案例 2

离心泵泵轴的作用是支持叶轮等回转件，带动叶轮在确定的工作位置作高速旋转并传递驱动功率的元件。离心泵的轴在工作时以一定的转速作旋转运动，承受较大的弯矩和转矩。轴要有足够的强度和几何精度，将对密封性能的不良影响减到最小限度，最大限度地减少磨损和擦伤的危险性。离心泵的推力轴承有滚动轴承和滑动轴承两类。其中滚动轴承有单向推力球轴承、双向推力球轴承、推力短圆柱滚子轴承、推力圆锥滚子轴承等，角接触轴承也可承受轴向载荷。推力滑动轴承有实心式、单环式、空心式、多环式等固定的推力轴承和可倾扇面推力轴承。轴承衬用的材料有铸铁、巴氏合金、铜合金、铝合金、陶质金属和非金属材料。

6.4　联轴器与离合器

联轴器和离合器都是用来连接轴与轴而传递运动和转矩，有时也可作为一种安全装置用来防止被连接件承受过大的载荷，起到过载保护作用。用联轴器连接两轴时，只有在机器停止运转后才能使两轴分离；离合器在机器运转时可使两轴随时接合和分离。

（1）联轴器

1）套筒联轴器

如图 6-85 所示，套筒联轴器由套筒和连接零件（销钉或键）组成，属于刚性联轴器。特点：构造简单，径向尺寸小，要求两轴安装精度高。多用于两轴对中严格、低速轻载场合。

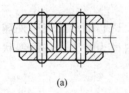　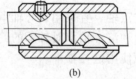　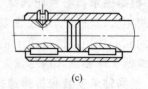

　　　　　（a）　　　　　　　　　　　（b）　　　　　　　　　　　（c）

图 6-85　套筒联轴器

2）凸缘联轴器

如图 6-86 所示，凸缘联轴器属于刚性联轴器，它是由两个带毂的圆盘组成凸缘，两个凸缘用键分别装在两轴端，用螺栓将两个半联轴器连成一体，以传递运动和转矩。特点：结构简单，制造方便，能传递较大的扭矩。但传递载荷时不能缓和冲击和吸收振动，安装要求高。

图 6-86（a）为普通凸缘联轴器，靠铰制孔用螺栓来实现两轴对中。螺栓杆与钉孔为过渡配合，靠螺栓杆承受挤压与剪切来传递转矩。图 6-86（b）靠一个半联轴器上的凸肩和另一个半联轴器上的凹槽配合而对中。螺栓杆与钉孔壁间存在间隙。转矩靠半联轴器接合面的摩擦力矩来传递。

对于化工设备中立轴上常用的凸缘联轴器是凸缘依靠轴端锥面和圆螺母在轴上作轴向固定，依靠键及螺栓来传递扭矩。如图 6-87 所示。

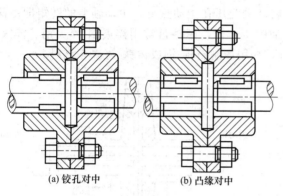

图 6-86　凸缘联轴器

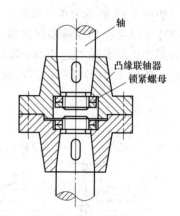

图 6-87　立轴凸缘联轴器

3）弹性联轴器

① 弹性套柱销联轴器　如图 6-88（a）所示，弹性套柱销联轴器的构造与凸缘联轴器相似，只是用套有弹性套的柱销代替了连接螺栓。因为通过弹性套传递转矩，故可缓冲减振。这种联轴器结构简单，但弹性套易磨损，用于冲击载荷小、启动频繁的中、小功率传动中。

② 弹性柱销联轴器　如图 6-88（b）所示，弹性柱销联轴器与弹性套柱销联轴器很相似，不同的是用弹性柱销（通常用尼龙制成）将两半联轴器连接起来。为了防止柱销脱落，在半联轴器的往外侧，用螺钉固定了挡板。这种联轴器的制造、装配及维护都很简便，且寿命长，可代替弹性套柱销联轴器，但外廓尺寸较大。

另外，万向联轴器、十字滑块联轴器都属于无弹性元件挠性联轴器。

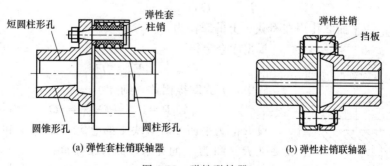

（a) 弹性套柱销联轴器　　　　（b) 弹性柱销联轴器

图 6-88　弹性联轴器

（2）离合器

① 牙嵌式离合器　牙嵌式离合器的结构如图 6-89 所示，它是由两个端面带牙的半离合

器组成。主动半离合器用平键与主动轴连接，从动半离合器用导向键（或花键）与从动轴连接。主动半离合器上安装有对中环，以保证两个半离合器对中。操纵时，通过操纵杆移动滑环，使两个半离合器的牙嵌入（接合）或分开（分离）。牙嵌式离合器是借牙的相互嵌合来传递运动和转矩的。

牙嵌式离合器结构简单，外廓尺寸小，但接合时有冲击，转速差愈大冲击愈严重。为减小齿间冲击、延长齿的寿命，牙嵌式离合器应在两轴静止或转速差很小时接合或分离。

②　摩擦离合器　　摩擦离合器是靠摩擦盘接触面间产生的摩擦力来传递转矩的。摩擦式离合器可在任何转速下实现两轴的接合或分离；接合过程平稳，冲击振动较小；有过载保护作用。但尺寸较大，在接合或分离过程中要产生滑动摩擦，故发热量大，磨损较大。

如图 6-90 所示为单片摩擦离合器的工作原理。在主动轴和从动轴上分别安装了摩擦盘，操纵环可以使摩擦盘沿轴向移动。接合时将从动盘压在主动盘上，主动轴上的转矩即由两盘接触间产生的摩擦力矩传到从动轴上。在油中工作时，摩擦盘常用淬火钢-淬火钢、淬火钢-青铜、铸铁-铸铁等材料；不在油中工作时，常用压制石棉-钢或铸铁-铸铁等材料。

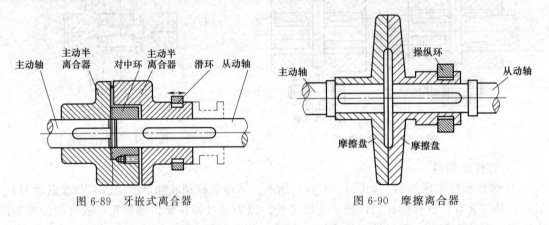

图 6-89　牙嵌式离合器　　　　　　　　　　图 6-90　摩擦离合器

6.5　摩擦

（1）运动副中的摩擦

①　平面摩擦　　如图 6-91 所示，滑块在水平力 P 作用下等量向右移动，则由平衡得

$$N_{21}=-Q,\ F_{21}=-P \tag{6-115}$$

式中，F_{21} 为平面 2 作用在滑块 1 上的摩擦力。

根据库仑定律

$$F_{21}=fN_{21} \tag{6-116}$$

式中，f 为摩擦因数。则

$$P=F_{21}=fN_{21}=fQ \tag{6-117}$$

设 R_{21} 为平面 2 对滑块 1 的总力，即 N_{21} 和 F_{21} 的合力，其 ϕ 为 R_{21} 和 N_{21} 的夹角，称为摩擦角。

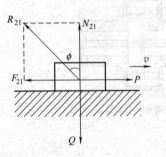

图 6-91　平面摩擦

$$\tan\phi=\frac{F_{21}}{N_{21}}=\frac{fN_{21}}{N_{21}}=f \tag{6-118}$$

②　斜面摩擦　　如图 6-92（a）所示滑块沿斜面 2 等速上行。

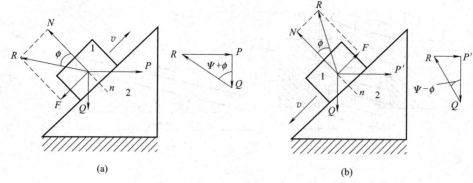

图 6-92 斜面摩擦

则
$$P+R+Q=0$$
$$P=Q\tan(\Psi+\phi) \tag{6-119}$$

如图 6-92（b）所示，滑块 1 沿斜面 2 等速下滑，则
$$P'+R+Q=0$$
$$P'=Q\tan(\Psi-\phi) \tag{6-120}$$

③ 槽面摩擦　如图 6-93 所示，滑块 1 在 P 推动下沿槽面 2 等速向右运动。

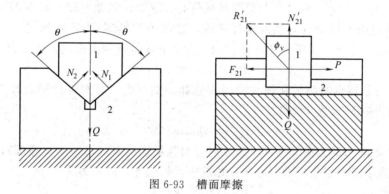

图 6-93 槽面摩擦

则
$$F_{21}=fN_{21}, P=2F_{21}=2fN_{21} \tag{6-121}$$
根据垂直方向的平衡
$$Q=2N_{21}\sin\theta \tag{6-122}$$
则
$$P=2F_{21}=2fN_{21}=f\frac{Q}{\sin\theta}=f_{v}Q \tag{6-123}$$

式中，$f_{v}=\dfrac{f}{\sin\theta}$ 称为当量摩擦因数，相应地，$\phi_{v}=\arctan f_{v}$ 称为当量摩擦角。

引入当量摩擦因数的意义：可认为具有夹角为 2θ、摩擦因数为 f 的槽面摩擦，与摩擦因数为 $f_{v}=\dfrac{f}{\sin\theta}$ 的平面摩擦相当。

（2）螺旋副中的摩擦

① 矩形螺纹螺旋副中的摩擦　如图 6-94 所示。其中 2 为螺杆，1 为螺母。通常在研究螺旋副的摩擦时都假定螺母与螺杆间的作用力系集中作用在其中径 d_2 的圆柱面上。因螺杆的螺纹可以设想是由斜面卷绕在圆柱体上形成的。因此，如将螺杆沿中径 d_2 的圆柱面展开，则其螺纹将展成一个斜面，该斜面的升角 Ψ 即为螺杆在其中径 d_2 上的螺纹的导程角，于是得

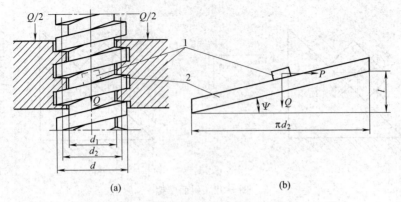

图 6-94　矩形螺纹螺旋副中的摩擦

$$\tan\Psi = \frac{l}{\pi}d_2 = \frac{ZP}{\pi}d_2 \tag{6-124}$$

式中，l 为螺纹的导程；Z 为螺纹头数；P 为螺距。

同时，再假定螺母与螺杆间的作用力系集中作用在一小段螺纹上，这样就把对螺旋副中摩擦的研究，简化为对滑块与斜平面的摩擦来研究了。

如图 6-94（a）所示，螺母 2 上受轴向载荷 Q，现如在螺母上加一力矩 M，使螺母旋转并逆着 Q 力等速向上运动（对螺纹连接来说，这时为拧紧螺母），则如图 6-94（b）所示，就相当于在滑块 1 上加一水平力 P，使滑块 1 沿着斜面等速向上滑动。于是得

$$P = Q\tan(\Psi + \phi) \tag{6-125}$$

P 相当于拧紧螺母时必须在螺纹中径处施加的圆周力，其对螺杆轴心线之矩即为拧紧螺母时所需的力矩 M，故

$$M = Pd_2/2 = Qd_2\tan(\Psi + \phi)/2 \tag{6-126}$$

当螺母顺着 Q 力的方向等速向下运动时（对螺纹连接来说，即放松螺母），相当于滑块 1 沿着斜面等速下滑，于是可求得必须在螺纹中径处施加的画周力为

$$P' = Q\tan(\Psi - \phi) \tag{6-127}$$

而放松螺母所需的力矩为

$$M' = P'd_2/2 = Qd_2\tan(\Psi - \phi)/2 \tag{6-128}$$

应当注意，当 $\Psi > \phi$ 时，M 为正值，其方向与螺母运动的方向相反，所以是一阻抗力矩。它的作用是阻止螺母的加速松退。$\Psi < \phi$ 时，M' 为负值，其方向和预先假定的方向相反，即与螺母运动方向相同，所以这时 M 将是放松螺母所需外加驱动力矩。

② 三角形螺纹螺旋副中的摩擦　对于矩形螺纹：如图 6-95（a）所示，在忽略螺纹升角的条件下，矩形螺纹上各个点所受的正压力 ΔN 均铅直向上。于是，根据力的平衡条件，整个螺纹上的各点所受正压力的总和

$$\sum\Delta N = Q \tag{6-129}$$

对于三角形螺纹：如图 6-95（b）所示，三角螺纹上的各点所受的正压力 ΔN_Δ 均与铅直方向成一夹角 β，而各点正压力在铅垂方向上的分量为 $\Delta N_\Delta\cos\beta$。于是由力的平衡条件得

$$\sum\Delta N_\Delta\cos\beta = Q \tag{6-130}$$

所以两者比较，在其他参数完全相同的条件下

$$\sum\Delta N_\Delta = \frac{\sum\Delta N}{\cos\beta} \tag{6-131}$$

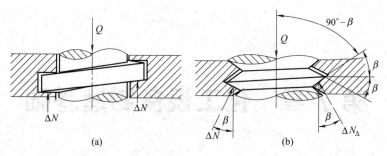

图 6-95 三角形螺纹螺旋副中的摩擦

式中，β 为三角形的牙型半角。由于正压力不同，所以两者螺纹间产生的摩擦力不同。但是根据当量摩擦的概念，只要引入当量摩擦因数和当量摩擦角，则关于矩形螺纹螺旋副的计算式便适用于三角形螺纹螺旋副。设三角形的槽形半角为 $90°\sim\beta$（β 为螺纹工作面的牙型斜角），则其当量摩擦因数为 $f_v=\dfrac{f}{\sin(90°-\beta)}=\dfrac{f}{\cos\beta}$，当量摩擦角为 $\phi_v=\arctan f_v$ 得三角形螺纹副在拧紧和放松螺母时所需的力矩分别为

$$M=\frac{d_2 Q\tan(\Psi+\phi_v)}{2} \tag{6-132}$$

$$M=\frac{d_2 Q\tan(\Psi-\phi_v)}{2} \tag{6-133}$$

习题与简解

扫描二维码获取

第 7 章　化工设备制造基础

化工设备主要是指部件是静止的机械，诸如塔设备、容器和反应器等。本章概括性地介绍了化工设备的制造及组装过程，叙述了毛坯制造的主要工艺、零件机械加工的常见方法和化工设备的装配过程等。通过列举化工设备制造过程中常用零部件及其简图，并结合相关零部件的主要制造工艺和加工工序将化工设备制造基础知识进行了合理的阐述，便于读者查阅和掌握。

同时，本章还详细介绍了机械加工工艺基础，主要包括切削加工及其加工三要素、切削加工方法等；压力加工工艺基础，阐述了冷加工、热加工、自由锻和冲压等工艺过程，详细说明了各工艺的特点。

另外，本章还以压力容器筒体制作、封头成型和管箱加工等典型化工设备零部件的制造为例，叙述了典型零部件的制造过程。以换热器的制造和装配过程为例，结合固定管板式换热器结构简图和制造流程简图，详述了典型化工设备制造及组装过程。

具体内容详见本书配套数字资源。

微信扫描二维码
获取详细内容

第8章 焊接结构与检测

一般来讲焊接是将被焊金属局部迅速加热熔化形成熔池，熔池金属由于热流的快速向前移动，随即冷却凝固形成焊缝而使被焊金属连接起来的一种热加工方法。在由母材和填充金属（焊条、焊丝）熔化形成的高温液态熔池中，液态金属内部以及其与周围介质发生着一系列的激烈物理过程和化学反应。

钢制压力容器是一种典型的、重要的焊接结构。用于制造压力容器受压元件的焊接材料，应当保证焊缝金属的力学性能高于或等于母材规定的限值。

8.1 焊接

8.1.1 常用的焊接方法

焊接是两种或两种以上的材料（同种或异种），在加热或加压（或并用）的状态下，通过原子或分子之间的结合和扩散，形成永久性连接的加工工艺过程。

按照焊接过程中金属所处的状态不同，可以把焊接方法分为熔化焊、固相焊和钎焊三类。其中常用焊接方法的原理及用途列于表 8-1。

表 8-1 常用焊接方法的原理与用途

焊接方法	原 理	用 途
手工电弧焊	利用电弧热量熔化焊条和母材，形成焊缝的一种焊接方法	应用范围广泛，可焊接各种位置
电渣焊	利用电流通过熔渣产生的电阻热来熔化金属，加热范围大，对大厚度焊件能一次焊成	适用于大型和较大厚度工件的焊接
气体保护焊	采用氩气、氦气、二氧化碳和氢气等保护焊接熔池，使之与空气隔绝的焊接方法	适用于合金钢、铜、铝、钛等有色金属的焊接
埋弧焊	电弧在焊剂层下燃烧，焊缝成型美观，质量好	适用于长焊缝、深厚焊缝的焊接，生产率高
等离子焊	气体在电弧内电离后再经热收缩效应和磁收缩效应产生能量密度大的高温热源	适用于不锈钢、耐热钢、高强钢及有色金属的焊接

8.1.2 焊接接头

焊接接头三要素包括接头形式、坡口形式及焊缝形式。

8.1.2.1　常用焊接接头的基本形式

根据不同的焊接结构形式、结构及零件的几何形状与尺寸、结构装配、焊接方法、焊接位置、焊接条件及技术条件等的要求，有不同的焊接接头形式。常用的焊接接头形式有对接接头、T（十字）形接头、角接接头、搭接接头、端接接头、套接接头、斜对接接头、卷边接头和锁底对接接头等。熔化焊焊接接头的基本形式有对接接头、角接接头、T（十字）形接头和搭接接头四种，如图 8-1 所示。

(a) 对接接头　　　　(b) 角接接头　　　　(c) T形接头　　　　(d) 搭接接头

图 8-1　焊接接头结构

（1）对接接头

对接接头主要用于在同一平面中的板形件的连接。工程中也将两焊件表面构成的夹角在 $135°\sim180°$ 范围内的接头均称为对接接头。与其他接头形式比，是传递力效率最高的一种接头形式，也不需要连接板等附加材料，从力学和制造成本的角度看是比较理想的焊接接头形式。但是对接接头对连接板边缘的加工和装配要求较高。常见的对接接头其焊缝方向与载荷方向垂直，也有与载荷方向成斜角的斜缝对接接头，这种斜缝对接接头的焊缝承受较低的正应力。

对接接头又可按照是否开坡口、不同的坡口形式、有无垫板等分为多种不同形式。

（2）角接接头

两焊件端部间夹角在 $30°\sim135°$ 范围内的接头称为角接接头。这种接头受力状况不太好，形成焊缝后，结构不连续，承载后受力状态不如对接接头，应力集中比较严重，且焊接质量也不容易得到保证，常用于不重要的特殊部位：接管、法兰、夹套、管板和凸缘的焊接等。根据焊件的厚度不同，其坡口可分为 I 形、带钝边 J 形、带钝边双单边 V 形及 K 形等形式。

（3）T（十字）形接头

T（十字）形接头是将一侧焊件的端面与另一焊件端面构成直角或接近直角的焊接接头，如图 8-1（c）所示。T（十字）形接头是电弧焊接头的典型形式之一，可承受多个方向的力和力矩。T（十字）形接头根据是否开坡口以及不同的坡口形式等可分为多种类型。T（十字）形接头应尽量避免采用单面角焊缝，因这种接头根部易产生很深的缺口。对于较厚的板，可采用开不同坡口，并根据受力情况决定是否需要焊透。

（4）搭接接头

两焊件部分重叠构成的接头称为搭接接头。由于搭接接头的应力分布不均匀，疲劳强度较低，其力学性能不理想，搭接接头主要用于工作条件良好、不太重要的构件中。但由于搭接接头的焊前准备和装配工作比对接接头简单得多，其横向收缩变形量也比对接接头小，所以在焊接结构中广泛应用，例如，大型储罐的底板拼接大多采用搭接接头。

搭接接头有多种形式，如开槽焊、塞焊（也称电铆焊）和锯齿缝搭接等。

除上述接头形式外，熔化焊还有特殊形式的接头，如管接头、球形接头和铸造接头等；电阻焊接头有对接接头、点接接头和焊缝接头；对于不同的特种焊，有电渣焊接头、摩擦焊接头、冷压焊接头、电子束焊接头和钎焊接头。

8.1.2.2　焊接接头的坡口形式

为保证焊接接头的焊接质量，根据实施焊接工艺的需要，经常将接头的熔化面加工成各种形状的坡口。图 8-2 是坡口的五种基本形式，根据这五种基本形式可以组合成多种组合形坡口，如图 8-3 所示。

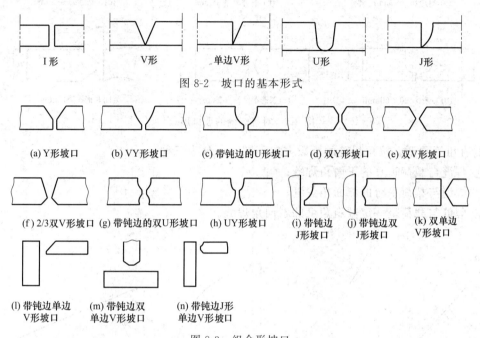

　　　I 形　　　　　　V 形　　　　　单边 V 形　　　　　U 形　　　　　　J 形

图 8-2　坡口的基本形式

(a) Y 形坡口　　(b) VY 形坡口　　(c) 带钝边的 U 形坡口　　(d) 双 Y 形坡口　　(e) 双 V 形坡口

(f) 2/3 双 V 形坡口　(g) 带钝边的双 U 形坡口　(h) UY 形坡口　(i) 带钝边 J 形坡口　(j) 带钝边双 J 形坡口　(k) 双单边 V 形坡口

(l) 带钝边单边 V 形坡口　　(m) 带钝边双单边 V 形坡口　　(n) 带钝边 J 形单边 V 形坡口

图 8-3　组合形坡口

8.1.2.3　焊缝的基本形式

焊缝是构成焊接接头的主体部分。焊缝的基本形式主要有对接焊缝和角焊缝两种。

（1）对接焊缝

对接焊缝的焊接边缘有卷边、平对或加工成 V 形坡口、X 形坡口、K 形和 U 形坡口等多种形式，如图 8-4 所示。对接焊缝开坡口的主要作用是保证接头的质量和经济性。坡口形式的选择主要依据板材的厚度、焊接方法和工艺过程，应重点考虑以下几方面。

① 可焊到性　是选择坡口形式的重要条件之一，首先应根据构件是否能翻转、翻转的难易程度以及内外两侧的焊接条件来确定是否能采用双面施焊的 X 形或 K 形坡口。对于不能翻转、内径较小的容器、转子等对接焊缝，为避免大量的仰焊和对于不能或不便从内侧施焊的焊件，应采用 V 形或 U 形坡口。

② 焊材的消耗量　相同厚度的焊接接头，采用 X 形坡口比 V 形坡口能节省较多的焊接材料，同时也节省电能和工时，工件的厚度越大相应节约的材料越多。

③ 坡口的加工　V 形和 X 形坡口可采用气割或等离子切割，亦可采用机械切削加工。但 U 形和双 U 形坡口，一般需要刨边机加工。

④ 焊接变形与应力　选用不适当的坡口形式有可能产生较大的焊接变形和应力。而合理地选择坡口形式和焊接工艺规范，则可能有效地减小焊接变形和应力。

（2）角焊缝

角焊缝的横截面一般呈三角形，实际应用中可根据两直角（或近似直角）边长度（也称焊脚尺寸 K）和焊缝截面形状不同分为四种，如图 8-5 所示，其中应用最多的是图 8-5（a）

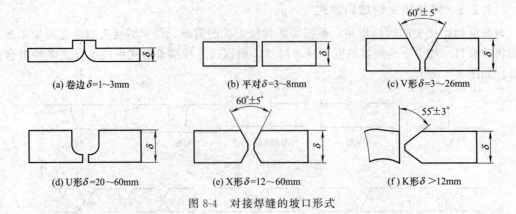

(a) 卷边 $\delta=1\sim3mm$　　(b) 平对 $\delta=3\sim8mm$　　(c) V形 $\delta=3\sim26mm$

(d) U形 $\delta=20\sim60mm$　　(e) X形 $\delta=12\sim60mm$　　(f) K形 $\delta>12mm$

图 8-4　对接焊缝的坡口形式

所示的直角等腰型。按角焊缝的承载方向不同，可分为三种：

①　焊缝与载荷垂直的正面角焊缝；

②　焊缝与载荷平行的侧面角焊缝；

③　焊缝与载荷呈一定倾斜角度的斜向角焊缝。

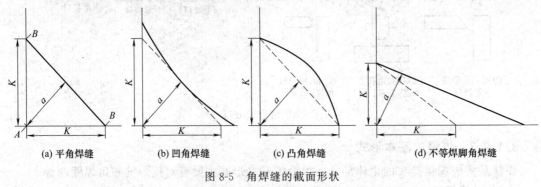

(a) 平角焊缝　　(b) 凹角焊缝　　(c) 凸角焊缝　　(d) 不等焊脚角焊缝

图 8-5　角焊缝的截面形状

A—角焊缝根部；B—角焊缝趾部

　　角焊缝是应用很广泛的焊缝，与对接焊缝相比，其力学性能具有许多特点。由于以角焊缝构成的各种接头其几何形状都有急剧变化，其力的传递方向和路线比对接焊缝复杂得多。由于角焊缝存在严重的结构形状和尺寸的不连续，应力集中现象比对接焊缝严重得多，尤其在角焊缝的根部和趾部［图 8-5（a）］存在严重的应力集中。工程设计和应用中为保证安全可靠性和计算简便，通常假定角焊缝是在平均切应力作用下断裂失效的，并假定其断裂面是在角焊缝截面的最小高度 a 处（图 8-5）。

（3）组合焊缝

　　它是由对接焊缝和角焊缝组合而成的焊缝，图 8-6（c）中的 1-1 和 2-2 两个熔化面及它们之间的焊缝金属属对接焊缝，而 1-2 和 2-3 两个熔化面及其三角形焊缝截面金属属角焊缝，两者组合在一起便是组合焊缝。

　　综合上述，便可全面描述如图 8-6 所示的焊接接头了。

　　图 8-6（a）的上图为对接接头、双 Y 形坡口、对接焊缝；图 8-6（a）的下图是角接接头、V 形坡口、对接焊缝。

　　图 8-6（b）的上图为搭接接头、（填）角焊缝；图 8-6（b）的下图是和 T 形接头、填角焊缝（均未开坡口）。

图 8-6（c）的上图为角接接头、带钝边的单边 V 形坡口、组合焊缝；图 8-6（c）的下图是 T 形接头、带钝边双单边 V 形坡口、组合焊缝。

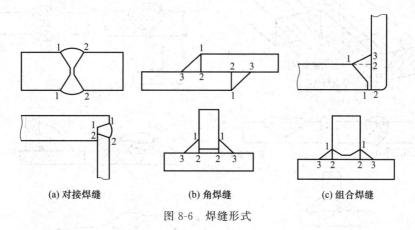

(a) 对接焊缝　　　　　(b) 角焊缝　　　　　(c) 组合焊缝

图 8-6　焊缝形式

8.1.3　焊缝缺陷

8.1.3.1　焊缝缺陷的分类

焊接接头缺陷有外部缺陷和内部缺陷两类。

（1）焊缝外部缺陷

焊缝外部缺陷是位于焊缝外表面的，可通过肉眼观察，借助样板、量规和放大镜等工具进行检验的。

① 焊缝截面不丰满　如图 8-7（a）所示。焊缝金属低于母材金属表面，减小了焊缝截面，焊缝强度降低。

② 余高过高　如图 8-7（b）所示。焊缝金属高于母材金属表面，应力集中系数较大。

③ 焊瘤　如图 8-7（c）所示。焊缝边缘上有未与母材金属熔合而堆积的金属。有未焊透的地方，降低焊缝强度。

④ 咬边　如图 8-7（d）所示。焊缝与母材交界处产生凹陷，应力状态不好。

⑤ 表面气孔和表面裂纹。

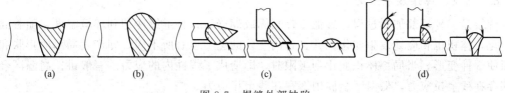

(a)　　　　　(b)　　　　　(c)　　　　　(d)

图 8-7　焊缝外部缺陷

（2）焊接内部缺陷

焊缝内部缺陷位于焊缝内部，可通过射线或超声波探伤来发现。

① 气孔　如图 8-8（a）所示，焊接时，熔池中的气泡在凝固时未能逸出而残留下来所形成的空穴。

② 未焊透　如图 8-8（b）所示，焊接时，母材金属之间应该熔合而未焊上的部分，未焊透造成的应力集中较大，往往从其末端产生裂纹。

③ 未熔合　如图 8-8（c）所示，在焊缝金属和母材之间或焊道金属与焊道金属之间未

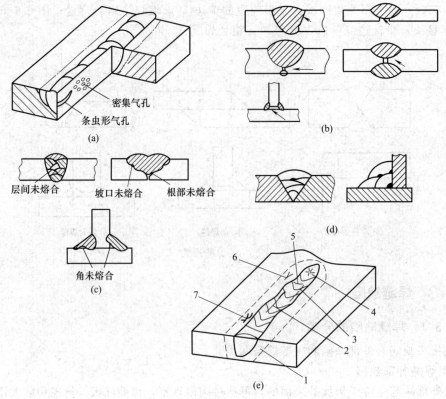

图 8-8　焊缝各种缺陷

1—热影响区；2—纵向裂纹；3—间断裂纹；4—弧坑裂纹；5—横向裂纹；6—枝状裂纹；7—放射状裂纹

完全熔化结合的部分，往往未熔合区末端产生微裂纹。

④ 夹渣　如图 8-8（d）所示，焊后残留在焊缝中的非金属熔渣，当混入细微的非金属夹杂物时，在焊缝金属凝固过程中可能产生微裂纹或孔洞。

⑤ 裂纹　如图 8-8（e）所示，焊接裂纹是金属在焊接应力及其他致脆因素共同作用下，焊接接头中局部地区金属原子结合力遭到破坏而形成的新界面所产生的缝隙，是焊接结构中最危险的缺陷，一般包括焊缝金属裂纹和热影响区裂纹。

8.1.3.2　焊接残余应力

焊接是一种局部加热过程，熔池冷却凝固成焊缝后，将继续冷却到环境温度，随着温度的变化，体积也相应地发生变化，并且各向变化的速度也有所不同，即产生局部的膨胀和收缩而使焊件变形，当局部体积变化到极限时，即造成了焊件内的应力。一般讲，高温区金属内部存在残余拉应力，低温区金属内部存在残余压应力。

降低焊接应力的措施包括设计和工艺两个方面。

（1）设计方面

设计方面的核心是正确布置焊缝，以避免应力叠加，降低应力峰值。如图 8-9 所示。

① 焊缝彼此尽量分散并避免交叉，以免出现三向复杂应力。

② 避免在断面剧烈过渡区设置焊缝。

③ 焊缝应尽量分布在结构应力最简单、最小处，这样，即使焊缝有缺陷也不致对结构承载能力带来严重影响。

④ 对卧式容器环焊缝应尽量位于支座以外。

⑤ 改进结构设计，降低局部焊件刚性，减小焊接应力。

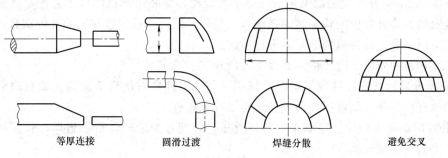

等厚连接　　　圆滑过渡　　　焊缝分散　　　避免交叉

图 8-9　减小焊缝应力设计方面措施

（2）工艺措施

① 采用合理的焊接顺序。基本原则是：让大多数焊缝在刚性较小的情况下施焊，以便都能自由收缩而降低焊接应力；收缩量最大的焊缝先焊；当对接平面上带有交叉焊缝时，应采用保证交叉点部位不易于产生裂纹的焊接顺序。

② 缩小焊接区与结构整体之间的温差。办法有：整体预热，采用低线能量，间接施焊等。

③ 锤击焊缝。在每道焊缝的冷却过程中，用圆头小锤锤击焊缝，使焊缝金属受到锤击减薄而向四周延展，补偿焊缝的一部分收缩，从而减小焊接应力与变形。

④ 热处理消除焊接残余应力。焊后热处理是利用材料在高温下屈服极限降低，使应力高的地方产生塑性流动，在高温过程中，由于蠕变现象（高温松弛），焊接残余应力得以充分松弛、降低，从而达到消除焊接应力的目的。一般采用消除应力退火，方法如下。

a. 炉内整体热处理　焊后热处理在条件允许的情况下应当优先采用炉内整体加热处理的方法，其优点是被处理的焊接构件、容器温度均匀，比较容易控制，因而对残余应力消除和焊接接头性能的改善都较为有效，并且热损失少。但需要有较大的加热炉，投资比较大。

b. 炉内分段加热处理　当被处理的焊接构件、容器等装备体积较大，不能整体进炉时，或者装备上局部区域不宜加热处理，否则会引起有害影响时，可以在加热炉内分段或局部热处理。

例如，B、C、D 类焊接接头，球形封头与圆筒相连的 A 类焊接接头以及缺陷补焊部位，允许采用局部热处理方法。

c. 炉外加热处理　当被处理的装备过大，或由于其他各种原因不能进行炉内热处理时，只能在炉外进行热处理。炉外加热的方法有工频感应加热法、电阻加热法、红外线加热法、内部燃烧加热法。

8.1.3.3　焊接缺陷的清除和修补

在压力容器的焊接接头中，经外观检查和无损探伤发现的超容限尺寸的缺陷，必须全部清除，并采用合理的补焊工艺进行修补。

焊缝中的外表缺陷，如气孔、裂纹和弧坑等可采用风动或电动砂轮及电弧气刨加以清除。内部缺陷则可用风铲、钻孔、铁削、碳弧气刨和圆片砂轮打磨等方法清除，并将修补区底部加工成圆滑过渡。

当采用碳弧气刨清除焊接缺陷时，必须注意使用干燥的压缩空气。电弧气刨低合金钢焊缝的缺陷时，应将焊件预热，预热温度应比常规焊接预热温度高约 50℃。碳弧气刨一般采用镀铜碳棒，气刨的表面不可避免会产生渗铜和渗碳，气刨后应用砂轮修磨，去除渗铜、渗碳层。不规则气刨表面应修磨平整和圆滑过渡。

焊接缺陷的修补通常采用焊条电弧焊。对于缺陷长度和深度相加总长超过焊件壁厚的 5 倍或超过 200mm 的补焊应编制专用的补焊工艺规程，并必须通过焊接工艺评定试验加以验证。焊接缺陷的修补应由经验丰富的熟练焊工担任。同一部位焊缝缺陷的补焊次数，对于低合金钢和不锈钢受压部件原则上不得超过两次。

为确保焊补的质量，应严格遵循以下各项规定：

① 必须准确地确定焊缝内部缺陷的部位，彻底清除所有的焊接缺陷。如对缺陷是否完全被消除掉有所怀疑，则可用各种无损探伤法补充检查；

② 补焊时必须采用按规定烘干的药皮焊条，焊前仔细清理，精心施焊，确保补焊焊缝中不再产生新的焊接缺陷；

③ 厚壁碳钢焊缝及低合金钢焊缝补焊时，焊补部位必须进行预热，加热温度应比常规焊接预热温度高 30～50℃。当补焊深度大于 50mm 时，补焊后应立即对补焊区作 200～250℃加热、保温 1h 左右后缓冷；

④ 退修部位容许作局部预热，预热区的宽度应大于焊件壁厚的 3 倍，且不小于 200mm，并保证内外壁均达到规定的预热温度；

⑤ 对于屈服强度大于 420MPa 的低合金钢厚壁容器，焊接深度超过 60mm，长度大于 200mm 的补焊区，焊后应立即作 350～400℃的消氢处理。对于高拘束度接头中的大面积补焊（补焊长度大于 300mm，补焊深度大于 50mm），如高压容器大直径厚壁接管焊缝的补焊，补焊后应立即作 600℃左右的中间热处理；

⑥ 按技术条件焊后要求作消除应力处理的压力容器，应在最终焊后热处理之前完成补焊工作。如在热处理之后才发现不容许的焊接缺陷，且必须进行补焊时，则补焊后容器应重新作焊后热处理。除非采用特殊的补焊工艺和超低碳的焊接材料；

⑦ 铬铝低合金耐热钢或屈服强度大于 420MPa 的低合金钢，如补焊次数超过两次，则焊件的壁厚无论多大，都必须作焊后热处理；

⑧ 补焊工作全部完成后，除对补焊处作射线或超声波探伤外，补焊表面应磨光作磁粉探伤，检查是否存在表面裂纹。

8.1.4　压力容器接头（焊缝）的分类

对容器上的焊缝，根据焊接接头形式，在容器中所处的位置和承受压力的重要程度等进行分类。其目的在于按分类确定不同等级的焊接要求、检验方法、合格标准等，以利于控制焊接接头质量。

容器受压元件之间的焊接接头分为 A、B、C、D 四类，如图 8-10 所示。

A 类焊接接头：圆筒部分（包括接管）和锥壳部分的纵向接头（多层包扎容器层板层纵向接头除外）、球形封头与圆筒连接的环向接头、各类凸形封头和平封头中的所有拼焊接头以及嵌入式的接管或凸缘与壳体对接连接的接头，均属 A 类焊接接头；

B 类焊接接头：壳体部分的环向接头、锥形封头小端与接管连接的接头、长颈法兰与壳体或接管连接的接头、平盖或管板与圆筒对接连接的接头以及接管间的对接环向接头，均属 B 类焊接接头，但已规定为 A 类的焊接接头除外；

C 类焊接接头：球冠形封头、平盖、管板与圆筒非对接连接的接头，法兰与壳体或接管连接的接头，内封头与圆筒的搭接接头以及多层包扎容器层板层纵向接头，均属 C 类焊接接头，但已规定为 A、B 类的焊接接头除外；

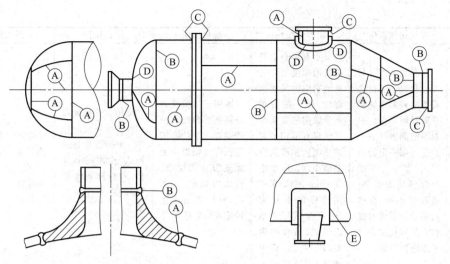

图 8-10　压力容器上的焊接接头分类

D 类焊接接头：接管（包括人孔圆筒）、凸缘、补强圈等与壳体连接的接头，均属 D 类焊接接头，但已规定为 A、B、C 类的焊接接头除外。

非受压元件与受压元件的连接接头为 E 类焊接接头，如图 8-10 所示。

8.2　焊接检测

焊接结构中一般都存在着缺陷，缺陷的存在将影响焊接接头的质量，而接头的质量又直接影响到焊接结构的安全使用，因而定性或定量的评定焊接结构的质量，使焊接检验达到预期的目的。

焊接接头的质量检验基本上可分为两大类，一类是破坏性检验，另一类是非破坏性检验。

焊接接头的非破坏性检验，亦称无损探伤，是采用各种物理手段检验焊接接头的致密性，而不破坏容器结构完整性的检验方法。目前，各种常用的无损探伤法可有效地探测焊接接头各种外表和内部缺陷，对控制压力容器的焊接质量具有重要的意义。

目前，在压力容器制造中常用的无损探伤方法有：目视检查、射线照相探伤（X 射线、γ 射线）、超声波探伤、磁粉探伤、渗透探伤、水压试验和泄漏检验等。每种无损探伤法都有其自身的特点和局限性。表 8-2 列出各种无损探伤方法的特点和适用范围。

表 8-2　各种无损探伤方法的特点和适用范围

探伤方法	射线照相探伤	超声波探伤	磁粉探伤	渗透探伤	涡流探伤
原理	利用电磁波穿透焊件的完好部位与缺陷部位剂量的差异，其程度与这两部分的材质、射线强度、透过方向和缺陷尺寸有关，从而形成缺陷影像	利用弹性波在缺陷部位产生反射或衍射的方法提取缺陷信号，其信号强度与波的类型、探伤频率、缺陷的尺寸、取向及其表面状态以及完好部位和缺陷部位的材质有关	焊缝经磁化后，利用缺陷部位的漏磁通可吸附磁粉而形成缺陷痕迹	利用毛细作用使喷涂在焊缝表面上的染色渗透液渗入缺陷内，清洗后施加显像剂可显示出缺陷的彩色痕迹	利用探头线圈内的高频电流在焊缝表面感应出涡流的效应。当表面或近表面存在缺陷时，流磁场产生变化而引起线圈输出特性参数的变化

续表

探伤方法	射线照相探伤	超声波探伤	磁粉探伤	渗透探伤	涡流探伤
特点	在底片上由完好部位与缺陷部位之间黑度差形成缺陷平面投影影像。一般不能测量缺陷的深度。在一定的范围内，基本上不受焊缝厚度的限制。检验成本高，检验周期长。射线对操作人员有伤害必须采取防护措施	显示器屏幕上缺陷波的幅度与位置反映缺陷的尺寸和深度，但一般较难测量缺陷的真实尺寸。只有采用衍射波法可较精确测得缺陷高度。厚度小于8mm时，要求采用特殊的检验方法，只需从焊缝单面检测，检验周期短，成本低。超声波对人体无害	可用于检验铁磁材料表面和近表面的缺陷，特别适用于低合金钢焊件表面微裂纹的检测。检验周期短，成本低，对检测表面粗糙度有一定的要求	适用于各种金属材料表面缺陷的检测。缺陷性质容易辨认，检测时间较长，对检测表面的粗糙度有一定的要求	检测参数的控制较困难，检验结果的评定需要较丰富的经验
可检测的缺陷	容易检出夹渣、气孔等体积形缺陷。对平行于射线方向的开口性缺陷有一定检出能力，对微裂纹不易检出	易于检出裂纹类面积形缺陷，但不易检出直径较小的圆形缺陷	可检出表面及近表面缺陷，特别是各种表面裂纹	可检出工件表面的开口缺陷	可检出各种导电材料焊缝与堆焊层表面及近表面的缺陷

图 8-11 示出 X 射线照相探伤和超声波探伤的裂纹检出率曲线。从中可见，超声波探伤法对裂纹的检出率大大高于 X 射线照相探伤，特别是对于尺寸较小的裂纹。因此，对于某些安全性要求特别高的压力容器，例如核能容器对接接头，通常要求采用综合探伤法，即对同一条焊缝既用 X 射线探伤，又用超声波探伤，以最大限度地探测出隐藏的内部缺陷。对于低合金钢厚壁容器焊缝，为探测可能存在的表面裂纹，还要求采用磁粉探伤。

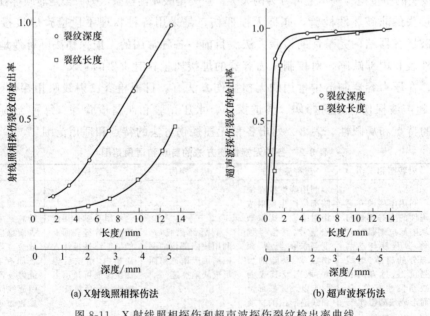

(a) X射线照相探伤法　　　　(b) 超声波探伤法

图 8-11　X 射线照相探伤和超声波探伤裂纹检出率曲线

8.2.1　射线探伤

射线检测是利用射线可穿透物质和在物质中有衰减的特殊性来发现缺陷的一种检测方法。属无损检测，可分为 X 射线检测和 γ 射线检测等。

X 射线是由高速行进的电子在真空管中撞击金属靶产生；γ 射线则是由放射性物质内部原子核的衰变产生射线。

利用射线时，若被检工件存在缺陷，缺陷与工件材料不同，其对射线的衰减程度不同，且透过厚度不同，透过后的射线强度则不同。如图 8-12 所示，若射线原有强度为 J_0，透过工件和缺陷后的射线强度分别为 J_δ 和 J_x。胶片接受的射线强度不同，冲洗后可明显地反映出黑度差部位，即能辨别出缺陷的形态、位置等。

8.2.2　超声波探伤

超声波探伤是利用超声波在物质中的传播、反射和衰减等物理特性来发现缺陷的一种检测方法。超声波是频率大于 20000Hz 的机械振动在弹性介质中的一种传播过程，检测中常用的超声波频数为 $0.5\sim10MHz$。

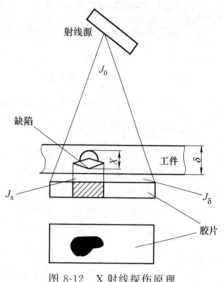

图 8-12　X 射线探伤原理

超声波是由超声波探伤仪产生电振荡并施加于探头，利用其晶片的压电效应而获得。探头主要由保护膜、压电晶片和吸收块等组成，如图 8-13 所示。按工作原理分为脉冲反射法、穿透法和共振法超声波探伤。

脉冲反射法是超声波探伤中应用最广的方法。其基本原理是将一定频率间断发射的超声波（称脉冲波）通过一定介质（称耦合剂）的耦合传入工件，当遇到异质界面（缺陷或工件底面时），超声波将产生反射，回波（即反射波）为仪器接收并以电脉冲信号在示波器上显示出来，由此判断缺陷的有无，以及进行定位、定量和评定。

8.2.3　表面检测

表面检测是对材料、零部件、焊接接头的表面或近表面缺陷进行检测和评定缺陷等级。常用的表面检测方法有磁粉检测、渗透检测和管材涡流检测等。对于能导电的管材等工件，常用涡流检测方法进行。待检测工件被感应产生涡流，通过涡流磁场的变化情况，可以反映出工件内有无缺陷存在。

（1）磁粉检测

当一被磁化的工件表面和内部存在缺陷时，缺陷的磁导率远小于工件材料，磁阻大，阻碍磁力线顺利通过，造成磁力线弯曲，如果工件表面、近表面存在缺陷（没有裸露出表面也可以），则磁力线在缺陷处会溢出表面到空气中，形成露磁场 S-N 磁场，如图 8-14 所示。此时若在工件表面撒上磁导率很高的磁性铁粉，在露磁场处就会有磁粉被吸附，聚集形成磁痕，通过对磁痕的分析即可评价缺陷。

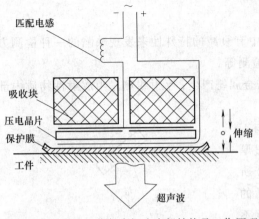

图 8-13　超声波探伤仪直探头内部结构及工作原理

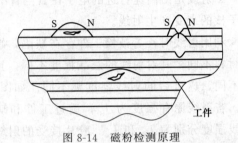

图 8-14　磁粉检测原理

（2）渗透检测

渗透检测是利用液体的毛细现象检测非松孔性固体材料表面开口缺陷的一种无损检测方法。在装备制造、安装、在役和维修过程中，渗透检测是检验焊接坡口、焊接接头、补强圈焊接等是否存在开口缺陷的有效方法之一。

渗透探伤的基本原理是：在被检工件表面涂覆某些渗透力较强的渗透液，在毛细作用下，渗透液被渗入工件表面开口的缺陷中，然后去除工件表面上多余的渗透液（保留渗透到表面缺陷中的渗透液），再在工件表面上涂上一层显像剂，缺陷中的渗透液在毛细作用下重新被吸收到工件表面，从而形成工件的痕迹。根据在黑光（荧光渗透液）或白光（着色渗透液）下观察到的缺陷显示痕迹，作出缺陷的评定。

8.2.4　无损检测方法的选择

压力容器的对接接头应采用射线检测或超声检测；有色金属制压力容器对接接头应优先采用 X 射线检测；管座角焊缝、管子管板焊接接头、异种钢焊接接头、具有再热裂纹倾向或延迟裂纹倾向的焊接接头应进行表面检测；铁磁性材料制压力容器焊接接头的表面检测应优先采用磁粉检测。

无损检测比例：压力容器对接接头的无损检测比例一般分为全部（100%）和局部（大于或等于 20%）两种。碳钢和低合金钢制低温容器，局部无损检测的比例应当大于或者等于 50%。设计压力大于或等于 1.6MPa 的第Ⅲ类压力容器，按照分析设计标准制造的压力容器，采用气压试验或气液组合压力试验的压力容器、焊接接头系数取 1.0 的压力容器以及使用后无法进行内部检测的压力容器等中的 A、B 类对接接头要全部射线检测或超声检测。

8.3　压力试验与气密性试验

8.3.1　压力试验

因为除材料本身的缺陷外，容器在制造（特别是焊接过程）和使用过程产生各种缺陷，因此，为考核缺陷对压力容器安全性的影响，压力容器制造完毕后或定期检查时，都要进行压力试验。压力试验包括耐压试验和气密性试验，耐压试验是指在超设计压力下进行的液压

（或气压）试验；气密性试验是指在等于或低于设计压力下进行的气压试验。

（1）压力试验目的

对于内压容器：在超设计压力下，校核缺陷是否会发生快速扩散造成破坏或开裂造成泄漏，检验密封结构的密封性能，即检查容器的宏观强度和密封性能。

对于外压容器：在外压作用下，容器中的缺陷受压应力的作用，不可能发生开裂，且外压临界失稳压力主要与容器的几何尺寸、制造精度有关，与缺陷无关，所以一般不用外压试验的方法来考核其稳定性，而是以内压试验进行"试漏"，检查是否存在穿透性缺陷，即外压容器内压"试漏"。

（2）试验介质

① 液压试验一般采用水（必须是洁净的），需要时也可采用不会导致产生发生危险的其他液体。试验时液体的温度应低于其闪点或沸点。

奥氏体不锈钢压力容器用水进行液压试验时，应严格控制水中的氯离子含量不要超过 25mg/L。试验合格后，应立即将水渍去除干净。

② 气压试验所用的气体应为干燥、洁净的空气、氮气或其他惰性气体。

（3）试验压力

① 液压试验

a. 内压容器

$$p_T = 1.25p[\sigma]/[\sigma]^t$$

式中，p_T 为试验压力，MPa；p 为设计压力，MPa；$[\sigma]$ 为容器元件材料在试验温度下的许用应力，MPa；$[\sigma]^t$ 为容器元件材料在设计温度下的许用应力，MPa。

b. 外压容器和真空容器

$$p_T = 1.25p$$

② 气压试验

a. 内压容器

$$p_T = 1.25p[\sigma]/[\sigma]^t$$

式中，p_T 为试验压力，MPa；p 为设计压力，MPa；$[\sigma]$ 为容器元件材料在试验温度下的许用应力，MPa；$[\sigma]^t$ 为容器元件材料在设计温度下的许用应力，MPa。

b. 外压容器和真空容器

$$p_T = 1.15p$$

由于气压试验较液压试验危险，故试验压力比液压试验压力低，容器上的对接接头应进行 100%射线或超声检测。

（4）应力校核

① 液压试验前，应校核圆筒应力：

$$\sigma_T = \frac{p_T(D_i + \delta_e)}{2\delta_e} \leqslant 0.9\sigma_s\phi$$

② 气压试验前，应校核圆筒应力：

$$\sigma_T = \frac{p_T(D_i + \delta_e)}{2\delta_e} \leqslant 0.8\sigma_s\phi$$

式中，D_i、δ_e 分别为筒体内径和有效厚度；$\sigma_s(\sigma_{0.2})$ 为圆筒材料在试验温度下的屈服点（或 0.2%屈服强度），MPa；ϕ 为圆筒的焊接接头系数；p_T 为试验压力（对液压试验，校核时还应计入液柱静压力），MPa。

（5）**试验温度**

① 碳素钢、16MnR 和正火 15MnVR 钢容器液压试验时，液体温度不得低于 5℃；其他低合金钢容器，液压实验时液体温度不得低于 15℃。如果由于板厚等因素造成材料无延性转变温度升高，则需相应提高试验液体温度。

② 碳素钢和低合金钢容器，气压试验时介质温度不得低于 15℃。

（6）**试验方法**

① 液压试验　如图 8-15 所示，试验时容器顶部应设排气口，充液时应将容器内的空气排尽。试验过程中，应保持容器观察表面的干燥；试验压力应缓慢上升，达到规定试验压力后，保压时间一般不少于 30min。然后将压力降至规定试验压力的 80%，并保持足够长的时间以对所有焊接接头和连接部位进行检查。如有渗漏，修补后重新试验。

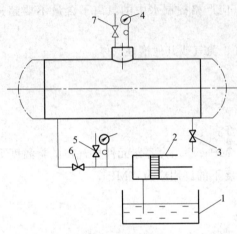

图 8-15　水压试验
1—水槽；2—试压泵；3—排水阀；4—压力表；
5—安全阀；6—直通阀；7—排气阀

② 气压试验　实验时压力应缓慢上升，至规定压力的 10%，且不超过 0.05MPa 时，保压 5min，然后对所有焊接接头和连接部位进行初次泄漏检查，如有泄漏，补修后重新试验。初次检查合格后，在继续缓慢升压至规定试验压力的 50%，其后按每级为规定试验压力的 10% 的级差逐级增至规定的试验压力。保压 10min 后将压力降至规定试验压力的 87%，并保持足够长的时间后再次进行泄漏检查。如有泄漏修补后按上诉规定重新试验。

气压试验应有经试验单位技术总负责人批准，并经本单位安全部门检查监督的安全措施。

（7）**合格标准**

① 液压试验过程中应无泄漏；无可见的变形；试验过程中无异常的响声，对抗拉强度规定值下限≥540MPa 的材料，表面经无损检测未发现裂纹。

② 气压试验过程中，压力容器无异常响声，经肥皂液或其他检漏液检查无漏气、无可见的变形即为合格。

（8）**常用容器试验方法**

① 容器开孔补强结构　容器的开孔补强圈上 M10 的讯号孔通入 0.4～0.5MPa 的压缩空气，焊缝涂上肥皂水，检查焊缝。压力实验时应将补强圈上的试验孔打开。

② 外压和真空容器的试验方法　外压容器和真空容器以内压进行压力试验，校核相邻壳壁在试验压力下的稳定性，如果不能满足稳定性的要求，则需规定在进行压力试验时，相邻压力室内必须保持一定的压力，以使整个试验过程（升压、保压、泄压）中的任一时间内，各压力室的压力差不超过允许压差。

液压试验完毕后，应将液体排尽并用压缩空气将内部吹干。

③ 夹套容器试验方法　对于夹套容器，先进行内筒液压试验，合格后再焊上夹套，并校核内筒的稳定性，若合格则进行夹套内的液压试验，若不合格则在内筒内加一定的压力以满足内筒不失稳，再进行夹套内的液压试验。

④ 浮头式换热器试验方法

　　a. 壳程试压　检查管子与大小两个管板连接的可靠性及壳体质量，壳程的试压装置如图 8-16 所示；

　　b. 管程试压　检查管箱、浮头连接处的密封和强度的可靠性；

　　c. 安装浮头端管箱后的壳程试压　检查外管箱及其他连接处的制造质量。

　　⑤ 直立容器卧置做液压试验时，试验压力应为立置时的试验压力加液柱静压力。

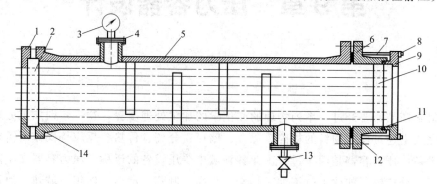

图 8-16　壳程试压

1,9—假法兰；2—固定管板；3—压力表；4—盲板；5—壳体；6—密封垫；7—螺柱；8—螺母；
10—浮头假法兰；11—密封圈；12—浮头套圈；13—进水阀；14—密封垫圈

8.3.2　气密性试验

　　介质为易燃或毒性程度为极度、高度危害或设计上不允许有微量泄漏（如真空度要求较高时）的压力容器，必须在压力试验合格后进行气密性试验。气密性试验的压力大小视容器上是否配置安全泄放装置而定。若容器上没有安全泄放装置，其气密性试验压力值一般取设计压力的 1.0 倍；但若容器上安置了安全泄放装置，为保证安全泄放装置的正常工作，其气密性试验压力值应低于安全阀的开启压力或爆破片的设计爆破压力，建议取容器最高工作压力的 1.0 倍。

　　① 试验介质　试验所用介质为干燥、洁净的空气、氮气或其他惰性气体。

　　② 试验压力　《固定式压力容器安全技术监察规程》（简称《容规》）规定，压力容器气密性试验压力为压力容器的设计压力。

　　③ 试验温度　碳素钢和低合金钢制压力容器，其试验用气体温度应不低于 5℃。

　　④ 试验方法　试验时压力应缓慢上升，达到规定试验压力后保压 10min，然后对所有焊接接头和连接部位进行泄漏检查。小型容器亦可侵入水中检查。如有泄漏，修补后重新进行液压试验和气密性试验。

　　⑤ 合格标准　经检查无泄漏，保压不少于 30min 即为合格。

　　气密性试验的危险性大，应在液压试验合格后进行。在进行气密性试验前，应将容器上的安全附件装配齐全。

习题与简解

扫描二维码获取

第9章　压力容器设计

从原料到产品，要经过一系列物理的或化学的加工处理步骤，这一系列加工处理步骤称为过程。完成上述过程中物料的粉碎、混合、储存、分离、传热、反应等操作所需要的设备称为过程设备。压力容器是用于过程工业各领域中受压设备的泛称。压力容器在生产技术领域中的应用十分广泛，如化工、炼油、轻工、食品、制药、冶金、纺织、城建、海洋工程等传统部门，以及航空航天技术、能源技术、先进防御技术等高新技术领域。

图 9-1 所示为卧式储存容器结构简图。组成该容器的主要零件如下。

① 筒体　筒体形状为圆筒形，一般是由钢板卷焊而成。小直径的筒体可采用无缝钢管制作。当筒体较长时，可由多个筒节组焊（有的采用法兰连接）成筒体。筒体是容器的主要部件，它构成工艺过程要求的主体空间，所以筒体容积的大小是由工艺要求确定的。

② 封头　按照几何形状的不同，封头可分为半球形封头、无折边球形封头、椭圆形封头、碟形封头、锥形封头和平板形封头。当容器两端不需要开启时，封头应直接和筒体焊接，以保证密封、节省材料和减少制造工作量。必须开启的容器，封头与筒体的连接应采用可拆性连接结构。图 9-1 所示封头与筒体采用焊接连接。

③ 支座　支座的作用是承担容器的全部重量并把容器固定在一定位置上。根据容器形式、安装位置的不同，可采用悬挂式支座、腿式支座、鞍式支座、裙式支座及圈座等。图 9-1 所示为卧式容器常采用的鞍式支座。

④ 接管　化工容器常因工艺及检修的需要，在筒体或封头上开设各种孔和安装接管，如人孔、手孔、视镜、物料进出接管及安装压力表、液位计、安全阀等接管。

⑤ 法兰　法兰连接是压力容器上最常用的一种连接结构，由于生产操作的需要以及制造、安装、检修和运输上的方便，压力容器经常设计成可拆卸的结构。例如各种接管与外管路的连接，人孔、手孔盖的连接，以及某些容器的封头和筒体的连接等。如图 9-1 所示，所有接管均采用法兰连接。

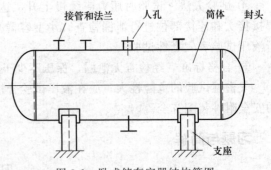

图 9-1　卧式储存容器结构简图

以上零部件的结构设计和强度计算、压力容器总体结构设计、压力容器焊接结构设计，是压力容器设计的基本内容。

9.1　概述

9.1.1　对压力容器设计的基本要求

压力容器设计首先应满足化工工艺要求，即其结构形式和构造能在指定的生产条件（压力、温度、物态条件）下完成指定的任务，并确保其安全、稳定、长周期运行。此外，对于容器零部件机械设计，应满足如下要求。

（1）强度

强度就是容器抵抗外力破坏的能力。容器应有足够的强度，以保证安全生产。

（2）刚度

刚度是指构件抵抗外力使其发生变形的能力。容器及其构件必须有足够的刚度，以防止在使用、运输或安装过程中发生不允许的变形。有时设备构件的设计主要取决于刚度而不是取决于强度。例如塔设备的塔板，其厚度通常由刚度而不是由强度来决定。因为塔板的允许挠度很小，一般在 3mm 左右。如果挠度过大，则塔板上液层的高度就有较大差别，使通过液层的气流不能均匀分布，因而大大地影响塔板效率。

（3）稳定性

稳定性是指容器或构件在外力作用下维持原有形状的能力。承受压力的容器或构件，必须保证足够的稳定性，以防止被压瘪或出现折皱。

（4）耐久性

化工设备的耐久性是根据所要求的使用年限来决定的。化工设备的设计使用年限一般为 10～15 年，但实际使用年限往往超过这个数字。其耐久性大多取决于腐蚀情况，在某些特殊情况下还取决于设备的疲劳、蠕变或振动等。为了保证设备的耐久性，必须选择适当的材料，使其能抵抗介质的腐蚀，或采用必要的防腐蚀措施以及正确的施工方法。

（5）密封性

化工设备的密封性是一个十分重要的问题。设备密封的可靠性是安全生产的重要保证之一，因为化工厂所处理的物料中很多是易燃、易爆或有毒的，设备内的物料如果泄漏出来，不但会造成生产上的损失，更重要的是会使操作人员中毒，甚至引起爆炸；反过来，如果空气漏入负压设备，亦会影响工艺过程的进行或引起爆炸。因此，化工设备必须具有可靠的密封性，以保证安全、创造良好的劳动环境以及维持正常的操作条件。

（6）节省材料和便于制造

化工设备应在结构上保证尽可能降低材料消耗，尤其是贵重材料的消耗。同时，在考虑结构时应使其便于制造，并保证其制造质量。应尽量减少或避免复杂的加工工序，并尽量减少加工量。在设计时应尽量采用标准设计和标准零部件。

（7）方便操作和便于运输

化工设备的结构还应当考虑到操作方便，同时还要考虑到安装、维护、检修方便。在化工设备的尺寸和形状上还应该考虑到运输的方便和可能性，制造厂和使用厂异地时，要考虑设备的直径、重量和长度等是否符合铁路、陆路、水陆等运输的规定。

（8）技术经济指标合理

在保证化工压力容器安全可靠的前提下，应尽可能降低压力容器的投资。一般来说，单位生产能力愈高愈好，消耗系数愈低愈好。

9.1.2 压力容器的分类及压力等级、品种的划分

9.1.2.1 压力容器类别划分

（1）介质分组

压力容器的介质分为以下两组，包括气体、液化气体或者最高工作温度高于或者等于标准沸点的液体。

① 第一组介质：毒性程度为极度危害、高度危害的化学介质，易爆介质，液化气体。

② 第二组介质：除第一组以外的介质。

（2）介质危害性

介质危害性是指压力容器在生产过程中因事故致使介质与人体大量接触，发生爆炸或者因经常泄漏引起职业性慢性危害的严重程度，用介质毒性程度和爆炸危害程度表示。

① 毒性程度 综合考虑急性毒性、最高容许浓度和职业性慢性危害等因素。极度危害最高容许浓度小于 $0.1mg/m^3$；高度危害最高容许浓度为 $0.1\sim1.0mg/m^3$；中度危害最高容许浓度为 $1.0\sim10.0mg/m^3$；轻度危害最高容许浓度大于或者等于 $10.0mg/m^3$。

② 易爆介质 指气体或者液体的蒸汽、薄雾与空气混合形成的爆炸混合物，并且其爆炸下限小于 10%，或者爆炸上限和爆炸下限的差值大于或者等于 20% 的介质。

③ 具体介质毒性危害程度和爆炸危险程度的确定 按照 HG 20660—2017《压力容器中化学介质毒性危害和爆炸危险程度分类标准》确定。HG 20660 没有规定的，由压力容器设计单位参照 GBZ 230—2010《职业性接触毒物危害程度分级》的原则，决定介质组别。

（3）压力容器类别划分方法

① 基本划分 压力容器类别的划分应当根据介质特性，按照以下要求选择类别划分图，再根据设计压力 p（单位 MPa）和容积 V（单位 L），标出坐标点，确定容器类别。

对于第一组介质，压力容器的分类见图 9-2（a）；对于第二组介质，压力容器的分类见图 9-2（b）。

② 多腔压力容器类别划分 多腔压力容器（如换热器的管程和壳程、夹套容器等）按照类别高的压力腔作为该容器的类别并且按该类别进行使用管理。但应当按照每个压力腔各自的类别分别提出设计、制造技术要求。对各压力腔进行类别划定时，设计压力取本压力腔的设计压力，容积取本压力腔的几何容积。

③ 同腔多种介质容器类别划分 一个压力腔内有多种介质时，按组别高的介质划分类别。

④ 介质含量极小容器类别划分 当某一危害性物质在介质中含量极小时，应当根据其危害程度及其含量综合考虑，按照压力容器设计单位决定的介质组别划分类别。

⑤ 特殊情况类别划分

a. 坐标点位于图 9-2 的分类线上时，按较高的类别划分其类别。

b. 《固定式压力容器安全技术监察规程》1.4 范围内的压力容器统一划分为第 I 类压力容器。

9.1.2.2 压力等级划分

压力容器的设计压力（p）划分为低压、中压、高压和超高压四个压力等级：低压（代号 L） $0.1MPa\leqslant p<1.6MPa$；中压（代号 M） $1.6MPa\leqslant p<10.0MPa$；高压（代号 H）

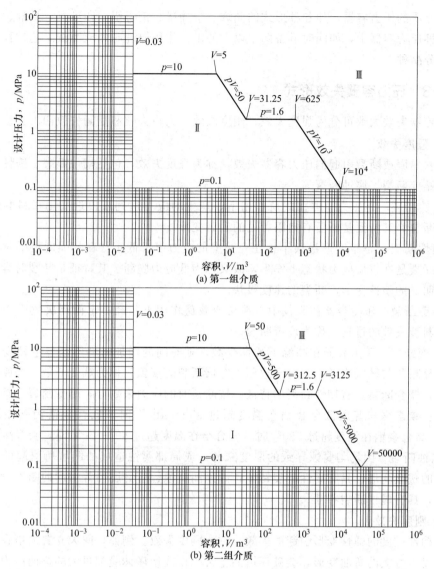

图 9-2　压力容器类别划分图

$10.0\mathrm{MPa}{\leqslant}p{<}100.0\mathrm{MPa}$；超高压（代号 U）$p{\geqslant}100.0\mathrm{MPa}$。

9.1.2.3　压力容器品种划分

压力容器按在生产工艺过程中的作用原理，可划分为反应压力容器、换热压力容器、分离压力容器、储存压力容器。具体划分如下。

① 反应压力容器（代号 R）：主要是用于完成介质的物理、化学反应的压力容器，如各种反应器、反应釜、聚合釜、合成塔、变换炉、煤气发生炉等。

② 换热压力容器（代号 E）：主要是用于完成介质热量交换的压力容器，如各种热交换器、冷却器、冷凝器、蒸发器等。

③ 分离压力容器（代号 S）：主要是用于完成介质的流体压力平衡缓冲和气体净化分离的压力容器，如各种分离器、过滤器、集油器、洗涤器、吸收塔、铜洗塔、干燥塔、汽提塔、分汽缸、除氧器等。

④ 储存压力容器（代号 C，其中球罐代号 B）：主要是用于储存、盛装气体、液体、液

化气体等介质的压力容器，如各种形式的储罐、缓冲罐、消毒锅、印染机、烘缸、蒸锅等。

在一种压力容器中，如同时具备两个以上的工艺作用原理时，应当按工艺过程中的主要作用来划分品种。

9.1.3 压力容器失效形式

压力容器失效大致可分为强度失效、刚度失效、失稳失效和泄漏失效四大类。

（1）强度失效

因材料屈服或断裂引起的压力容器失效，称为强度失效，包括韧性断裂、脆性断裂、疲劳断裂、蠕变断裂、腐蚀断裂等。

① 韧性断裂　是压力容器在载荷作用下，产生的应力达到或接近所用材料的强度极限而发生的断裂。其特征是断后有肉眼可见的宏观变形。

② 脆性断裂　是指变形量很小且在壳壁中的应力值远低于材料的强度极限时发生的断裂。这种断裂是在较低应力状态下发生，故又称为低应力脆断。其特征是断裂时容器没有鼓胀，即无明显的塑性变形，断裂的速度极快。

③ 疲劳断裂　压力容器在服役中，在交变载荷作用下，经一定循环次数后产生裂纹或突然发生断裂失效的过程，称为疲劳断裂。

④ 蠕变断裂　压力容器在高温下长期受载，随时间的增加材料不断发生蠕变变形，造成厚度明显减薄与鼓胀变形，最终导致压力容器断裂的现象，称为蠕变断裂。按断裂前的变形来划分，蠕变断裂具有韧性断裂的特征；按断裂时的应力来划分，蠕变断裂又具有脆性断裂的特征。碳素钢和普通低合金钢在温度超过 $350\sim400℃$ 时，低合金铬钼钢在温度超过 $450℃$ 时，高合金钢在温度超过 $550℃$ 时，轻合金在温度超过 $50\sim150℃$ 时，会发生蠕变。

⑤ 腐蚀断裂　因均匀腐蚀导致的厚度减薄，或局部腐蚀造成的凹坑所引起的断裂。一般有明显的塑性变形，具有韧性断裂特征；因晶间腐蚀、应力腐蚀等引起的断裂没有明显的塑性变形，具有脆性断裂特征。

（2）刚度失效

由于构件过度的弹性变形引起的失效，称为刚度失效。例如，露天立置的塔在风载荷作用下，若发生过大的弯曲变形，会破坏塔的正常工作或使塔体受到过大的弯曲应力。

（3）失稳失效

在压应力作用下，压力容器突然失去其原有的规则几何形状引起的失效称为失稳失效。容器弹性失稳的一个重要特征是弹性挠度与载荷不成比例，且临界压力与材料的强度无关，主要取决于容器的尺寸和材料的弹性性质。但当容器中的应力水平超过材料的屈服点而发生非弹性失稳时，临界压力还与材料的强度有关。

（4）泄漏失效

由于泄漏而引起的失效，称为泄漏失效。泄漏不仅有可能引起中毒、燃烧和爆炸等事故，而且会造成环境污染。设计压力容器时，应重视各可拆式接头和不同压力腔之间连接接头（如换热管和管板的连接）的密封性能。

9.1.4 压力容器设计准则

压力容器设计准则大致可分为强度失效设计准则、刚度失效设计准则、稳定失效设计准则和泄漏失效设计准则。

（1）强度失效设计准则

弹性失效设计准则将容器总体部位的初始屈服视为失效。对于韧性材料，在单向拉伸应力 σ 作用下，屈服失效判据的数学表达式为

$$\sigma = \sigma_s \tag{9-1}$$

式中，σ_s 为屈服应力。用许用应力 $[\sigma]^t$ 代替式（9-1）中的材料屈服点，得到相应的设计准则

$$\sigma \leqslant [\sigma]^t \tag{9-2}$$

① 最大拉应力理论（第一强度理论）　用最大拉应力 σ_1 来代替式（9-2）中的应力 σ，即为最大拉应力准则

$$\sigma_1 \leqslant [\sigma]^t \tag{9-3}$$

第一强度理论适用于脆性材料。

② 第二强度理论为最大主应变理论，由于与实验结果相差很大，一般不采用。

③ 最大切应力理论（第三强度理论）　Tresca（特雷斯卡）屈服失效 $\tau_{max} = \dfrac{1}{2}\sigma_s$ 判据又称为最大切应力屈服失效判据或第三强度理论。这一判据认为：材料屈服的条件是最大切应力达到某个极限值，其数学表达式为

$$\tau_{max} = \frac{1}{2}(\sigma_1 - \sigma_3) \leqslant [\tau]^t \tag{9-4}$$

式中，σ_3 为第三主应力。相应的设计准则为

$$\sigma_1 - \sigma_3 \leqslant [\sigma]^t \tag{9-5}$$

第三强度理论适用于塑性材料。

④ 最大剪切变形能理论（第四强度理论）　Mises（米赛斯）屈服失效 $\tau_{max} = \dfrac{\sigma_s}{\sqrt{3}}$ 判据又称为形状改变比能屈服失效判据或第四强度理论。这一判据认为引起材料屈服的是与应力偏量有关的形状改变比能，其数学表达式为

$$\sqrt{\frac{1}{2}\left[(\sigma_1 - \sigma_2)^2 + (\sigma_2 - \sigma_3)^2 + (\sigma_3 - \sigma_1)^2\right]} = \sigma_s \tag{9-6}$$

式中，σ_2 为第二主应力。相应的设计准则为

$$\sqrt{\frac{1}{2}\left[(\sigma_1 - \sigma_2)^2 + (\sigma_2 - \sigma_3)^2 + (\sigma_3 - \sigma_1)^2\right]} \leqslant [\sigma]^t \tag{9-7}$$

第四强度理论适用于塑性材料。

工程上，常常将强度设计准则中直接与许用应力 $[\sigma]^t$ 比较的量称为应力强度或相当应力，用 σ_{eqi} 表示，$i = 1、3、4$ 分别表示了最大拉应力、最大切应力和形状改变比能准则的序号。弹性失效设计准则可以写成下面的统一形式

$$\sigma_{eqi} \leqslant [\sigma]^t \tag{9-8}$$

因此与最大拉应力、最大切应力和形状改变比能准则相对应的应力强度分别为：

$$\sigma_{eq1} = \sigma_1 \tag{9-9}$$

$$\sigma_{eq3} \leqslant \sigma_1 - \sigma_3 \tag{9-10}$$

$$\sigma_{eq4} = \sqrt{\frac{1}{2}\left[(\sigma_1 - \sigma_2)^2 + (\sigma_2 - \sigma_3)^2 + (\sigma_3 - \sigma_1)^2\right]} \tag{9-11}$$

（2）刚度失效设计准则

在载荷作用下，要求构件的弹性位移和（或）转角不超过规定的数值。于是，刚度设计准则为

$$\begin{cases} \omega \leqslant [\omega] \\ \theta \leqslant [\theta] \end{cases} \tag{9-12}$$

式中，ω 为载荷作用下产生的位移；$[\omega]$ 为许用位移；θ 为载荷作用下产生的转角；$[\theta]$ 为许用转角。

（3）稳定失效设计准则

压力容器设计中，应防止失稳发生。例如，仅受均布外压的圆筒，外压应小于周向临界压力；由弯矩或弯矩和压力共同引起的轴向压缩，压应力应小于轴向临界应力。

（4）泄漏失效设计准则

泄漏失效设计准则为密封装置的介质泄漏率不得超过许用的泄漏率。需要指出的是，由于介质泄漏率与很多因素有关，目前设计密封装置时，仍主要依赖于经验。

9.1.5　压力容器规范标准

为了确保压力容器在设计寿命内安全运行，世界各工业国家都制订了一系列压力容器规范标准，给出材料、设计、制造、检验等各方面的基本要求。压力容器的设计必须满足这些要求，否则就要承担相应的后果。

（1）ASME 规范

美国机械工程师学会（The American Society of Mechanical Engineers，ASME）锅炉和压力容器委员会负责制订和解释锅炉和压力容器设计、制造规范。目前 ASME 规范共有十一卷，包括锅炉、压力容器、核动力装置、焊接、材料、无损检测等内容，篇幅庞大，内容丰富，且修订更新及时，全面包括了锅炉和压力容器质量保证的要求。其中第Ⅷ卷《压力容器》又分为 3 个分篇：第 1 分篇《压力容器》，第 2 分篇《压力容器另一规则》和第 3 分篇《高压容器另一规则》，以下分别简称为 ASME Ⅷ-1、ASME Ⅷ-2 和 ASME Ⅷ-3。ASME Ⅷ-1 为常规设计标准，适用压力≤20MPa；它以弹性失效设计准则为依据，根据经验确定材料的许用应力，并对零部件尺寸作出一些具体规定。由于它具有较强的经验性，故许用应力较低。ASME Ⅷ-1 不包括疲劳设计，但包括静载下进入高温蠕变范围的容器设计。ASME Ⅷ-2 为分析设计标准，它要求对压力容器各区域的应力进行详细地分析，并根据应力对容器失效的危害程度进行应力分类，再按不同的安全准则分别予以限制。ASME Ⅷ-3 主要适用于设计压力不小于 70MPa 的高压容器，它不仅要求对容器各零部件作详细的应力分析和分类评定，而且要作疲劳分析或断裂力学评估，是一个到目前为止要求最高的压力容器规范。

（2）GB 150—2011《压力容器》

GB 150《压力容器》是中国的第一部压力容器国家标准，其基本思路与 ASME Ⅷ-1 相同，属常规设计标准。该标准适用于设计压力不大于 35MPa 的金属制压力容器的设计、制造、检验及验收。适用的设计温度范围为 −269～900℃。

GB 150 的技术内容包括圆柱形筒体和球壳的设计计算、零部件结构和尺寸的具体规定、密封设计、超压泄放装置的设置，以及容器的制造、检验与验收要求等。该标准在中国具有法律效用，是强制性的压力容器标准。

（3）JB 4732—1995（R2005）《钢制压力容器分析设计标准》

JB 4732《钢制压力容器分析设计标准》是中国第一部压力容器分析设计的行业标准，基本思路与 ASME Ⅷ-2 相同。适用的设计压力范围是 $0.1MPa \leqslant p < 100MPa$，真空度不低于 0.02MPa。

JB 4732 与 GB 150 相互覆盖范围较广，选用时应综合考虑容器设计压力、设计温度、操作特性等多种因素。由于按分析设计计算工作量大，选材、制造、检验及验收等方面的要求较严，有时综合经济效益不一定高，只推荐用于重量大、结构复杂、操作参数较高的压力容器设计。当然，需作疲劳分析的压力容器，必须采用分析设计。

（4）TSG 21—2016《固定式压力容器安全技术监察规程》

固定式压力容器是指安装在固定位置使用的压力容器。中国的压力容器国家标准和行业标准在主体上都以设计规范为主，不同于包含质量保证体系的 ASME 规范。由原国家质量监督检验检疫总局批准颁布的《固定式压力容器安全技术监察规程》，充分体现了法规是安全基本要求的思想，在设计、制造、安装、改造、维修、使用、检验检测等方面提出了基本的安全要求。

超高压容器应当符合《超高压容器安全技术监察规程》；非金属压力容器应当符合《非金属压力容器安全技术监察规程》；简单压力容器应当符合《简单压力容器安全技术监察规程》。

其他还有 GB/T 151—2014《热交换器》、GB/T 12337—2014《钢制球形储罐》、NB/T 47041—2014《塔式容器》、NB/T 47042—2014《卧式容器》。

容器标准和安全技术法规同时实施，构成了中国压力容器产品完整的国家质量标准和安全管理法规体系。

9.1.6　固定式压力容器管理

（1）适用范围

① 工作压力大于或者等于 0.1MPa；

② 工作压力与容积的乘积大于或者等于 2.5MPa·L；

③ 盛装介质为气体、液化气体以及介质最高工作温度高于或者等于其标准沸点的液体。

（2）压力容器范围的界定

① 压力容器本体　压力容器的本体界定在下述范围内：a. 压力容器与外部管道或者装置焊接连接的第一道环向接头的坡口面、螺纹连接的第一个螺纹接头端面、法兰接头的第一个法兰密封面、专业连接件或者管件连接的第一个密封面；b. 压力容器开孔部分的承压盖及其紧固件；c. 非受压元件与压力容器的连接焊缝。

压力容器本体中的主要受压元件，包括壳体、封头（端盖）、膨胀节、设备法兰，球罐的球壳板，换热器的管板和换热管，M36 以上（含 M36）的设备主螺丝柱以及公称直径大于或者等于 250mm 的接管和管法兰。

② 安全附件　压力容器的安全附件，包括直接连接在压力容器上的安全阀、爆破片装置、紧急切断装置、安全联锁装置、压力表、液位计、测温仪表等。

（3）监督管理

固定式压力容器是根据《特种设备安全监察条例》制订。压力容器的设计、制造（含现场组焊接，下同）、安装、改造、维修、使用、检验检测，均应当严格执行本规程的规定。

（4）设计

① 设计单位许可资格与责任 设计单位应当对设计质量负责，压力容器设计单位的许可资格、设计类别、品种和级别范围应当符合《压力容器压力管道设计许可规则》的规定；总体采用规则设计标准，局部参照分析设计标准进行压力容器受压元件分析计算的单位，可以不取得应力分析设计许可项目资格。

② 压力容器的设计总图 必须加盖压力容器设计许可印章（复印印章无效）。

③ 设计文件 压力容器的设计文件包括强度计算书或者应力分析报告、设计图样、制造技术条件、风险评估报告（适用于第Ⅲ类压力容器）。设计单位认为必要时，应当包括安装与使用维修说明；装设安全阀、爆破片装置的压力容器，设计文件还应当包括压力容器安全泄放量、安全阀排量和爆破片泄放面积的计算书；无法计算时，设计单位应当会同设计委托单位或者使用单位，写上选用超压泄放装置。

④ 设计方法 压力容器的设计可以采用规则设计方法或者分析方法，必要时也可以采用实验方法或者可对比的经验设计方法。压力容器设计单位应当基于本规程的设计条件，综合考虑所有相关因素、失效模式和足够的安全裕量，以保证压力容器具有足够的强度、刚度、稳定性和抗腐蚀性，同时还应当考虑裙座、支腿、吊耳等与压力容器主体的焊接接头的强度要求，确保压力容器在设计使用年限内的安全。

⑤ 设计原则 压力容器的设计应当充分考虑节能降耗原则，并且符合以下要求：a. 充分考虑压力容器的经济性，合理选材，合理确定结构尺寸；b. 对换热容器进行优化设计，提高换热效率，满足能效要求；c. 对保温或者保冷要求的压力容器，要在设计文件中提出有效的保温或者保冷措施。

⑥ 设计储存量 储存液化气体的压力容器应当规定设计储存量，装量系数不得大于 0.95。

（5）安全附件

制造安全阀、爆破片装置的单位应当持有相应的特种设备制造许可证。对易爆介质或者毒性程度为极度、高度或者中度危害介质的压力容器，应当在安全阀或者爆破片的排出口装设导管，将排放介质引至安全地点，并且进行妥善处理，不得直接排入大气；压力容器工作压力低于压力源压力时，在通向压力容器进口的管道上应当装设减压阀，如因介质条件减压阀无法保证可靠工作时，可用调节阀代替减压阀，在减压阀或者调节阀的低压侧，应当装设安全阀和压力表。安全阀、爆破片的排放能力，应当大于或者等于压力容器的安全泄放量。安全阀应当铅直安装在压力容器液面以上的气相空间部分，或者装设在与压力容器气相空间相连的管道上。

选用的压力表，应当与压力容器内的介质相适应；设计压力小于 1.6MPa 压力容器使用的压力表的精度不得低于 2.5 级，设计压力大于或者等于 1.6MPa 压力容器使用的压力表的精度不得低于 1.6 级。装设位置应当便于操作人员观察和清洗，并且应当避免受到辐射热、冻结或者震动等不利影响；压力表与压力容器之间，应当装设三通旋塞或者针型阀（三通旋塞或者针型阀上应当有开启标记和锁紧装置），并且不得连接其他用途的任何配件或者接管；用于水蒸气介质的压力表，在压力表与压力容器之间应当装有存水弯管；用于具有腐蚀性或者高黏度介质的压力表，在压力表与压力容器之间应当装设能隔离截止的缓冲装置。

压力容器用液位计应当符合以下要求：根据压力容器的介质、最大允许工作压力和温度选用；在安装使用前，压力容器用液位计应进行液压试验；储存 0℃以下介质的压力容器，选用防霜液位计；寒冷地区室外使用的液位计，选用夹套型或者保温型结构的液位计；用于易爆、毒性程度为极度、高度危害介质的液化气体压力容器上，要有防止泄漏的保护装置；要求液面指示平稳的，不允许采用浮子（标）式液位计；液位计应当安装在便于观察的位置，否则应当增加其他辅助设施。

9.2 内压容器设计理论基础

压力容器通常是由中面为旋转曲面的旋转壳体组焊而成。所谓旋转曲面是指由一条平面曲线为母线绕其同平面内的轴线旋转一周所形成的曲面。而旋转壳体的中面是指与壳体内、外表面等距离的曲面。当旋转壳体的外径与内径之比 $D_0/D_i \leqslant 1.2$ 时，称为旋转薄壳，当旋转壳体的外径与内径之比 $D_0/D_i > 1.2$ 时，称为厚壁圆筒。在这里只介绍旋转薄壳的无力矩理论。旋转薄壳受载时产生的弯矩很小，忽略以后可以使壳体的应力分析大为简化；忽略弯矩的壳体理论称为无力矩理论，或者称作薄膜理论；壳体问题按无力矩理论所得到的解称为薄膜解，而薄膜解是设计压力容器的基础。

9.2.1 旋转薄壳的无力矩理论

9.2.1.1 一般旋转薄壳的几何特性

一般旋转壳体的几何特性可由其中面的几何特性来表征，如图 9-3 所示。

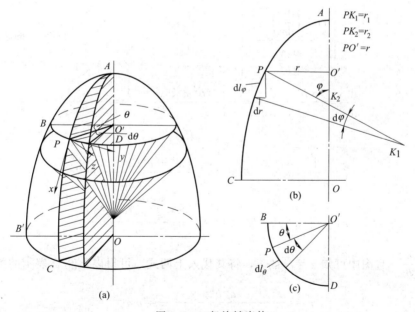

图 9-3 一般旋转壳体

① 经线及经线截面　过旋转轴的平面与中面的交线称为经线，如图 9-3（a）中 APC。经线与旋转轴所构成的平面称为经线截面，如图 9-3（a）中 $APCO$。

② 法线　经过经线上的任意点 B 且垂直于中面的直线称为中面在该点的法线，如图 9-3（b）中 PK_2。

③ 纬线及纬线截面　以法线作母线绕旋转轴旋转一周所形成的圆锥法截面与中面的交线称为纬线。圆锥形法截面（亦称旋转法截面）称为纬线截面。

④ 平行圆及平行圆半径　垂直于旋转轴的平面与中面的交线称为平行圆。平行圆半径如图 9-3（b）中 r。

⑤ 曲率半径　经线的曲率半径称为第一曲率半径，如图 9-3（b）中 K_1P。纬线的曲率半径称为第二曲率半径，也可以定义为过中面上一点作一平面与该点经线正交所得的交线在该点的曲率半径，如图 9-3（b）中 K_2P。圆锥线的母线长度为第二曲率半径。

⑥ 经向坐标和周向坐标　经线的位置由从母线平面量起的角度 θ 决定，平行圆的位置由角 φ 决定。中面上任一点的位置可由 φ 和 θ 两个坐标决定，其中 φ 称为经向坐标，θ 称为周向坐标。

9.2.1.2　几种常用壳体的几何特征

① 圆柱壳　设中面半径为 R，由于经线为直线，故 $r_1 = \infty$，而由于垂直于经线的平面与平行圆重合，故 $r_2 = r = R$。

② 球壳　在球壳中面上任一点的所有法向截面的曲率半径均相等，即等于球体的半径 R，故 $r_1 = r_2 = R$。

③ 椭球壳　如图 9-4 所示，椭圆长半轴为 a，短半轴为 b。在椭圆上任取一点 (x, y)，其经线方程为

$$\frac{x^2}{a^2} + \frac{y^2}{b^2} = 1$$

图 9-4　椭球壳

从微分学可知其曲率半径为

$$r_1 = \left| \frac{\left[1 + \left(\dfrac{\mathrm{d}y}{\mathrm{d}x}\right)^2\right]^{\frac{3}{2}}}{\dfrac{\mathrm{d}^2 y}{\mathrm{d}x^2}} \right|$$

又

$$\frac{\mathrm{d}^2 y}{\mathrm{d}x^2} = -\frac{b^2 x}{a^2 y}, \quad \frac{\mathrm{d}^2 y}{\mathrm{d}x^2} = -\frac{b^2(b^2 x^2 + a^2 y^2)}{a^4 y^3} = -\frac{b^4}{a^2 y^3}$$

得

$$r_1 = \frac{1}{a^4 b^4}(a^4 y^2 + b^4 x^2)^{\frac{3}{2}} = \frac{\left[a^4 - x^2(a^2 - b^2)\right]^{\frac{3}{2}}}{a^4 b} \tag{9-13}$$

$$r_2 = \frac{1}{b^2}(a^4 y^2 + b^4 x^2)^{\frac{1}{2}} = \frac{\left[a^4 - x^2(a^2 - b^2)\right]^{\frac{1}{2}}}{b} \tag{9-14}$$

令 $m = \dfrac{a}{b}$，且图中可知 $x = r_2 \sin\varphi$，将其代入上两式，可得以 φ 坐标表示的关系式

$$r_1 = \frac{a^2 b^2}{(a^2 \sin^2\varphi + b^2 \cos^2\varphi)^{\frac{3}{2}}} = ma\psi^3 \tag{9-15}$$

$$r_2 = \frac{a^2}{(a^2 \sin^2\varphi + b^2 \cos^2\varphi)^{\frac{1}{2}}} = ma\psi \tag{9-16}$$

式中，$\psi = \dfrac{1}{\sqrt{(m^2 - 1)\sin^2\varphi + 1}}$。

特例：在椭球的顶点 $\varphi = 0$ 时，则 $\psi = 1$，故得 $r_1 = r_2 = ma = \dfrac{a^2}{b}$；在椭球赤道上 $\varphi = \dfrac{\pi}{2}$，

$\psi = \dfrac{1}{m}$，故得 $r_1 = \dfrac{a}{m^2} = \dfrac{b^2}{a}$，$r_2 = a$。

9.2.1.3　无力矩理论的一般方程

（1）在轴对称条件下，按照无力矩理论所建立的平衡方程

① 拉普拉斯方程

$$\frac{N_\varphi}{r_1} + \frac{N_\theta}{r_2} = P_z \tag{9-17}$$

② 区域平衡方程

$$N_\varphi = \frac{J(\varphi)}{r_2 \sin^2\varphi} \tag{9-18}$$

式中，N_φ 为垂直于纬线截面作用在单位纬线长度上的经向内力；N_θ 为垂直于经线截面作用在单位经线长度上的纬向内力；P_z 为垂直于壳体表面的轴对称载荷。

式（9-17）和式（9-18）即为旋转薄壳无力矩理论的基本公式。

（2）$J(\varphi)$ 求法

$J(\varphi)$ 有两种求法。

① 积分法　根据式 $J(\varphi) = \displaystyle\int_0^\varphi r r_1 (P_z\cos\varphi - P_\varphi\sin\varphi)\mathrm{d}\varphi + C$ 和边界条件直接求出 $J(\varphi)$。

② 物理意义法　如图 9-5 所示，沿平行圆取微元环的面积为 $\mathrm{d}A = 2\pi r r_1 \mathrm{d}\varphi$，则轴向总载荷为：

$$\int_0^\varphi (P_z\cos\varphi - P_\varphi\sin\varphi)\mathrm{d}A = 2\pi\int_0^\varphi (P_z\cos\varphi - P_\varphi\sin\varphi)r r_1 \mathrm{d}\varphi = 2\pi J(\varphi)$$

由此可见，$J(\varphi)$ 的物理意义是：壳体平行圆单位弧度上所承受的轴向外载荷，单位为 kg。

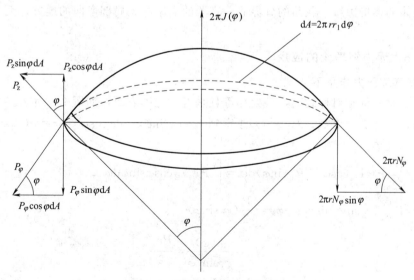

图 9-5　旋转薄壳的区域平衡

（3）求解内力

根据 $J(\varphi)$ 的物理意义和积分法，求出 $J(\varphi)$，再根据区域平衡方程求 N_φ，最后由拉普拉斯方程求出 N_θ 的值。

（4）求解应力

对于薄膜理论不计弯矩的作用，相当于应力沿壁厚均匀分布，故壳体的薄膜应力为

经向应力：

$$\sigma_\varphi = \frac{N_\varphi}{\delta}$$

周向应力：

$$\sigma_\theta = \frac{N_\theta}{\delta}$$

式中，σ_φ 为经向薄膜应力；σ_θ 为周向薄膜应力；δ 为壳体厚度。

9.2.1.4 应用无力矩理论的条件

（1）几何连续性

即壳体应具有连续曲面。在壳体形状有突变的地方（例如曲率发生突变、壳体壁厚突变、材料发生突变等），按无力矩理论分析时，将出现明显的变形不协调，而变形不协调将直接导致局部弯曲，不能应用无力矩理论。

（2）外载连续

即壳体上的外载荷应当是连续的。当有垂直于壳壁的集中力、显著温差、力矩作用、加强圈不连续时，壳体将为有力矩状态。

（3）约束连续

① 壳体边界固定形式应该是自由支承的。当边界上法向位移和转角受到约束，在载荷作用下势必引起壳体弯曲，不能保持无力矩状态。

② 壳体的边界力应当在壳体曲面的切平面内。要求在边界上无横剪力和弯矩，如无折边球形封头与筒体连接处的边界内力。

综上所述，薄壳无力矩状态的存在必须满足壳体几何形状、材料和载荷的连续性，同时须保证壳体具有自由边界。当这些条件之一不能满足，就不能应用无力矩理论去分析。但是对于远离壳体的连接边缘、载荷的分界面、容器的支座等无局部弯曲的地方，无力矩理论的解答仍有效。

9.2.1.5 无力矩理论的应用

（1）在气体压力作用下

气体压力是一种轴对称载荷，各处相等且垂直于壳体表面，如图 9-5 所示。当受气体恒定的内压时，$P_z = P =$ 常数，$P_\varphi = 0$。注意到 $r = r_2 \sin\varphi$，$r_1 d\varphi \cos\varphi = dr = d(r_2 \sin\varphi)$，则对于顶端密封的壳体

$$J(\varphi) = \int_0^\varphi r r_1 (P_z \cos\varphi - P_\varphi \sin\varphi) d\varphi = \int_0^\varphi P r_1 r_2 \cos\varphi \sin\varphi d\varphi$$

$$= P \int_0^\varphi (r_2 \sin\varphi) d(r_2 \sin\varphi) = \frac{P}{2}(r_2 \sin\varphi)^2 \tag{9-19}$$

$$N_\varphi = \frac{J(\varphi)}{r_2 \sin^2\varphi} = \frac{P r_2}{2}$$

$$N_\theta = r_2 \left(P - \frac{N_\varphi}{r_1}\right) = N_\varphi \left(2 - \frac{r_2}{r_1}\right)$$

因此气体压力作用下应力通式为

$$\sigma_\varphi = \frac{P r_2}{2\delta} \tag{9-20}$$

$$\sigma_\theta = \sigma_\varphi \left(2 - \frac{r_2}{r_1} \right) \tag{9-21}$$

由此可见，受气体内压力 P 作用的旋转壳，只要已知壳体的形式，即已知 r_1 和 r_2，可算出薄膜应力与变形。下面论述几种常用壳体的薄膜解。

① 圆柱壳　如图 9-6 所示，$r_1 = \infty$，$r_2 = R = $ 常数，代入式（9-20）、式（9-21）得

$$N_\varphi = \frac{Pr_2}{2} = \frac{PR}{2}, \quad N_\theta = N_\varphi \left(2 - \frac{r_2}{r_1} \right) = 2N_\varphi$$

气体压力作用下圆柱壳应力状态

$$\sigma_\varphi = \frac{PR}{2\delta}, \quad \sigma_\theta = \frac{PR}{\delta}$$

② 圆锥壳　如图 9-7 所示，$r_1 = \infty$，$r_2 = x \tan\alpha$，代入式（9-20）、式（9-21）得气体压力作用下圆锥壳应力状态

$$\sigma_\varphi = \frac{Px \tan\alpha}{2\delta}, \quad \sigma_\theta = \frac{Px \tan\alpha}{\delta}$$

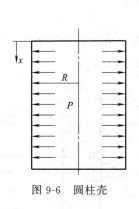

图 9-6　圆柱壳

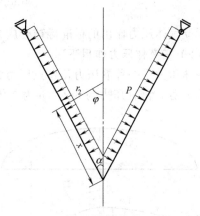

图 9-7　圆锥壳

③ 部分球壳　如图 9-8 所示，球壳的几何形状对称于球心。$r_1 = r_2 = R = $ 常数，代入式（9-20）、式（9-21）得气体压力作用下部分球壳应力状态

$$\sigma_\varphi = \sigma_\theta = \frac{PR}{2\delta}$$

④ 椭球壳　如图 9-9 所示，椭球壳的经线为一椭圆。由前述可知

$$r_1 = ma\psi^3, \quad r_2 = ma\psi$$

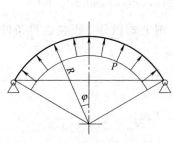

图 9-8　部分球壳

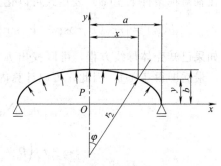

图 9-9　椭球壳

所以得气体压力作用下椭球壳应力状态

$$\sigma_\varphi = \frac{Pma\psi}{2\delta}, \quad \sigma_\theta = \sigma_\varphi\left(2 - \frac{1}{\psi^2}\right)$$

在实际应用中，常用的标准椭圆形封头 $m=2$。因此，在椭圆球壳顶点处 $\varphi=0$，$m=2$ 时，$\psi=1$，则

$$\sigma_\varphi = \sigma_\theta = \frac{Pa}{\delta}$$

在椭圆球壳的赤道上，$\varphi = \frac{\pi}{2}$，$\psi = \frac{1}{2}$，则

$$\sigma_\varphi = \frac{Pa}{2\delta}, \quad \sigma_\theta = \sigma_\varphi\left(2 - \frac{1}{\psi^2}\right) = -\frac{Pa}{\delta}$$

当 $\psi = \frac{1}{\sqrt{2}}$ 时，得 $\sigma_\varphi = \frac{Pa}{\sqrt{2}\delta}$，$\sigma_\theta = 0$。将 $\psi = \frac{1}{\sqrt{2}}$，$m=2$ 代入 ψ 表达式，得

$$\sin\varphi = \frac{1}{\sqrt{3}}, \varphi = \pm 35°22'$$

承受气体压力作用的标准椭球壳应力分布如图 9-10 所示。

（2）在液体压力作用下

液体压力是一种静压力，各点压力将随液体深度而改变。在液面上压力为零，在离液面深度为 h 处，液柱压力为 ρgh（ρ 为液体的密度），如图 9-11 所示。

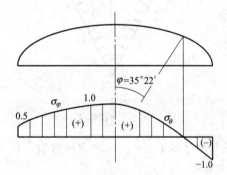

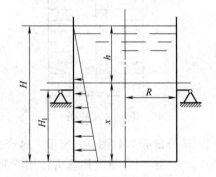

图 9-10　标准椭球壳应力分布　　　　图 9-11　存储液体的圆筒

只有当壳体处于直立位置时，其轴垂直于地面，液体压力才是一种轴对称载荷，其余情况液压是非轴对称载荷。液体压力垂直于壳体表面：$P_\varphi = 0$，$P_z = \rho gh$。

在轴对称条件下 $J(\varphi)$ 表达式可以化为以下形式

$$J(\varphi) = \int rr_1(P_z\cos\varphi - P_\varphi\sin\varphi)d\varphi + C = \rho g\int hr_2r_1\cos\varphi\sin\varphi d\varphi + C \quad (9\text{-}22)$$

如果已知壳体母线方程，可以找出 h 与 φ 的关系，则上式积分，再按边界条件确定常数 C，最后即得 $J(\varphi)$。因此，可以计算内力

$$N_\varphi = \frac{J(\varphi)}{r_2\sin^2\varphi} \quad (9\text{-}23)$$

$$N_\theta = r_2\left(P_z - \frac{N_\varphi}{r_1}\right) = \rho ghr_2 - \frac{r_2}{r_1}N_\varphi \quad (9\text{-}24)$$

例如，如图 9-11 所示，液体压力作用下圆柱壳，液柱高 H，支座距底面高度为 H_1。

$r_1 = \infty$，$r_2 = R = \text{const}$，$\varphi = \dfrac{\pi}{2}$，且 $h = H - x$。

① 在支座以上（$x > H_1$），边界无轴向力，故 $J(\varphi) = 0$，得

$$\sigma_\varphi = 0, \quad \sigma_\theta = \frac{\rho g R}{\delta}(H - x)$$

② 在支座以下（$x < H_1$），轴向总载荷等于液体总重（忽略壳体自重），即 $\pi R^2 H \rho g$，所以

$$J(\varphi) = \frac{\pi R^2 H \rho g}{2\pi} = \frac{R^2}{2} H \rho g$$

由于 $\sin\varphi = 1$，得 $\sigma_\varphi = \dfrac{R\rho g}{2\delta}H$，$\sigma_\theta = \dfrac{R\rho g}{\delta}(H - x)$。

通过对壳体进行应力分析，知道在压力容器中既有普遍存在的薄膜应力，也有局部存在的边缘应力。GB 150《压力容器》是按弹性失效准则来判定容器的强度。它是以壳体中的最大薄膜应力为基本依据，对于由压力引起不同的应力状态（如拉伸、弯曲、扭转、剪切等或其组合）均给予相同的许用应力值，但对容器的结构中存在的一次局部薄膜应力、弯曲应力、二次应力，以及它们的组合，则采用极限分析和安定性分析准则将这些应力控制在与使用经验相吻合的安全水准之上。GB 150《压力容器》的设计计算中，对这些应力的影响，是通过限制元件结构的某些相关尺寸或许用应力增大系数、形状系数等形式计入算式，将这些局部应力控制在许用范围内。

9.2.2　边缘问题

（1）不连续应力产生的原因

工程实际中的壳体结构，绝大部分都是由几种简单的壳体组合连接而成，两个元件连接处的平行圆称为连接边缘。在两壳体连接处，若把两壳体作为自由体，即在内压作用下自由变形，在连接处的薄膜位移和转角一般不相等，而实际上这两个壳体是连接在一起的，即两壳体在连接处的位移和转角必须相等。这样在两个壳体连接处附近形成一种约束，迫使连接处壳体发生局部的弯曲变形，在连接边缘就产生了抵抗这种变形的局部应力，使这一区域的总应力增大。

由于这种总体结构不连续，在连接边缘附近的局部区域出现衰减很快的应力增大现象，称为"不连续效应"或"边缘效应"。由此引起的局部应力称为"不连续应力"或"边缘应力"。

（2）不连续应力的计算方法

不连续应力可以根据一般壳体理论计算，但较复杂。工程上常采用简便的解法，把壳体应力的解分解为两个部分：一是薄膜解，即壳体的无力矩理论的解，它是由于外载荷所产生而必须满足内部和外部的力和力矩的平衡关系的应力，随外载荷的增大而增大，因此，当它超过材料屈服点时就能导致材料的破坏或大面积变形；二是有矩解，即在两壳体连接边缘处切开后，自由边界上受到的边缘力和边缘力矩作用时的有力矩理论的解，它是由于相邻部分材料的约束或结构自身约束所产生的应力，有自限性。因此，它超过材料屈服点时就产生局部屈服或较小的变形，连接边缘处壳体不同的变形就可协调，从而得到一个较有利的应力分布结果。将上述两种解叠加后就可以得到保持组合壳总体结构连续的最终解。现以半球壳与圆柱壳连接的组合壳为例说明。

在内压作用下的半球壳和圆柱壳［图 9-12（a）］连接边缘处沿平行圆切开，两壳体各自的薄膜变形如图 9-12（b）所示。显然，两壳体平行圆径向位移不相等，$w_1^p \neq w_2^p$，但两壳体实际是连成一体的连续结构，因此两壳体的连接处将产生边缘力 Q_0 和边缘力矩 M_0，并引起弯曲变形，见图 9-12（c）、（d）。根据变形连续性条件

$$w_1 = w_2$$

$$\varphi_1 = \varphi_2$$

即弯曲变形与薄膜变形叠加后，两部壳体在连接处的总变形量一定相等，可写出边缘变形的连续性方程（又称变形协调方程）为

$$w_1^p + w_1^{Q_0} + w_1^{M_0} = w_2^p + w_2^{Q_0} + w_2^{M_0}$$

$$\varphi_1^p + \varphi_1^{Q_0} + \varphi_1^{M_0} = \varphi_2^p + \varphi_2^{Q_0} + \varphi_2^{M_0}$$

式中，w^p、w^{Q_0}、w^{M_0} 及 φ^p、φ^{Q_0}、φ^{M_0} 分别表示 p、Q_0 和 M_0 在壳体连接处产生的平行圆径向位移和经线转角，下标 1 表示半球壳，下标 2 表示圆柱壳。其中，p、Q_0、M_0 和位移、转角关系分别用无力矩和有力矩理论求得。以图 9-12（c）和（d）所示左半部分圆筒为对象，径向位移 w 以向外为负，转角 φ 以逆时针为正。

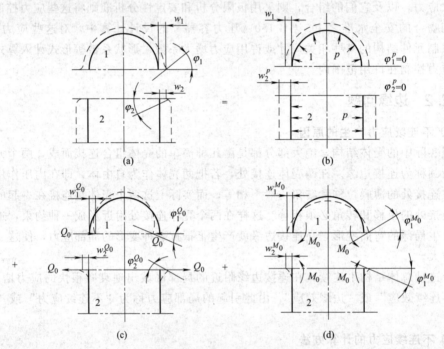

图 9-12　连接边缘的变形

将 p、Q_0、M_0 和变形（位移和转角）的关系式代入以上两个方程，可求出 Q_0、M_0 两个未知边缘载荷，于是可求出边缘弯曲解，它与薄膜解叠加，即得问题的全解。

（3）不连续应力的特性及处理方法

1）不连续应力的特性

① 局部性　不同结构的组合壳，在连接边缘处，有不同的边缘应力，有的边缘效应显著，其应力可达到很大的数值，但它们都有一个共同特性，即影响范围很小，这些应力只存在于连接处附近的局部区域。这种性质称为不连续应力的局部性。例如，受边缘力和力矩作用的圆柱壳，随着离边缘距离 x 的增加，各内力呈指数函数迅速衰减以至消失。

② 自限性　不连续应力的另一个特性是自限性。边缘应力是由于相邻壳体在连接处的薄膜变形不相等，两壳体连接边缘的变形受到弹性约束所致，因此对于用塑性材料制造的壳体，当连接边缘的局部区产生塑性变形，这种弹性约束就开始缓解，变形不会连续发展，边缘应力也自动限制，这种性质称为不连续应力的自限性。

2）不连续应力在工程问题中的处理方法

由于不连续应力具有局部性和自限性，对于受静载荷作用的塑性材料壳体，在设计中一般不作具体计算，仅采取结构上作局部处理的办法来限制其应力水平。但对于脆性材料壳体、经受疲劳载荷或低温的壳体等，过高的不连续应力可能导致壳体的疲劳失效或脆性破坏，因而在设计中应按有关规定计算并限制不连续应力。

9.3　内压圆筒设计

圆筒形容器是最常见的一种压力容器结构形式，结构简单、易于制造、便于在内部装设附件，被广泛用作反应器、换热器、分离器和中小容积储存容器。

9.3.1　内压圆筒设计问题

内压圆筒设计问题主要是指根据化工生产工艺提出的条件确定设计所需的参数，选定材料和结构形式，通过强度计算确定筒体及封头的壁厚。

① 由应力分析可知，中径为 D、壁厚为 δ 的圆筒形壳体，承受均匀介质内压 p 时，其器壁中产生如下经向和周向薄膜应力

$$\sigma_\varphi = \frac{pD}{4\delta}, \quad \sigma_\theta = \frac{pD}{2\delta} \tag{9-25}$$

式中，δ 为计算厚度，mm；D 为圆筒中面直径，mm。

② 按第一强度理论和第三强度理论所得筒壁上一点的相当应力均为 $pD/2\delta$，即 $\sigma_1 = \sigma_\theta$，按薄膜应力强度条件，则有

$$\sigma_1 = \sigma_\theta = \frac{pD}{2\delta} \leqslant [\sigma]^t \tag{9-26}$$

式中，$[\sigma]^t$ 为钢材在设计温度下的许用应力。

③ 容器的筒体一般由钢板卷焊而成，考虑焊缝对筒体强度可能产生的不利影响，应将钢板的许用应力乘以焊接接头系数 ϕ 来表示圆筒的许用应力强度，因此式（9-26）成为

$$\sigma_1 = \sigma_\theta = \frac{pD}{2\delta} \leqslant [\sigma]^t \phi \tag{9-27}$$

④ 由工艺条件确定的是圆筒的公称直径。

a. 卷制的圆筒　对卷制的圆筒公称直径是其内直径 D_i，为了方便起见，利用 $D = D_i + \delta$ 的关系，即可计算壁厚

$$\frac{p(D_i + \delta)}{2\delta} \leqslant [\sigma]^t \phi \tag{9-28}$$

整理式（9-28）可解出 δ

$$\delta = \frac{pD_i}{2[\sigma]^t \phi - p} \tag{9-29}$$

设计时，应以计算压力 p_c 代替上式中的 p，即

$$\delta = \frac{p_c D_i}{2[\sigma]^t \phi - p_c} \tag{9-30}$$

式中，δ 为计算厚度，mm；p_c 为计算压力，MPa；D_i 为圆筒内直径，mm；ϕ 为焊接接头系数；$[\sigma]^t$ 为钢材在设计温度下的许用应力，MPa。

b. 无缝钢管作筒体　采用无缝钢管作筒体时，公称直径是其外直径 D_o，而 $D = D_o - \delta$，代入式（9-27）可得

$$\delta = \frac{p_c D_o}{2[\sigma]^t \phi + p_c} \tag{9-31}$$

需要说明的是：式（9-30）、式（9-31）是由薄壳理论推导出来的，适合于 $K \leqslant 1.2$。但作为工程设计，由于采用了最大拉应力准则，引入了材料设计系数，故可将其适用的厚度范围略加扩大，因此，GB 150 中规定式（9-30）的适用范围为 $p_c \leqslant 0.4[\sigma]^t \phi$。

⑤ 考虑容器的使用年限及容器内介质腐蚀情况和容器工作环境、工作状态，以及机械磨损所造成的壁厚减薄，为了保证使用寿命期间容器能正常工作，器壁因被腐蚀而减薄的厚度应预先考虑进去，因此引入腐蚀裕度 C_2，即得设计厚度

$$\delta_d = \delta + C_2 \tag{9-32}$$

⑥ 钢板或钢管在轧制过程中，其厚度必然有正、负偏差存在，负偏差的钢板（或钢管）使容器的壁厚减薄，削弱了强度，应予补足。因此，引入钢板负偏差 C_1。

⑦ 考虑到钢板的标准系列化问题，故引入圆整值 Δ。即名义厚度为

$$\delta_n = \delta + C_1 + C_2 + \Delta \tag{9-33}$$

⑧ 容器在使用年限中，能确保正常工作的厚度，也就是说容器到达使用年限时仍有一定厚度的金属可承受外力作用，这部分金属就是有效厚度，即

$$\delta_e = \delta + \Delta \tag{9-34}$$

⑨ 对于压力较低的容器，按强度公式计算出来的厚度很薄，往往会给制造和运输、吊装带来困难，为此，为了满足制造工艺要求以及运输和安装过程中的刚度要求，规定壳体加工成型后满足不包括腐蚀裕量的最小厚度 δ_{min}。

9.3.2　内压圆筒校核问题

内压圆筒校核问题通常包括两种：一是容器在校核压力的作用下应力是否满足强度要求；二是现有容器所能承受的最大工作压力能否满足操作需要。例如：容器在液压试验和气压试验前都要进行应力校核，而使用现有容器之前必须对其最大允许工作压力进行计算。

① 应力校核　当已知圆筒尺寸，需要对圆筒进行强度校核时，可按下式进行

$$\sigma_t = \frac{p_c(D_i + \delta_e)}{2\delta_e} \leqslant [\sigma]^t \phi \tag{9-35}$$

式中，σ_t 为设计温度下圆筒的计算应力，MPa。

② 最大允许工作压力校核　圆筒的最大允许工作压力 $[p_w]$ 为

$$[p_w] = \frac{2\delta_e[\sigma]^t \phi}{D_i + \delta_e} \tag{9-36}$$

9.3.3　内压圆筒设计技术参数的确定

（1）容器内直径 D_i

容器筒体的内径应符合 GB/T 9019《压力容器公称直径》的规定。由于容器的筒体要与法兰、支座相配，因此筒体制定了公称直径系列，法兰、支座标准是按容器的公称直径系列制定的。

① 对于用钢板卷焊的筒体，规定用筒体的内径作为公称直径，其系列尺寸（mm）为：300、350、400、450、500、550、600、650、700、750、800、850、900、950、1000，1000 以后到最大值 13200，中间每隔 100 设置一个直径档次。

② 如果用无缝钢管作筒体，规定用钢管的外径作为筒体的公称直径，系列尺寸（mm）为：150、200、350、300、350、400；对应钢管外径为：168、219、237、325、356、406。

（2）设计温度 t

设计温度 t 指容器在正常工作情况下，设定的元件的金属温度（沿元件金属截面的温度平均值）。设计温度与设计压力一起作为设计载荷条件。

确定容器的设计温度时应注意以下几点。

① 设计温度不得低于元件金属在工作状态可能达到的最高温度。对于 0℃ 以下的金属温度，设计温度不得高于元件金属可能达到的最低温度。

② 容器各部分在工作状态下的金属温度不同时，可分别设定每部分的设计温度。

③ 元件的金属温度可用传热计算求得，或在已使用的同类容器上测定，或按内部介质温度确定。

设计温度与设计压力存在对应关系。当压力容器具有不同的操作工况时，应按最苛刻的压力与温度的组合设定容器的设计条件，而不能按其在不同工况下各自的最苛刻条件确定设计温度和设计压力。

（3）压力

1）工作压力 p_w

工作压力指在正常工作情况下，容器顶部可能达到的最高压力。

2）设计压力

设计压力指设定的容器顶部的最高压力，与相应的设计温度一起作为设计载荷条件，其值不低于工作压力。

内压容器确定设计压力时应遵守如下规定：

① 容器上安装有安全泄放装置时，其设计压力不得低于安全阀的开启压力和爆破片装置的爆破压力。

一般根据容器的工作压力 p_w 确定安全阀的开启压力 p_z，取 $p_z \leqslant (1.05 \sim 1.1)p_w$；装有爆破片的容器取 $p_z \leqslant (1.15 \sim 1.75)p_w$；当 $p_z < 0.18\text{MPa}$ 时，可适当提高 p_z 相对于 p_w 的值。

取容器的设计压力等于或稍大于 p_z，即 $p \geqslant p_z$。

② 对于盛装液化气体的容器，在规定的充装系数范围内，设计压力应根据工作条件下可能达到的金属温度确定。

盛装液化气体的压力容器设计储存量，不得超过下式的计算值

$$W = \phi_V d_t V \tag{9-37}$$

式中，W 为储存量，kg；ϕ_V 为装量系数，一般取 0.9，容积经实际测定者可取大于 0.9，

但不得大于 0.95；d_t 为设计温度下的饱和液体密度，kg/m^3；V 为压力容器的容积，m^3。

　　a. 盛装临界温度高于 50℃的液化气体的压力容器　当设计有可靠的保冷设施时，设计压力为液化气体在可能达到的最高工作温度下的饱和蒸汽压力；当无保冷设施时，设计压力不得低于该液化气体在 50℃时的饱和蒸汽压力。

　　b. 盛装临界温度低于 50℃的液化气体的压力容器　当设计有可靠的保冷设施并能确保低温储存时，设计压力不得低于试验实测的最高温度下的饱和蒸汽压力；没有实测数据或没有保冷设施的压力容器，设计压力不得低于所装液化气体在规定的最大充装量时，温度为50℃的气体压力。

　　c. 常温下盛装混合液化石油气的压力容器　以 50℃为设计温度，当其 50℃时的饱和蒸汽压力低于异丁烷 50℃的饱和蒸汽压力时，取 50℃异丁烷的饱和蒸汽压力为设计压力。

　　3）计算压力 p_c

　　计算压力指在相应设计温度下，用以确定元件厚度的压力，其中包括液柱静压力。当元件所承受的液柱静压力小于 5%设计压力时，可忽略不计。

　　（4）许用应力 $[\sigma]$、$[\sigma]^t$

　　许用应力是容器壳体、封头等受压元件材料的许用强度，取材料强度失效判据的极限值与相应的材料设计系数之比。设计时必须合理地选择材料的许用应力，采用过小的许用应力会使设计的部件过分笨重而浪费材料，反之则使部件过于单薄而容易破损。

　　1）材料强度失效判据的极限值

　　材料强度失效判据的极限值可以用各种不同的方式表示，如屈服点 σ_s（或 $\sigma_{0.2}$）、抗拉强度 σ_b、持久强度 σ_D、蠕变极限 σ_n 等。应根据失效类型来确定极限值。

　　① 在蠕变温度以下　在蠕变温度以下，通常取材料常温下最低抗拉强度 σ_b、常温或设计温度下的屈服点 σ_s 或 σ_s^t，三者除以各自的材料设计系数后所得到的最小值，作为压力容器受压元件设计时的许用应力，即按下式取值

$$[\sigma]=\min\left\{\frac{\sigma_b}{n_b},\frac{\sigma_s}{n_s},\frac{\sigma_s^t}{n_s}\right\} \tag{9-38}$$

　　也就是说在设计受压元件时，以抗拉强度和屈服点同时来控制许用应力。因为对韧性材料制造的容器，按弹性失效设计准则，容器总体部位的最大应力强度应低于材料的屈服点，故许用应力应以屈服点为基准。目前在压力容器设计中，不少规范同时用抗拉强度作为计算许用应力的基准，其目的是为能在一定程度上防止断裂失效。

　　② 在蠕变温度以上　当碳素钢或低合金钢的设计温度超过 420℃，铬钼合金钢设计温度高于 450℃，奥氏体不锈钢设计温度高于 550℃时，有可能产生蠕变，因而必须同时考虑基于高温蠕变极限或持久强度的许用应力，即

$$[\sigma^t]=\frac{\sigma_D^t}{n}\quad\text{或}\quad[\sigma^t]=\frac{\sigma_n^t}{n} \tag{9-39}$$

　　2）材料设计系数

　　材料设计系数是一个强度"保险"系数，主要是为了保证受压元件强度有足够的安全储备量，其大小与应力计算的精确性、材料性能的均匀性、载荷的确切程度、制造工艺和使用管理的先进性以及检验水平等因素有着密切关系。材料设计系数数值的确定，不仅需要一定的理论分析，更需要长期实践经验积累。近年来，随着生产的发展和科学研究的深入，对压力容器设计、制造、检验和使用的认识日益全面、深刻，材料设计系数也逐步降低。例如，20 世纪 50 年代我国取 $n_b\geqslant4.0$，$n_s\geqslant3.0$，而现在则为 $n_b\geqslant3.0$，$n_s\geqslant1.6$（或 1.5）。

　　GB 150 给出了钢板、钢管、锻件以及螺栓材料在设计温度下的许用应力值，同时也列出了确定钢材许用应力的依据，表 9-1 所示为钢材（除螺栓材料外）许用应力的确定依据。设计计算时许用应力可直接从许用应力表中查得，也可按表 9-1 规定求得，但须注意钢板许用应力往往随钢板厚度增加或温度升高而降低。螺栓的许用应力应依据材料的不同状态和直径大小而定。为保证螺栓法兰连接结构的密封性，须严格控制螺栓的弹性变形。一般情况下，螺栓材料的许用应力取值比其他受压元件材料低；同时为防止小直径螺栓在安装时断裂，小直径螺栓的许用应力也比大直径的低。

表 9-1　钢制压力容器用材料许用应力的取值方法

材　　　料	许用应力 （取下列各值中的最小值）/MPa
碳素钢、低合金钢、铁素体高合金钢	$\dfrac{\sigma_b}{3.0}, \dfrac{\sigma_s}{1.6}, \dfrac{\sigma_s^t}{1.6}, \dfrac{\sigma_D^t}{1.5}, \dfrac{\sigma_n^t}{1.0}$
奥氏体高合金钢	$\dfrac{\sigma_b}{3.0}, \dfrac{\sigma_s(\sigma_{0.2})}{1.5}, \dfrac{\sigma_s^t(\sigma_{0.2}^t)}{1.5}, \dfrac{\sigma_D^t}{1.5}, \dfrac{\sigma_n^t}{1.0}$

　　注：对奥氏体高合金钢制受压元件，当设计温度低于蠕变范围，且允许有微量的永久变形时，可适当提高许用应力至 $0.9\sigma_s^t$（$\sigma_{0.2}^t$），但不得超过 $\dfrac{\sigma_s(\sigma_{0.2})}{1.5}$。此规定不适用于法兰或其他有微量永久变形就产生泄漏或故障的场合。

（5）焊接接头系数 ϕ

　　通过焊接制成的容器，其焊缝中由于可能存在夹渣、未熔透、裂纹、气孔等焊接缺陷，且在焊缝的热影响区很容易形成粗大晶粒而使母材强度或塑性有所降低，因此焊缝往往成为容器强度比较薄弱的环节。为弥补焊缝对容器整体强度的削弱，在强度计算中需引入焊接接头系数。焊接接头系数表示焊缝金属与母材强度的比值，用 ϕ 表示。反映容器强度受削弱的程度。

　　影响焊接接头系数大小的因素较多，但主要与焊接接头形式和焊缝无损检测的要求及长度比例有关。钢制压力容器的焊接接头系数可按表 9-2 选取。

表 9-2　钢制压力容器的焊接接头系数值

焊接接头形式	无损检测比例	ϕ 值	焊接接头形式	无损检测比例	ϕ 值
双面焊对接接头和相当于双面焊的全熔透对接接头	100%	1.00	单面焊对接接头（沿焊缝根部全长有紧贴基本金属的垫板）	100%	0.90
	局部	0.85		局部	0.80

（6）壁厚

　　① 计算厚度 δ 是指按公式计算得到的厚度，不包括厚度附加量，如式（9-30）、式（9-31）所示。需要时，尚应计入其他载荷所需厚度。

　　② 设计厚度 δ_d 是指计算厚度与腐蚀裕量之和，即 $\delta_d = \delta + C_2$。

　　③ 名义厚度 δ_n 是指设计厚度加上钢材厚度负偏差后向上圆整至钢材标准规格的厚度，是标注在图样上的厚度，即 $\delta_n = \delta_d + C_1 + \Delta$（圆整值）。

　　常用的钢板标准规格厚度见表 9-3。

表 9-3　常用的钢板标准规格厚度　　　　　　　　　　单位：mm

2.0	2.5	3.0	3.5	4.0	4.5	(5.0)	6.0	7.0	8.0	9.0	10	11	12	14
16	18	20	22	25	28	30	32	34	36	38	40	42	46	50
55	60	65	70	75	80	85	90	95	100	105	110	115	120	125
130	140	150	160	165	170	180	185	190	195	200				

　　注：5.0mm 为不锈钢钢板采用厚度。

④ 有效厚度 δ_e 是指名义厚度减去腐蚀裕量和钢材厚度负偏差，即 $\delta_e = \delta_n - C_1 - C_2$。

⑤ 最小厚度 δ_{min} 为壳体加工成型后不包括腐蚀裕量的最小厚度，对碳素钢、低合金钢制容器，不小于 3mm；对高合金钢制容器，不小于 2mm。

（7）厚度附加量

厚度附加量 C 由钢材厚度负偏差 C_1 和腐蚀裕量 C_2 组成，即 $C = C_1 + C_2$。

① 钢板或钢管厚度负偏差　钢板或钢管的厚度偏差应按相应钢材标准的规定选取。

GB/T 713—2014《锅炉和压力容器用钢板》和 GB/T 3531—2014《低温压力容器用钢板》规定，其中列举的压力容器专用钢板的厚度允许偏差应符合 GB/T 709 的规定，且按 GB/T 709 的 B 类偏差。而 GB/T 709 的 B 类偏差为固定负偏差 0.3mm，因此 Q245R、Q345R 和 16MnDR 等压力容器常用钢板的负偏差均为 0.3mm。

其他常用钢板的厚度负偏差见表 9-4。

表 9-4　其他常用钢板的厚度负偏差 C_1　　　　　　单位：mm

项　　　目	钢 板 标 准			
	GB/T 3274	GB/T 3280	GB/T 4237	GB/T 4238
钢板厚度	>5.5~7.5	>7.5~25	>25~30	>30~34
负偏差 C_1	0.6	0.8	0.9	1.0
项　　　目	钢 板 标 准			
	GB/T 3274	GB/T 3280	GB/T 4237	GB/T 4238
钢板厚度	>34~40	>40~50	>50~60	>60~80
负偏差 C_1	1.1	1.2	1.3	1.8

② 腐蚀裕量　为防止容器元件由于腐蚀、机械磨损而导致厚度削弱减薄，应考虑腐蚀裕量，对有腐蚀或磨损的元件，应根据预期的容器寿命和介质对金属材料的腐蚀速率确定腐蚀裕量

$$C_2 = K_a B \tag{9-40}$$

式中，K_a 为腐蚀速率，mm/a；B 为容器设计寿命，通常取 10~15 年。

也可以根据腐蚀速率直接选取 C_2：当材料的腐蚀速率为 0.05~0.1mm/a 时，单面腐蚀取 $C_2 = 1~2mm$，双面腐蚀取 $C_2 = 2~4mm$；当材料的腐蚀速率小于或等于 0.05mm/a 时，单面腐蚀取 $C_2 = 1mm$，双面腐蚀取 $C_2 = 2mm$。

一般情况下，介质为压缩空气、水蒸气或水的碳素钢或低合金钢制容器，腐蚀裕量 C_2 不小于 1mm。对于不锈钢，当介质的腐蚀性极微时，可不计腐蚀裕量，$C_2 = 0$。

9.4　内压球壳设计

（1）设计问题

球壳的计算厚度按式（9-41）计算，此公式适用于设计压力 $p_c \leqslant 0.4[\sigma]^t \phi$ 的范围

$$\begin{cases} \delta = \dfrac{p_c D_i}{4[\sigma]^t \phi - p_c} \\[3mm] \delta = \dfrac{p_c D_o}{4[\sigma]^t \phi + p_c} \end{cases} \tag{9-41}$$

式中，δ 为球壳的计算厚度，mm；D_i 为球壳的内直径；D_o 为球壳的外直径，mm；

p_c 为计算压力，MPa；$[\sigma]^t$ 为设计温度下球壳材料的许用应力，MPa；ϕ 为焊接接头系数。

（2）校核问题

球壳的薄膜应力按式（9-42）校核

$$\begin{cases} \sigma^t = \dfrac{p_c(D_i + \delta_e)}{4\delta_e} \leqslant [\sigma]^t \phi \\[3mm] \sigma^t = \dfrac{p_c(D_o - \delta_e)}{4\delta_e} \leqslant [\sigma]^t \phi \end{cases} \tag{9-42}$$

式中，δ_e 为球壳的有效厚度，mm。

9.5　内压封头设计

封头是容器的重要组成部分，常见的有凸形封头、锥形封头和平板封头。这些封头在强度和制造等方面各有特点，采用什么样的封头要根据工艺条件的要求、制造的难易程度和材料的消耗等情况来决定。

9.5.1　内压凸形封头设计

凸形封头包括半球形封头、椭圆形封头、碟形封头、球冠形封头，如图 9-13 所示。

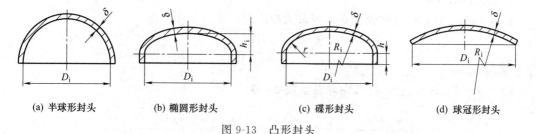

|(a) 半球形封头|(b) 椭圆形封头|(c) 碟形封头|(d) 球冠形封头|

图 9-13　凸形封头

（1）半球形封头

① 壁厚计算　半球形封头由半个球壳构成，如图 9-13（a）所示。故按薄膜应力理论计算，其厚度公式与球形容器相同，即

$$\delta = \frac{p_c D_i}{4[\sigma]^t \phi - p_c} \tag{9-43}$$

② 计算说明：

a. 为满足弹性要求，将式（9-43）的适用范围限于 $p_c \leqslant 0.4[\sigma]^t \phi$，相当于 $K = \dfrac{D_o}{D_i} \leqslant 1.33$。

b. 考虑腐蚀裕量和钢材厚度负偏差后，再向上圆整至钢板标准规格，即为封头的名义厚度，即

$$\delta_n = \delta + C_1 + C_2 + \Delta$$

c. 封头冲压时的加工减薄量由制造厂家根据经验确定，但制成后封头的实际厚度不得小于其名义厚度值。

③ 半球形封头的特点　半球形封头与球形容器具有相同的优点，即在同样容积下其表面积最小；在同样的承压条件下，其所需壁厚最薄，所以节省材料，强度好。但由于半球形

封头深度大，整体冲压成型困难，尤其是当直径比较小时。对于大直径（直径超过 2.5m）的半球形封头，可用数块钢板成型后拼焊而成，但尺寸不易准确，拼接工作量较大。封头由顶圆和瓣片拼接制成时，焊缝方向只允许是经向的和周向的，且不相交焊缝之间的最小距离应不小于封头名义厚度的 3 倍，且不小于 100mm。

④ 应用　半球形封头常用于高压容器上。

（2）椭圆形封头

椭圆形封头是由半个椭球壳和短圆筒组成，如图 9-13（b）所示。

① 壁厚计算　根据椭圆形封头力学分析可知：$r_1 = ma\psi^3$，$r_2 = ma\psi$；$\psi = \dfrac{1}{\sqrt{(m^2-1)\sin^2\varphi + 1}}$。其两向应力为：$\sigma_\varphi = \dfrac{pma\psi}{2\delta}$，$\sigma_\theta = \sigma_\varphi\left(2 - \dfrac{1}{\psi^2}\right)$。$m = a/b$。$a$、$b$ 为椭圆长、短半轴。

由分析可知：σ_φ、σ_θ 取得极值，ψ 应取得极值，$(m^2-1)\sin^2\varphi + 1$ 也应取得极值。$(m^2-1)\sin^2\varphi + 1$ 对 φ 求导得：$2(m^2-1)\sin\varphi\cos\varphi = 0$，$\sin^2\varphi = 0$。$\varphi = 0$、$\varphi = \dfrac{\pi}{2}$ 是极值点。

椭球壳顶点：$\varphi = 0$，$\psi = 1$。$\sigma_\varphi = \dfrac{pma}{2\delta}$，$\sigma_\theta = \sigma_\varphi$。

椭球壳赤道上：$\varphi = \dfrac{\pi}{2}$，$\psi = \dfrac{1}{m}$。$\sigma_\varphi = \dfrac{pa}{2\delta}$，$\sigma_\theta = \sigma_\varphi(2 - m^2)$。

由此可以分析：

a. 当 $m \leqslant 2$ 时，在椭球壳顶点出现最大拉应力，根据强度判据：

$$\frac{pma}{2\delta} = \frac{pmD}{4\delta} \leqslant [\sigma]$$

$D = D_i + \delta$，$m = \dfrac{D_i}{2h_i}$，再考虑焊缝系数 φ，则

$$\delta = \frac{mpD_i}{4[\sigma]^t\varphi - mp} = \frac{pD_i}{2[\sigma]^t - 0.5mp}\left(\frac{m}{2}\right) \approx \frac{pD_i}{2[\sigma]^t - 0.5p}\left(\frac{D_i}{4h_i}\right) \tag{a}$$

b. 当 $m > 2$ 时，$2 - m^2 > 2$，椭球壳赤道上出现很大的周向压应力，其绝对值远大于顶点应力。为了考虑这种变化对强度的影响，引入应力增强系数 K，则

$$\delta = \frac{KpD_i}{2[\sigma]^t - 0.5p} \tag{b}$$

式中，K 是一个经验关系式，$K = \dfrac{1}{6}\left[2 + \left(\dfrac{D_i}{2h_i}\right)^2\right]$。当 $\dfrac{D_i}{2h_i} \leqslant 2$ 时，用 $K \approx \dfrac{D_i}{4h_i}$ 式替代。因此，综合起来，我国容器标准中给出的椭圆形封头厚度计算公式如下

$$\delta = \frac{Kp_cD_i}{2[\sigma]^t\phi - 0.5p_c} \tag{9-44}$$

计算说明：

a. 封头中最大应力的位置和大小均随椭圆形封头长轴与短轴之比 a/b 的改变而变化。试验及研究表明，最大应力的位置和大小均随 a/b 的变化而变化，GB 150—2011 中规定，在 $a/b \leqslant 2.6$ 的情况下，最大应力与薄膜应力的比值可用 K 表示，即 $K = \dfrac{\text{封头上最大总应力}}{\text{圆筒上周向薄膜应力}}$，相当于 $2K = \dfrac{\text{封头上最大总应力}}{\text{球壳上薄膜应力}}$。

b. 式（a）中分母部分按薄膜理论推导应该是 mp，但考虑到 $2[\sigma]^t\varphi \gg 0.5mp$，因此，可以将分母中 $0.5mp$ 近似地等于 $0.5p$。这样对整个分母数值的影响很小。分母中的 0.5 是考虑对理论计算的修正，同时也考虑到与半球形封头公式的一致性。

c. 从强度上避免了封头发生屈服。然而根据应力分析，承受内压的标准椭圆形封头在过渡转角区存在着较高的周向压应力，这样内压椭圆形封头虽然满足强度要求，但仍有可能发生周向皱褶而导致局部屈曲失效。特别是大直径、薄壁椭圆形封头，很容易在弹性范围内失去稳定而遭受破坏。因此，工程上一般都采用限制椭圆形封头最小厚度的方法，如 GB 150 规定标准椭圆形封头的有效厚度应不小于封头内直径的 0.15%，非标准椭圆形封头的有效厚度应不小于 0.30%。

d. 对于标准椭圆形封头 $(a/b=2)$，$K=1$，则

$$\delta = \frac{p_c D_i}{2[\sigma]^t \phi - 0.5p_c} \tag{9-45}$$

② 椭圆形封头的特点

a. 直边的作用是使封头与圆筒相连接的焊缝避开半椭球壳与圆柱壳的连接边缘，以避免焊接热应力与边缘应力相叠加的不利情况。封头的直边高度一般为 25～50mm。直边段可以避免封头和圆筒的连接焊缝处出现经向曲率半径突变，改善焊缝的受力状况。

b. 由于封头的椭球部分经线曲率变化平滑连续，故应力分布比较均匀。

c. 椭圆形封头深度小得多，易于冲压成型。

d. 受内压椭圆形封头中的应力，包括由内压引起的薄膜应力和封头与圆筒连接处不连续应力。研究分析表明，在一定条件下，椭圆形封头中的最大应力和圆筒周向薄膜应力的比值，与椭圆形封头长轴与短轴之比 a/b 的关系有关。

③ 工作压力校核　椭圆形封头的最大允许工作压力按下式确定

$$[p_w] = \frac{2[\sigma]^t \phi \delta_e}{KD_i + 0.5\delta_e} \tag{9-46}$$

④ 应用　椭圆形封头多用于中、低压容器中。

（3）碟形封头

碟形封头又称带折边的球形封头，由三部分组成，如图 9-13（c）所示。第一部分是以 R_i 为半径的中央球面部分，第二部分是高度为 h 的直边部分，第三部分是连接这两部分的过渡区，即曲率半径为 r 的曲面。

① 壁厚计算　碟形封头壁厚公式

$$\delta = \frac{Mp_c R_i}{2[\sigma]^t \phi - 0.5p_c} \tag{9-47}$$

计算说明：

a. 由半球壳厚度计算式乘以 M 可得碟形封头的厚度计算式，上述公式是采用球壳的基本公式，计入封头上连接边缘处的弯曲应力与拉伸应力，用应力增强系数 M 予以调整，M 值计算式系试验所得。

b. 形状系数 M，又称为碟形封头应力增强系数，即碟形封头过渡区总应力为球面部分应力的 M 倍。引入形状系数是考虑了过渡圆弧与球面连接处经线曲率突变产生的边缘应力的影响。

$$M = \frac{1}{4}\left(3 + \sqrt{\frac{R_i}{r}}\right) \tag{9-48}$$

c. 与椭圆形封头相仿，内压作用下的碟形封头过渡区也存在着周向弯曲问题，为此 GB

150 规定，对于 $M \leqslant 1.34$ 的碟形封头，其有效厚度应不小于内直径的 0.15%，$M > 1.34$ 的碟形封头的有效厚度应不小于 0.30%。

d. 碟形封头的强度与过渡区半径 r 有关，r 过小，则封头应力过大。因而，将封头的形状限于 $r \geqslant 0.01D_i$，$r \geqslant 3\delta$，且 $R_i \leqslant D_i$。对于标准碟形封头 $R_i = 0.9D_i$，$r = 0.17D_i$。

② 碟形封头的特点

a. 碟形封头与椭圆形封头不同，从几何形状看，为一不连续曲面，在曲率半径不同的两个曲面连接处，由于曲率的较大变化而存在着较大弯曲应力。此弯曲应力与薄膜应力叠加的结果，使该部位的应力远远高于其他部分。因此碟形封头不像椭圆形封头那样，应力分布比较均匀、缓和，因而在工程使用中并不理想。

b. 由于存在较大的边缘应力，严格地讲受内压碟形封头的应力分析计算应采用有力矩理论，但其求解甚为复杂。对碟形封头的失效研究表明，在内压作用下，过渡环壳包括不连续应力在内的总应力总比中心球面部分的总应力大。

c. 碟形封头的主要优点是便于手工加工成型，只要有球面胎具和折边胎具就可用人工锻打的方法成型，且可在安装现场制造。

d. 主要缺点是存在较大的边缘应力，受力情况不如椭圆形封头好。另外因手工锻打加工时间长，加热时氧化皮脱落严重，并且经多次锻打后，加工减薄量比较大。因此目前多数工厂已经不采用碟形封头，而以椭圆形封头代之。

③ 工作压力校核　承受内压碟形封头的最大允许工作压力按式（9-49）计算

$$[p_w] = \frac{2[\sigma]^t \phi \delta_e}{2[\sigma]^t \phi - 0.5p_c} \tag{9-49}$$

④ 应用　一般仅在安装现场制造大型常压或低压圆筒形储罐时，采用碟形封头。

（4）球冠形封头

为了进一步降低封头的高度，当碟形封头的 $r = 0$ 时，即成为球冠形封头，因此球冠形封头也称无折边球形封头。它是部分球面与圆筒直接连接，如图 9-13（d）所示。

① 壁厚计算　受内压（凹面受压）球冠形封头的计算厚度按式（9-50）计算

$$\delta = \frac{Qp_c D_i}{2[\sigma]^t \phi - p_c} \tag{9-50}$$

计算说明：

a. 系数 Q，可由 GB 150.3—2011 图 5-5 查取。

b. 在任何情况下，与球冠形封头连接的圆筒厚度应不小于封头厚度。否则，应在封头与圆筒间设置加强段过渡连接。圆筒加强段的厚度应与封头等厚。

② 球冠形封头的特点

a. 球冠形封头的内半径一般不大于筒体内直径（通常取 $R_i = 0.9D_i \sim D_i$）。在球面部分与筒体连接处，两壳体无公切线，且曲率半径有突变，因而其边缘应力相当大。

b. 由于球面与圆筒连接处没有转角过渡，所以在连接处附近的封头和圆筒上都存在相当大的不连续应力，其应力分布不甚合理。封头与圆筒连接的 T 形接头必须采用全焊透结构。

c. 结构简单、制造方便。

③ 应用　常用作容器中两独立受压室的中间封头，也可用作封头。一般只用于压力不高的场合。

9.5.2　内压锥形封头厚度计算

锥壳的强度由锥壳部分内压引起的薄膜应力和锥壳两端与圆筒连接处的边缘应力决定。锥壳设计时，应分别计算锥壳厚度、锥壳大端和小端加强段厚度。若考虑只有一种厚度组成时，则取上述各部分厚度中的最大值。

9.5.2.1　结构特点

轴对称锥壳可分为无折边锥壳和折边锥壳，如图 9-14 所示。结构特点如下。

① 对于锥壳大端，当锥壳半顶角 $\alpha \leqslant 30°$时，可以采用无折边结构，如图 9-14（a）所示；当 $\alpha > 30°$时，应采用带过渡段的折边结构，否则应按应力分析方法进行设计，大端折边锥壳的过渡段转角半径 r 应不小于封头大端内直径 D_i 的 10%，且不小于该过渡段厚度的 3 倍，如图 9-14（b）所示。

② 对于锥壳小端，当锥壳半顶角 $\alpha \leqslant 45°$，可以采用无折边结构，如图 9-14（a）所示；当 $\alpha > 45°$时，应采用带过渡段的折边结构。小端折边锥壳的过渡段转角半径 r_s 应不小于封头小端内直径 D_{is} 的 5%，且不小于该过渡段厚度的 3 倍，如图 9-14（c）所示。

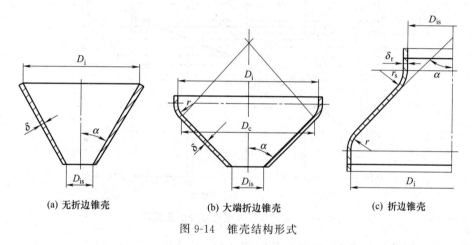

(a) 无折边锥壳　　　　　(b) 大端折边锥壳　　　　　(c) 折边锥壳

图 9-14　锥壳结构形式

③ 当锥壳半顶角 $\alpha > 60°$时，其厚度应按平盖计算，也可用应力分析方法确定。

④ 需要时，锥壳也可以由同一半顶角的几个不同厚度的锥壳段组成。锥壳与圆筒的连接应采用全焊透结构。

⑤ 采用锥壳做封头时，为了降低连接处的边缘应力，采用以下两种方法：一是将连接处附近的封头及筒体厚度增大，这种方法叫局部加强；二是在封头与筒体间增加一个过渡圆弧，这种封头叫带折边的锥形封头。

9.5.2.2　锥壳设计计算

（1）受内压无折边锥壳

1）圆锥壳体的厚度

按无力矩理论，最大薄膜应力发生在锥壳大端，即为锥壳大端周向应力 σ_θ，即

$$\sigma_\theta = \frac{pD}{2\delta\cos\alpha}$$

由最大拉应力准则，并取 $D = D_c + \delta_c\cos\alpha$，可得厚度计算式

$$\delta_c = \frac{p_c D_c}{2[\sigma]^t \phi - p_c} \times \frac{1}{\cos\alpha} \tag{9-51}$$

式中，D_c 为锥壳计算内直径，mm；δ_c 为锥壳计算厚度，mm；α 为锥壳半顶角，(°)。当锥壳由同一半顶角的几个不同厚度的锥壳段组成时，式中 D_c 分别为各锥壳段大端内直径。

2）锥壳大端与圆筒连接时厚度

在锥壳大端与圆筒连接处，曲率半径发生突变，同时两壳体的经向内力不能完全平衡，锥壳将附加给圆柱壳边缘一横向推力。由于连接处的几何不连续和横向推力的存在，使两壳体连接边缘产生显著的边缘应力。因边缘应力具有自限性，可将最大应力限制在 $3[\sigma]^t$ 内。

承受内压无折边锥形封头，当其锥壳大端与圆筒连接时，应按以下步骤确定连接处封头大端的厚度。

① 按图 9-15 确定是否需要在连接处进行加强。

② 根据图 9-15，若坐标点 $[p_c/([\sigma]^t\phi), \alpha]$ 位于图中曲线上方，则无需加强。

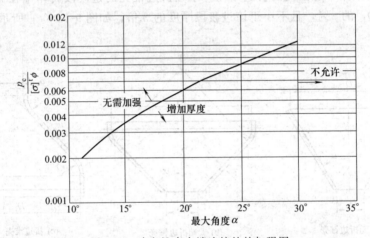

图 9-15　确定锥壳大端连接处的加强图

不需要加强的封头大端锥壳的厚度仍按式（9-51）计算。

③ 若坐标点 $[p_c/([\sigma]^t\phi), \alpha]$ 位于图中曲线下方时，则需要增加厚度予以加强，应在锥壳与圆筒之间设置加强段，锥壳加强段与圆筒加强段应具有相同的厚度。

需要加强的封头，其加强段的计算厚度为

$$\delta_r = \frac{Q p_c D_i}{2[\sigma]^t \phi - 0.5 p_c} \tag{9-52}$$

式中，D_i 为锥壳大端内直径，mm；Q 为应力增值系数，由图 9-16 查取；δ_r 为锥壳及其相邻圆筒的加强段的计算厚度，mm。

在任何情况下，加强段的厚度不得小于相连接的锥壳厚度。锥壳加强段的长度 L_1 应不小于 $2\sqrt{\dfrac{0.5 D_i \delta_r}{\cos\alpha}}$；圆筒加强段的长度 L 应不小于 $2\sqrt{0.5 D_i \delta_r}$。

锥壳小端处的厚度计算方法与大端相类似，具体算法参见 GB 150—2011《压力容器》。

（2）受内压折边锥壳

① 锥壳大端　其厚度按式（9-53）、式（9-54）计算，并取较大值。

a. 锥壳大端过渡段的厚度类似碟形封头的计算公式，即

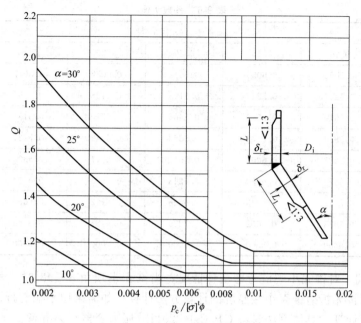

图 9-16　应力增值系数 Q

$$\delta = \frac{K p_c D_i}{2[\sigma]^t \phi - 0.5 p_c} \qquad (9\text{-}53)$$

式中，K 为系数，查表 9-5（遇中间值时用内插法）。

表 9-5　系数 K 值

$\alpha/(°)$	r/D_i					
	0.10	0.15	0.20	0.30	0.40	0.50
10	0.6644	0.6111	0.5789	0.5403	0.5168	0.5000
20	0.6956	0.6357	0.5986	0.5522	0.5223	0.5000
30	0.7544	0.6819	0.6357	0.5749	0.5329	0.5000
35	0.7980	0.7161	0.6629	0.5914	0.5407	0.5000
40	0.8547	0.7604	0.6891	0.6127	0.5506	0.5000
45	0.9253	0.8181	0.7440	0.6402	0.5635	0.5000
50	1.0270	0.8944	0.8045	0.6765	0.5804	0.5000
55	1.1608	0.9980	0.8859	0.7249	0.6028	0.5000
60	1.3500	1.1433	1.0000	0.7923	0.6337	0.5000

b. 过渡段相接处的锥壳厚度按式（9-54）计算

$$\delta = \frac{f p_c D_i}{[\sigma]^t \phi - 0.5 p_c} \qquad (9\text{-}54)$$

$$f = \frac{1 - \dfrac{2r}{D_i}(1 - \cos\alpha)}{2\cos\alpha}$$

式中，f 为系数，其值列于表 9-6（遇中间值时用内插法）；r 为折边锥壳大端过渡段转角半径，mm。

表 9-6　系数 f 值

α/(°)	r/Dᵢ					
	0.10	0.15	0.20	0.30	0.40	0.50
10	0.5062	0.5055	0.5047	0.5032	0.5017	0.5000
20	0.5257	0.5225	0.5193	0.5128	0.5064	0.5000
30	0.5619	0.5542	0.5465	0.5310	0.5155	0.5000
35	0.5883	0.5573	0.5663	0.5442	0.5221	0.5000
40	0.6222	0.6069	0.5916	0.5611	0.5305	0.5000
45	0.6657	0.6450	0.6243	0.5828	0.5414	0.5000
50	0.7223	0.6945	0.6668	0.6112	0.5556	0.5000
55	0.7973	0.7602	0.7230	0.6486	0.5743	0.5000
60	0.9000	0.8500	0.8000	0.7000	0.6000	0.5000

② 锥壳小端　对锥壳小端应考虑两种情况，当锥壳半顶角 $\alpha \leqslant 45°$ 时，若采用小端无折边，其小端厚度按无折边锥壳小端厚度的计算方法计算；如需采用小端有折边，其小端过渡段厚度则需另行计算，具体算法参考 GB 150—2011《压力容器》第五章。

（3）圆锥壳体的特点

从强度角度来看，锥形封头不如凸形封头，但比平盖好。直径较大、壁厚较薄的锥形封头制造方便，但直径较小、壁厚较大的锥形封头制造比较困难。

从结构上讲，由于结构不连续，锥壳的应力分布并不理想，但其特殊的结构形式有利于固体颗粒和悬浮或黏稠液体的排放，也可作为不同直径圆筒的中间过渡段，如反应釜的出口段、不同塔径的分离塔体连接常采用两端都带折边的锥形封头，也称为变径段，即用它可将不同直径的圆筒连成一体。

（4）应用

作为变径段，在中、低压容器中使用较为普遍；作为封头，锥形封头一般用于常压或低压容器黏度大或悬浮液的排料。例如低压反应釜底常采用半顶角 $\alpha > 30°$ 的带折边锥形封头，一方面它容易使黏稠或带有悬浮物的物料放净，另一方面它的边缘应力不大，不必采用加强措施，便于制造。

9.5.3　平板封头设计

平板封头属于平板类构件，压力容器中很多部件是由平板或环板构成，它们的形状通常是圆形平板或中心有孔的圆环形平板。

（1）应力特点

平盖厚度计算是以圆平板应力分析为基础的。根据平板理论，受均布载荷的平板壁内产生两向弯曲应力，一是经向弯曲应力，一是切向弯曲应力，对于周边固支受均布载荷的圆平板，其最大应力是经向弯曲应力，产生在圆板的边缘；对于周边简支受均布载荷的圆平板，其最大应力产生在圆板的中心，且此时此处的经向弯曲应力与切向弯曲应力相等。

（2）设计特点

在理论分析时平板的周边支承被视为固支或简支，但实际上平盖与圆筒连接时，真实的支承既不是固支也不是简支，而是介于固支和简支之间，最大应力出现的位置与具体的连接结构和筒体的尺寸有关。因此工程计算时常采用圆平板理论为基础的经验公式，通过系数

K 来体现平盖周边的支承情况，K 值越小平盖周边越接近固支；反之就越接近于简支。

（3）最大应力

因圆形平板封头与筒体连接结构形式和筒体的尺寸参数的不同，平盖的最大应力既可能出现在中心部位，也可能在圆筒与平盖的连接部位，但都可表示为

$$\sigma_{\max} = \pm K p \left(\frac{D}{\delta}\right)^2 \tag{9-55}$$

（4）厚度计算

考虑到平板封头可能由钢板拼焊而成，在许用应力中引入焊接接头系数。由最大拉应力准则得圆形平盖的厚度计算公式

$$\delta_p = D_c \sqrt{\frac{K p_c}{[\sigma]^t \phi}} \tag{9-56}$$

式中，δ_p 为平盖计算厚度，mm；K 为结构特征系数，查表 9-7；D_c 为平盖计算直径，见表 9-7 中简图，mm。

对于表 9-7 中序号 6、7 所示平盖，应取其操作状态及预紧状态的 K 值代入式（9-56）分别计算，取较大值。当预紧时 $[\sigma]^t$ 取常温的许用应力。

（5）应用

由于平板封头承压时处于受弯的不利状态，因而壁厚比同直径的筒体大得多，而且平板封头还会对筒体造成较大的边界应力。因此虽然它结构简单，制造方便，但在承压设备上一般不用。例如人孔和手孔盖、板式塔的塔盘、换热器的管板、平焊法兰等。

综上所述：

① 从受力情况分析，半球形最好，椭圆形、碟形次之，锥形更次之，平板最差；

② 从制造角度分析，平板最容易，锥形次之，碟形、椭圆形更次之，半球形最难；

③ 从使用情况看，平板封头用于常压或个别压力容器上，锥形封头用于工艺和制造有要求的场合，椭圆形封头用于大多数中、低压容器上，无折边球形封头用于低压，而半球形封头多用于高压容器上及对此形状有特殊要求的场合，锥形封头一般用于压力不高的设备上。另外还有偏心锥壳、低压折边平封头以及带筋平封头可以使用，详细计算见 GB/T 150.3。

选择和使用封头应根据工作条件的要求，既要考虑封头的形状及其应力的分布规律，又要考虑冲压、焊接、装配的难易程度，进行全面的技术、经济分析。

表 9-7　平盖系数 K 的选择

固定方法	序号	简　图	系数 K	备　注
与圆筒成一体或与圆筒对接	1		0.145	只适用于圆形平盖 $p_c \leqslant 0.6\text{MPa}$ $L \geqslant 1.1\sqrt{D_i \delta_e}$ $r \geqslant 3\delta_{ep}$

固定方法	序号	简　图	系数 K	备　注
与圆筒角焊或与其他焊接	2	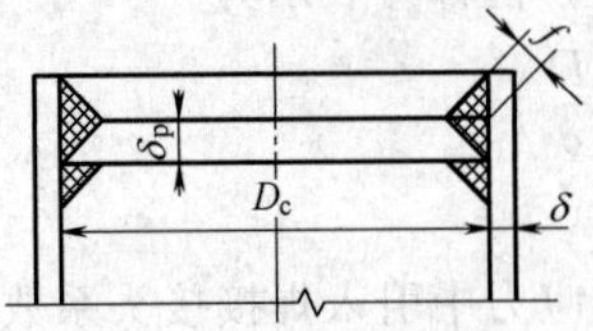	圆形平盖 $0.44m$ （$m=\delta/\delta_p$） 且不小于 0.2 非圆形平盖 0.44	$f\geqslant1.4\delta$
	3	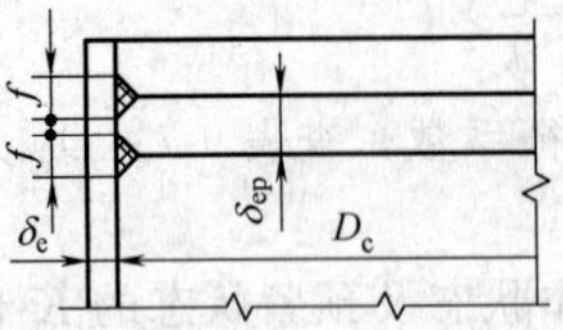		$f\geqslant\delta$
	4	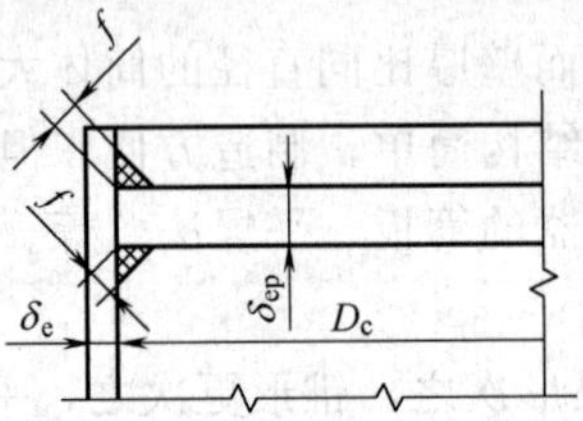	圆形平盖 $0.5m$ （$m=\delta/\delta_p$） 且不小于 0.3 非圆形平盖 0.44	$f\geqslant0.7\delta$
	5	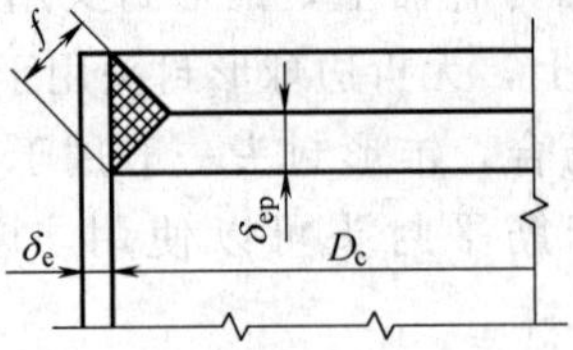	圆形平盖 $0.5m$ （$m=\delta/\delta_p$） 且不小于 0.3 非圆形平盖 0.5	$f\geqslant1.4\delta$
锁底对接焊缝	6	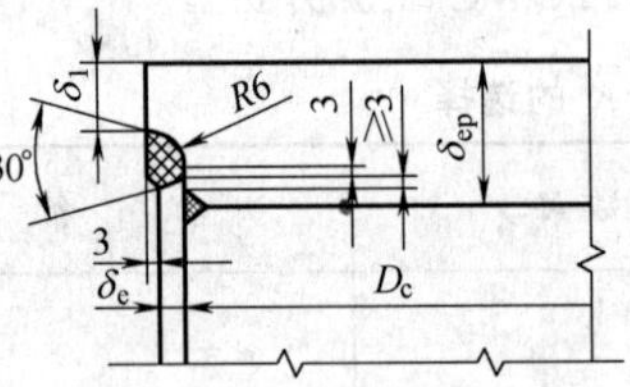	圆形平盖 $0.44m$ （$m=\delta/\delta_p$）且不小于 0.3	只适用于圆形平盖 $\delta_1\geqslant3\text{mm}+\delta_e$
	7	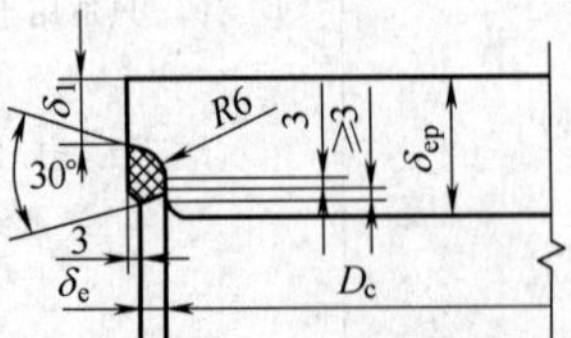	0.5	

固定方法	序号	简　图	系数 K	备　注
螺栓连接	8	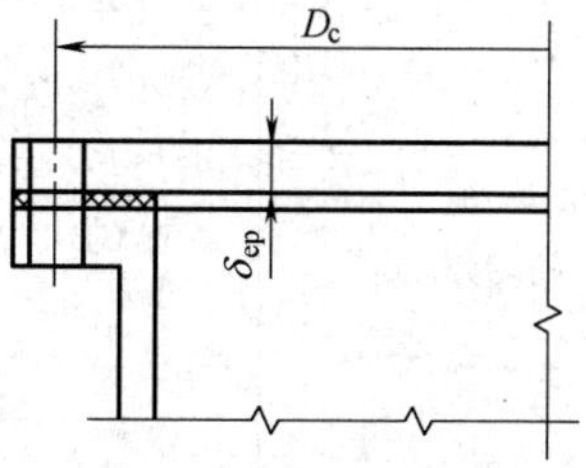	圆形平盖或非圆形平盖 0.25	
	9	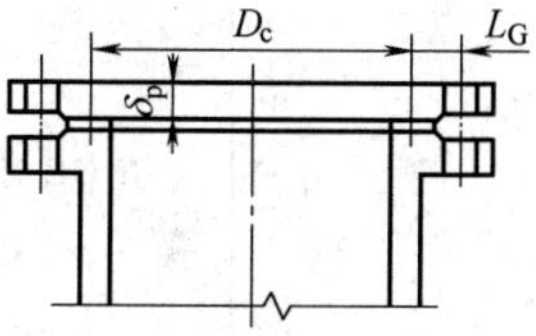	圆形平盖操作时 $0.3+\dfrac{1.78WL_G}{p_c D_c^{0.3}}$ 预紧时 $\dfrac{1.78WL_G}{p_c D_c^{0.3}}$ 非圆形平盖操作时 $0.3Z+\dfrac{6WL_G}{p_c L a^2}$	Z 为非圆形平盖的形状系数， $Z=3.4-2.4\dfrac{a}{b}$ 且 $Z\leqslant 2.5$ W 为预紧状态或操作状态时的 螺栓设计载荷（N） L 为非圆形平盖螺栓中心 连线周长（mm） a、b 为非圆形平盖的短、 长轴长度（mm）
	10	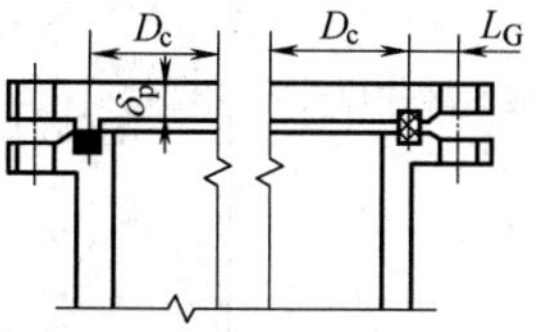	预紧时 $\dfrac{6WL_G}{p_c L a^2}$	
其他结构	11	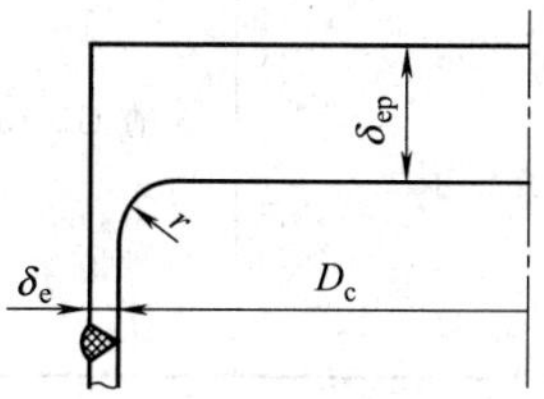	$\delta_e\leqslant 38\text{mm}$ 时，$r\geqslant 10\text{mm}$ $\delta_e>38\text{mm}$ 时，$r\geqslant 0.25\delta_e$ 且不超过 20mm	查 GB 150.3—2011 图 5-21
	12	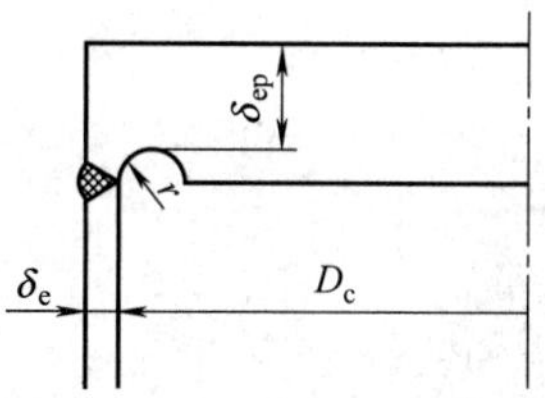		查 GB 150.3—2011 图 5-21
	13	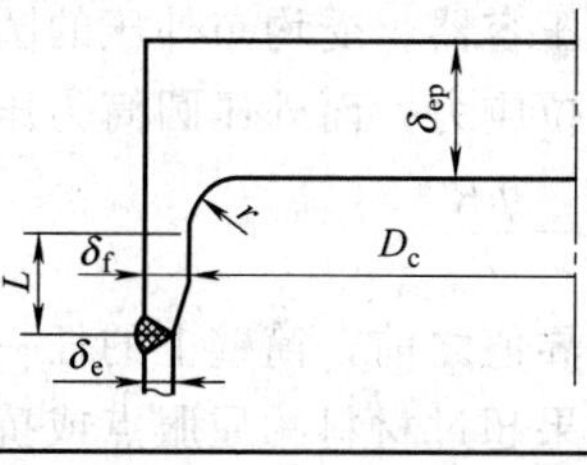	$L\geqslant 2\sqrt{D_o\delta_e}$ $r\geqslant 3\delta_f$	查 GB 150.3—2011 图 5-22

固定方法	序号	简　图	系数 K	备　注
其他结构	14	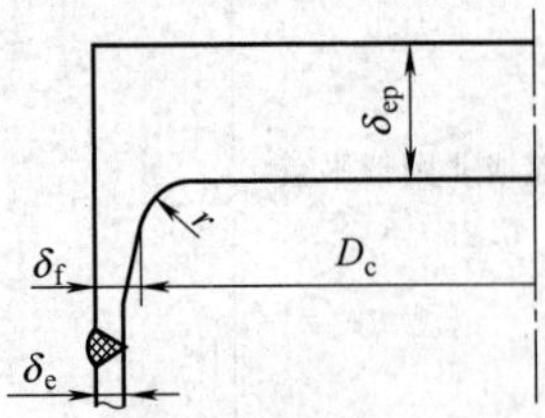	$\delta_{\mathrm{f}} \geqslant 2\delta_{\mathrm{e}}$ $r \geqslant 3\delta_{\mathrm{f}}$	查 GB 150.3—2011 图 5-22
	15	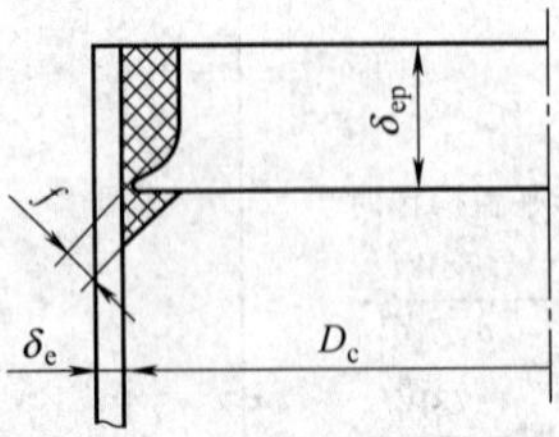		查 GB 150.3—2011 图 5-22
	16	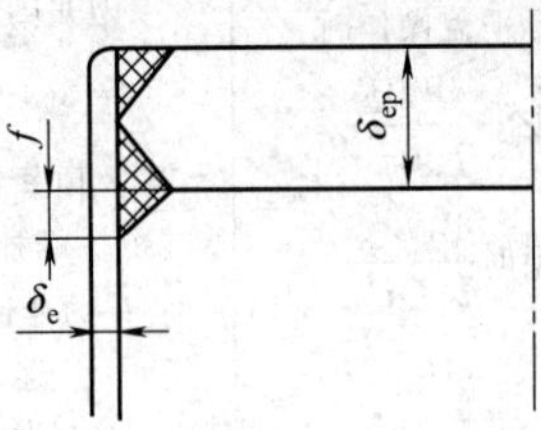	要求全截面融透焊头 $f \geqslant \delta$	查 GB 150.3—2011 图 5-22
	17	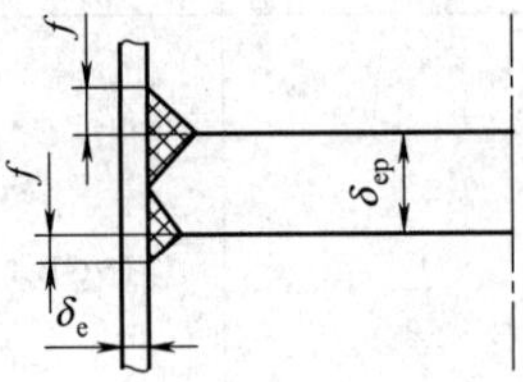		查 GB 150.3—2011 图 5-22

9.6　外压容器设计

9.6.1　外压容器力学问题

（1）外压圆筒的失稳

壳体外部压力大于壳体内部压力的容器称为外压容器。受均布外压的圆筒，其薄膜应力分布规律与内压圆筒一样，不同的只是内压圆筒为拉应力，而外压圆筒为压应力，其值为：

$$\sigma_{\phi} = -\frac{pR}{2\delta}, \sigma_{\theta} = -\frac{pR}{\delta}$$

当薄壁容器受外压作用时，在外压达到某一临界值之前，筒壁上的任一微元体均在压应力作用下处于一种稳定的平衡状态。这种压应力如果超过材料的屈服点或抗压强度，将和内压圆筒一样，引起筒体强度破坏。但实践证明，经常是外压圆筒筒壁内压缩应力的数值还远远低于材料的屈服点时，筒壁就已经被突然压瘪或发生褶皱，载荷卸去后，壳体不能恢复原状，即在一瞬间失去自身原来的形状，以致使容器破坏，这种现象称为失稳。

在失稳时，伴随着突然的变形，在筒壁内产生了以弯曲应力为主的复杂的附加应力。外压容器发生失稳时的最低外压力称为临界压力，以 p_{cr} 表示。此时壳壁中的压应力称为临界应力 σ_{cr}。外压容器失稳的实质是容器由一种平衡状态跃变到另一种新的平衡状态，即器壁内的应力由单纯的压应力状态跃变到主要是弯曲应力状态。

圆筒失稳后，横断面的形状与压杆失稳变形情况相似，呈正弦波形曲线，其变形波数 n 可能等于 2、3、4、5……，n 值取决于圆筒的结构尺寸和约束情况。具体形状见图 9-17。

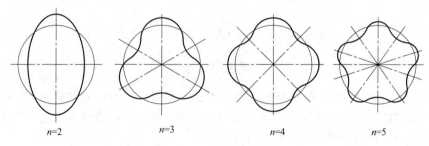

$n=2$　　　　$n=3$　　　　$n=4$　　　　$n=5$

图 9-17　失稳时的波形

临界压力和波数取决于容器的长度与直径的比值以及厚度与直径的比值。当容器的外压力低于临界压力时，壳体亦能发生变形，但压力卸除后壳体立即恢复其原来的形状；而当外压力超过临界压力时，所产生的变形是永久变形，即使在压力卸除后，壳体亦不能恢复其原来形状。

对于壁厚与直径比很小的薄壁回转壳，失稳时器壁的压缩应力通常低于材料的比例极限，称为弹性失稳；当回转壳体厚度增大时，壳壁中的压应力超过材料的屈服点才发生失稳，称为非弹性失稳或弹塑性失稳。

对于外压薄壁容器来说，其主要问题并不是强度破坏，保证壳体的稳定性则是其能够正常操作的必要条件。保证外压圆筒不丧失稳定的条件为

$$\sigma_{max} \leqslant \frac{\sigma_{cr}}{m} \text{或} p \leqslant -\frac{p_{cr}}{m}$$

式中，σ_{max} 为外压圆筒内实有的最大应力；σ_{cr} 为外压圆筒的临界应力；p 为操作压力；p_{cr} 为临界压力；m 为稳定安全系数。

（2）圆筒的临界压力

临界压力 p_{cr} 反映外压容器元件抵抗失稳的能力。在弹性稳定范围内，p_{cr} 与外压容器元件材料的强度无关，只决定于其结构尺寸和材料的弹性常数，如圆筒的长径比 L/D 和厚径比 δ/D 以及 E、μ，而且结构尺寸为主要影响因素。非弹性失稳时，它还和材料的屈服极限 σ_s 有关。

按照破坏情况，外压圆筒可分为长圆筒、短圆筒与刚性圆筒三种。

长圆筒：可以忽略两端边界对稳定性的影响，压扁时的波数 $n=2$，临界压力 p_{cr} 与 δ/D 有关，与 L/D 无关。

短圆筒：必须考虑两端边界对稳定性的影响，失稳时的波数为 $n>2$ 的正整数，临界压力 p_{cr} 与 δ/D、L/D 有关。

刚性圆筒：这种圆筒的 L/D 值较小，而 δ/D 值较大，刚性较好，其破坏不是丧失稳定而引起的，是因强度不足而产生破坏，计算时，只要满足强度条件即可。

① 长圆筒的临界压力　长圆筒的临界压力由 Bresse 在 1866 年导出，称为勃莱斯（Bresse）公式

$$p_{cr} = \frac{2E}{1-\mu^2}\left(\frac{\delta_e}{D}\right)^3 \tag{9-57}$$

式中，p_{cr} 为长圆筒临界压力，MPa；δ_e 为长圆筒的有效厚度，$\delta_e = \delta_n - C$，mm；δ_n 为长圆筒的名义厚度，mm；D 为长圆筒的中间面直径，可近似地取圆筒外径，即 $D \approx D_o$，mm；E 为圆筒材料的弹性模量，MPa；μ 为圆筒材料的泊松比，对于钢制圆筒，可近似取 $\mu = 0.3$。

取 $D \approx D_o$，$\mu = 0.3$，则式（9-57）可写为

$$p_{cr} = 2.2E\left(\frac{\delta_e}{D_o}\right)^3 \tag{9-58}$$

由式（9-58）可以看出，长圆筒的临界压力仅与筒体的 δ_e/D_o 及材料的 E、μ 有关。

由于仅受周向均布外压作用，壳体处于单向应力状态，所以临界压力在圆筒壁中仅引起的周向压缩应力，称为临界应力，其计算式为

$$\sigma_{cr} = \frac{p_{cr}D_o}{2\delta_e} = 1.1E\left(\frac{\delta_e}{D_o}\right)^2 \tag{9-59}$$

显然，圆筒不能在外压力等于或接近于临界压力值时进行工作。这是因为筒体不圆或材料不均匀，筒体的实际失稳压力要比理论计算的临界压力值偏低；另外，在生产中由于各种原因会造成操作条件波动，筒体所受的外压力还可能会比规定值偏高。因此，必须考虑安全裕度，将理论计算的临界压力缩小 m 倍作为许用压力，即

$$p \leqslant [p] = \frac{p_{cr}}{m} \tag{9-60}$$

式中，m 为稳定系数。

稳定系数太小，会使容器在操作时不可靠；而稳定系数太大，则会使设备笨重，增加设备成本。各国对 m 值的规定各不相同，我国标准规定 $m=3$，而在制造中要求对外压筒体相对应的椭圆度为 $e \leqslant 0.5\% DN$（DN 为筒体的公称直径）。

② 短圆筒的临界压力　当圆筒的 L/D 值较小或其上有距离较近的固定点或加强圈时，边界对圆筒刚度的加强作用就很明显。由于短圆筒两端约束或刚性构件对筒体变形的支持作用较为显著，它在失稳时会出现两个以上的波纹，故临界压力的计算要比长圆筒复杂得多。临界压力 p_{cr} 不仅决定于厚径比 δ/D，而且与长径比 L/D 有关。Mises 在 1914 年按线性小挠度理论导出的短圆筒临界压力计算式为：

$$p_{cr} = \frac{E\delta}{R(n^2-1)\left[1+\left(\frac{nL}{\pi R}\right)^2\right]^2} + \frac{E}{12(1-u^2)}\left(\frac{\delta}{R}\right)^3\left[(n^2-1)+\frac{2n^2-1-u}{1+\left(\frac{nL}{\pi R}\right)^2}\right] \tag{9-61}$$

式中，R 为圆筒中间面半径；L 为圆筒的计算长度。

短圆筒失稳破坏时的波数是大于 2 的正整数，因为短圆筒失稳不仅与筒体刚度有关，还受筒体两端刚性元件的影响。计算外压短圆筒的临界压力工程上通常用拉默公式［式（9-62）］。该式是根据简化的米塞斯公式推导而来的近似式。

$$p_{cr} = \frac{2.59E\left(\dfrac{\delta_e}{D_o}\right)^{2.5}}{\dfrac{L}{D_o}} \tag{9-62}$$

式中，L 为圆筒的计算长度，mm。可见 p_{cr} 与 δ_e/D_o 和 L/D_o 有关。

③ 刚性圆筒的强度校核　对于刚性圆筒一般不存在稳定性问题，其破坏是由于强度不足而引起的，故只需进行强度校核。在大多数情况下，这一校核可省略，则

$$\sigma = \frac{pD}{2(\delta - C)\phi} \leqslant [\sigma_{压}]$$

式中，$[\sigma_{压}]$ 为材料许用压应力，取 $[\sigma_{压}] = \dfrac{\sigma_s^t}{4}$；$\phi$ 为焊缝系数，在计算压应力时取 $\phi = 1$；p 为操作外压力。

（3）临界长度与计算长度

① 临界长度　对于给定直径和厚度的圆筒，有一特征长度作为区分 $n=2$ 的长圆筒和 $n>2$ 的短圆筒的界限，此特性尺寸称为临界长度，以 L_{cr} 表示。当圆筒的计算长度 $L>L_{cr}$ 时属长圆筒；当 $L<L_{cr}$ 时属短圆筒。当圆筒的长度等于 L_{cr} 时，则其临界压力公式（9-58）计算出的值应与式（9-62）计算出的值相等，即

$$2.2E\left(\frac{\delta_e}{D_o}\right)^3 = \frac{2.59E\left(\dfrac{\delta_e}{D_o}\right)^{2.5}}{\dfrac{L}{D_o}}$$

则可得

$$L_{cr} = 1.177D_o\sqrt{\frac{D_o}{\delta_e}} \tag{9-63}$$

② 计算长度　外压圆筒的计算长度系指圆筒外部或内部两相邻刚性构件之间的最大距离，通常封头、法兰、加强圈等均可视为刚性构件。图 9-18 为外压圆筒计算长度示意图。

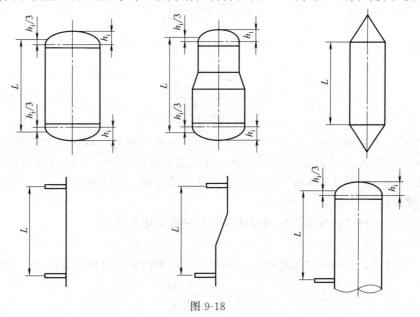

图 9-18

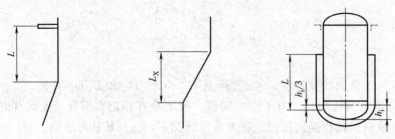

图 9-18　外压圆筒的计算长度

对于椭圆形封头和碟形封头，应计入直边段以及封头曲面深度的 1/3，这是由于这两种封头与圆筒对接时，在外压作用下，封头的过渡区产生环向拉应力，因此在过渡区不存在外压失稳问题，所以可将该部位视作圆筒的一个顶端。对于带无折边锥壳的容器，则应视锥壳与圆筒连接处的惯性矩大小区别对待：若连接处的截面有足够的惯性矩，不致在圆筒失稳时也出现失稳现象，则量到锥壳和筒体间的焊缝为止，否则应量到加强圈为止，而对于带有折边锥壳的容器，还应计入直边段和折边部分的深度。对于带夹套的圆筒，则取承受外压的圆筒长度；对于圆筒部分有加强圈（或可作为加强的构件）时，则取相邻加强圈中心线间的最大距离。如有几个刚性物体，取其最小值。

9.6.2　外压容器设计问题

9.6.2.1　外压圆筒设计

（1）解析法

为了计算筒体的许用外压力，首先必须假设圆筒的名义厚度 δ_n，计算有效厚度 δ_e，求出临界长度 L_{cr}，将圆筒的外压计算长度 L 与 L_{cr} 进行比较，判断圆筒属于长圆筒还是短圆筒。然后根据圆筒类型，选用相应公式计算临界压力 p_{cr}，再选取合适的稳定性安全系数 m，计算许用外压。

对于长圆筒（$L > L_{cr}$）

$$[p] = \frac{2.2E}{m}\left(\frac{\delta_e}{D_o}\right)^3 \tag{9-64}$$

对于短圆筒（$L < L_{cr}$）

$$[p] = \frac{2.59E\left(\dfrac{\delta_e}{D_o}\right)^{2.5}}{m\left(\dfrac{L}{D_o}\right)} \tag{9-65}$$

比较设计压力 p 和 $[p]$ 的大小。若 $p \leqslant [p]$ 且较为接近，则假设的名义厚度 δ_n 符合要求。否则应重新假设 δ_n，重复以上步骤，直到满足要求为止。上述过程即为用解析法求取外压圆筒许用压力的设计步骤，是一个反复试算的过程，比较烦琐。

（2）图算法

为避免解析法设计的烦琐，各国设计规范均推荐采用图算法。

1）图算法原理

不论长圆筒还是短圆筒，失稳时的周向应变（按单向应力时的胡克定律）均为

$$\varepsilon_{cr} = \frac{\sigma_{cr}}{E} = \frac{p_{cr}D_o}{2E\delta_e} \tag{9-66}$$

将长、短圆筒的 p_{cr} 公式分别代入式（9-66）中，得

长圆筒

$$\varepsilon_{cr} = \frac{1.1}{\left(\dfrac{D_o}{\sigma_e}\right)^2} \tag{9-67}$$

短圆筒

$$\varepsilon_{cr} = \frac{1.3}{\left[\dfrac{L}{D_o} - 0.45\left(\dfrac{D_o}{\delta_e}\right)^{-0.5}\right]\left(\dfrac{D_o}{\delta_e}\right)^{1.5}} \tag{9-68}$$

可见，失稳时周向应变仅与筒结构特征参数有关。

对于径向受均匀外压以及径向和轴向受相同外压的圆筒，令 $A = \varepsilon_{cr}$，并将式（9-67）和式（9-68）以 A 作为横坐标，L/D_o 作为纵坐标，D_o/δ_e 作为参量绘成曲线，如图 9-19 所示，在曲线中与纵坐标平行的直线簇表示长圆筒，失稳时周向应变 A 与 L/D_o 无关；图下方的斜平行线簇表示短圆筒，失稳时 A 与 L/D_o、D_o/δ_e 都有关。因该图与材料的弹性模量 E 无关，所以对任何材料的圆筒都适用。

若已知 L/D_o 和 D_o/δ_e 值，即可用图 9-19 找出失稳时的周向应变 A。对于不同材料的外压圆筒，还需找出 A 与 p_{cr} 的关系，才能判定圆筒在操作外压力下是否安全。

对于临界压力 p_{cr}，引入稳定性安全系数 m 而得许用外压力 $[p]$，故 $p_{cr} = m[p]$。将此关系代入式（9-66）整理得

$$\varepsilon_{cr} = \frac{m[p]D_o}{2E\delta_e}$$

即

$$\frac{D_o[p]}{\delta_e} = \frac{2}{m}E\varepsilon_{cr}$$

令 $B = \dfrac{D_o[p]}{\delta_e}$，GB 150 和 ASME Ⅷ-1 均取圆筒的稳定性安全系数 $m=3$。将 B 和 m 代入上式可得

$$B = \frac{2}{3}E\varepsilon_{cr} = \frac{2}{3}\sigma_{cr} \tag{9-69}$$

B 和 A 的关系曲线，即厚度计算图，是以材料单向拉伸应力 σ 和应变 ε 关系曲线为基础的。在弹性范围内，钢的弹性模量 E 为常数，将纵坐标应力按 2/3 比例缩小后，就得到 B 与 A 的关系。若圆筒失稳时发生塑性变形，工程上通常采用正切弹性模量，即应力应变曲线上任一点的斜率 $E_t = d\sigma/d\varepsilon$，其值随圆筒所处的应力水平而异。图 9-20～图 9-22 为几种常用钢材的厚度计算图。因为同种材料在不同温度下的应力-应变曲线不同，所以图中绘出了不同温度的曲线。显然，不同材料有不同的厚度计算图。

厚度计算图中的直线部分表示材料处于弹性阶段，属于弹性失稳，此时 B 与 A 成正比，为节省篇幅，图 9-20～图 9-22 曲线中弹性范围仅作出一小部分。屈服强度 $\sigma_s \geqslant 260\text{MPa}$ 的碳素钢和低合金钢以及高合金查阅 GB 150.3—2011 图 4-6～图 4-12，由 A 查 B 时，若与相应温度下的 B 与 A 关系曲线相交不到，则表明筒体属于弹性失稳，可由 $B = 2/3EA$，求取 B。

可见，图算法是由两种图配合使用的，一种是几何参数计算图，另一种是壁厚计算图。

几何参数计算图（图 9-19）横坐标是周向应变 A，纵坐标为 L/D_o，即计算长度与外径之比，图中曲线可按 D_o/δ_e 的比值选用，该图表示圆筒失稳时的应变 A 与圆筒的 L/D_o 及

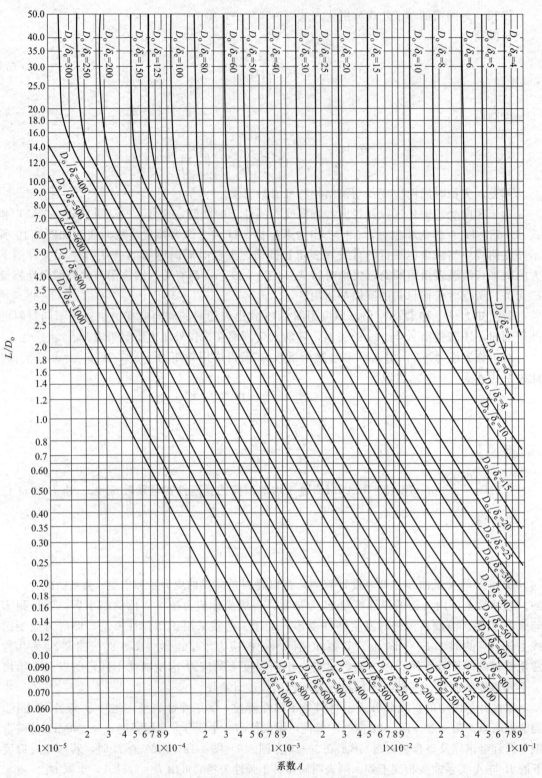

图 9-19　外压或轴向受压圆筒和管子几何参数计算图（用于所有材料）

D_o/δ_e 之间的关系。图上部垂直线簇表示长圆筒状态；下部斜线簇表示短圆筒的状态；斜线与垂直线转折点所对应的 L/D_o 就是临界长度与外径之比。

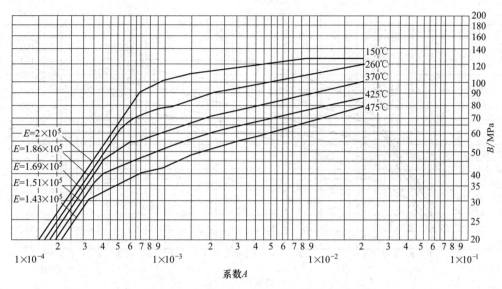

图 9-20 外压圆筒、管子和球壳厚度计算图

（屈服点 $\sigma_s < 207\text{MPa}$ 的碳素钢和 S11348 钢）

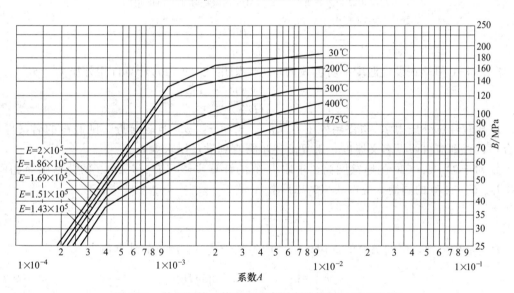

图 9-21 外压圆筒、管子和球壳厚度计算图（Q345R 钢）

壁厚计算图是求得许用应力 $[p]$ 与应变 A 的关系式后，再根据材料性能试验数据，绘制成不同温度下应变 A 与许用应力 $[p]$ 的关系曲线。

2）图算法设计步骤

① 对于 $D_o/\delta_e \geqslant 20$ 的薄壁圆筒，仅需进行稳定性校核。

a. 假设名义厚度 δ_n，令 $\delta_e = \delta_n - C$，计算出 L/D_o 和 D_o/δ_e。

b. 以 a 步骤中的 L/D_o、D_o/δ_e 值由图 9-19 查取 A 值，若 L/D_o 值大于 50，则用 $L/D_o = 50$ 查取 A 值。

c. 根据圆筒材料选用相应的厚度计算图（图 9-20～图 9-22），在图的横坐标上找出系数 A 值。在该 A 值和设计温度（遇中间温度用内插法）下求取相应的值。然后按式（9-70）计算许用外压力 $[p]$

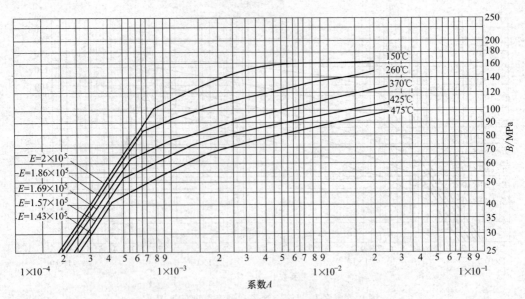

图 9-22　外压圆筒、管子和球壳厚度计算图
（除图 9-21 以外屈服点 $\sigma_s > 207$MPa 的碳素钢和 S11348 钢）

$$[p] = \frac{B}{D_o/\delta_e} \tag{9-70}$$

若所得 A 值落在设计温度下材料线的左方，则用式（9-71）计算许用外压力 $[p]$

$$[p] = \frac{2AE}{3(D_o/\delta_e)} \tag{9-71}$$

　　d. 比较计算外压力 p_c 与许用外压力 $[p]$，若 $p_c \leqslant [p]$ 且较接近，则假设的名义厚度 δ_n 合理，否则应再假设名义厚度，重复上述步骤直到满足要求为止。

　　② 对于 $D_o/\delta_e < 20$ 的厚壁圆筒，求取 B 值的计算步骤与 $D_o/\delta_e \geqslant 20$ 的薄壁圆筒相同；但对 $D_o/\delta_e < 4.0$ 的圆筒，应按式（9-72）求 A 值

$$A = \frac{1.1}{(D_o/\delta_e)^2} \tag{9-72}$$

为满足稳定性，厚壁圆筒的许用外压力应不低于式（9-73）的计算值

$$[p] = \left(\frac{2.25}{D_o/\delta_e} - 0.0625\right) B \tag{9-73}$$

为满足强度，厚壁圆筒的许用外压力应不低于式（9-74）的计算值

$$[p] = \frac{2\sigma_0}{D_o/\delta_e}\left(1 - \frac{1}{D_o/\delta_e}\right) \tag{9-74}$$

式中，σ_0 为应力，σ_0 为 $\min\{\sigma_0 = 2[\sigma]^t,\ \sigma_0 = 0.9\sigma_s^t$ 或 $\sigma_0 = 0.9\sigma_{0.2}^t\}$，MPa。

　　为防止圆筒的失稳和强度失效，厚壁圆筒的许用外压力必须取式（9-73）和式（9-74）中的较小值。

　　3）圆筒轴向许用压应力的确定

　　设圆筒最大许用压应力 $[\sigma]_{cr} = B$，求系数 B 步骤如下。

　　假设 δ_n，令 $\delta_e = \delta_n - C$，按式（9-75）计算系数 A

$$A = \frac{0.094}{R_i/\delta_e} \tag{9-75}$$

选用相应材料的厚度计算图查取 B，此 B 值即为 $[\sigma]_{cr}$。若 A 值落在设计温度下材料线的左方，则表明圆筒属于弹性失稳，可直接由式（9-76）计算

$$B = \frac{2}{3}EA \tag{9-76}$$

（3）设计参数的规定

① 设计压力　承受外压的容器设计压力定义与内压容器相同，但取值方法不同。确定外压容器设计压力时，应考虑在正常工作情况下可能出现的最大内外压力差；真空容器的设计压力按承受外压考虑。当装有安全控制装置（如真空泄放阀）时，设计压力取 1.25 倍最大内外压力差或 0.1MPa 两者中较小值；当无安全控制装置时，取 0.1MPa。对于带夹套的容器应考虑可能出现最大压力差的危险工况，如内筒突然泄压而夹套内仍有压力时所产生的最大压力差。

② 稳定性安全系数　由于长、短圆筒的临界压力计算公式，是按理想的无初始圆度求得的。实际上，圆筒在经历成型、焊接或焊后热处理后存在各种原始缺陷，如几何形状和尺寸的偏差可能不完全对称，因而根据线性小挠度理论得到的临界压力与试验结果有一定误差。为此，在计算许用设计外压力时，必须考虑一定的稳定性安全系数 m。按 GB 150 规定，对圆筒，m 取 3.0；对球壳和成型封头，m 取 15。

但在稳定性安全系数 m 取 3 的同时，对外压圆筒的形状偏差还有特殊要求。如 GB 150 规定，受外压及真空的圆筒在同一断面一定弦长范围内，实际形状与真正圆形之间的正负偏差不得超过一定值。

9.6.2.2　外压球壳设计

对于圆球，计算方法与上述相似。外压球壳的有效厚度按以下步骤确定。

假设 δ_n，令 $\delta_e = \delta_n - C$，由 $A = \dfrac{0.094}{R_o/\delta_e}$ 定出 R_o/δ_e，用式（9-77）计算系数 A

$$A = \frac{0.125}{R_o/\delta_e} \tag{9-77}$$

根据所用材料选用图 9-19～图 9-21，在图的下方找出系数 A，若 A 值落在设计温度下材料线的右方，则过此点垂直上移，与设计温度下的材料线相交（遇中间温度值用内插法），再过此交点水平方向右移，在图的右方得到系数 B，并按式（9-78）计算许用外压力 $[p]$

$$[p] = \frac{B}{(R_o/\delta_e)^2} \tag{9-78}$$

若所得 A 值落在设计温度下材料线的左方，则用式（9-79）计算许用外压力 $[p]$

$$[p] = \frac{0.083E}{(R_o/\delta_e)^2} \tag{9-79}$$

$[p]$ 应大于或等于设计外压力 p，否则须再假设名义厚度 δ_n，重复上述计算，直到 $[p]$ 大于且接近 p 为止。

9.6.2.3　外压封头设计

外压容器封头的结构形式与内压容器封头相同。受外压作用的封头和筒体一样，也存在着失稳问题，因而外压封头设计计算的出发点与外压容器相类似，主要考虑稳定性问题。这里只介绍凸形封头（包括半球形、椭圆形、碟形）。

对于半球形封头受均匀外压时，可按式（9-80）计算其失稳时的临界压力

$$p_{cr} = \frac{2E\delta_e^2}{R_o^2 \sqrt{3(1-\mu^2)}} \tag{9-80}$$

式中，R_o 为半球形封头的外半径；δ_e 为半球形封头的有效厚度；E 为设计温度下材料的弹性模量；μ 为泊松比。

式（9-80）同样适用于椭圆形及碟形封头，其中符号意义与半球形封头基本相同，唯一不同的是符号 R_o 的含义。对于碟形封头，R_o 应取球面部分的内半径 R_i，而对于椭圆形封头，R_o 应取椭圆形封头的平均曲率半径 R，其值可按表 9-8 查得。

外压容器计算图可用于计算外压凸形封头的壁厚，外压凸形封头图算法具体步骤参见 GB 150。

表 9-8　外压椭圆形封头的平均曲率半径折算

$D_i/2h_i$	3.0	2.8	2.6	2.4	2.2	2.0	1.8	1.6	1.4	1.2	1.0
R/D_o	1.36	1.27	1.18	1.08	0.99	0.9	0.81	0.73	0.65	0.57	0.5

注：h_i 为封头内深度。

9.6.2.4　外压圆筒加强圈

由前面分析可知，要提高外压圆筒的操作外压力，就必须提高许用外压力 $[p]$ 或临界压力 p_{cr}。要提高临界压力 p_{cr}，可通过增加筒体的壁厚 δ 或减小圆筒的计算长度 L 来实现。从多方面看，减小计算长度 L 比增加筒体的壁厚 δ 更为合理。因为这样可以减少设备重量，降低造价，特别是对不锈钢或其他贵重金属制造的外压设备，可在外部设置加强圈，以减少贵重金属的消耗量，这在经济上具有重要意义。特别是现有设备因操作条件改变而不能满足要求时，增加壁厚不仅困难，甚至根本无法实现。如果在原来计算长度内适当设置加强圈而减少计算长度，会更加方便易行。

加强圈应具有足够的刚性，常用扁钢、角钢、工字钢或其他型钢制成，可以设置在容器的内部或外部，其材料多为碳素钢。

9.7　主要零部件及结构设计

9.7.1　法兰连接

法兰连接结构是压力容器中的重要部件，是一种可拆的密封结构，包括螺栓、法兰、垫片及被连接的两部分壳体，如图 9-23 所示。

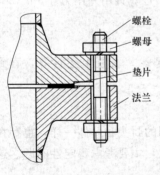

法兰连接结构的特点是具有较好的密封性，结构简单，成本低廉，能够承受较高的压力，可以多次拆装，因而在压力容器、管道和阀门的连接中得到广泛应用。

用于压力容器筒体与封头或管板之间连接的法兰称之为压力容器法兰；用于管道与管道之间连接的法兰称之为管法兰。一般操作条件下可以选用标准法兰，这样可以加快压力容器设计进度，增加互换性，降低成本。而对于特殊工作参数和结构形式的非标准法兰需要自行设计。

法兰标准有压力容器法兰和管法兰两大类。

图 9-23　法兰连接

（图中标注：螺栓、螺母、垫片、法兰）

① 管法兰：HG/T 20592～20635—2009《钢制管法兰、垫片、紧固件》标准，由工业和信息化部颁布。

② 压力容器法兰：NB/T 47020～47027—2012《压力容器法兰、垫片、紧固件》标准，由国家能源局发布。

9.7.1.1　压力容器法兰

压力容器法兰按其结构可划分为平焊法兰和对焊法兰，其中平焊法兰又分为甲型平焊法兰和乙型平焊法兰，如图 9-24 所示。

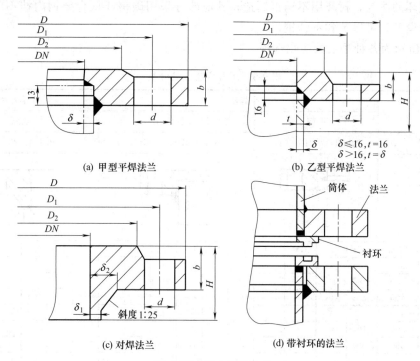

(a) 甲型平焊法兰　　　　(b) 乙型平焊法兰

(c) 对焊法兰　　　　(d) 带衬环的法兰

图 9-24　压力容器法兰

（1）压力容器法兰的结构类型

1）平焊法兰

① 甲型平焊法兰

特点　甲型平焊法兰只有法兰环。一般采用钢板制作，必要时也可以采用锻件轧制，与圆筒体或封头角焊连接。由于法兰环与筒体或封头连接的整体性差，所示该类法兰的连接强度和刚度较小。

应用　只适用于温度、压力较低的场合。在现行的行业标准中，甲型平焊法兰只有四个压力等级（$PN=0.25\text{MPa}$、0.6MPa、1.0MPa、1.6MPa），公称直径的适用范围也较小（$DN=300\sim2000\text{mm}$），所用工作温度范围为$-20\sim300℃$。

② 乙型平焊法兰

特点　乙型平焊法兰与甲型平焊法兰的主要区别在于法兰环上带有一个短节，法兰环可以采用钢板制作，也可以采用锻件轧制。在连接时短节与筒体或封头对接连接，整体性好。它的强度和刚度优于甲型平焊法兰。

应用　在现行的行业标准中，乙型平焊法兰适用的压力范围较大，共有六个压力级别（$PN=0.25\text{MPa}$、0.6MPa、1.0MPa、1.6MPa、2.5MPa、4.0MPa），公称直径的适用范

围也较大（$DN=300\sim3000\text{mm}$）。适用的工作温度为$-20\sim350℃$。

2）对焊法兰

特点 对焊法兰（又称长颈法兰）是由法兰环、锥颈和直边三部分整体锻造构成的。整体性最优，强度、刚度最好，因此其适用的压力级别较高。

应用 对焊法兰共有六个压力级别（$PN=0.6\text{MPa}$、1.0MPa、1.6MPa、2.5MPa、4.0MPa、6.4MPa），公称直径的适用范围在$DN=300\sim2000\text{mm}$，适用的工作温度为$-20\sim450℃$。

平焊法兰和对焊法兰都有带衬环与不带衬环的两种。不带衬环的法兰用碳钢或低合金钢制造；带衬环的法兰，衬环用不锈钢制造，其他部分采用碳钢或低合金钢内挂不锈钢衬里，用于不锈钢设备，可以节省不锈钢。

表9-9所示为各种法兰的应用选择。

表9-9 压力容器法兰分类

类型	平焊法兰										对焊法兰					
	甲型				乙型						长颈					
标准号	NB/T 47021—2012				NB/T 47022—2012						NB/T 47023—2012					
简图																
公称压力 PN/MPa	0.25	0.6	1.0	1.6	0.25	0.6	1.0	1.6	2.5	4.0	0.6	1.0	1.6	2.5	4.0	6.4
公称直径 DN/mm — 300	按 $PN=1.00$															
350																
400																
450	按 $PN=0.6$															
500																
550																
600																
650																
700																
800																
900																
1000																
1100																
1200																
1300																
1400																
1500																
1600																
1700																
1800																
1900																
2000																
2200					按$PN=0.6$											
2400																
2600																
2800																
3000																

（2）压力容器法兰的技术参数

① 公称直径　法兰标准是根据不同的公称直径和公称压力制定的。公称直径是标准化、系列化以后的标准直径。对容器或设备而言，一般是指容器或设备的内径；对管件而言是指管子的名义直径，它既不是内径，也不是外径，而是与内径接近的某个数值。法兰标准中的公称直径就是设备或管道的公称直径。容器法兰的公称直径指的是与法兰相配的筒体或封头的公称直径，由于卷制圆筒及与其相配接封头的公称直径均等于其内径，所以容器法兰的公称直径也等于其内径，只有带衬环的甲型平焊法兰例外，这种法兰的法兰盘内径比容器壳体外径还要大 4mm，只是衬环的内径与容器的内径相同。

② 公称压力　公称压力是压力容器（或设备）或管道的标准压力等级，即按标准化的要求将工作压力划分为若干个压力等级。法兰的公称压力指的是在规定的设计条件下，在确定法兰结构尺寸时所采用的设计压力。法兰的公称压力分级与压力容器或管道的分级是一致的。每个公称压力等级是表示一定材料和一定温度下的最大允许工作压力。如压力容器法兰中的甲、乙型平焊法兰，其每个公称压力等级是表示 16MnR 材料的板材在 200℃ 下的最大允许工作压力；而对焊法兰的每个公称压力等级是表示 16Mn 材料的锻件在 200℃ 下的最大允许工作压力。

（3）压力容器法兰的选用

在工程应用中，除特殊工作参数和结构要求的法兰需要自行设计外，一般都选用标准法兰，这样可以减少压力容器设计计算量，增加法兰互换性，降低成本，提高制造质量。因此合理选用标准法兰非常重要。

（4）压力容器标准法兰的标记方法

法兰选定后应予标记。压力容器法兰的标记方法为：

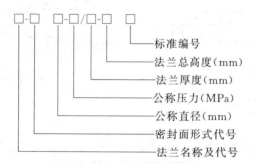

当法兰厚度及法兰总高度均采用标准值时，此两部分标记可省略。法兰名称及代号见表9-10，法兰密封面代号见表 9-11。

表 9-10　压力容器法兰名称及代号

法兰类型	名称及代号
一般法兰	法兰
衬环法兰	法兰 C

表 9-11　压力容器法兰密封面代号

密封面形式	平面	凹面	凸面	榫面	槽面
代号	RF	FM	M	T	G

标记示例：公称压力 1.6MPa、公称直径 800mm 的衬环榫槽密封面乙型平焊法兰的榫面法兰，且考虑腐蚀裕量为 3mm（即应增加短节厚度 2mm，δ_t 改为 18mm）时，标记为：

法兰 C-T 800-1.60　NB/T 47023—2012，并在图样明细表备注栏中注明：$\delta_t = 18$。

法兰连接的螺栓与螺母材料规定详见 NB/T 47020—2012。

9.7.1.2　管法兰

管法兰用于管道之间或设备上的接管与管道的连接。HG/T 20592～20635—2009《钢制管法兰、垫片、紧固件》包括国际通用的欧洲和美洲两大体系，中国目前所用的大部分管材是公制管，属于欧洲体系。

（1）管法兰形式

管法兰包括法兰盖共有七种类型，如图 9-25 所示，共有五种密封面，如图 9-26 所示。

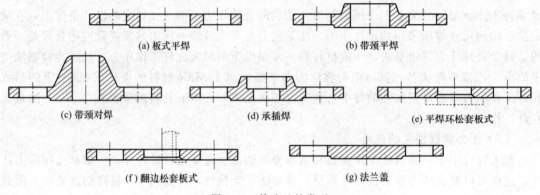

图 9-25　管法兰的类型

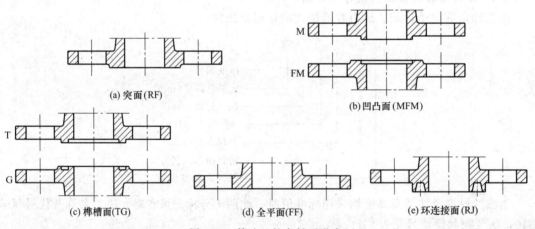

图 9-26　管法兰的密封面形式

（2）管法兰密封垫片

管法兰密封垫片有石棉橡胶板垫、石墨复合垫、聚四氟乙烯包覆垫、金属缠绕垫、齿形组合垫及金属环垫共六种，各垫片的适用条件见有关标准。

（3）管法兰公称直径

对于管法兰，公称直径 DN 指与其相连接的管子的名义直径，也就是管件的公称通径。

（4）管法兰公称压力的确定

① 与阀门等标准件连接的管法兰，其公称压力可按连接件标准选取。

② 与工艺管口连接的管法兰，其公称压力应由工艺（系统）和工艺安置（管道）专业提出并结合容器设计压力及公称设计规定选取。

③ 真空容器的真空度小于 600mmHg（1mmHg＝133.322Pa）时，管法兰的公称压力应不低于 1MPa；真空度为 600～760mmHg 时，管法兰的公称压力应不低于 1MPa（不含按真空法兰标准选用时）。

④ 对易爆或毒性为中度危害的介质，管法兰的公称压力应不低于 1MPa；对毒性为高度和极度危害或强渗透性的介质，连接法兰的公称压力应不低于 1.6MPa。

9.7.1.3　法兰设计概要

法兰设计方法有基于材料力学的简单方法巴赫（Bach）法，基于弹性分析的铁木辛科（Timoshenko）法和华脱斯（Waters）法。法兰连接的失效主要表现为泄漏。因此法兰设计的失效判据显然应以防止"泄漏"为准则，即与系统的刚度和强度相关联。

（1）法兰连接的强度计算方法

法兰的强度计算方法包括两个基本问题。

① 密封设计　即按照工作条件，选取法兰类型、压紧面形状和垫片形式，确定在安装工况和操作工况下，螺栓必需的载荷和尺寸，以达到设计的密封要求。

② 强度计算　即初定法兰的结构尺寸，根据上述计算得到的螺栓载荷，对法兰进行最危险工况的受力分析和应力校核，以确定法兰的厚度。法兰的强度计算通常按照校核程序进行。显然，当初定的法兰结构尺寸不满足应力校核条件时，则应重新调整尺寸，直至满意为止。

（2）法兰连接设计的内容

法兰连接设计分为三部分。

① 垫片设计　这是整个法兰连接设计的基础，应根据设计条件和使用介质，选用适当的垫片种类、材质，并确定垫片的内、外径尺寸。以此计算出在预紧和操作两种状态下的压紧力。

② 螺栓设计　在选用适当螺栓材料的基础上，根据垫片所需的压紧力，分别计算出螺栓的横截面积，并以大者作为计算面积。实际配置的螺栓根径横截面积应不小于该面积。

螺栓设计的关键是在结构允许的条件下，尽可能把螺栓中心圆直径确定得小些，以设计出较合理的、较经济的法兰。具体做法是通过试选合适的螺栓规格和数量来进行。

③ 法兰设计　对整体法兰须通过试算进行。即在预先设定法兰锥颈和法兰厚度的基础上，计算法兰力矩及各项法兰应力。当应力与相应的许用应力相差很大时，在不改变垫片时，均须调整法兰锥颈和法兰环的尺寸，然后重复计算，直至多项应力小于相应的许用应力而且接近时，才能认为是合适的结果。

（3）法兰连接的设计程序

法兰的设计计算实际上都是按校核程序进行的，其顺序为：①预先确定法兰的类型与结构尺寸；②决定螺栓载荷并计算法兰力矩；③计算法兰应力；④使上述应力满足各项强度条件；⑤若不能满足，则须调整法兰尺寸或垫片，直至满意。故法兰设计是一个试差过程。

9.7.1.4　螺栓设计

法兰密封是靠螺栓压紧垫片来实现的，螺栓载荷不仅应保证预紧时的初始密封条件，并应在操作时使垫片保持较高的工作密封比压。

（1）螺栓载荷的计算

① 预紧时螺栓载荷的计算　螺栓拉力等于垫片所需预紧力，即

$$W_1 = G_0 = \pi D_c b y \tag{9-81}$$

式中，G_0 为预紧时垫片压紧力，kg；b 为垫片有效密封宽度，cm；D_c 为压紧力作用的计算直径，即垫片压紧力作用处的直径（D_c 以内都有 P 的作用），cm；y 为预紧密封比压。

各参数的选取如下：

b_0 和 b 虽然垫片实际宽度为 N，但考虑到开始预紧时，法兰面与垫片表面不平，故取垫片密封基本宽度为 b_0，在此宽度内将预紧密封比压 y 视为均匀分布。当垫片置于螺栓孔内侧时，螺栓力使法兰产生一定程度的偏转。内压建立后，操作压力产生的轴向力使法兰更加偏转，因此整个垫圈的接触宽度上压紧力并不均匀，即外缘紧、内缘松。压力介质有可能渗透到垫圈的某一宽度，有效密封宽度就是指起密封作用的那一部分接触宽度，当垫圈宽度较大时，由于外紧内松的现象更甚，因此设计时取计算宽度 $b \leqslant b_0$，如表 9-12 所示。

表 9-12　垫片基本密封宽度

压紧面形状（简图）	垫片基本密封宽度 b_0	压紧面形状（简图）	垫片基本密封宽度 b_0
(a) (b)	$\dfrac{N}{2}$	(c)	$\dfrac{W+\delta}{2}$ 最大为 $\dfrac{W+N}{2}$
		(d)	$\dfrac{W}{8}$

当 $b_0 \leqslant 6.4\text{mm}$ 时，取 $b = b_0$；当 $b_0 > 6.4\text{mm}$ 时，取 $b = 0.8\sqrt{b_0}$。

D_c 当 $b_0 \leqslant 6.4\text{mm}$ 时，D_c 取垫片接触面的平均直径；当 $b_0 > 6.4\text{mm}$ 时，D_c 取垫片接触面的外径减 $2b$。

y 根据介质，选垫片材质，再根据垫片材质选 y 值。

② 操作时螺栓载荷的计算　螺栓拉力等于由内压产生的轴向力 P 与垫片工作时的反力 G（数值上等于垫片操作时密封所需的总压紧力）之和

$$W_2 = P + G = \frac{\pi}{4}D_c^2 p + \pi D_c \times 2bmp \tag{9-82}$$

式中，P 为工作压力（最大操作压力）；m 为垫片系数（工作密封比压 mp）；$2b$ 为规定操作时，在此宽度内将工作密封比压 mp 视为均布。

（2）螺栓设计

所需螺栓的总截面积如下。

① 预紧时：

$$A_1 = \frac{W_1}{[\sigma]} \tag{9-83}$$

② 操作时：

$$A_2 = \frac{W_2}{[\sigma]^t} \tag{9-84}$$

式中，$[\sigma]$、$[\sigma]^t$ 为常温、操作温度下螺栓材料的许用应力。

注：为保证密封，施加的螺栓载荷往往大于设计值，在高温操作中螺栓还会产生应力松弛和热应力，故需给予较大的安全系数，对于小直径螺栓，由于考虑到扳手过大造成的螺栓超载对小直径螺栓的影响更显著，故取较大安全系数。

（3）螺栓所需总面积 A_0

取 A_1、A_2 中的较大值为螺栓所需总面积 A_0，即

$$A_0 = \begin{cases} A_1 = \dfrac{W_1}{[\sigma]} \\ A_2 = \dfrac{W_2}{[\sigma]^T} \end{cases} \text{较大值} \tag{9-85}$$

（4）螺栓的个数及根径

螺栓的个数 n 及根径 d_0 分别为

$$n \frac{\pi}{4} d_0{}^2 = A_0, \ d_0 = 1.13 \sqrt{\frac{A_0}{n}} \tag{9-86}$$

建议 n 取偶数，最好为 4 的倍数，并将计算所得的螺栓直径圆整到标准数值，最后确定螺栓数量和直径，法兰连接螺栓的公称直径应不小于 M12。

（5）间距的校核

根据螺栓中心圆的直径 D_1 和螺栓的个数 n，可以计算出螺栓间的中心距为

$$B = \frac{\pi D_1}{n} \tag{9-87}$$

为使螺栓载荷均匀地作用于垫片，在设计时，可采用减小螺栓直径、增加螺栓个数的措施，以达到良好的密封效果，但要进行螺栓间距的校核。

扳手操作空间决定螺栓的最小间距值

$$B_{\min} = (3.5 \sim 4)d \tag{9-88}$$

如果螺栓数量过少，间距太大，致使螺栓之间的垫片压不紧而产生泄漏，因此最大间距值为

$$B_{\max} = 2d + \frac{6t}{(m+0.5)} \tag{9-89}$$

式中，d 为螺栓公称直径；t 为法兰厚度；m 为垫片系数。

螺栓间的中心距为 $B_{\min} < B < B_{\max}$。

（6）螺栓强度校核

在法兰连接中，通常采用双头螺栓，并在螺栓中间部分按螺纹根径 d_0 车光，以降低温差应力。为了避免螺栓与螺母咬死，螺栓的硬度比螺母稍高，这可通过选用不同强度级别的钢材或选用不同的热处理规范获得。

设螺栓实有总截面积为 A，则 $A > A_1$、$A > A_2$ 才能满足螺栓强度要求。

9.7.2　支座

化工压力容器及设备是通过支座固定在工艺流程中的某一位置上的。支座形式主要分为三大类：立式容器支座、卧式容器支座和球式容器支座。

立式容器支座分为腿式支座、支承式支座、耳式支座和裙式支座。塔设备常采用裙式支

座，这是塔设备设计的一项重要内容。卧式容器支座可分为鞍式支座、圈式支座和支腿式支座，鞍式支座使用最为广泛。球式容器支座有柱式、裙式、半埋式和高架式四种。

支座标准有鞍式支座（NB/T 47065.1—2018）；腿式支座（NB/T 47065.2—2018）；耳式支座（NB/T 47065.3—2018）；支承式支座（NB/T 47065.4—2018）以及刚性环支座（NB/T 47065.5—2018）。

9.7.2.1 鞍式支座

（1）结构组成

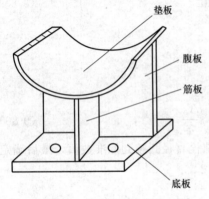

图 9-27 鞍式支座结构组成

鞍式支座由底板、腹板、筋板、垫板组成，如图9-27所示。

（2）结构特征

① 鞍式支座标准分轻型（代号 A）和重型（代号 B）两种，如图 9-28 所示，轻型和重型的区别在于底板和筋板的宽度有所不同，或者还有筋板数量的增减。轻型用以满足一般卧式容器使用要求；重型用以满足卧式换热器、盛装液体密度大和长径比（L/D）大的卧式容器使用要求。

② 重型鞍式支座根据包角（120°、150°）、制作方式（焊制、弯制）和有无垫板等又分为五种型号（BⅠ~BⅤ）。

③ 根据安装形式，鞍座分固定式（代号 F）和滑动式（代号 S）两种，两者的区别在于底板上地脚螺栓孔的形状不同，前者为圆形，后者为长圆形。安装地脚螺栓时，滑动式支座采用两个螺母，第一个螺母拧紧后倒退一圈，然后用第二个螺母锁紧，以使鞍座能在基础面上自由滑动。

④ 鞍式支座适用于卧式容器直径 DN 168~6000mm（用卷制筒体）的范围内。

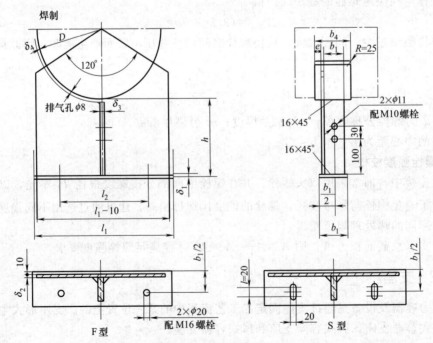

图 9-28 鞍式支座结构尺寸

（3）选用要点

卧式容器鞍式支座的设计要点包括：鞍式支座数量的决定、鞍式支座安装位置的安排、鞍座包角的选取、鞍座标准的选用。

① 卧式容器应优先考虑双支座。把双支座卧式容器近似简化成受均布载荷的外伸梁，如图 9-29 所示，梁的危险截面在支座截面和梁的跨中截面处，两危险截面处的弯矩相等，容器受力最好，因此 $A = 0.207L$；由于封头的抗弯刚度大于圆筒的抗弯刚度，为了防止"扁塌"现象发生，故要充分利用罐体封头对支座处圆筒截面的加强作用。应尽量使支座中心到封头切线的距离 $A \leqslant R_i/2$（A 为支座中心线至封头切线距离，L 为圆筒长度，R_i 为圆筒内半径），当无法满足 $A \leqslant 0.5R_i$ 时，A 值不宜大于 $0.2L$。

② 容器因操作温度变化，固定侧应采用固定鞍座（F），滑动侧采用滑动鞍座（S）。固定鞍座通常设在接管较多的一侧。采用三个鞍座时，中

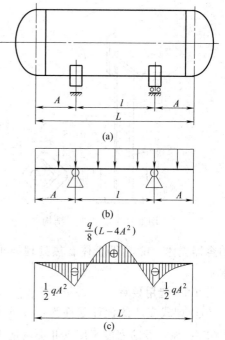

图 9-29　卧式容器力学模型

间鞍座宜选固定鞍座，两侧的鞍座可选滑动鞍座。应在滑动支座底板下的基础上加基础垫板或滚柱。

③ 标准鞍座材料为 Q235AF，为了满足鞍座与卧式容器圆筒连接的可靠性，垫板材料一般应与卧式容器圆筒材料相同，以避免异型钢焊接和材质不连续等因素而造成的应力集中和缺陷。

④ 若卧式容器壳体有热处理要求时，鞍座垫板应在热处理前焊于壳壁上。垫板中部开设 $\phi16$ 的一个小孔。垫板或鞍座加强垫板与容器的焊接应采用连续焊。

9.7.2.2　腿式支座

（1）结构组成

腿式支座由支柱（角钢或钢管）、底板、盖板、垫板四部分组成，如图 9-30 所示。

（2）结构特征

腿式支座是指用角钢或钢管与钢制立式容器焊接的一种支座形式，如图 9-31 所示。这种支座适宜于安装在刚性基础上。由于这种支座刚性较差，故不适用于通过管线直接与产生脉动载荷的机器设备刚性连接的容器。其焊接的部位是立式容器筒体的下部，根据结构需要，也可以在下封头处同时施以焊接。

① 腿式支座按其结构分为以下六种形式：A 型角钢支柱，带垫板；AN 型角钢支柱，不带垫板；B 型钢管支柱，带垫板；BN 型钢管支柱，不带垫板；C 型 H 型钢支柱，带垫板；CN 型 H 型钢支柱支柱，不带垫板。

② 腿式支座仅适用于 $DN300 \sim 2000\text{mm}$、长径比 $L/DN \leqslant 5$ 的钢制立式容器，而且装设支腿后立式容器的总高 A、AN 型 $H_1 \leqslant 5000\text{mm}$；B、BN 型 $H_1 \leqslant 5600\text{mm}$；C、CN 型 $H_1 \leqslant 7000\text{mm}$。

③ 垫板是否设置，则看是否符合下列情况，若满足其一则应设垫板：a. 用合金钢制作

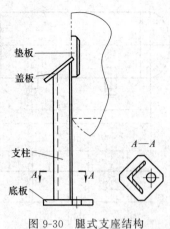

图 9-30　腿式支座结构

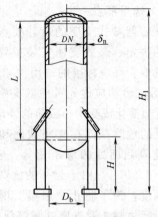

图 9-31　腿式支承

的容器壳体；b. 容器壳体有热处理要求；c. 与支腿连接处的圆筒有效厚度 δ_e 小于最小厚度 δ_{min}。

（3）选用要点

① 腿式支座的设计条件为：设计温度 $t = -20 \sim 200℃$；设计载荷即基本风压值 $q_\eta = 800Pa$；地震设防烈度 8 度（Ⅱ类场地土）。若设计条件超过上述数值，须作验算。

② 选用时应先确定支腿数量 n，根据公称直径值选取：$DN400 \sim 700mm$，取 $n = 3$；$DN800 \sim 1600$，取 $n = 4$。然后计算每根支腿实际承受的载荷 Q，确认此载荷小于每根的允许载荷 Q_0，即 $Q \leqslant Q_0$，则所选用的"支座号"是安全的。然后由实际情况确定用 A 型、AN 型或 B 型、BN 型支座、C 型、CN 型，最后确定是否加垫板。

③ 支腿型支柱的材料为根据温度选择 Q235AF 或 Q345AF。如需要可以改用其他牌号材料，但强度性能相应地不得低于 Q235AF 或 Q345AF 强度性能指标，且应具有良好焊接性能。垫板材料一般应与容器壳体材料相同。

④ 支柱应在被其覆盖的壳体焊缝检验合格后进行焊接。有热处理要求的容器，垫板与容器壳体的焊接应在热处理前进行，并在最低处留 10mm 不焊。

⑤ 标准中规定的每根支腿允许载荷，是在最大支承高度 H_{max} 下的计算值。若支承高度改变，其允许载荷值尚须经验算确定。

⑥ 如支腿直接焊在容器上对搬运有妨碍时，应采用螺栓连接的可拆结构，或在安装现场进行焊接，焊接时应避免焊缝重叠，如图 9-32 所示。

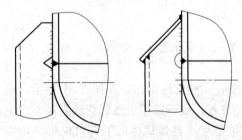

图 9-32　支腿直接焊在容器上应避免焊缝重叠

9.7.2.3　支承式支座

（1）结构组成

支承式支座由底板、筋板、垫板组成，如图 9-33 所示。

（2）结构特征

支承式支座适用于高度不大的立式容器且离地面又较低的情况下，焊接在立式容器的底部上；而腿式支座则是焊接在筒身的下侧，如图 9-34 所示。这两种支座形式应注意区分。

① 支承式支座分为以下两种形式。

A 型：钢板焊制，带垫板。

B 型：钢管焊制，带垫板。

② 支承式支座适用于下列条件的钢制立式圆筒形容器：

公称直径 $DN800\sim4000$mm；

圆筒长度 L 与公称直径 DN 之比 $L/DN\leqslant5$；

容器总高度 $H_0\leqslant10$m（不计支腿）。

③ 支承式支座由以下几部分组焊而成。

A 型：底板、筋板、垫板。

B 型：底板、钢管、垫板。

④ A 型支座采用双面连续焊；B 型支座采用单面连续焊。支座与容器壳体的焊接采用连续焊。焊脚高度等于 0.7 倍的较薄板厚度，且不小于 4mm。

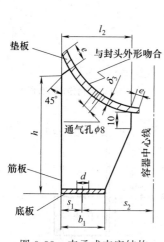

图 9-33　支承式支座结构

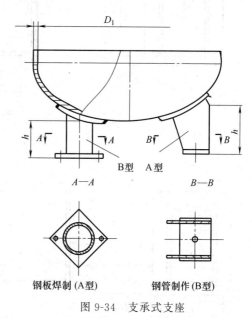

图 9-34　支承式支座

（3）选用要点

① 支承式支座多用于安装在距地坪或基础面较近的具有椭圆形或碟形封头的立式容器。可按 NB/T 47065.4—2018 标准选用。

② 支承式支座的数量一般采用 3 个或 4 个均布。

③ 支承式支座与封头连接处是否加垫板，应根据容器材料和容器与支座连接处的强度和刚度决定。

④ 支承式支脚用于带夹套容器时，如夹套不能承受整体重量，应将支脚焊于容器的下封头上。

9.7.2.4　耳式支座

（1）结构组成

耳式支座又称悬挂式支座，由支脚板、筋板、垫板组成，如图 9-35 所示。

（2）结构特征

耳式支座是立式容器中用得极为广泛的一种，尤其是中小型设备。置于钢架、墙架或穿越楼板的立式容器需采用耳式支座。

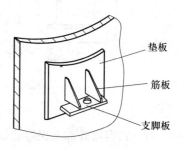

图 9-35　耳式支座结构

① 耳式支座分为以下三种形式，如图 9-36 所示。

A 型：短臂，带垫板或不带垫板。

B 型：长臂，带垫板或不带垫板。

C 型：加长臂，带垫板或不带垫板。

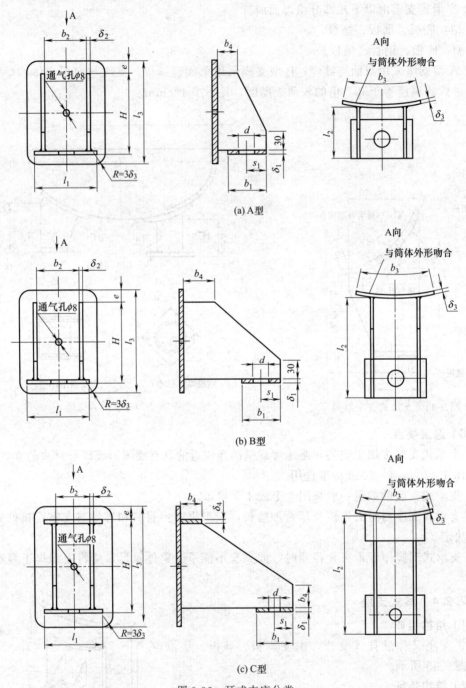

图 9-36　耳式支座分类

当立式容器外部无保温并搁置于钢架上时，一般应采用 A 型耳式支座；而立式容器外部有保温或支座需搁置于楼板上时，则应采用 B 型或 C 型耳式支座。

② 耳式支座适用于公称直径不大于 $DN=4000mm$ 的立式圆筒形容器，并规定了每种支座所适用的公称直径的上下限。

③ 耳式支座本体的焊接，采用双面连续填角焊。支座与容器壳体的焊接采用连续焊，焊脚高度等于 0.7 倍的较薄板厚度，且不小于 4mm。

（3）选用要点

① 计者应根据公称直径 DN 及估计的 Q 值预选一标准支座，再计算支座承受的实际载荷 Q，使 $Q \leqslant [Q]$。在计算每一个支座承受的载荷时，可根据设备总质量、偏心载荷、水平地震力和水平风载荷，再考虑支座的不均匀系数等计算。

② 耳式支座数量一般应采用 4 个或 3 个均布，但当容器公称直径 $DN \leqslant 700mm$ 时，耳式支座数量允许采用 2 个。极为特殊情况也允许采用多于 4 个耳式支座，但应保证底板都在同一水平面内，以便同时承担外部载荷，但考虑安装时难以保证底板都在同一水平面内，故采用多个支耳时，也按 2 个支耳计算承重。

③ 耳式支座通常应设置垫板。当 $DN \leqslant 900mm$ 时，可不设置垫板，但必须满足下列条件：

a. 容器壳体的有效厚度大于 3mm；

b. 容器壳体材料与支座材料具有相同或相近的化学成分和性能指标。

④ 耳式支座的筋板和底板材料为 Q235B、S30408、15CrMo。垫板材料一般应与容器材料相同。当容器有热处理要求时，支座垫板应在热处理前焊于容器壁上。

⑤ 耳式支座实际承受载荷应考虑重力载荷、风载荷，以此与支座本体允许载荷进行比较，来决定耳式支座选择是否合理。

⑥ 水平风载荷和水平地震力的计算公式适用于容器的高径比不大于 5 且总高度 H_0 不大于 10m 时。对超出此范围的容器，则不准推荐使用耳式支座。

⑦ 由容器壳体限定的支座许用弯矩是考虑局部应力的要求而编制的。如果出现不符合要求的工况，则选用时可以调整圆筒有效厚度值，也可以调整支座号，使之满足局部应力的要求，以保证支承安全可靠。

9.7.2.5 刚性环支座

（1）结构组成

刚性环支座由顶环、底环、底板和筋板组成的结构。刚性环支座在必要时可设置垫板，如图 9-37 所示。

（2）结构特征

刚性环支座的结构形式见图 9-38。支座结构形式宜满足以下规定：

① 顶环和底环的宽度相等，根据需要，也可取底环的宽度大于顶环宽度。本部分取顶环和底环宽度相等。

② 当容器公称直径 $DN \leqslant 800mm$ 时，支座可设置 2~3 个支耳；当 $DN > 800mm$ 时，支耳数量不少于 4 个，且宜为偶数。

③ 底板与底环之间连接的结构见图 9-39。底板与底环间的焊接采用开坡口的对接接头焊接，如图 9-40 所示。根据需要，底板上设置 1~2 个螺栓孔。

④ 当符合下列条件之一时，应设置垫板。垫板的材料与容器筒体相同：

a. 圆筒有效厚度小于或等于 8mm；

b. 当圆筒与刚性环支座的材料不具有相同或相近的化学成分和力学性能时；

c. 容器圆筒需热处理时。

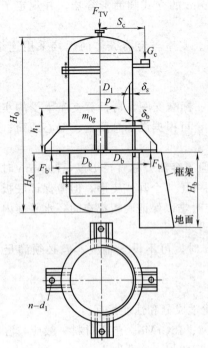

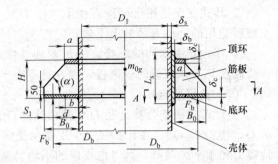

图 9-37　刚性环支座的容器结构

图 9-38　刚性环支座的结构

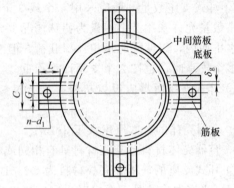

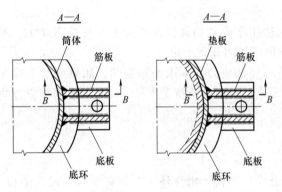

图 9-39　底板与底环、容器筒体或垫板的连接

⑤ 垫板厚度 δ_b 应符合下列要求：

a. 当 $\delta_s \leqslant 20\text{mm}$ 时，$\delta_s = \delta_b$；

b. 当 $\delta_s > 20\text{mm}$ 时，$\delta_b \geqslant 0.68\delta_s$，且 $\delta_b \geqslant 20\text{mm}$。

⑥ 筋板应与顶环、底环、筒体或垫板和底板连续焊接。本部分取筋板垂直于底板的短边长等于 50mm，见图 9-38。当底板设 1 个螺栓孔时，每个支耳设置 2 块筋板，当底板设 2 个螺栓孔时，支耳可设置 3 块筋板，见图 9-41。当两相邻支耳沿筒体圆周方向间距（以弧长计算）大于 2000mm 时，可在两支耳间至少设置 1 块中间筋板（图 9-38）。

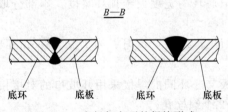

图 9-40　底板与底环的焊接形式

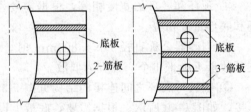

图 9-41　底板螺栓孔布置

（3）选用要点

① 刚性环支座适用于满足下列条件的立式圆筒形容器：

a. 筒体公称直径不小于 600 且不大于 8000mm 的容器；

b. 筒体设计温度不超过 200℃ 且不低于 −20℃ 的容器；

c. 容器计算高度 h_0 与直径 D 之比不大于 10 的容器。

不适用于要求作疲劳分析的容器。

② 支座型号系列　按容器公称直径分 A 型（轻型）、B 型（重型）两个系列，其允许载荷范围及结构尺寸分别见 NB/T 47065.5—2018 中表 1～表 4。

③ 支座选用　当满足下列要求时，可根据容器的公称直径 DN、承受的设计竖向载荷 W 和外力矩 M_0，从 NB/T 47065.5—2018 表 1、表 2 中选择相应编号的支座：

a. 设计竖向载荷 W 小于 NB/T 47065.5—2018 中表 1 或表 2 中许用竖向载荷 W；

b. 外力矩 M_0 小于 NB/T 47065.5—2018 中表 1 或表 2 中许用力矩 M_0；

c. 各支座的结构尺寸及重量见 NB/T 47065.5—2018 中表 3、表 4。

9.7.3　开孔补强

为满足工艺操作、容器制造、安装、检验及维修等要求，在压力容器上开孔是不可避免的。容器开孔以后，不仅削弱了容器的整体强度，而且还会引起应力集中，在接管和容器壁的连接处会造成局部的高应力，有时接管还会受到各种外加载荷的作用而使得开孔接管处的局部应力进一步提高。又由于材质和制造缺陷等各种因素的综合作用，开孔接管附近就成为压力容器的破坏源。

（1）开孔补强理论基础

① 应力集中　压力容器设计中必须充分考虑开孔补强问题。开孔或接管附近的应力集中程度以应力集中系数 K 来表示：

$$K = \frac{\sigma_{max}}{\sigma} \tag{9-90}$$

式中，σ_{max} 为接管连接处最大局部应力；σ 为设备在内压作用下产生的环向薄膜应力。

② 开孔的局限性　开孔所产生的应力集中现象有明显的局限性，应力值随离开孔边缘距离的加大而逐渐衰减。由此可采用在开孔附近局部补强的办法来降低该区域的应力集中。例如在开孔附近，对接管或容器的壁厚适当加厚，即在开孔附近有足够的补强金属和采用适当的补强措施，就可以使开孔附近的应力集中系数限制在所允许的范围内。

③ 开孔不予补强原则　压力容器常常存在各种强度裕量，例如接管和壳体实际厚度往往大于强度需要的厚度；接管根部有填角焊缝；焊接接头系数小于 1 但开孔位置不在焊缝上。这些因素相当于对壳体进行了局部加强，降低了薄膜应力从而也降低了开孔处的最大应力。因此，对于满足一定条件的开孔接管，可以不予补强。

GB 150 规定，当在设计压力小于或等于 2.5MPa 的壳体上开孔，两相邻开孔中心的间距（对曲面间距以弧长计算）大于两孔直径之和的两倍，且接管公称外径小于或等于 89mm 时，只要接管最小厚度满足表 9-13 要求，就可不另行补强。

表 9-13　不另行补强的接管最小厚度

接管公称外径/mm	25	32	38	45	48	57	65	76	89
最小厚度/mm		3.5		4.0			5.0		6.0

注：1. 钢材的标准抗拉强度下限值 $\sigma_0 > 540$MPa 时，接管与壳体的连接宜采用全熔透的结构形式。

2. 接管的腐蚀裕量为 1mm。

（2）开孔补强设计方法

① 等面积补强法。

② 根据极限分析准则的设计方法。

③ 根据弹塑性失效准则的设计方法。

（3）开孔补强形式

① 开孔补强形式　主要可分为以下四类：

内加强接管，补强金属配置在容器或接管的内侧，如图 9-42（a）所示；

外加强接管，补强金属配置在容器或接管的外侧，如图 9-42（b）所示；

对称加强的凸出接管，补强金属对称地配置在接管插入或外伸侧，如图 9-42（c）所示；

密集补强，补强金属集中配置在接管与容器连接处，如图 9-42（d）所示。

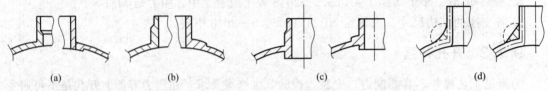

(a)　　　　　　(b)　　　　　　(c)　　　　　　(d)

图 9-42　开孔补强形式

② 四类开孔补强形式的特点　仅从强度考虑，内加强比外加强好，对称加强的凸出接管又比内加强好。但是从制造工艺上，内加强形式不如外加强形式方便，因此工程上用得不多。密集补强形式的补强面积集中在接管与容器连接处应力集中较高的局部区域，所以它的金属配置是比较合理的。但是，密集补强在制造上是比较困难的，特别是容器和开孔直径越大，加工也越困难。对称加强的凸出接管结构，由于插入容器壁内，除了加工较困难外，也不便于容器内件的装拆，伸入端与器壁连接处易形成流体死角，不易排液或易产生腐蚀等原因，一般也很少采用。外加强接管结构简单，加工方便，又能满足补强要求，是目前常用的一种补强结构，特别适用于中低压容器的开孔补强中。

（4）开孔补强结构

压力容器接管补强通常采用补强圈补强、厚壁管补强和整锻件补强三种补强结构，如图 9-43 所示。

(a) 补强圈补强　　　(b) 厚壁管补强　　　(c) 整锻件补强

图 9-43　补强元件的基本类型

① 补强圈补强　如图 9-43（a）所示，补强圈贴焊在壳体与接管连接处，结构简单，制造方便，使用经验丰富，但补强圈与壳体金属之间不能完全贴合，传热效果差，在中温以上使用时，二者存在较大的热膨胀差，因而使补强局部区域产生较大的热应力；另外，补强圈与壳体采用搭接连接，难以与壳体形成整体，所以抗疲劳性能差。一般使用在常温、静载、中低压、材料的标准抗拉强度低于 540MPa、补强圈厚度小于或等于 $1.5\delta_n$、壳体名义厚度 δ_n 不大于 38mm 的场合。

一般在补强圈上要求有一个 M10 的螺纹孔，供通入压缩空气以检查焊缝的紧密性。

② 厚壁管补强　即在开孔处焊上一段厚壁接管，如图 9-43（b）所示。由于接管的加厚部分正处于最大应力区域内，故比补强圈更能有效地降低应力集中系数。结构简单，焊缝

少，焊接质量容易检验，因此补强效果较好。高强度低合金钢制压力容器由于材料缺口敏感性较高，一般都采用该结构，但必须保证焊缝全熔透。

③ 整锻件补强　如图 9-43（c）所示，将接管和部分壳体连同补强部分做成整体锻件，再与壳体和接管焊接，补强金属集中于开孔应力最大部位，能最有效地降低应力集中系数；可采用对接焊缝，并使焊缝及其热影响区离开最大应力点，抗疲劳性能好。但锻件供应困难，制造成本较高。所以只在重要压力容器中应用，如核容器、材料屈服点在 500MPa 以上的容器及受低温、高温、疲劳载荷容器的大直径开孔等。

（5）等面积补强

等面积补强设计方法主要用于补强圈结构的补强计算。基本原则如前所述，就是使有效补强的金属面积等于或大于开孔所削弱的金属面积。

1）适用的开孔范围

等面积补强法是以无限大平板上开小圆孔的孔边应力分析作为其理论依据。但实际的开孔接管是位于壳体而不是平板上，壳体总有一定的曲率，为减少实际应力集中系数与理论分析结果之间的差异，必须对开孔的尺寸和形状给予一定的限制。GB 150 对开孔最大直径作了如下限制。

① 圆筒：当其内径 $D_i \leqslant 1500$mm 时，开孔最大直径 $d \leqslant D_i/2$，且 $d \leqslant 520$mm；当其内径 $D_i > 1500$mm 时，开孔最大直径 $d \leqslant D_i/3$，且 $d \leqslant 1000$mm。

② 凸形封头或球壳上开孔最大直径 $d \leqslant D_i/2$。

③ 锥壳（或锥形节头）上开孔最大直径 $d \leqslant D_i/3$，D_i 为开孔中心处的锥壳内直径。

④ 在椭圆形或碟形封头过渡部分开孔时，其孔的中心线宜垂直于封头表面。

2）等面积补强计算方法

① 所需最小补强面积 A　对受内压的圆筒或球壳，所需要的补强面积 A 为

$$A = d\delta + 2\delta\delta_{et}(1 - f_r) \tag{9-91}$$

式中，A 为开孔削弱所需要的补强面积，mm^2；d 为开孔直径，圆形孔等于接管内直径加 2 倍厚度附加量，即 $d = d_i + 2c$，椭圆形或长圆形孔取所考虑平面上的尺寸（弦长，包括厚度附加量），mm；δ 为壳体开孔处的计算厚度，mm；δ_{et} 为接管有效厚度，即 $\delta_{et} = \delta_{nt} - C$，mm；$f_r$ 为强度削弱系数，等于设计温度下接管材料与壳体材料许用应力之比，当该值大于 1.0 时，取 $f_r = 1.0$。$f_r = [\sigma]_t^t/[\sigma]^t$。

对于受外压或平盖上的开孔，开孔造成的削弱是抗弯截面模量而不是指承载截面积。按照等面积补强的基本出发点，由于开孔引起的抗弯截面模量的削弱必须在有效补强范围内得到补强，所需补强的截面积仅为因开孔而引起削弱截面积的一半。

对受外压的圆筒或球壳，所需最小补强面积 A 为

$$A = 0.5[d\delta + 2\delta\delta_{et}(1 - f_r)] \tag{9-92}$$

对平盖开孔直径 $d \leqslant 0.5D_i$ 时，所需最小补强面积 A 为

$$A = 0.5d\delta_p \tag{9-93}$$

式中，δ_p 为平盖计算厚度，mm。

② 有效补强范围　在壳体上开孔处的最大应力在孔边，并随离孔边距离的增加而减少。如果在离孔边一定距离的补强范围内，加上补强材料，可有效降低应力水平。壳体进行开孔补强时，其补强区的有效范围按图 9-44 中的矩形 $WXYZ$ 范围确定，超此范围的补强是没有作用的。

有效宽度 B 按式（9-94）计算，取二者中较大值

$$B = \begin{cases} 2d \\ d + 2\delta_n + 2\delta_{nt} \end{cases} \tag{9-94}$$

式中，B 为补强有效宽度，mm；δ_n 为壳体开孔处的名义厚度，mm；δ_{nt} 为接管名义厚度，mm。

内外侧有效高度按式（9-95）和式（9-96）计算，分别取式中较小值。

外侧高度

$$h_1 = \begin{cases} \sqrt{d\delta_{nt}} \\ \text{接管实际外伸高度} \end{cases} \tag{9-95}$$

内侧高度

$$h_2 = \begin{cases} \sqrt{d\delta_{nt}} \\ \text{接管实际内伸高度} \end{cases} \tag{9-96}$$

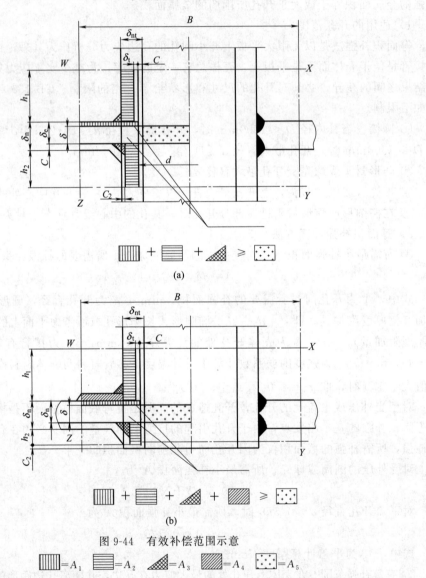

图 9-44　有效补偿范围示意

③ 补强范围内补强金属面积 A_0　在有效补强区 $WXYZ$ 范围内，可作为有效补强的金属面积 $A_0 = A_1 + A_2 + A_3$，其中 A_1、A_2、A_3 的意义如下。

A_1：壳体有效厚度减去计算厚度之外的多余面积，即壳体多余金属量

$$A_1 = (B-d)(\delta_e - \delta) - 2\delta_{et}(\delta_e - \delta)(1 - f_r) \tag{9-97}$$

A_2：接管有效厚度减去计算厚度之外的多余面积，即接管多余金属量

$$A_2 = 2h_1(\delta_{et} - \delta_t)f_r + 2h_2(\delta_{et} - C_2)f_r \tag{9-98}$$

式中，δ_{et} 为壳体开孔处的有效厚度，mm；δ_t 为接管计算厚度，mm。

A_3：有效补强区内焊缝金属的截面积。

则补强范围内补强金属面积 A_0 为

$$A_0 = A_1 + A_2 + A_3 \tag{9-99}$$

④ 需补强金属面积 A_4　若 $A_0 \geqslant A$，则开孔不需另加补强；若 $A_0 < A$，则开孔需另加补强，其另加补强面积 A_4 按式（9-100）计算

$$A_4 = A - A_0 \tag{9-100}$$

对于补强圈补强，内径按接管内径，外径根据有效范围 B 确定，再根据 A_4 就可得到补强圈厚度。

3）等面积补强中需注意的问题

① 补强材料一般需与壳体材料相同，若补强材料许用应力小于壳体材料许用应力，则补强面积按壳体材料与补强材料许用应力之比而增加。若补强材料许用应力大于壳体材料许用应力，则所需补强面积不得减少。

② 计算厚度的说明。根据等面积补强设计准则，开孔所需最小补强面积主要由 $d\delta$ 确定，这里的 δ 为按壳体开孔处的最大应力计算而得到的计算厚度。

a. 圆筒。对于内压圆筒上的开孔，δ 为按周向应力计算而得的计算厚度。

b. 封头。当在内压椭圆形封头或内压碟形封头上开孔时，则应区分不同开孔位置取不同的计算厚度，这是由于常规设计中，内压椭圆形封头和内压碟形封头的计算厚度都是由转角过渡区的最大应力确定的，而中心部位的应力则比转角过渡区的应力要小，因而所需的计算厚度也较小。

对于椭圆形封头，当开孔位于以椭圆形封头中心为中心、80%封头内直径范围内时，由于中心部位可视为当量半径 $R_i = K_1 D_i$ 的球壳，计算厚度 δ 计算式为

$$\delta = \frac{p_c K_1 D_i}{2[\sigma]^t \phi - 0.5 p_c} \tag{9-101}$$

K_1 为椭圆形长短轴比值 $D_o/(2h_o)$ 决定的系数，其中 $h_o = h_i + \delta_n$，椭圆形封头的当量球壳外半径为 $R_o = K_1 D_o$，K_1 由表 9-14 可查得（中间值用内插法求得）。

表 9-14　系数 K_1

$D_o/2h_o$	2.6	2.4	2.2	2.0	1.8	1.6	1.4	1.2	1.0
K_1	1.18	1.08	0.99	0.90	0.81	0.73	0.65	0.57	0.50

而在此范围以外开孔时，其 δ 按椭圆形封头厚度计算式计算。

对于碟形封头，当开孔位于封头球面部分之内时，取形状系数 $M=1$，此时计算式为

$$\delta = \frac{p_c R_i}{2[\sigma]^t \phi - 0.5 p_c} \tag{9-102}$$

在此范围之外的开孔，其 δ 按碟形封头的厚度计算式计算。

③ 多开孔问题。以上介绍的是壳体上单个开孔的等面积补强计算方法。当存在多个开孔，且各相邻孔之间的中心距小于两孔平均直径的两倍时，则这些相邻孔就不能再以单孔计算，而应作为并联开孔来进行联合补强计算。多个开孔补强设计方法可参阅 GB 150。

④ 大开孔问题。承受内压的壳体，有时不可避免地要出现大开孔。当开孔直径超过标

准中允许的开孔范围时，孔周边会出现较大的局部应力，因而不能采用等面积补强法进行补强计算。目前，对大开孔的补强，常采用分析设计标准中规定的方法和压力面积法等方法进行分析计算。

⑤ 非径向接管补强问题。对于非径向接管，圆筒或封头上须开椭圆形孔，与径向接管相比接管和壳体连接处的应力集中系数增大，抗疲劳失效的能力降低，因此设计时应尽可能采用径向接管。

9.7.4 筒体及封头

（1）筒体

筒体或夹套通常采用钢板卷焊制成，小直径亦可采用无缝钢管及与之相配套的连接零部件，如筒体法兰采用管法兰，其公称直径应符合 GB 9019 标准规定。

（2）封头

① 压力容器封头形式应优先采用椭圆形封头，按 GB/T 25198—2010《压力容器封头》选用。必要时也可采用碟形、折边锥形等封头。

② 球冠形封头一般只用作两独立受压空间的中间封头及低压容器的端封头。并应按 GB 150《钢制压力容器》设计。

③ 直径较大的压力容器（一般 $DN > 4000mm$）可采用拼焊封头。

④ 为满足工艺生产要求采用锥形封头时，无折边锥形封头应按 GB 150《压力容器》设计；折边锥形封头按国家标准 GB/T 25198—2010《压力容器封头》选用。

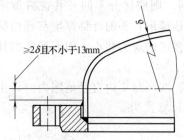
图 9-45 封头的直边高度

⑤ 底部仅承受液体自重的立式容器且搁置于地坪或钢架平台上时，可采用平板作其底封头。封头厚度由计算确定。

⑥ 当采用薄平板作为容器的顶盖时，直径 $D \geqslant$ 1600mm 的顶盖一般应以型钢加强。顶盖厚度及型钢规格应通过计算确定。

（3）封头的连接

① 受压的球冠形封头，无折边锥形封头与筒体连接的角焊缝必须采用全焊透结构。

② 当封头与法兰连接时，封头的直边高度应满足图 9-45 的要求。如标准封头不能满足此要求时，可采取：

a. 增加直边高度，但最大不得大于标准封头的直边高度的 1.5 倍（非标准的直边高度值应在设计图样的明细表中注明）；

b. 封头与法兰之间增加短节。

9.7.5 接管及接管法兰

（1）接管

① 容器接管一般应采用无缝钢管。

② 容器接管若采用低压流体输送焊接钢管（GB/T 3091—2015），应受下列规定的限制：压力不得大于 0.6MPa；公称直径不得大于 50mm；不得用于有毒、易燃、易爆及腐蚀性介质。

③ 接管的伸出长度。

a. 对于轴线垂直于容器壳壁的接管，其接管的法兰面伸出容器外壁的长度 l，一般可按表 9-15 选取。

b. 采用对接法兰的接管，在确定接管长度 l 时，还应保证接管上焊缝与焊缝之间的距离（图 9-46）不小于 50mm。

c. 对于轴线不垂直于壳壁的接管，其伸出长度应使法兰外缘与保温层之间的垂直距离不小于 25mm，如图 9-47 所示。

d. 如要求各接管伸出长度一致并有此可能时，则各接管的法兰面可与最大接管的法兰面保持同一平面。

表 9-15　接管伸出长度 l　　　　　　　　　　　　　　　　　单位：mm

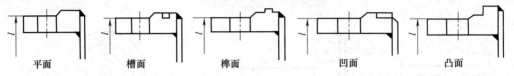

保温层厚度	接管公称直径 DN	最小伸出长度 l
50～75	10～100	150
	125～300	200
	350～600	250
76～100	10～100	150
	70～300	200
	350～600	250
101～125	10～150	200
	200～600	250
126～150	10～150	200
	70～300	250
	350～600	300
151～175	10～150	250
	200～600	300
176～200	10～150	250
	70～300	300
	350～600	350

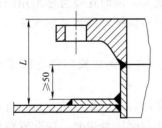

图 9-46　接管上焊缝与焊缝的距离

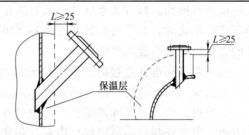

图 9-47　法兰外缘与保温层之间的垂直距离

④ 接管与容器壳壁的连接。

a. 在不影响生产使用及装卸内部构件的情况下，可采用接管插入容器内壁的内伸式结构，插入深度按图 9-48 要求。

b. 物料放净口接管以及接管插入容器内壁影响内部构件的布置或装卸时，应将接管端部设计成与容器内壁齐平。

⑤ 接管的加固。

a. 对于 $DN \leqslant 25mm$、伸出长度 $l \geqslant 150mm$ 以及 $DN = 32 \sim 50mm$、伸出长度 $l \geqslant 200mm$ 的接管，应采用变径管加固或设置筋板予以支撑，筋板位置按图 9-49 要求。

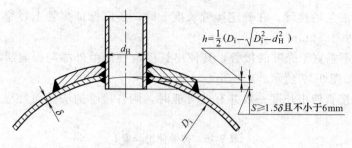

图 9-48　接管插入深度

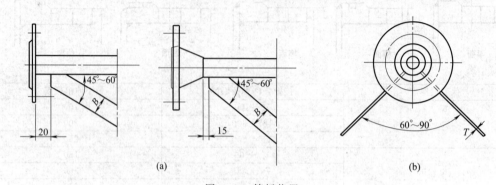

(a)　　　　　　　　　　　　　　　　　(b)

图 9-49　筋板位置

注：水平接管筋板一般为 2 个，垂直接管可采用 3 个均布。

b. 筋板断面尺寸可根据筋板的长度按表 9-16 选取。

表 9-16　筋板断面尺寸　　　　　　　　　　单位：mm

筋板长度	200～300	301～400
$B \times T$	30×3	40×5

（2）接管法兰

因凸面与榫面法兰的密封面系凸起，故较凹面和槽面法兰更易擦伤。设备上的接管法兰密封面一旦损伤，修理非常麻烦，故宜采用凹面或槽面法兰。同时还要考虑采用凹凸面或榫槽面连接形式时，为了安装垫片方便容器顶部和侧面的管口应配置凹面或槽面法兰，容器底部的管口应配置凸面或榫面法兰。

与阀门等标准件连接时，须视该标准件的密封形式而定，例如阀门都为凹面或槽面法兰，故与阀门相连的管口应为凸面或榫面法兰。

必要时，凹凸面、榫槽面法兰可成对供应；容器上备用管口应配置法兰盖；就地显示的压力表、温度计接口一般应按自控专业条件设置；管口法兰带法兰盖时，应配置螺栓、螺母及密封垫片；非标准法兰或特殊材料制作的法兰应尽可能成对配置。

9.7.6　人孔、手孔、检查孔

在化工设备中，为了便于内部附件的安装和衬里，防腐以及对设备内部进行检查、清洗，往往开设人孔和手孔。

（1）人孔分类

按压力分类有常压人孔与受压人孔；按形状分类有圆形人孔与椭圆形人孔（或长圆形人孔），有时也有矩形人孔；按安装位置分类有垂直人孔和水平人孔；按盖子的支承形式分类有回转盖人孔和吊盖人孔；按盖子的结构形式分类有平盖人孔和拱形盖人孔；按法兰的结构形式分类有平焊法兰人孔和对焊法兰人孔；按开启的难易程度分类有快开人孔和一般人孔。人孔的结构形式主要取决于操作压力、操作介质和启闭的频繁程度。根据使用要求，通常都是上述几种结构形式的组合。

（2）常用人孔的结构形式

① 常压平盖人孔　是最简单的一种，这种人孔只是在带有法兰的接管上安上一块盲板。它的结构简单，用于常压和不需经常利用人孔进行检查或修理的设备。

② 受压人孔　对于压力容器，为了便于移动沉重的人孔盖，盖子通常做成回转盖式或吊盖形式。尤其对于设置在高空的人孔，更有必要采用这种装置。

吊盖人孔根据安装位置不同，分为水平吊盖人孔和垂直吊盖人孔，而回转盖人孔则可布置在水平位置、垂直位置或倾斜位置。操作压力在 25MPa 以上时，应采用对焊法兰人孔。

③ 快开人孔　由于检修或者检查等原因，人孔需要经常打开。间歇操作的设备，有时是通过人孔进行投料、卸料，在这种情况下，为了节省装拆人孔的时间和减轻劳动强度，常采用快开人孔。快开人孔有以下几种形式。

a. 回转拱盖快开人孔。采用了铰链螺栓。用于频繁启闭，要求减轻劳动强度的场合。

b. 手摇快开人孔。通过螺杆收紧两个半环的锥面卡环，压紧法兰，达到密封目的。对于需要通过人孔来装料的间歇操作设备（如聚氯乙烯聚合釜），采用这种结构能达到快速装拆目的，从而提高设备生产能力。

c. 轻型薄壁快开人孔。材料为不锈钢，这种人孔适用于常压、密封性要求不高，以及要求清洁的场合。设计时，应使偏心轮在压紧时一定要超过最大压紧点（超过 22°）。

d. 旋柄快开人孔。常作为间歇操作中投料、清洗、检修等使用。这种快开人孔在操作使用中比回转快开人孔方便，但较为笨重，直径也不能太大，用于常压时较为可靠。

（3）手孔

手孔最简单的结构形式是在接管上安装一块盲板，这种结构用于常压和低压，以及不需经常打开的场合。回转盖快开手孔采用铰链螺栓紧固和回转盖结构，使开启较为方便。因此，用于要求经常开启的低压设备。需要快速启闭的手孔，应设置快速压紧装置。

（4）人孔、手孔设置原则

① 需经常进行清理，或制造、检查上有要求的容器必须开设人孔、手孔或检查孔。碳素钢和低合金制人孔、手孔应按 HG 21514～HG 21535 标准选用。不锈钢人孔、手孔可按 HGJ 503～513 标准选用。

② 容器直径 ≥1000mm 且筒体与封头为焊接连接时，至少应设置一个人孔。

③ 容器直径 <1000mm 且筒体与封头为焊接连接时，容器应单独设置人孔、手孔、检查孔。

④ 容器上的工艺管口（DN≥500mm）如能起到人孔、手孔或检查孔的作用时，可不单独再设置。

（5）人孔、手孔设置数量

① 容器及容器每个分隔空间，如不能利用工艺管口或设备法兰对容器内部进行工作时，应按表 9-17 规定的数量设置人孔、手孔或检查孔。

② 卧式容器筒体长度 ≥6000mm 时，应考虑设置 2 个人孔。

表 9-17　人孔、手孔、检查孔设置的最少数量

容器公称直径 DN/mm	人孔、手孔数量	容器公称直径 DN/mm	人孔、手孔数量
300≤DN<500	2 个手孔	≥1000	1 个以上人孔
500≤DN<1000	1 个人孔或 2 个手孔		

（6）人孔、手孔装设位置

① 人孔、手孔及检查孔的装设位置应便于检查、清理。对人孔还应进出方便。

② 立式小型容器的人孔、手孔应设于顶盖上。较大的立式容器，人孔可设于筒体上。设置 2 个人孔的容器，其位置应分别设在顶盖和筒体上。设在侧面位置的人孔，容器内部应根据需要设置梯子或踏步。

③ 用于装卸填料、催化剂的手孔允许斜置。

④ 球形容器的人孔应设置在极带上。

⑤ 当人孔设在筒体侧面时，容器内壁宜设置梯子、把手。

（7）人孔、手孔结构形式

① 人孔、手孔结构形式的选择应根据孔盖的开启频繁程度、安装位置（水平或垂直）、严密性要求、盖的质量以及盖开启时所占据的平面或空间位置等因素决定。

② 孔盖需经常开闭时，宜选用快开人孔、手孔。如人孔轴线的垂直平面位置较小，可选用回转式快开人孔、手孔；如要求迅速开闭，且允许孔盖按垂直于轴线的左右方向移开时，可选用旋柄式快开人孔、手孔。

③ 为防止人孔、手孔筒节造成的死区，必要时可选用带芯人孔、手孔。

④ 人孔盖的质量超过 35kg 时，应选用铰接式、悬挂式等结构。

⑤ 设置在容器底部或较高部位（离地面或操作平台 2m 以上）的人孔，或设计温度低于−10℃的人孔，其盖应有吊杆或铰链支持。

⑥ 常压人孔、手孔只适用于无毒和非易燃介质，其允许工作压力（包括蒸汽压力和液柱压力）按标准规定。

⑦ 人孔、手孔公称压力等级和密封面形式的选用原则与容器法兰相同。

（8）人孔、手孔尺寸选择

① 人孔直径应根据容器直径大小、压力等级、容器内部可拆构件尺寸、检修人员进出方便等因素决定。一般情况下，人孔尺寸如下：容器直径为 1000～1600mm 时，选用 $DN450$ 人孔；容器直径为 1600～3000mm 时，选用 $DN500$ 人孔；容器直径＞3000mm 时，选用 $DN600$ 人孔。

② 真空、毒性为高度、极度危害介质，或设计压力＞2.5MPa 的容器，人孔直径宜选小者。

③ 寒冷地区，人孔直径应不小于 500mm。

④ 装设人孔的部位受到限制时，也可采用不小于 400mm×300mm 的长圆形人孔或椭圆形人孔。

⑤ 手孔直径一般不小于 150mm。

⑥ 检查孔直径一般不小于 80mm。

9.7.7　液面计、视镜

（1）液面计的设置和标准选用

液面计是用来观察设备内部液位变化的一种装置，为设备操作提供部分依据。一般用于两种目的。一是通过测量液位来确定容器中物料的数量，以保证生产过程中各环节必须定量的物料。二是通过液面测量来反映连续生产过程是否正常，以便可靠地控制过程的进行。应用在化工生产中的液面计，应根据设备的操作条件（温度、压力）、介质的特性、安装位置及环境条件等因素合理地选用合适的液面计。液面计形式和适用范围可参考表 9-18。

① 盛装易燃、易爆危险性介质和毒性为中度、高度、极度介质的容器采用就地液面计

时应非常慎重，一般不得选用玻璃管液面计。

② 当环境温度影响液体流动时，应采用保温型的玻璃管液面计或蒸汽夹套型玻璃管液面计。

③ 当要求观察的液位变化范围很小时，也可采用视镜指示液面计。

④ 当所选液面计长度不够时，可采用多个液面计交错布置结构。

⑤ 设备高度 3m 以上、物料易堵塞、液面测量要求不甚严格的常压设备，应用浮标液面计。

表 9-18 液面计形式和适用范围

形　式	适　用　范　围		标准选用
玻璃管液面计	$PN{\leqslant}1.6\text{MPa}$，$0{\sim}200℃$，介质流动性好，液体		HG 21592
透光式玻璃液面计	$PN{\leqslant}6.3\text{MPa}$，$0{\sim}250℃$，洁净介质，无色透明液体		HG 21589
反射式玻璃板液面计	$PN{\leqslant}4.0\text{MPa}$，$0{\sim}250℃$，非洁净介质，稍有色泽的液体		HG 21590
碳钢玻璃浮子液面计	使用压力 $PN{\leqslant}0.4\text{MPa}$，	使用温度 $T=0{\sim}200℃$	HG/T 3165
碳钢衬 F-46 玻璃浮子液面计		使用温度 $T=0{\sim}150℃$	HG/T 3166
浮标液面计	设备高度大于 3m 的常压设备，液体		
防霜液面计	$PN{\leqslant}4.0\text{MPa}$，介质温度（非环境因素造成）$-160{\sim}0℃$，液体		HG/T 21550
磁性液面计	$PN=1.6{\sim}16\text{MPa}$，$-40{\sim}300℃$，液体密度${\geqslant}0.45\text{g/cm}^3$，黏度小于 15mPa·s，液体		HG/T 21584
钢与玻璃烧结液面计	$PN=-0.1{\sim}2.5\text{MPa}$，$T=0{\sim}180℃$，液体		HG 21606

（2）视镜的选用

视镜是用来观察设备内部物料化学和物理变化过程情况的一种装置。视镜除受工作压力外，还要承受高温、热应力和化学腐蚀的作用。视镜的结构形式有多种，最常用的圆形视镜结构形式如图 9-50 所示，有不带颈视镜［图 9-50（a）］和带颈视镜［图 9-50（b）］。不带颈视镜结构简单，便于窥视。在不宜把视镜直接焊在设备上时，可采用带颈视镜。

带颈型不适于悬浮液介质。两种形式都有衬里或者不衬里的结构形式。

视镜的选型与装设应考虑设备的操作条件、介质的特性、环境条件和安装位置等因素，应合理地选型并布置在确定的位置上，以便清楚地观察设备内部反应过程。

图 9-51（a）所示有两个照明视镜。图 9-51（b）所示在人孔上装设视镜，可减少设备筒体的开孔，对有衬里层的设备较有利。图 9-51（c）所示照明视镜与窥视距离不应

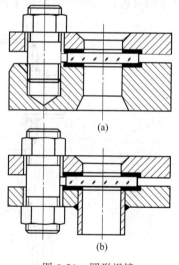

图 9-50 圆形视镜

太远，如设备中心有搅拌轴，两者不应成对角线装置。图 9-51（d）所示两视镜常成对角线或 90°装设：成对角线装设时，可采用自然光照明，照明光线强，看得清楚，宜用于介质对视镜有轻微污染处；90°设置时，照明较暗，但照明范围广，光线柔和，观察区域大。对于设备直径小或封头上接管较多的容器，可采用带灯视镜而不设照明视镜。

① 视镜一般可按下列标准选用：视镜（HG/T 21619）；带颈视镜（HG/T 21620）；烧结视镜（HG 21605）；带灯视镜（HG/T 21575）。

② 选择视镜时，尽量采用不带颈视镜。除非受容器外部保温层限制或其他限制时才采用带颈视镜。

③ 对操作中易挂壁或起雾介质等影响视镜观察时，应装设冲洗装置。

④ 当需要观察设备内部情况或观察不明显的液相分层时，应配置两个以上视镜（亦可采用带灯视镜供照明用）。

⑤ 直接用螺栓安装在接管或管件法兰接口上的视镜可选用 HG 21505《组合式视镜》标准。

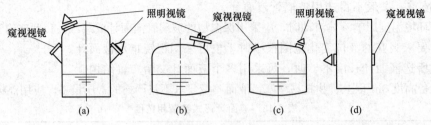

图 9-51　视镜的装设

9.7.8　缓冲板

容器在下列情况之一时，应在进口接管处设置缓冲板。

① 介质有腐蚀性及磨损性且 $\rho v^2 > 740$，或介质无腐蚀性及磨损性且 $\rho v^2 > 2355$ [ρ 为流体密度（kg/m³），v 为流体线速度（m/s）]，并直接对容器壁或内件冲刷时；

② 为防止进料时产生料峰，保证内部稳定操作。

物料进口处的缓冲板结构如图 9-52 所示。要求液面指示平衡的液面计上部连接管，可设置挡液板，挡液板的结构见图 9-52（a）。

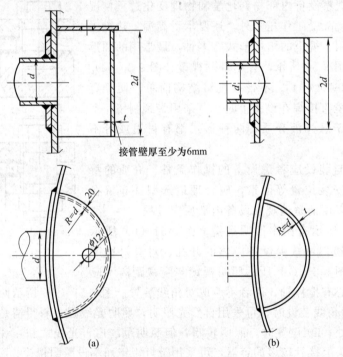

图 9-52　物料进口缓冲板

习题与简解

扫描二维码获取

第10章 换热设备

10.1 概述

在过程工业中无论是纯粹的物理过程，还是化学反应过程都与加热、冷却和保温有关，这些过程统称为传热过程。传热过程主要是通过两种温度不同的介质在相应的设备中交换热量来实现的，这类实现传热过程的设备称为换热设备，也称为换热器。一般化工厂中换热设备的总质量约占全厂所有设备质量的30%，故换热设备在化学工业中占有极其重要的地位。

（1）换热器换热原理

实现热量交换的原理是对流传热。对流传热是流体质点发生相对位移而引起的热量传递过程，对流传热仅发生在流体中，它与流体的流动状况相关。如图10-1所示，当流体作层流流动时，在垂直于流体流动方向上的热量传递主要以热传导的形式进行。而当流体作湍流流动时，主体流是湍流，而在壁面邻域内总有层流底层作层流流动。因此，当流体作湍流流动时，湍流主体中由于流体质点的剧烈混合，可以认为无传热阻力，即温度梯度为零，这是对流传热方式。在层

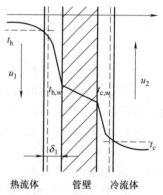

图 10-1 对流传热原理

流底层中热量以垂直于流体流动方向的热传导方式传递，热阻和温度差主要集中在该层。在湍流主体与层流底层之间存在一个过渡区，过渡区的热量传递是热传导和对流的共同作用。

在对流传热中热传导和对流是不可分的，一般热传导和对流合起来称为对流传热。如在间壁式换热器中热流体通过对流方式把热量传给壁面，热壁面侧经过热传导把热量传给冷壁面侧，冷壁面通过对流方式又把热量传给冷流体，这一将热量由流体传到固体壁面或由固体壁面传到周围流体的过程就是对流传热过程。

（2）换热器分类

按作用原理或传热方式，换热器可分为三种类型，即混合式换热器、蓄热式换热器和间壁式换热器。

① 混合式换热器　如图10-2所示，它是利用冷、热流体直接接触，彼此混合进行换热的，这种传热方式避免了传热间壁及其两侧的污垢热阻，传热效率高，单位容积提供的传热面积大，结构简单、价格便宜，但仅适用于工艺上允许两种流体混合的场合。如冷却塔、气压冷凝器等。

②　蓄热式换热器　　如图10-3所示，热流体首先通过换热器，把热量积蓄在填料中，然后冷流体通过，蓄热体把热量释放给冷流体。蓄热式换热器结构紧凑、价格便宜，单位体积传热面大，故较适合用于气-气热交换的场合。如回转式空气预热器。

③　间壁式换热器　　利用固体壁面将进行热交换的冷热流体隔开，互不接触，热量由热流体通过固体壁面传递给冷流体。这种形式的换热器使用最为广泛。间壁式换热器按传热面形状和结构不同有多种形式和结构，通常按传热面的形状可将其分为管式换热器和板面式换热器。管式换热器以管子表面作为传热面，包括蛇管式、套管式和列管式等；板面式换热器以板面作为传热面，包括螺旋板、板式、伞板式、板翅式和板壳式等。

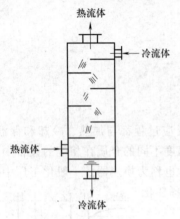

图10-2　混合式换热器

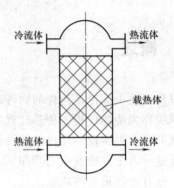

图10-3　蓄热式换热器

此外化学工业中常用的蒸发、结晶和干燥设备，它们与加热过程有密切的关系。虽然功用与换热器不同，但它们为达到目的所采用的手段，或设备主要部件的结构在某种程度上与换热器近似，所以有时将其归入换热设备。

换热器选型时，需要考虑的因素很多，主要包括流体的性质，压力、温度及允许压力降的范围，对清洗、维修的要求，材料价格，使用寿命等。只有熟悉和掌握各种形式换热器的特点，并根据生产工艺的具体情况，才能进行合理的选型和正确的设计。

（3）换热器设计中的基本要求

根据热交换器在生产中的地位和作用，它应满足多种多样的要求。一般来说，对其基本要求如下：

①　满足工艺过程所提出的要求，如热交换强度高，热损失少，在有利的平均温差下工作。

②　要有与温度和压力条件相适应的不易遭到破坏的工艺结构，制造简单，装修方便，经济合理，运行可靠。

③　设备紧凑。这对大型企业、航空航天、新能源开发和余热回收装置具有重要意义。

④　保证较低的流动阻力，以减少热交换器的动力消耗。

在设计一个热交换器时，从收集原始资料开始，到正式绘画图纸为止，需要进行一系列的设计计算工作。

（4）设计和选型步骤

管壳式换热器设计与选型步骤包括工艺计算与机械设计计算。

1）工艺计算

①　按流体种类、冷热流体的流量、进出口温度、工作压力等计算出需要传递的热量。

② 根据流体的腐蚀性及其他特性选择管子和壳体的材料。并根据材料加工特性，流体的流量、压力、温度，换热管与壳体的温差、需要传递热量的多少，造价的高低及检修清洗方便等因素，决定采用哪一类型的管壳式换热器。

③ 确定流体的流动空间，即确定管程与壳程内的流体介质种类。

④ 确定参与换热的两种流体的流向，是并流、逆流还是错流。并计算出流体的有效平均温度差。

⑤ 根据经验初选传热系数 K，并估算传热面积 A。

⑥ 根据计算出的传热面积 A，参照我国管壳式换热器标准系列，初步确定换热器的基本参数（管径、管程数、管子根数、管长、管子排列方式、折流元件等的形式及布置、壳体直径等结构参数）。

⑦ 根据确定的标准系列尺寸，进行传热系数的校核和阻力降的计算，进行流动阻力计算的目的在于为选择泵或风机提供依据，或者核算其压降是否在限定的范围之内。当压降超过允许的数值时，则必须改变热交换器的某些尺寸，或者改变流速等。

⑧ 最后按标准选用换热器或者进行机械设计。

2）机械设计计算

① 壳体和管箱壁厚计算。

② 管子与管板连接结构设计。

③ 壳体与管板连接结构设计。

④ 管板厚度计算。

⑤ 折流板、支持板等零部件的结构设计。

⑥ 换热管与壳体在温差和流体压力联合作用下的应力计算。

⑦ 管子拉脱力和稳定性校核。

⑧ 判断是否需要膨胀节，如需要，则选择膨胀节结构形式并进行有关的计算。

⑨ 接管、接管法兰、容器法兰、支座等的选择及开孔补强设计等。

10.2　管壳式换热器的基本类型

管壳式换热器是把换热管束与管板连接后，再用筒体与管箱包起来，形成两个独立的空间：管内的通道及与其相贯通的管箱，称为管程空间（简称管程）；换热管（束）外的通道及与其相贯通的部分，称为壳程空间（简称壳程）。管壳式换热器是工业生产中应用最为广泛的一种换热器，根据其结构特点的不同，可分为固定管板式换热器、浮头式换热器、U形管式换热器、填料函式换热器以及釜式再沸器等。

（1）固定管板式换热器

固定管板式换热器的典型结构如图 10-4（a）所示，管束连接在两端的管板上，两端的管板采用焊接的方式与壳体连接固定。

优点：结构简单、紧凑、能承受较高的压力，造价低。在壳体直径相同时，排管数量最多，换热管束可以依据需要做成单程、双程或多程。同时，这种结构的换热器管程清洗方便，管子损坏时易于堵管或更换，在实际工程中应用十分广泛。

缺点：壳程不能采用机械方法清洗，检查难度较大，它适用于壳体与管子温差小或温差稍大但壳程压力不高以及壳程介质不容易结垢或结垢后能用化学方法清洗的场景。当管束与

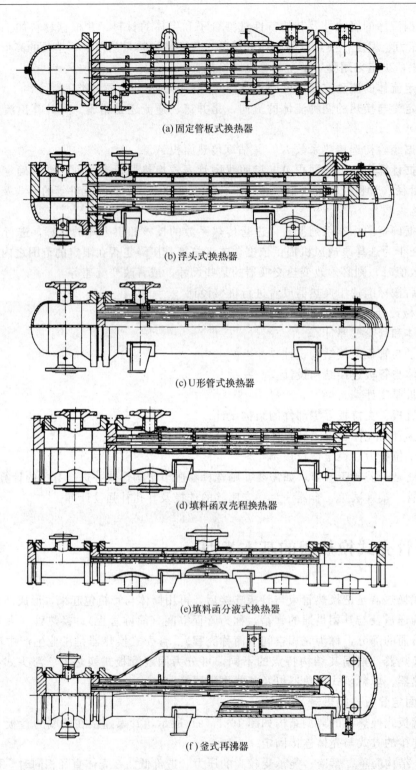

(a)固定管板式换热器

(b)浮头式换热器

(c)U形管式换热器

(d)填料函双壳程换热器

(e)填料函分液式换热器

(f)釜式再沸器

图 10-4　管壳式换热器主要形式

壳体的壁温或材料的线胀系数相差较大时，壳体和管束中将产生较大的热应力，通常需要在固定管板式换热器中设置柔性元件（如膨胀节、挠性管板等），来吸收热膨胀差，以减小两者之间的热应力。

（2）浮头式换热器

浮头式换热器的典型结构见图 10-4 （b），两端管板中只有一端与壳体固定，另一端可相对壳体自由移动，称为浮头。浮头由浮头管板、钩圈和浮头端盖组成，是可拆连接，管束可从壳体内抽出。管束与壳体的热变形互不约束，因而不会产生热应力。

优点：管道可以抽出，方便清洗管道和外壳；不会产生热应力；介质之间的温差不受限制；在热交换方面，允许较大的温差，进而能在高温高压（压力≤6.4MPa，温度≤450℃）下工作；可用于结垢相对严重的场景；管道可以采用加工防腐工艺。

然而浮头式换热器在实现上述优点的同时也暴露出一些问题：为了使一端活动管板浮动，在浮动管板与外部头盖（即容器封头）之间要增加一个浮头盖以及相关的连接件，且连接处发生泄漏后还不易发现；为使浮动管板能够随管束一起抽出，管束外缘与壳壁之间形成了一个宽度为 17～23mm 的环隙，不但减少了排管数目，而且容易引起壳程短路，为此需在折流板之间焊装纵向旁路挡板，它可随管束一起抽出；为了减小装配与检修时抽装管束的难度，避免损坏折流板和支持板，当换热器直径大于 800mm 或管束长度较大时，应在管束下方安装滑道结构。

缺点：其结构复杂，造价比固定管板式换热器高，设备笨重，金属材料消耗量大，且浮头端盖在操作中无法检查，容易发生内部泄漏，制造时对密封技术要求较高。

因此，在工程上浮头式换热器通常适合于壳体和管束之间壁温差较大或壳程介质易结垢的应用场合。

（3）U 形管式换热器

为了弥补上述浮头式换热器结构复杂的缺点，同时又保留换热管束可以抽出，便于清洗等后续管路维护、热应力可以消除等优点，便出现了 U 形管式换热器。U 形管式换热器的典型结构如图 10-4 （c）所示。这种换热器的结构特点是，只有一块管板，管束由多根 U 形管组成，管的两端固定在同一块管板上，管子可以自由伸缩。当壳体与 U 形换热管有温差时，不会产生热应力。这种换热器虽然可以抽出管束，清洗管束的外表面，但是管内的清洗却较为困难。由于受弯管曲率半径的限制，在最里层的 U 形管必须保持一个最小的弯曲半径（其值大约为换热管外径的 2 倍），这就导致壳程内出现了一个不能排管的条形空间，影响结构的紧凑，减少了换热管排布，管束最内层管间距较大，管板的利用率较低，壳程流体易形成短路，需要安装防短路的中间挡板，导致对传热过程不利。当管子泄漏损坏时，只有管束外围处的 U 形管才便于更换，内层换热管坏了不能更换，只能堵死，而坏一根 U 形管相当于坏两根管，报废率较高。这种换热器装有内导流筒，目的是把进入壳程的流体引导至管束的端头，以充分利用换热面，同时兼有防冲板作用。

优点：结构比较简单、价格便宜，承压能力强、可消除热应力。

缺点：管板上布管少、壳程易短路、换管难、管内不便清洗。

U 形管式换热器适用于管、壳壁温差较大或壳程介质易结垢需要清洗，又不适宜采用浮头式和固定管板式的场合。特别适用于管内输送清洁而不易结垢的高温、高压、腐蚀性大的物料。

（4）填料函式换热器

填料函式换热器结构如图 10-4 （d）、（e）所示。它是浮头式换热器的又一种改形结构，其结构特点与浮头式换热器相类似，浮头部分露在壳体以外，在浮头与壳体的滑动接触面处采用填料函式密封结构来密封壳程内介质的外泄。由于采用填料函式密封结构，使得管束在壳体轴向可以自由伸缩，不会产生壳壁与管壁热变形差而引起的热应力，同时还省去了浮头式换热器的外头盖，而且免除了内泄漏不易发现之忧。然而将原来的法兰连接静密封改为填料函式动密封以后，壳程介质的少量外泄往往就难以避免，从而对壳程介质的选择要规定某些限制，不但壳程介质的压力和温度不宜过高，而且介质应无毒、不易燃、不易爆等。

优点：结构较浮头式换热器简单还省去了外头盖，节省材料，加工制造方便，造价比较低廉，且管束从壳体内可以抽出，管内、管间都能进行清洗，维修方便，可消除热应力。

缺点：将原来的法兰连接静密封改为填料函式动密封，填料处易产生泄漏。

一般适用于 4MPa 以下的工作条件，且不适用于易挥发、易燃、易爆、有毒及贵重介质，使用温度也受填料的物性限制。填料函式换热器现在已很少采用。

（5）釜式再沸器

釜式再沸器的结构如图 10-4（f）所示。这种换热器的管束可以为浮头式、U 形管式和固定管板式结构，所以它具有浮头式、U 形管式换热器的特性。在结构上与其他换热器不同之处在于壳体上部设置一个蒸发空间，蒸发空间的大小由产气量和所要求的蒸汽品质所决定。产气量大、蒸汽品质要求高者蒸发空间大，否则可以小些。

此种换热器与浮头式、U 形管式换热器一样，清洗维修方便，可处理不清洁、易结垢的介质，并能承受高温、高压。

10.3　管壳式换热器结构设计

流体流经换热管内的通道及与其相贯通部分称为管程；流体流经换热管外的通道及与其相贯通部分称为壳程。

10.3.1　管程结构

（1）换热管

① 换热管形式　管壳式换热器中的换热管常采用标准尺寸的无缝钢管，除光管外，换热管还可采用各种各样的强化传热管，如翅片管、螺旋槽管、螺纹管等。当管内外两侧给热系数相差较大时，翅片管的翅片应布置在给热系数低的一侧。

② 换热管尺寸和数量　换热管常用的尺寸（外径×壁厚）主要为 $\phi19\text{mm}\times2\text{mm}$、$\phi25\text{mm}\times2.5\text{mm}$ 和 $\phi38\text{mm}\times2.5\text{mm}$ 的无缝钢管以及 $\phi25\text{mm}\times2\text{mm}$ 和 $\phi38\text{mm}\times2.5\text{mm}$ 的不锈钢管。为了提高管程的传热效率，通常要求管内的流体呈湍流流动（一般对液体流速为 0.3～2m/s，气体流速为 8～25m/s），故一般要求管径要小。采用小管径，可使单位体积的传热面积增大、结构紧凑、金属耗量减少、传热系数提高。据估算，将同直径换热器的换热管由 $\phi25\text{mm}$ 改为 $\phi19\text{mm}$，其传热面积可增加 40% 左右，节约金属 20% 以上。但小管径流体阻力大，不便清洗，易结垢堵塞。一般大直径管子用于黏性大或污浊的流体，小直径管子用于较清洁的流体。金属换热管常用材料、国家标准及尺寸范围见表 10-1。

表 10-1　金属换热管常用材料、国家标准、尺寸范围　　　　单位：mm

材料	碳钢、低合金钢	不锈钢	铝、铝合金
标准	GB/T 8163 GB/T 9948	GB/T 13296 GB/T 9948 GB/T 14976	GB/T 6893

材料	碳钢、低合金钢		不锈钢		铝、铝合金	
	外径	厚度	外径	厚度	外径	厚度
尺寸	14～30	2～2.5	14～30	1.0～2.0	≤34	2.0～3.5
	30～50	2.5～3.0	30～50	2.0～3.0	36～50	
	57	3.5	57		50～55	

材料	钛、钛合金		铜		铜合金	
标准	GB/T 3625		GB/T 1527		GB/T 8890	
	外径	厚度	外径	厚度	外径	厚度
尺寸	10～30	0.5～2.5	10	1.0～3.0	10～12	1.0～3.0
	30～40		11～18		12～18	
	40～50		19～30		18～25	
					25～35	

换热管的长度决定换热器的换热面积，换热管越长，单位面积材料消耗量越低，但管子过长，清洗和安装均不方便，因此一般取 6m 以下，且应尽量采取标准管长或其等分。但随着管壳式换热器日益向大型化发展，管子也出现增长趋势，工程上一般用管长与壳径之比来判断管长的合理性。对于卧式设备，其比值应在 6～10 范围内，立式设备则应取 4～6，超过此范围应考虑采用多管程。换热管标准管长有 1.5m、2.0m、3.0m、4.5m、6.0m、9.0m 等。另外，U 形管弯管段的弯曲半径 R 应不小于两倍换热管外径。换热管允许按照规定要求进行拼接。

选定了换热管的直径和换热管的长度，就可按式（10-1）确定换热管的数量

$$n = \frac{F}{\pi d_0(L - 0.1)} \tag{10-1}$$

式中，F 为换热面积，它由工艺条件给定；d_0 为换热管的外径；L 为换热管的长度。

③ 换热管材料　换热管通常采用导热性能优良的金属材料制造，常用材料有碳素钢、低合金钢、不锈钢、铜、铜镍合金、铝合金、钛等。此外还有一些非金属材料，如石墨、陶瓷、聚四氟乙烯等。设计时应根据工作压力、温度和介质腐蚀性等选用合适的材料。

④ 换热管排列形式及中心距　如图 10-5 所示，从壳程流体流动的方向上看，换热管在管板上的排列形式主要有正三角形、正方形和转角正三角形、转角正方形。当流体沿 10-5（a）所示方向流过管束时，该管束为正三角形排列，当流体沿 10-5（b）所示方向流经该管束时，管束就变成转角正三角形排列了；同理，当流体沿 10-5（c）所示方向流经管束时，该管束为正方形排列，当流体沿 10-5（d）所示方向流经管束时，该管束为转角正方形排列。需要注意的是，换热器分程隔板槽应垂直于来流方向安装。正三角形排列形式可以在同样的管板面积上排列最多的管数，故在实际工程中应用最为普遍，但管外不易清洗。相较于正三角形排列形式，正方形排列的管束在相邻两排管子之间具有一条较宽直线的通道，便于用机

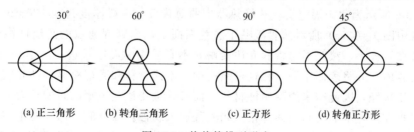

30°　　60°　　90°　　45°

(a) 正三角形　　(b) 转角三角形　　(c) 正方形　　(d) 转角正方形

图 10-5　换热管排列形式

注：流向箭头垂直于折流板切边

械方法清洗管间。因此，工程上为了便于管外清洗，可以采用正方形或转角正方形排列的管束。

换热管中心距要保证管子与管板连接时，管桥（相邻两管间的净空距离）有足够的强度和宽度。当管间需要清洗时，还要留有进行清洗的通道。换热管中心距一般不宜小于1.25倍的换热管外径，这是保证管间小桥在胀管时有足够的强度。另外，对于多程换热器，由于管板上有宽度为12mm的分程隔板槽，因而在槽两侧管子之间的距离也相应加大，常用换热管中心距见表10-2。

表 10-2　常用换热管中心距（GB/T 151—2014）　　　　　　单位：mm

换热管外径 d_0	12	14	16	19	25	32	38	45	57
换热管中心距 S	16	19	22	25	32	40	48	57	72
分程隔板槽两侧相邻管中心距 S_n	30	32	35	38	44	52	60	68	80

注：1. 当管间需要机械清洗时，应采用正方形排列，且管间通道应连续直通，相邻两管间的净空距离（$S-d_0$）不宜小于6mm；表中所列外径为12mm和14mm的换热管中心距分别不得小于19mm和21mm。

2. 外径为25mm的换热管采用转角正方形排列时，S_n 可取32mm×32mm正方形的对角线长，即 $S_n=45.25mm$。

对固定管板式与U形管式换热器布管限定圆的直径 D_L 不得大于 D_i-2b，其中，D_i 为壳程圆筒内径，mm；b 为固定管板式与U形管式热交换器管束周边换热管外表面至壳体内壁的最小距离，b 通常可取 $0.25d_0$，且不宜小于8mm。浮头式换热器布管限定圆的直径 D_L 的相关规定详见现行国家标准（GB/T 151—2014）。

（2）管板

管板是管壳式换热器最重要的零部件之一，用来排布换热管，将管程和壳程的流体分隔开来，避免冷、热流体混合，并同时受管程、壳程压力和温度的作用。

① 管板材料　在选择管板材料时，除力学性能外，还应考虑管程和壳程流体的腐蚀性，以及管板和换热管之间的电位差对腐蚀的影响。当流体无腐蚀性或有轻微腐蚀性时，管板一般采用压力容器用碳素钢或低合金钢板或锻件制造。当流体腐蚀性较强时，管板应采用不锈钢、铜、铝、钛等耐腐蚀材料。但对于较厚的管板，若整体采用价格昂贵的耐腐蚀材料，造价很高。例如，高温、高压换热器中，管板厚达300mm以上，有的甚至达到500mm。为节约耐腐蚀材料，工程上常采用不锈钢＋钢、钛＋钢、铜＋钢等复合板，或堆焊衬里。

② 管板结构　当换热器承受高温、高压时，高温和高压对管板的要求是矛盾的。增大管板厚度，可以提高承压能力，但当管板两侧流体温差很大时，管板内部沿厚度方向的热应力增大；减薄管板厚度，可以降低热应力，但承压能力降低。此外，在开车、停车时，由于厚管板的温度变化慢，换热管的温度变化快，在换热管和管板连接处会产生较大的热应力。当迅速停车或进气温度突然变化时，热应力往往会导致管板和换热管在连接处发生破坏。因此，在满足强度的前提下，应尽量减少管板厚度。

如图10-6所示为用于固定管板式换热器中的薄管板（一般厚度为8～20mm）的四种结构形式。其中图10-6（a）所示薄管板贴于法兰表面上，当管程通过的是腐蚀性介质时，由于密封槽开在管板上，法兰不与管程介质接触，不必采用耐腐蚀材料。图10-6（b）所示薄管板嵌入法兰内，并将表面车平。在这种结构中，不论管程和壳程有腐蚀性介质，法兰都会与腐蚀性介质接触，因此需采用耐腐蚀材料，而且管板受法兰力矩的影响较大。图10-6（c）所示，薄管板在法兰下面且与筒体焊接。当壳程通入腐蚀性介质时，法兰可不与腐蚀性介质接触，不必采用耐腐蚀材料，而且管板离开了法兰，减小了法兰力矩和变形对管板的影响，从而降低了管板因法兰力矩引起的应力，同时管板与刚度较小的筒体连接，也降低了管板的边缘应力，因此这是一种较好的结构。图 10-6（d）所示为挠性薄管板结构。由于管板与壳体之间有一个圆弧过渡连接，并且很薄，所以管板具有一定弹性，可补偿管束与壳体之间的热膨胀，且过渡圆弧还可以减少管板边缘的应力集中。同时该种管板也没有法兰力矩的影响。当壳程流体通入腐蚀性介质时，法兰不会受到腐蚀。但是挠性薄管板结构加工比较复杂。

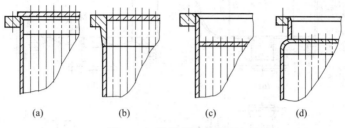

图 10-6　薄管板结构形式

　　如图 10-7 所示为椭圆形管板。所谓椭圆形管板，是以椭圆形封头作为管板，与换热器壳体焊接在一起。椭圆形管板的受力情况比平管板好得多，所以可以做得很薄，有利于降低热应力，故适用于高压、大直径的换热器。

　　当要求严格禁止管程与壳程中的介质互相混合时，可采用双管板结构，如图 10-8 所示。在双管板结构中，管子分别固定在两块管板上，两块管板保持一定距离。如果管子与管板连接处有少量流体漏出，可让其从两管板之间的空隙泄放至外界。也可利用一薄壁圆筒（短节）将此空隙封闭起来，充入惰性介质，使其压力高于管程和壳程的压力，达到避免两种介质混合的目的。

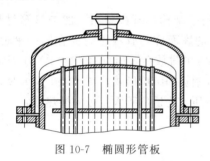

图 10-7　椭圆形管板

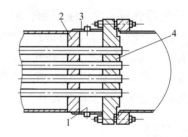

图 10-8　双管板结构

1—空隙；2—壳程管板；3—短节；4—管程管板

（3）管箱

　　壳体直径较大的换热器大多采用管箱结构。管箱位于管壳式换热器的两端，管箱的作用是把从管道输送来的流体均匀地分布到各换热管和把管内流体汇集在一起送出换热器。在多管程换热器中，管箱还起改变流体流向的作用。

　　① 管箱结构形式　管箱的结构形式主要以换热器是否需要清洗或管束是否需要分程等因素来决定。图 10-9 所示为管箱的几种结构形式。图 10-9（a）所示管箱结构适用于较清洁的介质情况。因为在检查及清洗管子时，必须将连接管道一起拆下，很不方便。图 10-9（b）所示为在管箱上装箱盖，将盖拆除后（不需拆除连接管），就可检查及清洗管子，但其缺点是用材较多。图 10-9（c）所示形式是将管箱与管板焊成一体，从结构上看，可以完全避免在管板密封处的泄漏，但管箱不能单独拆下，检修、清理不方便，所以在实际使用中很少采用。图 10-9（d）所示为一种多程隔板的安置形式。

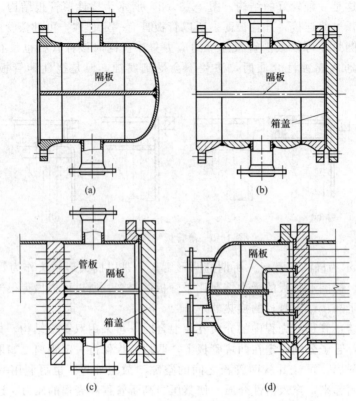

图 10-9　多程管箱结构形式

　　② 隔板和管板连接　隔板和管板的连接常采用沟槽结构，管板材料一般与管箱材料相同。如图 10-10 所示，为保证密封要求，管板上沟槽的底面应与管板密封面在同一平面上，对横置隔板，为防止隔板上存在残液，应在隔板上开 $\phi6$ 的排放孔。图 10-10（a）、（b）所示为常用的结构形式，图 10-10（c）所示为管板材料为复合钢板的结构形式，图 10-10（d）所示为碳钢管板上堆焊防腐材料时的结构形式，图 10-10（e）所示为适用于大直径的换热器。

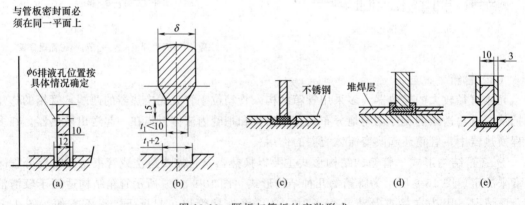

图 10-10　隔板与管板的安装形式

（4）管束分程

　　在管内流动的流体从管子的一端流到另一端，称为一个管程。在管壳式换热器中，最简单最常用的是单管程的换热器。如果根据换热器工艺设计要求，需要加大换热面积时，可以采用增加管长或者管数的方法。但前者受到加工、运输、安装以及维修等方面的限制，故经常采用后一种方法。增加管数可以增加换热面积，但介质在管束中的流速随着换热管数的增多而下降，结果反而使流体的传热系数降低，故不能仅采用增加换热管数的方法来达到提高传热系数的目的。为解决这个问题，使流体在管束中保持较大流速，可将管束分成若干程数，使流体依次流过各程管子，以增加流体速度，提高传热系数。管束分程可采用多种不同的组合方式，对于每两程中的管数应大致相等、分程隔板槽形状简单、密封面长度较短，且程与程之间温度相差不宜过大，温差以不超过 20℃ 左右为宜，否则在管束与管板中将产生很大的热应力。

管束分程布置形式见表 10-3，从制造、安装、操作等角度考虑，偶数管程有更多的方便之处，最常用的程数为 2、4、6。一般为了接管方便，选用平行分法较合适，同时平行分法亦可使管箱内残液放尽。工字形排列法的优点是比平行法密封线短，且可排列更多的管子。

表 10-3　常用的管束分程布置形式（GB/T 151—2014）

管　程　数	1	2	4			6	
流动顺序	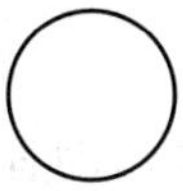 ○	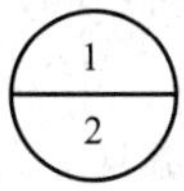 ① ②	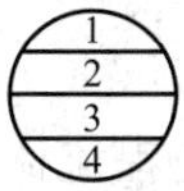 ① ② ③ ④	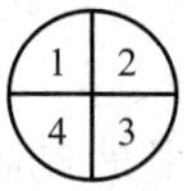 ① ② ④ ③	 ① ② ③ ④	 ② ③ ① ④ ⑤ ⑥	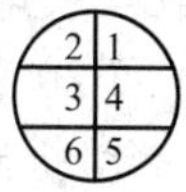 ② ① ③ ④ ⑥ ⑤
管箱隔板	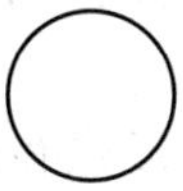	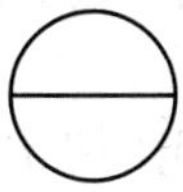	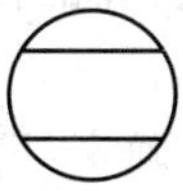		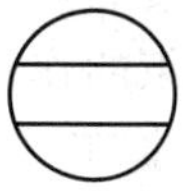	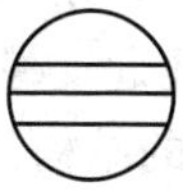	
介质返回侧隔板	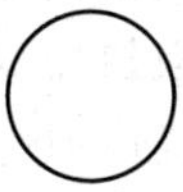	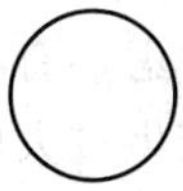	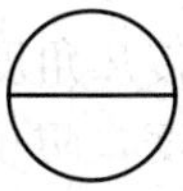	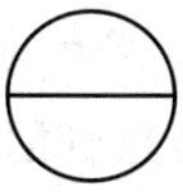	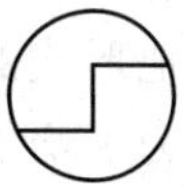	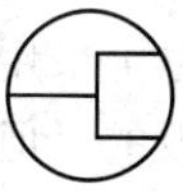	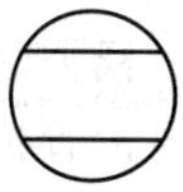

10.3.2　壳程结构

管壳式换热器的壳程内主要由折流板、支承板、纵向隔板、旁路挡板、防冲板、拉杆、定距管、导流筒、滑轨等元件组成。由于各种形式换热器的工艺性能、使用场合不同，壳程内各种元件的设置亦不同。为使壳侧介质对换热管最有效的流动来提高换热效率，需设置各种挡板，如折流板、纵向挡板、旁路挡板、分程隔板、导流筒等；为了管束的安装及保护换热管而需设置支承板、导轨、防冲板等。

（1）壳体

壳体一般是一个圆筒，在壳壁上焊有接管，供壳程流体进入和排出之用。为防止进口流体直接冲击管束而造成管子的侵蚀和振动，在壳程进口接管处常装有防冲挡板，或称缓冲板。当壳体法兰采用高颈法兰或壳程进出口接管直径较大或采用活动管板时，壳程进出口接管距管板较远，流体停滞区过大，靠近两端管板的传热面积利用率很低。为克服这一缺点，可采用导流筒结构。导流筒除可减小流体停滞区，改善两端流体的分布，增加换热管的有效换热长度，提高传热效率外，还起防冲挡板的作用，保护管束免受冲击。

依据国家标准《热交换器》（GB/T 151—2014）规定，符合下列场合之一时，应在壳程进口管处设置防冲板或导流筒：

① 非磨蚀的单相流体，$\rho v^2 > 2230 kg/(m \cdot s^2)$；

② 有磨蚀的液体，包括沸点下的液体，$\rho v^2 > 740 kg/(m \cdot s^2)$；

③ 有磨蚀的气体、蒸汽（气）及气液混合物。

其中，ρ 为壳程进口管的流体密度，kg/m^3；v 为壳程进口管的流体速度，m/s。

确定防冲板的最小厚度时，应遵循如下要求：防冲板材料为碳钢和低合金钢时，最小厚度为 4.5mm；选择不锈钢作为防冲板材料时，最小厚度为 3.0mm。防冲板的固定方式主要有两种：一是两侧焊在定距管或拉杆上，也可同时焊在相邻的折流板或支持板上；二是焊在筒体上，但不要影响换热管束的拆装。

导流筒的设置应该符合下列要求：

① 内导流筒外表面到壳程圆筒内壁的距离不宜小于接管内径的 1/3。确定导流筒端部至管板的距离时，应使该处的流通面积不小于导流筒的外侧流通面积。

② 外导流的内衬筒外壁面到外导流筒体的内壁面间距为：

a. 接管内径≤200mm 时，间距不宜小于 50mm；

b. 接管内径＞200mm 时，间距不宜小于 75mm。

③ 外导流热交换器的导流筒内，凡不能通过接管放气或排液者，应在最高或最低点设置放气或排液口（或孔）。

（2）折流板

① 折流板的作用　折流板的作用是提高壳程流体的流速，增加湍动程度，并使壳程流体垂直冲刷管束，以改善传热效率，增大壳程流体的传热系数，同时减少结垢。在卧式换热器中，折流板还起支撑管束的作用。

② 折流板的结构　根据工艺过程及要求来确定，常用的折流板形式有弓形和圆盘-圆环形两种。其中弓形折流板有单弓形、双弓形和三弓形三种。各种形式的折流板见图 10-11 所示。根据需要也可采用其他形式的折流板。从传热角度考虑，有些换热器（如冷凝器）是不需要设置折流板的。但是为了增加换热管的刚度，防止产生过大的挠度或引起管子振动，当换热器无支撑跨距超过了标准中的规定值时，必须设置一定数量的支持板，其形状与尺寸均按折流板规定来处理。

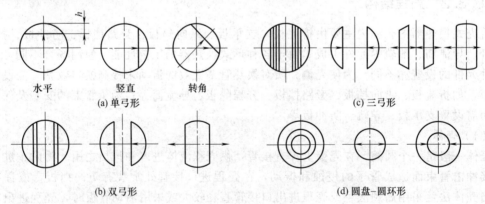

　　水平　　　　竖直　　　　转角
　　　　(a) 单弓形　　　　　　　　　　　　(c) 三弓形

　　　　(b) 双弓形　　　　　　　　　(d) 圆盘-圆环形

图 10-11　折流板形式

弓形折流板是最为常用的一种形式，其上圆缺切口大小和板间距的大小是影响传热和压降的两个重要因素，弓形折流板缺口高度应使流体通过缺口时与横向流过管束时的流速相近，以减少流通截面变化引起的压降。缺口大小用切去的弓形弦高占壳体内直径的百分比来表示。如单弓形折流板，缺口弦高一般取 0.20～0.45 倍的壳体内直径，最常用的是 0.25 倍壳体内直径。间隙太小，穿管困难；间隙太大则易于引起旁路泄漏。

③ 折流板设计要求

a. 折流板外直径与壳体的直径之间应有一个合适的间隙，间隙太小，安装困难；间隙太大会造成流体短路，影响传热。

b. 折流板的厚度与壳体直径及折流板间距有关，并取决于它所支撑的质量。板厚增大，管束不易激发振动。

c. 折流板一般应按等间距布置在换热管有效长度内，其间距则取决于换热管的用途、壳程介质流量等，管束两端的折流板应尽量靠近壳程进、出口接管。折流板的最小间距应不小于壳体内直径的 1/5，且不小于 50mm；最大间距应不大于壳体内直径。板间距太小不利于制造和维修，流阻也大，但板间距过大时则接近于纵向流动，传热效果差。

d. 对于卧式换热器，壳程为单相清洁液体时，折流板缺口应水平上下布置。若气体中含有少量液体时，则在缺口朝上的折流板最低处开设通液口，见图 10-12（a）；若液体中含有少量气体，则应在缺口朝下的折流板最高处开通气口，见图 10-12（b）；卧式换热器的壳程介质为气液相共存或液体中含有固体颗粒时，折流板缺口应垂直左右布置，并在折流板最低处开通液口，见图 10-12（c）。

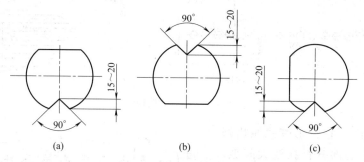

图 10-12 折流板缺口布置

（3）拉杆和定距管

折流板与支持板一般用拉杆和定距管连接在一起，如图 10-13（a）所示。当换热管外径小于或等于 14mm 时，采用折流板与拉杆点焊在一起而不用定距管，如图 10-13（b）所示。

在大直径的换热器中，如折流板的间距较大，流体绕到折流板背后接近壳体处，会有一部分流体停滞起来，形成了对传热不利的"死区"。为了消除这个弊病，宜采用多弓形折流板。如双弓形折流板，因流体分为两股流动，在折流板之间的流速相同时，其间距只有单弓形的一半。不仅减少了传热死区，而且提高了传热效率。

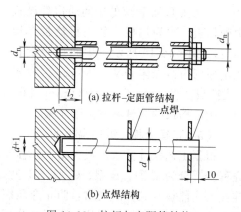

（a）拉杆-定距管结构

点焊

（b）点焊结构

图 10-13 拉杆与定距管结构

（4）防短路结构

为了防止壳程流体流动在某些区域发生短路，降低传热效率，需要采用防短路结构。常用的防短路结构主要有旁路挡板、挡管（或称假管）、中间挡板。

① 旁路挡板 为了防止壳程边缘介质短路而降低传热效率，需增设旁路挡板，以迫使壳程流体通过管束与管程流体进行换热。旁路挡板可用钢板或扁钢制成，其厚度一般与折流板相同。旁路挡板嵌入折流板槽内，并与折流板焊接，如图 10-14 所示。通常当壳体公称直

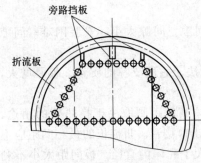

图 10-14　旁路挡板结构

径 $DN \leqslant 500mm$ 时，增设一对旁路挡板；$DN = 500mm$ 时，增设两对挡板；$DN \geqslant 1000mm$ 时，增设三对旁路挡板。

② 挡管　当换热器采用多管程时，为了安排管箱分程隔板，在管中心（或在每程隔板中心的管间）不排列换热管，导致管间短路，影响传热效率。为此，在换热器分程隔板槽背面两管板之间设置两端堵死的管子，即挡管也称为假管。挡管一般与换热管的规格相同，可与折流板点焊固定，也可用拉杆（带定距管或不带定距管）代替。挡管应每隔 3～4 排换热管设置一根，但不应设置在折流板缺口处，如图 10-15 所示。

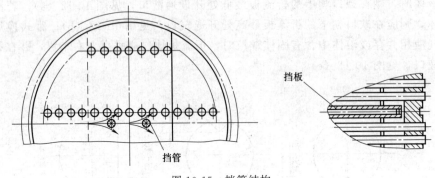

图 10-15　挡管结构

③ 中间挡板　在 U 形管式换热器中，U 形管束中心部分存在较大间隙，流体易走短路而影响传热效率。

为此在 U 形管束的中间通道处设置中间挡板。中间挡板一般与折流板点焊固定，如图 10-16 所示。中间挡板设置数量原则为：壳体 $DN \leqslant 500mm$ 时设置1 块挡板；当 $500 < DN < 1000mm$ 时设置 2 块挡板；当 $DN \geqslant 1000mm$ 时设置不少于 3 块挡板。中间挡板的数量不宜多于 4 块。

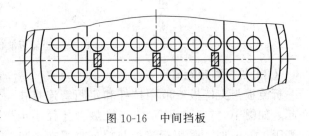

图 10-16　中间挡板

（5）壳程分程（纵向隔板）

根据工艺设计要求，或为增大壳程流体传热系数，也可将换热器壳程分为多程的结构。壳程分程分为 E 型、F 型、G 型、H 型。纵向隔板与壳体的连接形式有焊接和可拆两种，连接要求隔板与壳体间密封，防止介质短路。壳程分程较管程分程困难，所以一般壳程≤2。在此注意，折流板仅改变流向而不是分程。

10.3.3　换热管与管板的连接方法

换热管与管板连接是管壳式换热器设计、制造最关键的技术之一，是换热器事故率最多的部位。所以换热管与管板连接质量的好坏，直接影响换热器的使用寿命。

换热管与管板的连接方法主要有强度胀接、强度焊接和胀焊并用。

（1）强度胀接

强度胀接是指保证换热管与管板连接的密封性能及抗拉脱强度的胀接。常用的胀接有非均匀胀接（机械滚珠胀接）和均匀胀接（液压胀接、液袋胀接、橡胶胀接和爆炸胀接等）两大类。强度胀接的结构形式和尺寸，如图 10-17 所示。

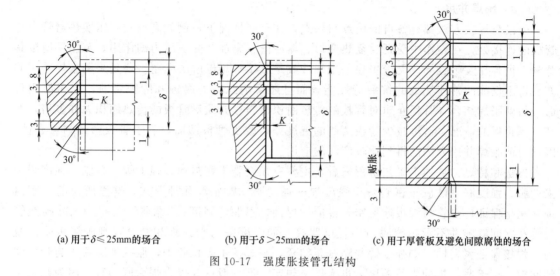

(a) 用于 $\delta \leqslant 25mm$ 的场合   (b) 用于 $\delta > 25mm$ 的场合   (c) 用于厚管板及避免间隙腐蚀的场合

图 10-17　强度胀接管孔结构

　　方法和特点：机械滚珠胀接为最早的胀接方法，目前仍在大量使用。它利用滚胀管伸入插在管板孔中的管子的端部，旋转胀管器使管子直径增大并产生塑性变形，而管板只产生弹性变形。取出胀管器后，管板弹性恢复，使管板与管子间产生一定的挤压力而贴合在一起，从而达到紧固与密封的目的。

　　液压胀接与液袋胀接的基本原理相同，都是利用液体压力使换热管产生塑性变形。橡胶胀接是利用机械压力使特种橡胶长度缩短，直径增大，从而带动换热管扩张达到胀接的目的。爆炸胀接是利用炸药在换热管内有效长度内爆炸，使换热管贴紧管板孔而达到胀接目的。这些胀接方法具有生产率高，劳动强度低，密封性能好等特点。

　　应用：强度胀接主要适用于设计压力≤4.0MPa，设计温度≤300℃，操作中无剧烈振动、无过大温度波动及无明显应力腐蚀等场合。由于管子与管孔紧密贴合，可使管接头减少介质腐蚀，且能承受拉脱力。

　　（2）强度焊接

　　强度焊接是指保证换热管与管板连接的密封性能及抗拉脱强度的焊接。强度焊接管孔结构形式如图 10-18 所示，此法目前应用较为广泛。

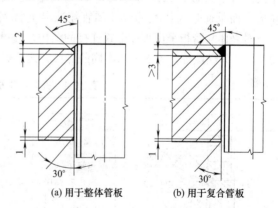

(a) 用于整体管板   (b) 用于复合管板

图 10-18　强度焊接管孔结构

　　优点：由于管孔不需要开槽，且对管孔的粗糙度要求不高，管子端部不需要退火和磨光，因此制造加工简单。焊接结构强度高，抗拉脱力强。在高温高压下也能保证连接处的密封性能和抗拉脱能力。管子焊接处如有渗漏可以补焊或利用专用工具拆卸后予以更换。

　　缺点：当换热管与管板连接处焊接之后，管板与管子中存在的残余热应力与应力集中，在运行时可能引起应力腐蚀与疲劳。此外，管子与管板孔之间的间隙中存在的不流动的液体与间隙外的液体有着浓度上的差别，还容易产生缝隙腐蚀。

应用：除有较大振动及有缝隙腐蚀的场合，只要材料可焊性好，强度焊接可用于其他任何场合。管子与薄管板的连接应采用焊接方法。

（3）胀焊并用

胀接与焊接方法都有各自的优点与缺点，在有些情况下，例如高温、高压换热器管子与管板的连接处，在操作中受到反复热变形、热冲击、腐蚀及介质压力的作用，工作环境极其苛刻，很容易发生破坏。无论单独采用焊接或是胀接都难以解决问题。要是采用胀焊并用的方法，不仅能改善连接处的抗疲劳性能，而且还可消除应力腐蚀和缝隙腐蚀，提高使用寿命。另外胀焊结合，管程介质对管板的传热面积比壳程介质对管板的传热面积大许多倍，尤其是厚管板的情况。这可减少管板两侧的温度差，减少管板翘曲，利于管板密封的可靠性。因此目前胀焊并用方法已得到比较广泛的应用。

方法和特点：从加工工艺过程来看，主要有强度胀＋密封焊、强度焊＋贴胀、强度焊＋强度胀、强度胀＋贴胀＋密封焊、强度焊＋强度胀＋贴胀等几种形式。这里所说的“密封焊”是指保证换热管与管板连接密封性能的焊接，不保证强度；“贴胀”是指为消除换热管与管孔之间缝隙并不承担拉脱力的轻度胀接。如强度胀与密封焊相结合，则胀接承受拉脱力，焊接保证紧密性。如强度焊与贴胀相结合，则焊接承受拉脱力，胀接消除管子与管板间的间隙。至于胀、焊的先后顺序，虽无统一规定，但一般认为以先焊后胀为宜。因为当采用胀管器胀管时需用润滑油，胀后难以洗净，在焊接时存在于缝隙中的油污在高温下生成气体从焊面逸出，导致焊缝产生气孔，严重影响焊缝的质量。

应用：胀焊并用主要用于密封性能要求较高，承受振动和疲劳载荷，有缝隙腐蚀，需采用复合管板等的场合。

10.3.4 壳体与管板的连接结构

壳体与管板的连接结构有两大类：一是不可拆式，如固定管板换热器，管板与壳体采用焊接的方法连接；二是可拆式，如U形管式、浮头式及填料函式，管板本身不直接与壳体焊接，而是通过壳体上的法兰和管箱法兰夹持固定。

对壳体与管板采用焊接形式连接的结构，应根据设备直径的大小、压力的高低以及换热介质的毒性或易燃性等，考虑采用不同的焊接方式及焊接结构，实际使用中可按照表 10-4 选取。

表 10-4 壳体与管板常见焊接结构

管板兼作法兰		管板不兼作法兰	
结构形式	使用场合	结构形式	使用场合
	壳体壁厚≤12mm 壳程设计压力不大于 1MPa 壳程介质非易燃、非挥发性及有毒		设计压力不大于 4MPa
	壳程设计压力在大于 1MPa、小于 4MPa 范围		使用压力≥6.4MPa

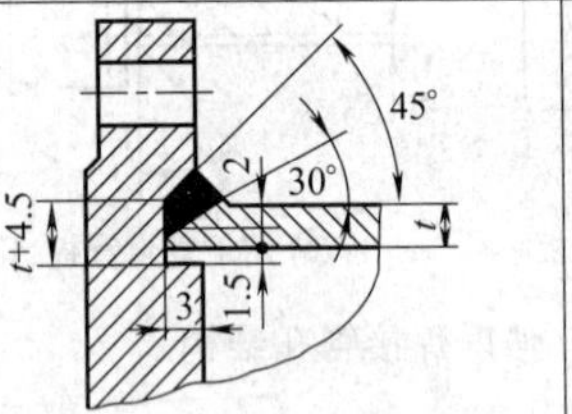

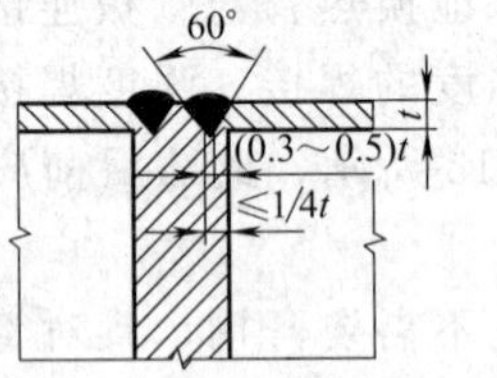

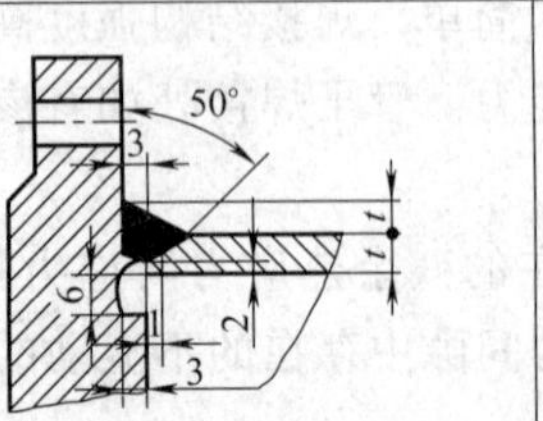

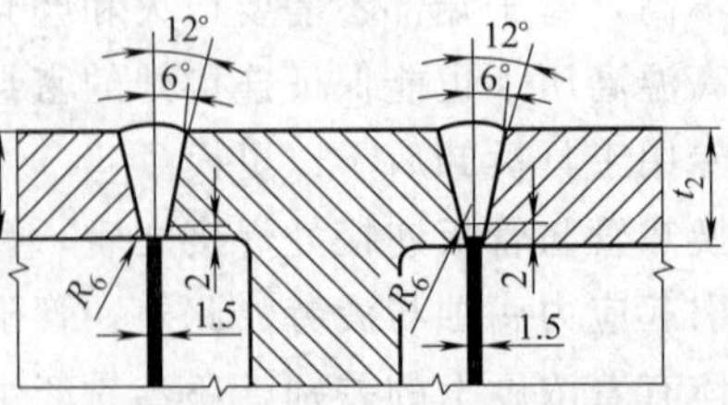

续表

管板兼作法兰		管板不兼作法兰	
结 构 形 式	使 用 场 合	结 构 形 式	使 用 场 合
≥10 且≥tan30°(t-2)+5	壳程设计压力大于 4.0MPa		壳程使用压力不大于 4MPa,管程压力≥6.4MPa
	壳程设计压力大于 6.4MPa		壳程压力不大于 4MPa,管箱为多层结构

10.3.5　管箱与管板的连接结构

管箱与管板的连接结构形式较多,随着压力的大小、温度的高低、介质特性以及耐蚀性要求的不同,对连接处的密封要求、法兰的形式也不同。

(1) 管板兼作法兰式连接

特点及应用:固定管板式换热器的管板兼作法兰,管板与管箱法兰的连接形式较为简单。对压力不高、气密性要求高的场合,可选用图 10-19 (a) 所示的平垫密封结构。当气密性要求较高时,密封面可采用具有良好密封性能的榫槽面密封,如图 10-19 (b) 所示,但由于该密封结构的制造要求较高、加工困难、垫片窄、安装不方便等缺点,所以一般情况下,尽可能采用凹凸面密封形式,如图 10-19 (c) 所示。

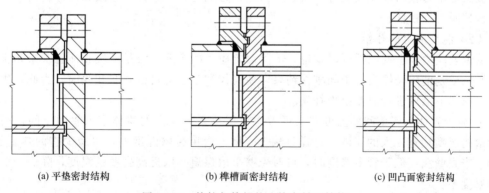

| (a) 平垫密封结构 | (b) 榫槽面密封结构 | (c) 凹凸面密封结构 |

图 10-19　管箱与管板的连接密封面结构

(2) 夹持式连接

当管束需经常抽出清洗、维修时,管板与壳体不采用焊接连接,而做成可拆形式,管板固定在壳体法兰与管箱法兰之间,其夹持形式如图 10-20 (a) 所示。当只有管程需要清洗而壳程不必拆卸时,螺柱的紧固形式如图 10-20 (b) 所示。当管程与壳体之间的压差较大时(管程压力高),则密封面的要求、法兰的形式及连接方式亦不同,管程和壳程可采用不同的密封形式,如图 10-20 (c) 所示。

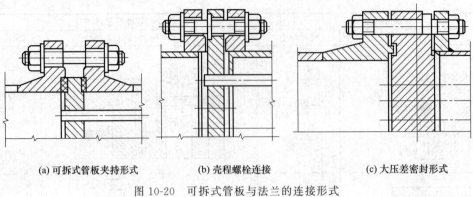

(a) 可拆式管板夹持形式   (b) 壳程螺栓连接   (c) 大压差密封形式

图 10-20   可拆式管板与法兰的连接形式

10.4 温差应力

（1）温差应力的产生原因

由温差引起的力称为温差应力或热应力、温差轴向应力。固定管板式换热器在工作过程中由于管束和管壳间存在温差，造成管束和管壳间的热膨胀量不同，从而在管束与壳体间产生温差应力，这种由温差产生的应力有时也大到足以使壳体破坏和管束发生弯曲，因此在工程设计时应设法降低其对结构的影响。

换热器在操作中，承受流体压力和管壳壁的温差应力的联合作用，这两个力在管子与管板的连接接头处产生了一个拉脱力（管子每平方米胀接周边上所受到的力），使管子与管板有脱离的倾向。对于管子与管板是焊接连接的接头，实验表明，接头的强度高于管子本身金属的强度，拉脱力不足易引起接头的破坏；但对于管子与管板是胀接的接头，拉脱力则可能引起接头处密封性的破坏或使管子松脱。为保证管端与管板牢固地连接和良好的密封性能必须进行拉脱力的校核。

（2）温差应力的补偿

从温差应力产生的原因可以知道，消除温差应力的主要方法是解决壳体与管束膨胀的不一致性；或是消除壳体与管子间刚性约束，使壳体和管子都自由膨胀和收缩。为此，生产中可以采取如下措施进行温差应力补偿。

① 减少壳体与管束间的温度差   可考虑将传热系数 α 大的流体通入管间空间，因为传热管壁的温度接近 α 大的流体，这样可减少壳体与管束壳壁温度差，以减少它的热膨胀差。另外，当壳壁温度低于管束温度时，可对壳壁采取保温，以提高壳壁的温度，降低壳壁与管束的温度差。

② 装设挠性构件   用得最多的是在固定管板式换热器的壳体上装设波形膨胀节，利用膨胀节的弹性变形来补偿壳体与管束膨胀的不一致性，因而它能部分地减小热应力。

膨胀节的形式一般有波形膨胀节、Ω 形膨胀节、平板膨胀节，如图 10-21 所示。波形膨胀节的每一个波形的补偿能力与使用压力、材料及波高等因素有关，波高低则补偿能力较差，但耐压性能较好；波高高则补偿能力大，但耐压性能降低。Ω 形膨胀节一般用薄壁管煨制而成，此结构在焊接处产生较大的应力，而且焊缝往往焊不透；它适用于小直径筒体或应力补偿较小的工况。平板膨胀节结构简单，允许有一定程度的伸缩量，制造容易，但挠性较差，此结构不能在压力大、温差高的工况情况下使用；它适用于直径大、温差小及常压或真空工况下的换热器。

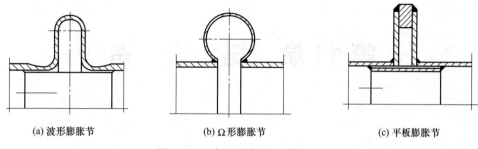

(a) 波形膨胀节　　　　　(b) Ω形膨胀节　　　　　(c) 平板膨胀节

图 10-21　常见膨胀节的结构形式

当采用装设挠性构件不能满足温度应力补偿的要求时，则应考虑采用能使壳体和管束自由热膨胀的结构。

③ 使壳体和管束自由热膨胀　这种结构有填料函式换热器或滑动管板式换热器、浮头式换热器、U 形管式换热器以及套管式换热器。它们的管束有一端能自由伸缩，这样壳体和管束的热胀冷缩便互不牵制，自由地进行。所以这几种结构完全消除了管、壳程之间的温差应力。

④ 弹性管板补偿　常采用椭圆管板和挠性管板。椭圆形管板与换热器壳体焊接在一起。受力情况比平管板好得多，可以做得很薄，具有一定弹性，有利于降低热应力，适用于高压、大直径的换热器；挠性管板与壳体间有一个圆弧过渡连接，并且很薄，管板具有一定弹性，可补偿管束与壳体间的热膨胀，过渡圆弧可减少管板边缘的应力集中。

习题与简解

扫描二维码获取

第11章 塔 设 备

11.1 概述

塔设备是化工、石油化工、炼油生产中重要的设备之一，是用于相际间传质、传热的设备。所谓传质、传热是体系中由于物质浓度、温度不均匀而发生的质量转移、热量转移过程。

塔设备的投资在化工行业建设总投资的比重约为 25%～50%。

11.1.1 塔设备的设计要求

作为主要用于传质过程的塔设备，首先必须使气（汽）液两相能充分接触，以获得较高的传质效率。此外，为了满足工业生产的需要，塔设备还必须考虑下列各项要求。

① 生产能力大。在较大的气（汽）液流速下，仍不致发生大量的雾沫夹带、拦液或泛等破坏正常操作的现象。

② 操作稳定、弹性大。当塔设备的气（汽）液负荷量有较大的波动时，仍能在较高的传质效率下进行稳定的操作，并且塔设备应保证能长期连续操作。

③ 流体流动的阻力小，即流体通过塔设备的压力降小。这将大大节省生产中的动力消耗，以降低正常操作费用。对于减压蒸馏操作，较大的压力降将使系统无法维持必要的真空度。

④ 结构简单、材料耗用量小、制造和安装容易，可以减少基建过程中的投资费用。

⑤ 耐腐蚀和不易堵塞，方便操作、调节和检修。

事实上，对于现有的任何一种塔型，都不可能完全满足上述的所有要求，仅是在某些方面具有独到之处。人们对于高效率、大生产能力、稳定操作和低压力降的追求，推动着塔设备新结构形式的不断出现和发展。

11.1.2 塔设备的结构组成和分类

塔设备主要由塔体、塔体支座、除沫器、接管、人孔和手孔、吊耳、吊柱及塔内件组成。

塔设备的种类很多，分类方法也很多，如：

① 按操作压力分有加压塔、常压塔及减压塔；

② 按单元操作分有精馏塔、吸收塔、解吸塔、萃取塔、反应塔、干燥塔等；

③ 按形成相际接触界面的方式分为具有固定相界面的塔和流动过程中形成相界面的塔；

④ 按内件结构分有填料塔、板式塔。

11.2 板式塔

11.2.1 板式塔的结构组成及工作原理

板式塔结构组成如图 11-1 所示。塔体为一圆筒体，塔体内装有多层塔板。相邻塔板间有一定板间距。液相在重力作用下自上而下最后由塔底排出，气相在压差推动下经塔板上的开孔由下而上穿过塔板上液层最后由塔顶排出。

（1）塔板的功能

塔板的功能是使气液两相充分接触，为传质提供足够大而且不断更新的相际接触面，减少传质阻力。按气、液两相流动方式分为错流式塔板（有降液管）和逆流式塔板（无降液管）。如图 11-2 所示。

（2）塔板上气、液两相接触状态

气液两相的接触状态是决定塔板上流体力学及传热和传质规律的重要因素。研究表明，当液体流量一定，气体速度从小到大变化时，可以观察到如图 11-3 所示的 4 种接触状态。

① 鼓泡接触状态　当气速较低时，气体在液层中以鼓泡的形式自由升浮，此时塔板上存在着大量的清液。因气泡占的比例较小，气、液两相接触表面积不大，传质效率很低。

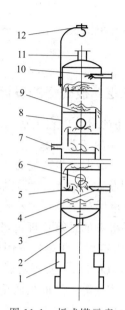

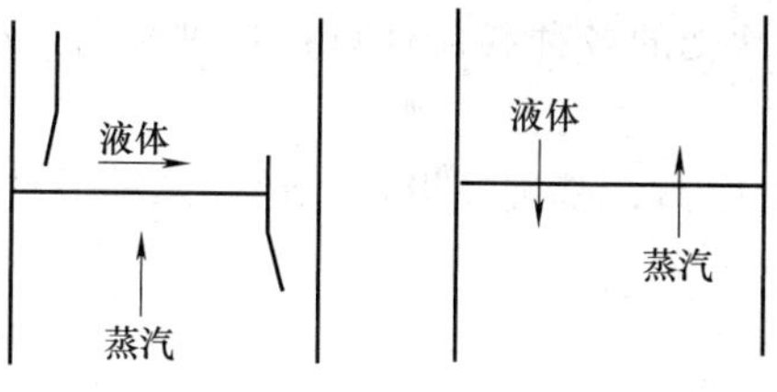

图 11-1　板式塔示意

1—检查口；2—釜液出口；3—裙座；
4—气体入口；5—提馏段塔盘；6—人孔；
7—料液进口；8—壳体；9—精馏段塔盘；
10—回流液入口；11—气体出口；12—吊柱

② 蜂窝接触状态　当气速增加，气泡的形成速度大于气泡的升浮速度时，气体在液层中累积。气泡之间相互碰撞，形成各种多面体的大气泡，这就是蜂窝发泡状态的特征。在这种接触状态下，塔板上清液层基本消失而形成以气体为主的气液混合物。由于气泡不易破裂，表面得不到更新，所以这种状态对于传热与传质并不有利。

③ 泡沫接触状态　随气速的增大，气、液接触状态由鼓泡、蜂窝状态逐渐转变为泡沫状，由于孔口处鼓泡剧烈，各种尺寸的气泡连串迅速上升，将液相拉成液膜展开在气相内，因泡沫剧烈运动，使泡沫不断破裂和生成，从而使表面不断更新，传热与传质效果比前两种状态好，是工业上采用的接触状态之一。

图 11-2　错流式塔板和逆流式塔板

（a）错流式　　（b）逆流式

④ 喷射接触状态　随着气速的进一步提高，泡沫状将逐渐转变为喷射状。从筛孔或阀孔吹出的高速气流将液相分散成高度湍动的液滴群，液相由连续相转变为分散相，两相间传质面为液滴群表面。由于液体横向流经塔板时将多次分散和凝聚，表面不断更新，为传质创造了良好的条件。所以说，喷射接触状态是工业上采用的另一重要的气、液接触状态。

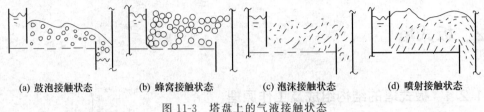

(a) 鼓泡接触状态　　　(b) 蜂窝接触状态　　　(c) 泡沫接触状态　　　(d) 喷射接触状态

图 11-3　塔盘上的气液接触状态

11.2.2　板式塔的设计内容及顺序

塔设备的设计内容包括工艺计算、结构设计及机械设计。板式塔设计内容及顺序如下。

（1）塔的工艺计算

① 原始数据：生产能力，物料的组成及性质，塔的使用条件（包括操作压力及操作温度），进料状态，物系平衡关系。

② 全塔物料衡算。

③ 塔板数的计算：理论塔板数的计算，确定全塔效率和实际塔板数，确定加料板的位置。根据给定的操作条件（例如蒸馏），由图解法或其他方法求得理论塔板数，选定或估算塔板效率，就可求得实际塔板数。

④ 塔径计算：选取板间距，计算最大空塔速度，初算塔径，验算雾沫夹带量，根据压力容器公称直径确定实际塔径，确定操作范围。

⑤ 塔盘布置：选择液流程数，塔板类型，塔盘板开孔及其排列，溢流装置布置。

⑥ 塔盘板的流体力学计算：漏液计算，塔盘板压降，校核液泛，计算雾沫夹带量，确定负荷上、下限，作负荷性能图。

⑦ 塔高的确定。

（2）塔的机械设计

① 塔体壁厚计算。

② 选择材料；计算塔壁厚度（筒体及封头）；筒体承受的各种载荷计算；各种载荷产生的轴向应力计算；验算筒体壁厚。

③ 裙座设计：确定裙座壁厚，验算各危险截面上的应力；基础环设计，地脚螺栓设计。

（3）塔的结构设计

① 塔体与裙座结构。

② 塔盘结构，包括塔盘板、降液管、溢流堰及紧固件、支承件的结构。

③ 除沫装置。

④ 塔器管口，包括气体和液体进出接管，安装、检修塔盘的人孔（手孔）。

⑤ 塔器附件，包括支承保温材料的支承圈，吊装塔盘用的吊柱及扶梯、平台等。

11.2.3　板式塔的类型

板式塔是分级接触型气液传质设备，种类繁多。根据目前国内外实际使用的情况，主要塔型包括泡罩塔、筛板塔及浮阀塔等。

（1）泡罩塔

① 泡罩塔盘组成　泡罩塔盘的主要结构包括泡罩、升气管、溢流管及降液管。泡罩塔盘上气液接触的状况如图 11-4 所示。

② 泡罩塔作用　液体由上层塔盘通过左侧的降液管，从 A 处流入塔盘，然后横向流过塔盘上布置泡罩的区段 B—C，此处是塔盘的气液接触区（或称鼓泡区）；C—D 段用于初步分离液体中夹带的气泡，接着液体流过出口堰进入右侧的降液管。与此同时，蒸汽则从下层塔盘上升，进入泡罩的升气管中，通过环形回转通道，再经泡罩的齿缝分散到泡罩间的液层中去。蒸汽从齿缝中流出时，搅动了塔盘上的液体，使液层上部变成泡沫层。气泡离开液面时，破裂成带有液滴的气体，小液滴相互碰撞合并成大液滴，又落回液层。还有少量微小液滴被蒸汽夹带到上层塔盘，这称为雾沫夹带。蒸汽从下层塔盘经泡罩进入液层，并在继续上升的过程中，与所接触的液体发生传热与传质。蒸汽通过每层塔盘，其流动过程所引起的压头损失，称为每层塔板的蒸汽压力降。

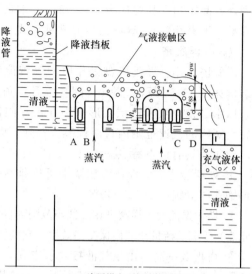

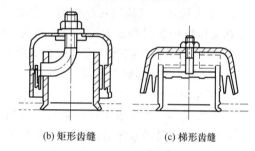

(a) 泡罩塔盘上气液接触状况

(b) 矩形齿缝　　　(c) 梯形齿缝

图 11-4　泡罩塔盘

③ 泡罩塔特点

a. 操作弹性较大，在负荷变动范围较大时仍能保持较高的效率。

b. 无泄漏。

c. 液气比的范围大。

d. 不易堵塞，能适应多种介质。

e. 结构复杂、造价高、安装维修麻烦以及气相压力降较大。

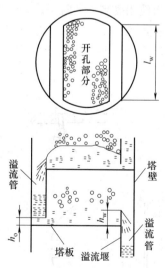

图 11-5　筛板塔结构及气液接触状况

（2）筛板塔

筛板塔结构及气液接触状况与泡罩塔类似，如图 11-5 所示。

筛板塔作用：液体从上层塔盘的降液管流下，横向流过塔盘，越过溢流堰经溢流管流入下一层塔盘，塔盘上依靠溢流堰的高度保持其液层高度。蒸汽自下而上穿过筛孔时，被分散成气泡，在穿越塔盘上液层时，进行气液两相间的传热与传质。

筛板塔具有以下特点：

① 生产能力大（20%～40%）；

② 塔板效率高（10%～15%）；

③ 压力降低（30%～50%）；

④ 结构简单，塔盘造价可减少 40% 左右，安装、维修都较容易；

⑤ 漏液点稍高，操作弹性较小。

应用：近年来筛板塔获得了广泛应用，工业塔常用的筛孔孔径为 3～8mm，按正三角形排列，孔间距与孔径之比为 2.5～5。近年来出现了大孔径筛板（孔径可达 20～25mm，制造容易、不易堵塞）、导向筛板等多种形式。

（3）浮阀塔

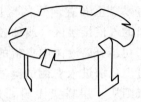

图 11-6　F1 型浮阀

浮阀塔作用：浮阀塔盘操作时的气液流程和泡罩塔相似，浮阀结构如图 11-6 所示。蒸汽自阀孔上升，顶开阀片，穿过环形缝隙，以水平方向吹入液层，形成泡沫。浮阀能够随着气速的增减在相当宽广的气速范围内自由调节、升降，以保持稳定操作。

浮阀塔具有以下特点。

① 处理能力大。浮阀在塔盘上可安排得比泡罩更紧凑，因此浮阀塔盘的生产能力可比圆形泡罩塔盘提高 20%～40%。

② 操作弹性大。浮阀可在一适当范围内自由升降以适应气量的变化，而气缝速度几乎不变，因此能在较宽的流量范围内保持高效率。它的操作弹性为 3～5，比筛板和舌形塔盘大得多。

③ 塔板效率高。由于气液接触状态良好，且蒸汽以水平方向吹入液层，故雾沫夹带较少，因此塔板效率较高，一般情况下比泡罩塔高 15%左右。

④ 压力降小。气流通过浮阀时，只有一次收缩、扩大及转弯，故干板压力降比泡罩塔低。在常压塔中每层塔盘的压力降一般为 400～666.6Pa。

⑤ 浮阀塔是一种综合性能较好的塔形。

（4）舌形塔及浮动舌形塔

① 舌形塔

舌形塔作用：舌形塔是在塔盘板上开有与液流同方向的舌形孔，如图 11-7 所示。蒸汽经舌孔流出时，其沿水平方向的分速度促进了液体的流动，因而在大液量时也不会产生较大的液面落差。由于气液两相呈并流流动，这就大大地减少了雾沫夹带。当舌孔气速提高到一定值时，塔盘上的液体被气流喷射成滴状和片状，从而加大了气液接触面积。

舌形塔特点：与泡罩塔相比，其优点是液面落差小，塔盘上液层薄、挟液量少，压力降小（约为泡罩塔盘的 33%～50%），处理能力大，塔盘结构简单，钢材可省 12%～45%，且安装维修方便。其缺点是操作弹性小（仅 2～4），塔板效率低，因而使用受到一定限制。

② 浮动舌形塔　浮动舌形塔盘如图 11-8 所示，也是一种喷射塔盘，其舌片综合了浮阀及固定舌片的结构特点，因此既有舌形塔盘的大处理量、低压力降、雾沫夹带小等优点，又有浮阀塔的操作弹性大、效率高、稳定性好等优点，但舌片易损坏。

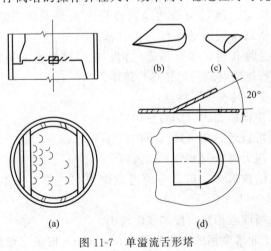

图 11-7　单溢流舌形塔

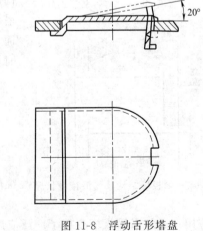

图 11-8　浮动舌形塔盘

（5）各种塔盘及板式塔比较

各种塔盘的比较见表11-1，各种板式塔的特点及用途见表11-2，从中可以得出以下几点结论。

表 11-1 各种塔盘的比较

塔盘形式	蒸汽量	液量	效率	操作弹性	压力降	价格	可靠性
泡罩	良	优	良	超	差	良	优
筛板	优	优	优	良	优	超	良
浮阀	优	优	优	优	良	优	优
穿流式	优	超	差	差	优	超	可

表 11-2 各种板式塔的特点及用途

塔盘形式		结构	优 点	缺 点	用 途
泡罩塔	圆形泡罩	复杂	①弹性好 ②无泄漏	①费用高 ②板间距大 ③压力降比较大	用于具有特定要求的场合
	S形泡罩塔板	稍简单	简化了泡罩的形式,因此性能相似	①费用高 ②板间距大 ③压力降比较大	用于具有特定要求的场合
浮阀塔	条形浮阀	简单	①操作弹性好 ②塔板效率高 ③处理能力较大	没有特别的缺点	适用于加压及常压下的气液传质过程
	重盘式浮阀	有简单的和稍复杂的			
	T形浮阀	简单			
穿流式	筛板（溢流式）	简单	①正常负荷下的效率高 ②费用最低 ③压力降小	①稳定操作范围窄 ②要么扩大孔径,否则易堵物料 ③容易发生液体泄漏	适于处理量变动少且不析出固体物的系统
	波纹筛板	简单	①比筛板压力降稍高,但具有相同的优点 ②气液分布好	①稳定操作范围窄 ②要么扩大孔径,否则易堵物料 ③容易发生液体泄漏	适于处理量变动少且不析出固体物的系统
	栅板	简单	①处理能力大 ②压力降小 ③费用便宜	①塔板的效率低 ②弹性较小 ③处理量少时,效率剧烈下降	适用于粗蒸馏

① 浮阀塔盘在蒸汽负荷、操作弹性、效率和价格等方面都比泡罩塔盘优越，这是目前浮阀塔广泛应用的原因。

② 筛板塔盘造价低、压力降小，除操作弹性较差外，其他性能接近于浮阀塔盘，这是筛板塔盘近年来使用广泛的原因。

11.2.4 塔板结构

（1）塔盘

1）塔盘的结构要求

塔盘在结构方面要有一定的刚度，以维持水平；塔盘与塔壁之间应有一定的密封度，以避免气、液短路；塔盘便于制造、安装、维修，并且成本要低。

2）塔盘分类及特点

塔盘按其塔径的大小及塔盘的结构特点可分为整块式塔盘及分块式塔盘。当塔径 $DN \leqslant$ 700mm 时，采用整块式塔盘；塔径 $DN \geqslant$ 800mm 时，宜采用分块式塔盘，塔盘分块应该使结构简单，装拆方便，有足够刚度，便于制造、安装和检修。

① 整块式塔盘　根据组装方式不同又可分为定距管式及重叠式两类。采用整块式塔盘时，塔体由若干个塔节组成，每个塔节中装有一定数量的塔盘，塔节之间采用法兰连接。

a. 定距管式塔盘　用定距管和拉杆将同一塔节内的几块塔盘支承并固定在塔节内的支座上，定距管起支承塔盘和保持塔盘间距的作用。塔盘与塔体之间的间隙，以软填料密封并用压圈压紧，如图 11-9 所示。

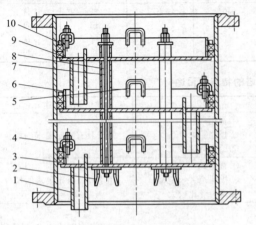 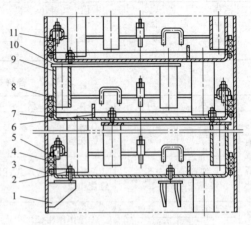

图 11-9　定距管式塔盘的结构
1—降液管；2—支座；3—密封填料；
4—压紧装置；5—吊耳；6—塔盘圈；
7—拉杆；8—定距管；9—塔盘板；10—压圈

图 11-10　重叠式塔盘的结构
1—支座；2—调节螺钉；3—圆钢圈；4—密封填料；
5—塔盘圈；6—溢流堰；7—塔盘板；8—压圈；
9—支柱；10—支承板；11—压紧装置

b. 重叠式塔盘　重叠式塔盘是在每一塔节的下部焊有一组支座，底层塔盘支承在支座上，然后依次装入上一层塔盘，塔盘间距由其下方的支柱保证，并可用三只调节螺钉来调节塔盘的水平度。塔盘与塔壁之间的间隙，同样采用软填料密封，然后用压圈压紧，其结构如图 11-10 所示。

② 分块式塔盘　直径较大的板式塔，为便于制造、安装、检修，可将塔盘板分成数块，通过人孔送入塔内，装在焊于塔体内壁的塔盘支承件上。分块式塔盘的塔体，通常为焊制整体圆筒，不分塔节。分块式塔盘的组装结构，如图 11-11 所示。由于被分块的塔盘板带有折边，具有足够的刚性，使塔盘结构简单，而且节省钢材。

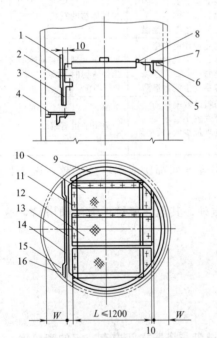

图 11-11　分块式塔盘的组装结构
1,14—出口堰；2—上段降液板；
3—下段降液板；4,7—受液盘；5—支撑梁；
6—支撑圈；8—入口堰；9—塔盘边板；
10—塔盘板；11,15—紧固件；
12—通道板；13—降液板；16—连接板

（2）降液管

① 降液管的作用　降液管是液体自上层塔板流到下层塔板的通道。液体经上层塔板的降液管流下，横向穿过塔板，流过溢流堰，进入降液管，流向下层塔板。

② 降液管的形式、特点及应用　分为圆形降液管和弓形降液管两类。

a. 圆形降液管通常用于液体负荷低或塔径较小的场合，如图 11-12（a）、（b）所示。

b. 弓形降液管将堰板与塔体壁面间所组成的弓形区全部截面用作降液面积,如图 11-12 (d) 所示。对于采用整块式塔盘的小直径塔,为了尽量增大降液截面积,可采用固定在塔盘上的弓形降液管,如图 11-12 (e) 所示。弓形降液管适用于大液量及大直径的塔,塔盘面积的利用率高,降液能力大,气-液分离效果好。

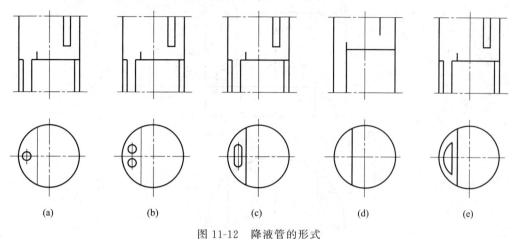

(a)　　　　　　(b)　　　　　　(c)　　　　　　(d)　　　　　　(e)

图 11-12　降液管的形式

③ 降液管结构尺寸的确定　在确定降液管的结构尺寸时,应该使夹带气泡的液流进入降液管后具有足够的分离空间,能将气泡分离出来,从而仅有清液流往下层塔盘。为此在设计降液管结构尺寸时,应遵守以下几点:

a. 液体在降液管内的流速为 0.03～0.12m/s;

b. 液流通过降液管的最大压降为 250Pa;

c. 液体在降液管内的停留时间为 3～5s,通常小于 4s;

d. 降液管内清液层的最大高度不超过塔板间距的一半;

e. 越过溢流堰降落时抛出的液体,不应涉及塔壁;降液管的截面积占塔盘总面积的比例,通常为 5%～25% 之间。

为了防止气体从降液管底部窜入,降液管必须有一定的液封高度 h_w,如图 11-13 所示。降液管底端到下层塔盘受液盘面的间距 h_0 应低于溢流堰高 h_w,通常取 $(h_w - h_0) = 6～12mm$。大型塔不小于 38mm。

(3) 溢流堰

① 溢流堰作用　在每层塔板的出口端装有溢流堰。它的作用是保证塔板上保持一定的液层厚度,以便气液进行传质。

② 溢流堰类型　溢流堰可分为进口堰及出口堰。当塔盘采用平型受液盘时,为保证降液管的液封,使

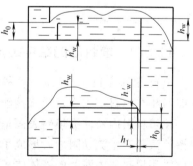

图 11-13　降液管的液封

液体均匀流入下层塔盘,并减少液流在水平方向的冲击,故在液流进入端设置入口堰。而出口堰的作用是保持塔盘上液层的高度,并使流体均匀分布。通常,出口堰上的最大溢流强度不宜超过 100～130m³/(h·m)。根据其溢流强度,可确定出口堰的长度,对于单流型塔盘,出口堰的长度 $L_w = (0.6～0.8)D_i$;双流型塔盘,出口堰长度 $L_w = (0.5～0.7)D_i$ (其中 D_i 为塔的内径)。出口堰的高度 h_w,由物料的性能、塔型、液体流量及塔板压力降等因素确定。进口堰的高度 h_w' 按以下两种情况确定:当出口堰高度 h_w 大于降液管底边至受液盘板

面的间距 h_0 时，可取 $6\sim8mm$，或与 h_0 相等；当 $h_w<h_0$ 时，h'_w 应大于 h_0 以保证液封。进口堰与降液管的水平距离 h_1 应大于 h_0 值，如图 11-14 所示。

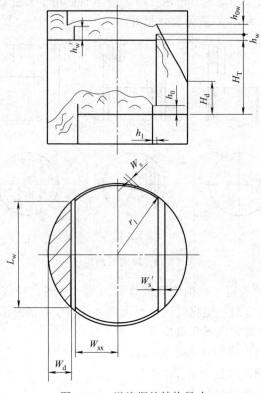

图 11-14　溢流堰的结构尺寸

11.3　填料塔

11.3.1　填料塔的结构组成及工作原理

填料塔如图 11-15 所示。填料塔的塔体为一圆形筒体，筒内分层装有一定高度的填料，气液两相在填料塔内进行逆流接触传质，自塔上部进入的液体通过分布器均匀喷洒于塔截面上。在填料层内液体沿填料表面呈膜状流下。液膜与填料表面的摩擦以及液膜与上升气体的摩擦使液膜产生流动阻力，形成了填料层的压降，并使部分液体停留在填料表面及空隙中，单位体积填料层中滞留的液体体积称为持液量，一般来说，适当的持液量对填料塔的操作稳定性和传质是有益的，但持液量过大将减小填料层的空隙和气相流通截面积，使压降增大，处理能力下降。各层填料之间设有液体再分布器，将液体重新均匀分布，以避免发生"壁流现象"。气体自塔下部进入，通过填料缝隙中的自由空间，从塔上部排除。离开填料层的气体可能挟带少量雾状液滴，因此有时需要在塔顶安装除沫器。

11.3.2　填料的类型

填料塔以填料作为气液接触元件，气液两相在填料层中逆向连续接触。它具有结构简单、压力降小、易于用耐腐蚀非金属材料制造等优点，对于气体吸收、真空蒸馏以及处理腐蚀性流体的操作，颇为适用。但当塔径增大时，引起气液分布不均、接触不良等，造成效率下降，即称为放大效应。同时，填料塔还有重量大、造价高、清理检修麻烦、填料损耗大等缺点，以致使填料塔在很长时期以来不及板式塔使用广泛。但是随着新型高效填料的出现，流体分布技术的改进，填料塔的效率有所提高，放大效应也在逐步得以解决。新型填料塔，特别适于真空精馏操作。

填料是填料塔的核心内件，有散装填料和规整填料。填料为气-液两相接触进行传质、传热提供了表面，与塔的其他内件共同决定了填料塔的性能，填料塔生产情况的好坏与是否正确选用填料有很大关系。表 11-3、表 11-4 分别列出了几种常用散装填料和规整填料。

11.3.3 填料塔内件及裙座

填料塔内件包括液体分布器、液体再分布器、填料床层限制器、除沫器等，附件包括裙座、吊柱等。

（1）填料塔内件

填料塔的内件是整个填料塔的重要组成部分。内件的作用是为了保证气液更好地接触，以便发挥填料塔的最大效率和生产能力。因此内件设计的好坏直接影响到填料性能的发挥和整个填料塔的效率。

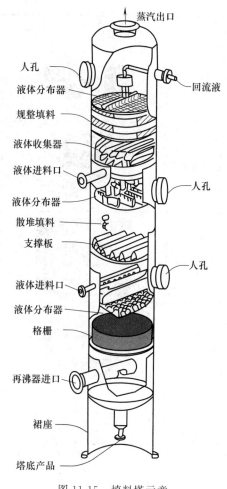

图 11-15　填料塔示意

表 11-3　散装填料

名　称	图　片	特　点
拉西环		填料环的外径与高度相等,结构简单、价廉,可由陶瓷、金属、塑料等制成。但由于拉西环的比表面积较小,传质效能较低,由于自身形状引起的沟流和壁流使气液分布不匀,相际接触不良
勒辛环		拉西环的衍生物,在其中增加一隔板,以增大填料的比表面积,与拉西环无本质区别,常用于塔内整砌堆积
十字隔环		对勒辛环的改进,类似的环内添加隔板方式通常用于整砌式作第一层支撑小填料用,压降相对较低,沟流和壁流较少

续表

名　称	图　片	特　点
鲍尔环		在拉西环上作大改进，虽然环也是外径与高度相等，但环壁上开出两排带有内伸舌片的窗孔。这种结构改善了气液分布，充分利用了环的内表面。与拉西环相比，处理量可达50%以上，而压降低50%
哈埃派克		是在鲍尔环的基础上增加其比表面积，具有阻力小、效率高、通量大、放大效应不明显等特点
阶梯环		吸取拉西环的优点又对鲍尔环进行改进，即环的高径比仅为鲍尔环的一半，在环的一端增加了锥形翻边。这样减少了气体通量，填料的强度也提高了，由于结构特点，使气液分布均匀
短阶梯环		阶梯环的变种，高径比为1∶3，成为短环填料，进一步改善传质性能
弧鞍环		填料在塔内呈相互搭接，形成联锁结构的弧形气道，有利于气液流均匀分布，并减少阻力。与拉西环相比性能较好，但易叠套，在叠紧处易造成沟流，液泛点高。在床层中比拉西环易破碎
矩鞍环	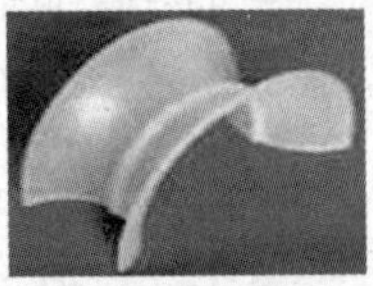	矩鞍环填料的形状介于环形与鞍形之间，因而兼有两者之优点，这种结构有利于液体分布和增加了气体通道。该填料比鲍尔环阻力小、通量大、效率高。填料强度和刚性较好
异鞍环	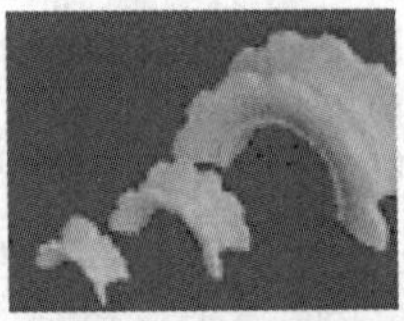	在矩鞍环上的改进。将扇形面改为带锯齿边的贝壳状弧形面，并增加开孔使填料内外表面沟通、增加流体的自由通道，有利于液体分布和表面更新。所以它的处理能力高，压降小，传质性能有所改善
英特派克		用金属薄片冲成略带弧形的内外弯片，结构简单，强度高。是用于工业中的一种压降低、高效填料
共轭环	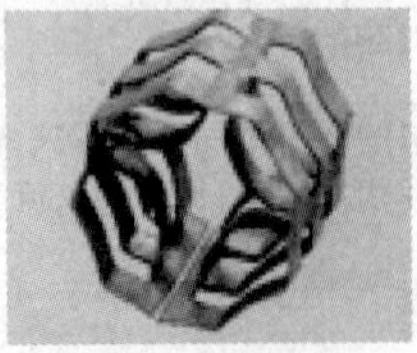	该填料糅合了环形和鞍形填料的优点，采用共轭曲线肋片结构，两端外卷边及合适的长径比，填料间或填料与塔壁间均为点接触，不会产生叠套，孔隙均匀、阻力小，乱堆时取定向排列，故有规整填料的特点，有较好的流体力学和传质性能

表 11-4　规整填料

名　称	图　片	特　点
格栅填料		有塑料格栅填料和金属格栅填料。格栅填料主要是以板片作为主要传质构件。板片垂直于塔截面,与气流和液流方向平行,上下两层呈45°旋转。格栅填料是一种高效、大通量、低压降、不堵塔的新型规整填料,对于煤气的冷却除尘等、脱硫等具有较大的优越性
金属孔板波纹填料	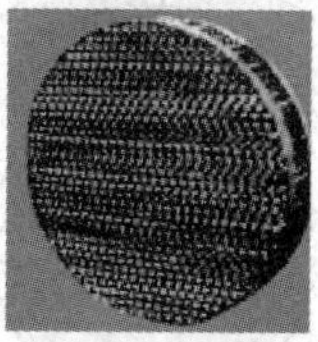	是在金属薄板表面冲孔、轧制密纹、冲波纹,最后组装而成的规整填料,在塔内填装时,上下两盘交错90°叠放。具有阻力小、气液分布均匀、效率高、通量大、放大效应不明显等特点,应用于负压、常压和加压操作
金属压延孔板波纹填料		将金属薄板先碾压出密度很高的小刺孔,再把刺孔板压成波纹板片组装而成规整填料,由于表面特殊的刺孔结构而提高了填料的润湿性能,并能保持金属丝网波纹填料的性能
金属网孔(板网)波纹填料		在金属片上冲出菱形微孔同时拉伸成网板,兼有丝网和孔板波纹填料的优点

1）液体分布装置

液体分布器是将液体均匀地分布在填料表面上，形成液体初始分布。在填料塔操作过程中，液体的初始分布对填料塔的性能影响最大，它是最重要的塔内件。一般来说对于难分离物系、高效填料、大直径、低层填料塔，要求液体的均布性比较高。因此，在设计、制造、安装时，都要得到足够的重视。常用的液体分布器结构形式如下。

① 重力型排管式液体分布器　如图 11-16 所示，它由进液口、液位管、液体分配管及布液管组成。进液口为漏斗形，内置金属丝网过滤器，以防止固体杂质进入液体分布器内。液位管及液体分配管可用圆管或方管制成。布液管一般由圆管制成，且底部打孔用以将液体分布到填料层上部。对于塔体分段由法兰连接的小型塔排管式液体分布器做成整体式，而对于整体式大塔，则可做成可拆卸结构，以便从人孔进入塔中，在塔内安装。

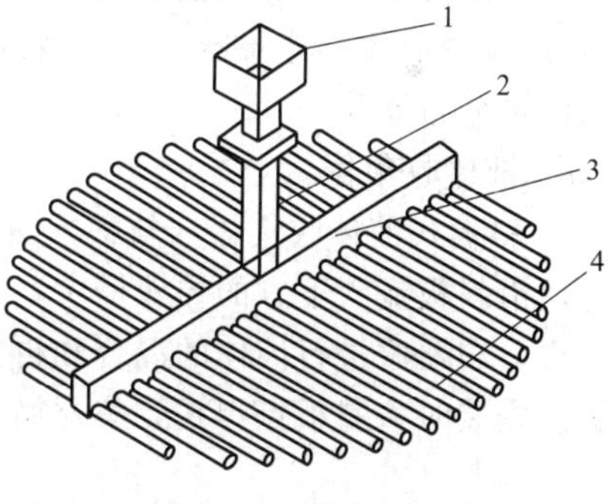

这种分布器的最大优点是塔在风载荷作用下产生摆动时，液体不会溅出。此外，液体管中有一定高度的液位，故安装时水平度误差不会对从小孔流出的液体有较大的影响，因而可达到较高的分布质量。因此一般用于中等以下液体负荷及无污物进入的填料塔中，特别是丝网波纹填料塔。

② 压力型管式分布器　如图 11-17 所示，是靠泵的压头或高液位通过管道与分布器相连，将液体分布到填料上，根据管子安排的方法不同，有排管式和环管式。

图 11-16　重力型排管式液体分布器
1—进液口；2—液位管；
3—液体分配管；4—布液管

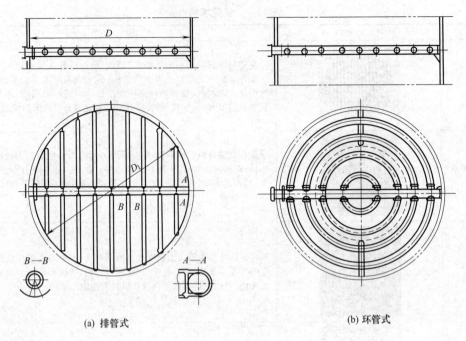

(a) 排管式　　　　　　　　　　　(b) 环管式

图 11-17　压力型管式分布器

压力型管式分布器结构简单，易于安装，占用空间小，适用于带有压力的液体进料，值得注意的是压力型管式分布器只能用于液体单相进料，操作时必须充满液体。

另外还有槽式液体分布器、喷洒式液体分布器、盘式液体分布器等。

在选择液体分布器时，一般而言对于金属丝网填料及非金属丝网填料，应选用管式分布器，对于比较脏的物料，应优先选用槽式分布器。对于分批精馏的情况，应选用高弹性分布器。

2）液体收集再分布装置

由于填料塔不可避免的壁流效应，造成塔截面气液流率的偏差，即在塔截面上出现径向浓度差，使得填料塔的性能下降，因此在填料层达到一定高度后（一般在 10～20 理论板数），应设置液体再分布器，使气液两相重新得到均匀分布，液体再分布器包括液体收集器和液体再分布器。

① 液体收集器

a. 斜板式液体收集器　斜板式液体收集器如图 11-18 所示。上层填料下来的液体落到斜板上后沿斜板流入下方的导液槽中，然后进入底部的横向或环形集液槽。再由集液槽中心管流入再分布器中进行液体的混合和再分布。斜板在塔截面上的投影必须覆盖整个截面并稍有重叠。安装时将斜板点焊在收集器筒体及底部的横槽及环槽上即可。

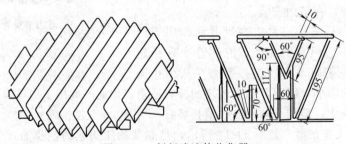

图 11-18　斜板式液体收集器

斜板式液体收集器的特点是自由面积大，气体阻力小，一般不超过 2.5mmH$_2$O（24.5Pa），因此特别适用于真空操作。

b. 升气管式液体收集器　升气管式液体收集器，其结构与盘式液体分布器相同，只是升气管上端设置挡液板，以防止液体从升气管落下，其结构如图 11-19 所示。这种液体收集器是把填料支承和液体收集器合二为一，占据空间小，气体分布均匀性好，可用于气体分布性能要求高的场合。其缺点是阻力较斜板式收集器大，且填料容易挡住收集器的布液孔。

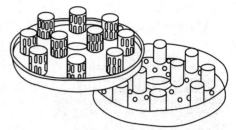

图 11-19　升气管式液体收集器

② 液体再分布器

a. 组合式液体再分布器　将液体收集器与液体分布器组合起来即构成组合式液体再分布器，而且可以组合成多种结构形式的再分布器。图 11-20（a）所示为斜板式收集器与液体分布器的组合，可用于规整填料及散装填料塔。图 11-20（b）所示为气液分流式支承板与盘式液体分布器的组合。两种再分布器相比，后者的混合性能不如前者，且容易漏液，但它所占据的塔内空间小。

b. 盘式液体再分布器　盘式液体再分布器的结构与升气管液体收集器相同，只是在盘上打孔以分布液体。开孔的大小、数量及分布由填料种类及尺寸、液体流量及操作弹性等因素确定。

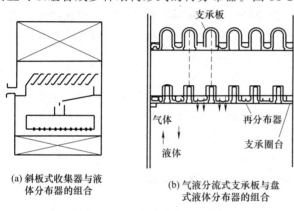

(a) 斜板式收集器与液体分布器的组合

(b) 气液分流式支承板与盘式液体分布器的组合

图 11-20　组合式液体再分布器

c. 壁流收集再分布器　分配锥是最简单的壁流收集再分布器，如图 11-21（a）所示。它将沿塔壁流下的液体用再分配锥导出至塔的中心。圆锥小端直径 D_1 通常为塔径 D_i 的 0.7～0.8 倍。分配锥一般不宜安装在填料层里，而适宜安装在填料层分段之间，作为壁流的液体收集器用。这是因为分配锥若安装在填料内则使气体的流动面积减少，扰乱了气体的流动。同时分配锥与塔壁间又形成死角，填料的安装也困难。分配锥上具有通孔的结构，是

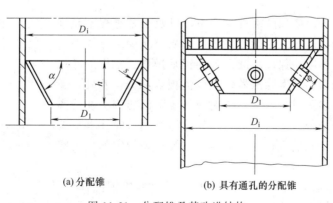

(a) 分配锥　　　　(b) 具有通孔的分配锥

图 11-21　分配锥及其改进结构

分配锥的改进结构，如图 11-21（b）所示。通孔使通气面积增加，且使气体通过时的速度变化不大。上述壁流收集再分布器，只能消除壁流，而不能消除塔中的径向浓度差。因此，只适用于直径小于 0.6～1m 的小型散装填料塔。

　　3）填料支承器

　　填料支承器安装在填料层的底部。其作用是防止填料穿过支承装置而落下；支承操作时填料层的重量；保证足够的开孔率，使气液两相能自由通过。因此不仅要求支承装置具备足够的强度及刚度，而且要求结构简单，便于安装，所用的材料耐介质的腐蚀。

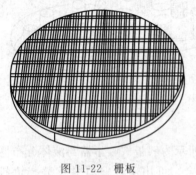

图 11-22　栅板

　　填料支承栅板是结构最简单、最常用的填料支承器，如图 11-22 所示。它由相互垂直的栅条组成，放置于焊接在塔壁的支撑圈上。塔径较小时可采用整块式栅板，大型塔则可采用分块式栅板。

　　栅板支承的缺点是如果将散装填料直接乱堆在栅板上，则会将空隙堵塞从而减少其开孔率，故这种支承装置广泛用于规整填料塔。有时在栅板上先放置一盘板波纹填料，然后再装填散装填料。

　　4）填料压紧器

　　当气速较高或压力波动较大时，会导致填料层的松动从而造成填料层内各处的装填密度产生差异，引起气、液相的不良分布，严重时会导致散装填料的流化，造成填料的破碎、损坏、流失。为了保证填料塔的正常、稳定操作，在填料层上部应当根据不同材质的填料安装不同的填料压紧器或填料限位器。

　　一般情况下，陶瓷、石墨等脆性散装填料使用填料压紧器，而金属、塑料制散装填料及各种规整填料则使用填料限位器。

　　① 填料压紧器　填料压紧器又称填料压板。将其自由放置于填料层上部，靠其自身的重量压紧填料。当填料层移动并下沉时，填料压板即随之一起下落，故散装填料的压板必须有一定的重量。

　　② 填料限位器　填料限位器又称床层定位器，用于金属、塑料制散装填料及所有规整填料。它的作用是防止高气速、高压降或塔的操作出现较大波动时，填料向上移动而造成填料层出现空隙，从而影响塔的传质效率。

　　5）除沫器

　　当空塔气速较大，塔顶溅液现象严重，以及工艺过程不允许出塔气体夹带雾滴的情况下，设置除沫器，从而减少液体的夹带损失，确保气体的纯度，保证后续设备的正常操作。常用的除沫装置有折流板除沫器、丝网除沫器以及旋流板除沫器。此外，还有链条型除沫器、多孔材料除沫器及玻璃纤维除沫器等。在分离要求不严格的操作场合，还将干填料用作除沫器用。除沫器形式一般是根据所分离液滴的直径、要求的捕沫效率及给定的压力降来确定。

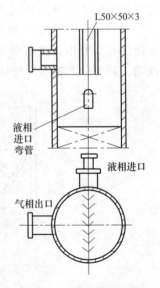

图 11-23　折流板除沫器

　　① 折流板除沫器　折流板除沫器中常用的是角钢除沫器，如图 11-23 所示。捕沫板由 50mm×50mm×3mm 的角钢制成。

其优点是结构简单，不易堵塞。缺点是金属消耗量大，造价较高，在大塔中尤为明显，因而逐渐为丝网除沫器所取代。折流板除沫器可除去直径为 $5×10^{-5}$ m 以上的液滴，压力降为 $50\sim100$Pa。适宜气速 u（m/s）可按下式计算

$$u=k\sqrt{\frac{\rho_L-\rho_G}{\rho_G}}$$

式中，ρ_L 为液相密度，kg/m³；ρ_G 为气相密度，kg/m³；k 为系数，一般取 $k=0.085\sim0.1$。

已知塔内上升气量和气速，就可确定除沫器的高度，增加折流次数，保证足够高的分离效率。

② 旋流板除沫器　由固定的叶片组成风车状，如图 11-24 所示。其原理是气体通过叶片时产生旋转和离心运动，在离心力的作用下将液滴甩至塔壁，实现气液分离，除沫率可达到 $98\%\sim99\%$。其压力降介于折流板除沫器与丝网除沫器之间。

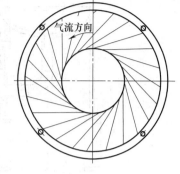
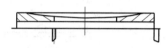

图 11-24　旋流板除沫器

③ 丝网除沫器　由网块和支承件组成。网块由若干层平铺的波纹型丝网、格栅及定距杆组成，如图 11-25 所示。其优点是比表面积大、重量轻、空隙率大、使用方便、除沫效率高、压力降小，是一种广泛使用的除沫装置。

为了避免液体蒸发后留下固体堵塞丝网，丝网除沫器只适用于洁净的气体。实际使用中，常用的设计气速取 $1\sim3$m/s。

（2）塔设备支座

裙座较其他支座（如支脚）的结构性能好，连接处产生的局部应力也最小，所以它是塔设备的主要支座形式。

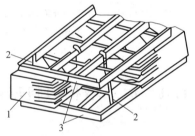

图 11-25　丝网除沫器网块构成
1—丝网；2—定距杆；3—栅格

① 裙座的材料　裙座与塔内介质不直接接触，也不承受塔内介质的压力，因此可不受压力容器用材的限制。裙座的选材除满足载荷要求外，还要考虑到塔的操作工况、塔釜封头的材料等因素。对于在室外操作的塔，还要考虑环境温度。常用的裙座材料为 Q235B 或 Q345R，当裙座设计温度低于 0℃时，材料的选择及检验要求参照国家标准《压力容器》（GB/T 150.1～GB/T 150.4—2011）。

塔釜封头的材料为低合金高强度钢、高合金钢，当塔体要整体热处理时，裙座顶部应增设与塔釜封头相同材料的短节，以保证塔釜封头与裙座焊接时的封头质量。当操作温度低于 0℃或高于 350℃时，短节长度应以温度影响范围确定。当不作这项计算时，短节的长度一般取保温层厚度的 4 倍，且不小于 500mm。碳钢裙座应考虑腐蚀裕度，其值不小于 2mm。

② 裙座的结构　裙座结构有两种，因圆筒形裙座 [图 11-26（a）] 制造方便、经济合理，故应用广泛。对直径小又细高的塔（即 $DN\leqslant1$m，且 $H/DN>25$ 或 $DN>1$m，且 $H/DN>30$），为了提高设备的稳定性及降低地脚螺栓与基础环支承面上的应力，可采用圆锥形裙座，如图 11-26（b）所示。

裙座由裙座筒体、基础环、地脚螺栓座、人孔、排气孔、引出管通道、保温支承圈等组成。

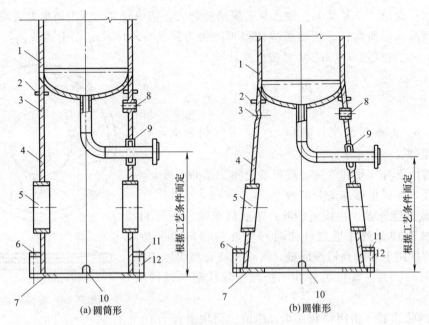

图 11-26   裙座的结构

1—塔体；2—保温支承圈；3—无保温时排气孔；4—裙座筒体；5—人孔；6—螺栓座；7—基础环；
8—有保温时排气孔；9—引出管通道；10—排液孔；11—压板；12—筋板

11.4   板式塔和填料塔的比较及选型原则

11.4.1   板式塔和填料塔的比较

板式塔和填料塔的比较见表 11-5。

表 11-5   板式塔和填料塔的比较

项　　目	塔　　型	
	板　式　塔	填　料　塔
压力降	压力降一般比填料塔大	压力降小，较适于要求压力降小的场合
空塔气速（生产能力）	空塔气速大	空塔气速较大
塔效率	效率较稳定，大塔板效率比小塔板有所提高	分离效率较高，塔径 $\phi 1.5$m 以下效率高。塔径增大，效率常会下降
液气比	适应范围较大	对液体喷淋量有一定要求
持液量	较大	较小
材质要求	一般用金属材料制作	可用非金属耐腐蚀材料
安装维修	较容易	较困难
造价	直径大时一般比填料塔造价低	$\phi 800$mm 以下，一般比板式塔便宜，直径增大，造价显著增加
重量	较轻	较重

11.4.2   塔型选择原则

合理选择塔型的因素有：物料性质、操作条件、塔设备性能以及塔设备的制造、安装、运转和维修等。表 11-6 为塔型选用顺序表。

表 11-6　塔型选用顺序

考虑因素	选择顺序	考虑因素	选择顺序
塔径	①800mm以下，填料塔 ②大塔径，板式塔	真空操作	①填料塔 ②导向筛板 ③网孔塔板 ④筛板 ⑤浮阀塔板
具有腐蚀性的物料	①填料塔 ②穿流式塔 ③筛板塔 ④喷射形塔		
污浊液体	①大孔径筛板塔 ②穿流式塔 ③喷射形塔 ④浮阀塔 ⑤泡罩塔	大液气比	①多降液管筛板塔 ②填料塔 ③喷射形塔 ④浮阀塔 ⑤筛板塔
弹性操作	①浮阀塔 ②泡罩塔 ③筛板塔	存在两液相的场合	①穿流式塔 ②填料塔

（1）与物性有关的因素

① 易起泡的物系，如处理量不大时，以选用填料塔为宜。因为填料能使泡沫破裂，在板式塔中则易引起液泛。

② 具有腐蚀性的介质，可选用填料塔。如必须用板式塔，宜选用结构简单、造价便宜的筛板塔盘、穿流式塔盘或舌形塔盘，以便及时更换。

③ 具有热敏性的物料须减压操作，以防过热引起分解或聚合，故应选用压力降较小的塔型。当要求真空度较低时，也可用筛板塔和浮阀塔。

④ 黏性较大的物系，可以选用大尺寸填料。板式塔的传质效率较差。

⑤ 含有悬浮物的物料，应选择液流通道较大的塔型，以板式塔为宜。可选用泡罩塔、浮阀塔、栅板塔、舌形塔和孔径较大的筛板塔等。不宜使用填料塔。

⑥ 操作过程中有热效应的系统，用板式塔为宜。因塔盘上积有液层，可在其中安放换热管，进行有效的加热或冷却。

（2）与操作条件有关的因素

① 若气相传质阻力大（即气相控制系统，如低黏液体的蒸馏、空气增湿等），宜采用填料塔，因填料层中气相呈湍流，液相为膜状流。反之，受液相控制的系统（如水洗 CO_2），宜采用板式塔，因为板式塔中液相呈湍流，用气体在液层中鼓泡。

② 大的液体负荷，可选用填料塔，若用板式塔时，宜选用气液并流的塔型（如喷射型塔盘）或选用板上液流阻力较小的塔型（如筛板和浮阀）。此外，导向筛板塔盘和多降液管筛板塔盘都能承受较大的液体负荷。

③ 低的液体负荷，一般不宜采用填料塔。因为填料塔要求一定量的喷淋密度，但网体填料能用于低液体负荷的场合。

④ 液气比波动的适应性，板式塔优于填料塔，故当液气比波动较大时宜用板式塔。

（3）其他因素

① 对于多数情况，塔径小于 800mm 时，不宜采用板式塔，宜用填料塔。对于大塔径，对加压或常压操作过程，应优先选用板式塔；对减压操作过程，宜采用新型填料塔。

② 一般填料塔比板式塔重。

③ 大塔以板式塔造价较廉。因填料价格约与塔体的容积成正比，板式塔按单位面积计算的价格，随塔径增大而减小。

11.5 塔设备的强度设计和稳定校核

塔设备一般是在一定压力下操作，因此它属于压力容器范畴，但它与一般的压力容器不同。因为塔设备所承受的载荷性质与一般压力容器有很大区别。塔设备所承受载荷的性质可分为两大类，即静载荷和动载荷。静载荷如压力、温度、质量及偏心载荷；动载荷如风载荷和地震载荷。静载荷与时间无关，其变形和内力也与时间无关，所以是唯一的；动载荷使塔设备产生加速度，引起惯性力，因而产生随时间变化的变形和内力。

11.5.1 塔的载荷分析

（1）质量载荷

容器操作质量（即操作工况下）

$$m_0 = m_{01} + m_{02} + m_{03} + m_{04} + m_{05} + m_a + m_e (\text{kg}) \tag{11-1a}$$

容器的最大质量（即水压试验工况下）

$$m_{max} = m_{01} + m_{02} + m_{03} + m_{04} + m_a + m_w + m_e (\text{kg}) \tag{11-1b}$$

容器的最小质量（即停工检修工况下）

$$m_{min} = m_{01} + 0.2m_{02} + m_{03} + m_{04} + m_a + m_e (\text{kg}) \tag{11-1c}$$

式中，m_{01} 为容器壳体和裙座质量，kg；m_{02} 为容器内构件质量，kg；m_{03} 为容器保温材料质量，kg；m_{04} 为平台、扶梯质量，kg；m_{05} 为操作时容器内物料质量，kg；m_a 为人孔、接管、法兰等附属件质量，kg；m_w 为容器内充水质量，kg；m_e 为偏心载荷质量，kg；$0.2m_{02}$ 为考虑内构件焊在壳体上的部分的质量，如塔盘与支持圈、降液管等，当空塔吊装时，如未装保温层、平台、扶梯，则 m_{min} 应扣除 m_{03} 和 m_{04}。

（2）偏心质量载荷

塔体上有时悬挂有再沸器、冷凝容器等附属设备或其他附件，因此随偏心质量载荷，该载荷引起的弯矩为

$$M_e = m_e g e \tag{11-2}$$

式中，g 为重力加速度，m/s^2；e 为偏心距，即偏心质量中心至塔设备中心线间的距离，m；M_e 为偏心弯矩，N•m。

（3）地震载荷

地震以波的形式从震源向各个方向传播。地震波是一种弹性波，它分为体波和面波两种。体波是在地球体内传播的波，又可以分成横波和纵波。纵波是指质点的振动方向与传播方向相同，特点是周期短、振幅小，但传播速度是各种波中最大的，所以当地震发生时，首先传播到某一地点的是纵波。横波是质点的振动方向与传播方向垂直，其特点是周期长，振幅较大。

面波是指在自由表面（如地表面）或两种介质的分界面产生的波，它可分为瑞雷波（又称 R 波）和洛夫波（又称 Q 波）。瑞雷波的特点是质点在波的传播方向和地表面的法线所构成的平面内作椭圆运动，它如同在地面上作滚动前进；而洛夫波是在与传播方向相垂直的水平方面运动，如同蛇形运动。因此当地震发生时，地面运动是一种复杂的空间运动。可分解为三个平动分量和三个转动分量。鉴于转动分量的实测数据很少，地震载荷计算时一般不予考虑。地面水平方向（横向）的运动会使设备产生水平方向的振动，危害较大。而垂直方向（纵向）的危害较横向振动要小。但一般传统观点认为水平地震力对结构破坏起决定性作用，

竖向地震力的影响微不足道。国家标准继承了这一观点，只规定校验水平地震力的影响。国家标准中规定，对设置在地震设防烈度为七、八、九度地区的塔设备必须进行地震载荷校核，避免地震时发生破坏或产生二次灾害。

地震产生的力有水平地震力和地震弯矩。

（4）风载荷

安装在室外的塔设备将受到风力的作用，风吹过塔体时，塔体将在顺风向上受到平均风和脉动风（纵向振动）的作用，同时在垂直于风向上受到诱导振动（横向振动）。风载荷是一种随机载荷，对于顺风向风力可分为两部分平均风力（又称稳定风力）和脉动风力；对于垂直风向力即为风的诱导力。

① 平均风力　是长周期成分，周期值常在 10min 以上，在一定的时间间隔内可视为速度、方向和其他物理量都不随时间而改变的量，并且它的变化周期远大于结构的自振周期，所以它对结构的作用相当于静力作用，应用静力学方法计算。

② 脉动风力　脉动风的强度随时间变化，特点是随机的，变化周期短，它对结构的作用是动力的作用，采用随机振力的理论计算。脉动风力是非周期性的随机作用力，会引起塔的振动，计算时通常将其折算成静载荷，即在静力的基础上考虑与动力有关的折算系数，称为风振系数。

③ 风的诱导力　当空气以某一速度流经圆柱体时，在圆柱体的背风面两侧交替产生旋涡，然后释放（脱离）并形成整齐的旋涡尾流，这个现象为匈牙利人冯·卡门所发现并研究，工程上称卡门涡街。当风吹向露天的塔设备，由于在塔的背风两侧交替产生旋涡，故两侧对流体的阻力不同并周期性变化。在某一瞬间，阻力大的一侧（即形成旋涡并在长大的一侧）气流速度较慢，故静压强较高，而阻力较小的一侧，则气流速度较快，静压强较低。因而在阻力大的一侧产生一个垂直于风向的推力，如图 11-27（a）所示。当一侧旋涡逸散后，在另一侧产生旋涡，于是又产生相反方向的推力，如图 11-27（b）所示。由于推力方向交替改变，故塔在与风向垂直的方向上产生振动，称诱导振动。其振动频率与旋涡形成（或释放）的频率相同，由此得塔的振动周期为

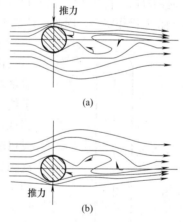

图 11-27　塔振动推力的产生

$$T = \frac{1}{f} = \frac{D_0}{0.2v} = \frac{5D_0}{v}$$

当塔的振动周期接近塔的自振周期时，会发生共振，故推荐当 $0.85T_{c1} < T < 1.3T_{c1}$（$T_{c1}$ 为塔的第一振型自振周期）时，对塔体应考虑消振措施。避免共振的措施如下所述。

a. 增大塔的固有频率。降低塔高，增大塔径，可降低塔的高径比，增大塔的固有频率或提高临界风速，但这必须在工艺条件许可的情况下进行，增加塔的厚度也可有效地提高固有频率，但这样会增加塔的成本。

b. 采用扰流装置。合理地布置塔体上的管道、平台、扶梯和其他的连接件，可以消除或破坏卡门涡街的形成，在沿塔体周围焊接一些螺旋型板，可以消除旋涡的形成或改变旋涡脱落的方式，进而达到消除过大振动的目的。

c. 增大塔的阻尼。增加塔的阻尼对控制塔的振动起着很大的作用。当阻尼增加时塔的振幅会明显下降，当阻尼增加到一定数值后，振动会完全消失，塔盘上的液体或塔内的填料

都是有效的阻尼。

11.5.2　塔的强度和稳定性校核

（1）轴向强度及稳定性校核的基本步骤
① 按设计条件，初步确定塔的厚度和其他尺寸；
② 计算塔设备危险截面的载荷，包括重量、风载荷、地震载荷和偏心载荷等；
③ 危险截面的轴向强度和稳定性校核；
④ 设计计算裙座、基础环板、地脚螺栓等。

（2）计算工况
塔体承受压力（内压或外压）、弯矩（地震弯矩、风弯矩和偏心弯矩）和轴向载荷（塔设备、塔内介质及附件等重量）的联合作用。内压使塔体产生轴向拉应力，外压则引起轴向压应力。弯矩使塔体的一侧产生轴向拉应力，另一侧产生轴向压应力。重量使塔体产生轴向压应力。由于压力、弯矩、重量随塔设备所处状态而变化，组合轴向应力也随之变化。过大的塔体应力会导致塔体的强度及稳定失效，即强度和稳定性问题；而太大的塔体挠度，则会造成塔盘上的流体分布不均，从而使分离效率下降，即刚度问题。因此必须计算塔设备在各种状态下的轴向组合应力，并确保组合的轴向拉应力满足强度条件，组合的轴向压应力满足塔体的稳定条件。

按理应计算设备处于安装、正常操作、停工和水压试验四种状态下的组合轴向应力。由于安装时的轴向载荷比正常操作时小，因安装时的设备自重常不包括附件和保温材料重量，风弯矩也小于正常操作状态，因此，只需计算正常操作、停工和水压试验三种状态下的组合轴向应力。

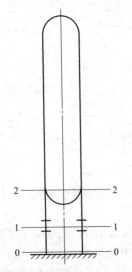

图 11-28　塔的危险截面

（3）计算截面
由于塔自身的质量引起的重力会产生轴向压应力，同时塔的质量对地震、风载荷的大小有影响，故必须先计算塔的质量，为了使计算出的质量符合后面计算的需要，必须先确定塔式设备计算截面的位置，计算截面就是设备在设计压力、自身质量、地震或风载荷等作用下轴向组合应力可能最大，而使设备在这里折断或失稳的截面。等直径、等厚度塔式设备，计算截面有三个，如图 11-28 所示。

① 裙座壳与基础环焊接处称 0—0 截面。在地震或风载荷作用下的弯矩最大。

② 裙座壳最大开孔中心处称 1—1 截面。开孔直径大可能使其截面模量减小，弯曲应力增加。

③ 裙座壳与壳体焊接处称 2—2 截面。有设计压力作用，可能使轴向组合应力增加。同时由于可能存在较高的设计温度，而使该截面的许用应力降低。

习题与简解

扫描二维码获取

第12章 搅拌设备

12.1 概述

在化学工业中，很多生产工艺都或多或少地应用着搅拌操作。化学工艺过程的种种化学变化都是以参加反应物质的充分混合为前提的，对于加热、冷却和液体萃取，以及气体吸收等物理变化过程，也往往要采用搅拌操作才能得到好的效果。本章以搅拌釜式反应器的设计为例介绍搅拌设备。

（1）搅拌操作的目的

① 使两种或两种以上的液体混合均匀；

② 使固体粒子（如催化剂）在液相中均匀地悬浮；

③ 使不相容的另一液相均匀悬浮或充分乳化；

④ 使气体在液相中很好地分散；

⑤ 促进化学反应和加速物理变化过程，如促进溶解、吸收、吸附、萃取、传热等过程的速率。

（2）搅拌操作分类

① 机械搅拌　机械搅拌是一种广泛应用的操作单元，其原理涉及流体力学、传热、传质及化学反应等多种过程。搅拌过程就是在流动场中进行单一的动量传递，或是包括动量、热量、质量传递及化学反应的过程。

② 气流搅拌　气流搅拌是利用气体鼓泡通过液体层，对液体产生搅拌作用，或使气泡群以密集状态上升，促进液体产生对流循环。与机械搅拌相比，仅气泡的作用对液体所进行的搅拌是比较弱的，对于高黏度液体是难以适用的。因此在工业生产中，大多数的搅拌操作均为机械搅拌。

（3）搅拌釜式反应器工作原理

对于不同的气体混合在一起，由于气体分子扩散速率很快，不需要施加任何外力就能形成有不同分子均匀分布的混合物。但液体分子的扩散速率却很小，单靠分子扩散而达到两种或多种液体的均匀混合是很难的，一般情况下通过叶轮的旋转把机械能传递给液体物料，造成强制对流扩散，以达到均匀混合的目的。

液体的强制对流扩散是通过搅拌来实现的。液体的强制对流扩散方式如下：

① 总体对流扩散　搅拌器的叶轮把能量传递给液体，产生高速液流，这股液流又推动周围液体，结果使液体"宏观流动"起来，这种流动就是总体流动。由于总体流动而产生的

全槽范围内的扩散称为总体对流扩散。其作用是促使宏观上均匀混合。

　　② 涡流扩散　　当叶轮旋转时所产生的高速液流在运动速度较低的液体中通过时，高速液流和低速流体在交界面上发生剪切作用，因而产生大量旋涡。此外，叶轮的叶片对液体的直接剪切作用也会造成强烈的旋涡运动。旋涡迅速向周围扩散，一方面把更多的液体夹带到作宏观流动的液流里，同时还形成部分范围内物料快速而紊乱的对流运动，即湍动。这种因旋涡作用而产生的湍动称为"微观流动"。由微观流动造成局部范围内的对流扩散称为涡流扩散。其作用是促使微观流动中的液体发生破碎现象。

　　（4）搅拌釜式反应器组成和应用

　　搅拌釜式反应器典型结构如图 12-1 所示，由搅拌容器和搅拌机两大部分组成。搅拌容器包括筒体、换热元件及内构件。搅拌机包括搅拌装置及其密封装置和传动装置。

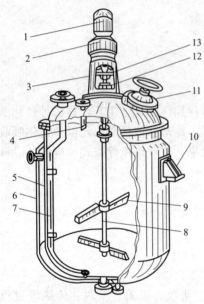

图 12-1　搅拌釜式反应器
1—电动机；2—减速器；3—机座；4—加料管；5—内筒；6—夹套；7—出料管；8—搅拌轴；9—搅拌桨；10—支座；11—人孔；12—轴封装置；13—联轴器

　　搅拌釜式反应器适用于各种物性（如黏度、密度）和各种操作条件（温度、压力）的反应过程，广泛应用于合成塑料、合成纤维、合成橡胶、医药、农药、化肥、染料、涂料、食品、冶金、废水处理等行业。如实验室的搅拌反应器可小至数十毫升，而污水处理、湿法冶金、磷肥等工业大型反应器的容积可达数千立方米。除用作化学反应器和生物反应器外，搅拌反应器还大量用于混合、分散、溶解、结晶、萃取、吸收或解吸、传热等操作。

　　搅拌釜式反应器可用于均相反应，也可用于多相（如液-液、气-液、液-固）反应，可以间歇操作，也可以连续操作。连续操作时，几个釜串联起来，通用性很大，停留时间可以得到有效地控制。机械搅拌反应器灵活性大，根据生产需要，可以生产不同规格、不同品种的产品，生产的时间可长可短。可在常压、加压、真空下生产操作，可控范围大。反应结束后出料容易，反应器的清洗方便，机械设计十分成熟。

　　各行业中所使用的搅拌反应器种类很多，操作压力从真空到高压，以常压与 1.6MPa 以下的较多；搅拌反应器的容积大多为几立方米到几十立方米；搅拌功率从几千瓦到几十千瓦，本章主要介绍常用的中、低压搅拌反应器。

12.2　搅拌釜式反应器机械设计的步骤和内容

　　搅拌釜式反应器的机械设计是在工艺设计完成后进行的。工艺上给出的条件一般包括：釜体容积、最大工作压力、工作温度、介质腐蚀性、传热面积、搅拌形式、转速和功率、工艺接管尺寸、方位等。这些条件通常以表格或示意图的形式反映到机械设计任务书中。机械设计过程就是设计者根据工艺提出的要求和条件，对搅拌釜式反应器的容器、搅拌轴、传动装置和轴封结构进行合理的选型、设计和计算。

　　搅拌釜式反应器的机械设计大体上按以下步骤进行。

① 总体结构设计：根据工艺要求考虑制造、安装和使用维修方便等，确定各部分结构形式和尺寸，如封头、传热面、传动类型、轴封和各种附件的结构形式和连接形式等。

② 材料选择：根据压力、温度、介质等情况经济合理地选择材料。

③ 强度和稳定性的计算：对釜体、封头、夹套、搅拌轴等进行强度计算和必要的稳定性计算校核。

④ 零部件设计和选用：包括电动机、减速器、联轴器、轴封类型以及机架、支座等有关零部件的选用和设计。

⑤ 图样绘制：包括总装图和零部件图，标准零件在装配图上应注明标准号，必要时应注明生产厂家。

⑥ 提出技术要求：提出制造、装配、检验和试车等方面的要求。

⑦ 编写计算说明书：包括设备设计重要问题的论证，受压元件的主要零部件的设计计算，主要零部件设计选用依据说明等。

12.3　搅拌容器的结构设计

搅拌容器的作用是为物料反应提供合适的空间。根据工艺需要，容器上装有各种接管，以满足进料、出料和排气等要求；为对物料加热或取走反应热，常设置外夹套或内盘管；为了减速器和轴封相连接，上封头焊有凸缘法兰；操作过程中为了对反应进行控制，必须测量反应物的温度、压力、成分及其他参数，容器上还设置有温度、压力等传感器。为了便于检修内件及加料和排料，需要装焊人孔、手孔和各种接管；有时为了改变物料的流型、增加搅拌强度、强化传质和传热，还要在罐体的内部焊装挡板和导流筒。支座选用时应考虑容器的大小和安装位置，小型的反应器一般用悬挂式支座，大型的用裙式支座或支承式支座。

釜的内筒和夹套都是承压容器，筒体和封头的强度计算应当考虑可能出现的最危险工况。例如，设计内筒壁厚时，筒体内的压力和夹套内介质压力对它的外压，都应当分别考虑，只有在确实保证任何时候内、外压都同时存在时才允许用压差计算筒体和封头的强度。

12.3.1　釜体

12.3.1.1　反应釜的釜体尺寸

反应釜的釜体由封头和筒体组成，下封头与筒体一般为焊接，上封头与筒体也常用焊接，但在筒体 $D_i < 1500\text{mm}$ 的场合多做成法兰连接。

筒体的直径和高度是釜体设计的基本尺寸。工艺条件通常给出设备容积或操作容积，有时也给出筒体内径，或者筒体高度和筒体内径之比（称为长径比）。工艺设计给定的容积，对直立式搅拌容器通常是指筒体和下封头两部分容积之和，对卧式搅拌容器则指筒体和左右两封头容积之和。

（1）确定长径比时应考虑的因素

① 长径比对搅拌功率的影响　搅拌功率与桨叶直径的五次方成正比，即 $N \propto d_j^5$。桨叶直径 d_j 又由桨叶直径与筒体直径之比 d_j/D_i 确定，所以当容积一定时，长径比 H/D_i 越大，釜体内直径 D_i 越小，则桨叶直径 d_j 越小，所需要的搅拌功率 N 就越小。反之，则会使搅拌功率 N 增大，能量消耗增大。

② 长径比对传热的影响　采用夹套传热时，长径比大，可以使传热表面到釜中心的距离较小。釜内温度梯度小，有利于传热。

③ 反应过程对长径比的要求　对于用于发酵过程的发酵罐，为使通入的空气与发酵液充分接触，需要有足够的液深，因此要求长径比较大。

根据使用经验，搅拌容器中筒体的长径比可按表 12-1 选取。设计时，根据搅拌容器的容积和所选用的筒体长径比，就可确定筒体直径和高度。

表 12-1　几种搅拌设备筒体的长径比

种类	罐内物料类型	长径比	种类	罐内物料类型	长径比
一般搅拌罐	液-固相、液-液相	1～1.3	聚合釜	悬浮液、乳化液	2.08～3.85
	气-液相	1～2	发酵罐类	发酵液	1.7～2.5

（2）确定釜体内直径和高度

釜体内直径 D_i 和高度 H 与釜容积的大小有关，容积的大小又和搅拌反应器的生产能力有关。首先应该根据年产量、釜的操作方式（间歇操作或连续操作）确定每一釜反应物料的容积 V_g，然后可按下列步骤确定釜体内直径 D_i 和高度 H。

① 确定装料系数 η，计算釜的实际容积 V。若操作时盛装物料的容积为 V_g（即公称容积 VN），则釜的容积为

$$V = \frac{V_g}{\eta} \tag{12-1}$$

装料系数 η 值通常可取 0.6～0.85。如果物料在反应过程中产生泡沫或呈沸腾状态，取 0.6～0.7；如果物料在反应中比较平稳，可取 0.8～0.85（物料黏度较大可取大值）。

② 估算筒体内径。为简化计算，先忽略封头容积，认为

$$V \approx \frac{\pi}{4} D_i^2 H = \frac{\pi}{4} D_i^3 \left(\frac{H}{D_i}\right) \tag{12-2}$$

则

$$D_i \approx \sqrt[3]{\frac{4V}{\pi\left(\frac{H}{D_i}\right)}} = \sqrt[3]{\frac{4}{\pi\left(\frac{H}{D_i}\right)} \times \frac{V_g}{\eta}} \tag{12-3}$$

③ 确定公称直径 DN。在公称直径系列中选定一最接近 D_i 的公称直径 DN。

④ 确定筒体高度 H。根据公称直径 DN，查封头容积 V，计算筒体高度。

$$H = \frac{V - v}{\frac{\pi}{4}(DN)^2} = \frac{\frac{V_g}{\eta} - v}{\frac{\pi}{4}(DN)^2} \tag{12-4}$$

式中，V 为釜容积，一般指筒体与下封头容积之和，m^3；v 为封头容积，m^3。

⑤ 验算 H/DN（大致符合即可），确定公称直径 DN 和高度 H。

12.3.1.2　换热元件

有传热要求的搅拌反应器，为维持反应的最佳温度，需要设置换热元件。所需要的传热面积应根据搅拌反应釜升温、保温或冷却过程的传热量和传热速率来计算。要注意搅拌状况下的传热速率与搅拌器的类型、尺寸和转速有关，所以引用传热计算公式时要注意其使用条件。这方面的内容可参考《传热学》等专门书籍。本书只介绍换热元件的结构类型。

常用的换热元件有夹套和蛇管。当夹套的换热面积能满足传热要求时，应优先采用夹套，这样可减少容器内构件，便于清洗，不占用有效容积。当传热量很大，仅用夹套传热面

积不能满足传热要求时，就需要在筒体内部增设蛇管。

（1）夹套换热

最常用的外部传热构件是夹套。它是一个薄壁筒体，多数还带有一个底封头，套在搅拌反应器的筒体和封头的外部，夹套壁与筒体壁构成一个可供传热介质流动的空间。夹套所包围的筒体表面积即为传热面积。夹套的特点是结构简单，制造方便，基本不需要检修。

① 夹套设计要求　夹套筒体及夹套封头以夹套内的最大工作压力按内压容器设计要求计算，真空时按外压进行设计。夹套筒体与封头一般取相同的厚度。当反应器的支承安装在夹套上时，夹套厚度的确定还应考虑容器和所装物料的质量。

带夹套压力容器一般是在内筒压力试验合格后校核内筒在夹套试验压力下的稳定性，再焊夹套，如果满足稳定性要求，进行夹套压力试验。如不能满足外压稳定性要求，则在做夹套的液压试验时，必须同时在内筒保持一定的压力，以确保夹套试压时内筒的稳定性。夹套容器是由内筒和夹套组成的两个（或两个以上）压力室的压力容器，应在图样上分别注明内筒和夹套的试验压力，内筒和夹套的压力差不超过允许压差，图样上应注明这一要求和允许压差值。

② 夹套结构形式　夹套的主要结构形式有整体夹套、型钢夹套、半圆管夹套和蜂窝夹套等，其适用温度和压力范围见表 12-2。夹套内径 D_j 可按表 12-3 中的数据选取。夹套的高度由需要的传热面积决定，一般夹套的上端应当高于筒体内物料的高度，且离开筒体法兰应有 150～200mm 的距离，以便上紧和拆卸筒体法兰的螺栓。夹套上开有供加热或冷却介质进出的接管，加热蒸汽自夹套上部进入，冷凝水由夹套底部排出；如果通冷却水，则自夹套底部进入由夹套上部流出。

表 12-2　各种碳素钢夹套的适用温度和压力范围

夹 套 形 式		最高温度/℃	最高压力/MPa
整体夹套	U 形	350	0.6
	圆筒形	300	1.6
型钢夹套		200	2.5
蜂窝夹套	短管支撑式	200	2.5
	折边锥体式	250	9.0
半圆管夹套		280	6.4

表 12-3　夹套内径 D_j 与筒体内径 D_i 的关系

D_i/mm	500～600	700～1800	2000～3000
D_j/mm	D_i+50	D_i+100	D_i+200

a. 整体夹套　常用的整体夹套形式有圆筒形和 U 形两种。如图 12-2（a）所示的圆筒形夹套仅在圆筒部分有夹套，传热面积较小，适用于换热量要求不大的场合。U 形夹套是圆筒部分和下封头都包有夹套，传热面积大，是最常用的结构，如图 12-2（b）所示。

根据夹套与筒体的连接方式不同，夹套可分为可拆卸式和不可拆卸式。可拆卸式用于夹套内载热介质易结垢、需经常清洗的场合。工程中使用较多的是不可拆卸式夹套。夹套肩与筒体的连接处，做成锥形的称为封口锥，做成

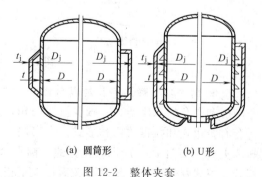

(a) 圆筒形　　　(b) U 形

图 12-2　整体夹套

环形的称为封口环，如图 12-3 所示。当下封头底部有接管时，夹套底与容器封头的连接方式也有封口锥和封口环两种，其结构如图 12-4 所示。

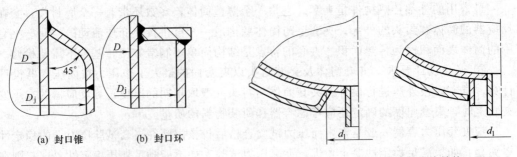

(a) 封口锥	(b) 封口环	

图 12-3　夹套肩与筒体的连接　　　　　　图 12-4　夹套底与封头连接结构

　　载热介质流过夹套时，其流动横截面积为夹套与筒体间的环形面积，流道面积大、流速低、传热性能差。为提高传热效率，常采取以下措施：在筒体上焊接螺旋导流板，以减小流道截面积，增加冷却水流速；进口处安装扰流喷嘴，使冷却水呈湍流状态，提高传热系数；夹套的不同高度处安装切向进口，提高冷却水的流速，增加传热系数。

　　b. 型钢夹套　型钢夹套一般用角钢与筒体焊接组成，如图 12-5 所示，角钢主要有两种布置方式：沿筒体外壁轴向布置和沿容器筒体外壁螺旋布置。型钢的刚度大，不易弯曲成螺旋形。

　　c. 半圆管夹套　半圆管夹套如图 12-6 所示。半圆管在筒体外的布置，既可螺旋形缠绕在筒体上，也可沿筒体轴向平行焊在筒体上或沿筒体圆周方向平行焊接在筒体上，如图 12-7 所示。半圆管或弓形管由带材压制而成，加工方便。当载热介质流量小时宜采用弓形管。半圆管夹套的缺点是焊缝多，焊接工作量大，筒体较薄时易造成焊接变形。

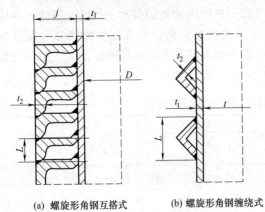

(a) 螺旋形角钢互搭式	(b) 螺旋形角钢缠绕式

图 12-5　型钢夹套结构

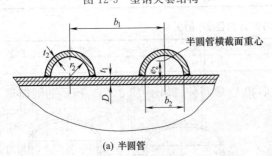

(a) 半圆管	(b) 弓形管

图 12-6　半圆管夹套结构

　　d. 蜂窝夹套　蜂窝夹套是以整体夹套为基础，采取折边或短管等加强措施，提高筒体的刚度和夹套的承压能力，减少流道面积，从而减薄筒体厚度，强化传热效果。常用的蜂窝夹套有折边式和拉撑式两种形式。夹套向内折边与筒体贴合好再进行焊接的结构称为折边式蜂窝夹套，如图 12-8 所示。拉撑式蜂窝夹套是用冲压的小锥体或钢管做拉撑体。图 12-9 为短管支撑式蜂窝夹套，蜂窝孔在筒体上呈正方形或三角形布置。

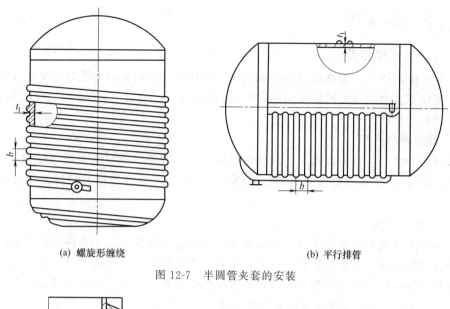

(a) 螺旋形缠绕　　　　　　　　　　(b) 平行排管

图 12-7 半圆管夹套的安装

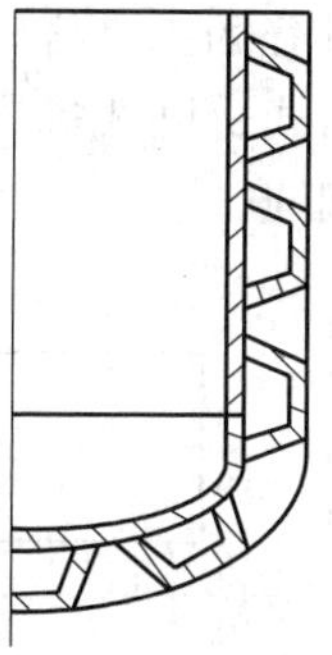

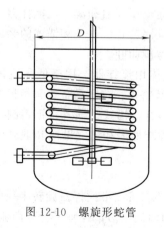

图 12-8 折边式蜂窝夹套

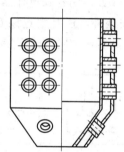

图 12-9 短管支撑式蜂窝夹套

（2）蛇管换热

当反应器的热量仅靠外夹套传热换热面积不够时常采用蛇管，蛇管浸没在物料中，热量损失小，传热效果好，但检修较困难。蛇管可分为螺旋形蛇管和竖式蛇管，其结构分别如图12-10 和图 12-11 所示。对称布置的几组竖式蛇管除传热外，还起到挡板作用，但是会增大所需要的搅拌器运行功率，且蛇管的材质必须耐介质的腐蚀。蛇管如果承受蒸汽压力时应当用无缝钢管。

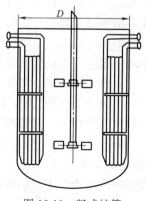

图 12-10 螺旋形蛇管

图 12-11 竖式蛇管

12.3.2 搅拌系统

12.3.2.1 搅拌装置

搅拌装置由搅拌器、搅拌轴及其支承组成。搅拌器的作用概括地说就是加强介质的混合或分散，提供工艺过程所需的能量和适宜的流动状态，以加快反应速度，强化传热和传质，达到搅拌过程的目的。

（1）搅拌器的类型

搅拌器是标准件，首先根据工艺设计选择搅拌器的类型。然后由反应釜的内径 D_i 来确定搅拌器的外径 D_0，确定搅拌器与搅拌轴的连接结构，进行搅拌轴的设计，选择轴的支承结构。

1）搅拌器的设置

当料液较深或物料黏度较大时，可以设置一层或多层搅拌器，相邻两搅拌器的间距一般不小于搅拌器的外径，最下层搅拌器一般在下封头焊缝线高度处或以上处。最上层搅拌器离液面也必须保持一段距离，以防止搅拌时液滴下陷而使桨叶外露。桨式搅拌器最上一层装于液面下 200mm 处。涡轮式搅拌器离液面的高度不小于搅拌器外径的 1.5 倍。

除中心安装外，还有垂直偏心式、底插式、侧插式、斜插式、卧式等安装方式，如图 12-12 所示。显然，不同方式安装的搅拌器产生的流型也各不相同。

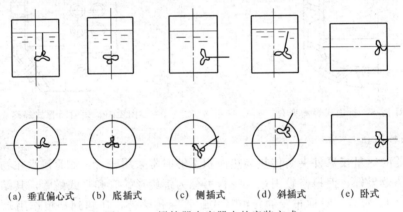

(a) 垂直偏心式   (b) 底插式   (c) 侧插式   (d) 斜插式   (e) 卧式

图 12-12　搅拌器在容器内的安装方式

2）搅拌器分类

按流体流动形态，搅拌器可分为轴向流搅拌器、径向流搅拌器和混合流搅拌器。

按搅拌器结构可分为平叶、折叶、螺旋面叶。桨式、涡轮式、框式和锚式的桨叶都有平叶和折叶两种结构；推进式、螺杆式和螺带式的桨叶为螺旋面叶。

按搅拌的用途可分为：低黏流体用搅拌器和高黏流体用搅拌器。用于低黏流体搅拌器有：推进式、长薄叶螺旋桨、桨式、开启涡轮式、圆盘涡轮式、布鲁马金式、板框桨式、三叶后弯式、MIG 和改进 MIG 等。用于高黏流体的搅拌器有：锚式、框式、锯齿圆盘式、螺旋桨式、螺带式（单螺带、双螺带）、螺旋-螺带式等。搅拌器的径向、轴向和混合流型的图谱如图 12-13 所示。

3）搅拌器的液体流动状态

搅拌器在液体中产生不同的流动状态，基本流向有环向流（沿搅拌器旋转半径的切线方向流动）、径向流（沿搅拌器径向流出、轴向流入）和轴向流（沿搅拌轴平行方向流动）。

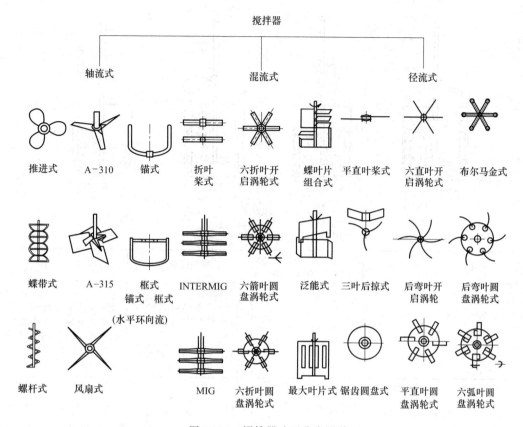

图 12-13 搅拌器叶型分类图谱

① 平桨叶 桨叶面的运动方向与桨叶面垂直，当桨叶在低速旋转时，流体主要为水平环向流动；当桨叶的旋转速度增高时，流体流向的主要部分变为径向流动。

② 斜桨叶 斜桨叶的叶面与其旋转方向成一定的倾斜角，当桨叶在低速旋转时，液体既有水平环向流动，又有轴向分流；当桨叶的旋转速度增高时流体还有较大的径向流。

③ 螺旋面桨叶 螺旋面桨叶是连续的螺旋面或其一部分，桨叶曲面与旋转方向的角度逐渐变化，可以认为是众多斜桨叶的组合。螺旋面桨叶搅拌器的液体流向是以轴向流为主，兼有水平环向流和径向流。

4）常用搅拌器

桨式、推进式、涡轮式和锚式搅拌器在搅拌反应设备中应用最为广泛，据统计约占搅拌器总数的 75%～80%。下面介绍这几种常用的搅拌器。

① 桨式搅拌器（形式、基本参数和尺寸见 HG/T 3796.3—2006） 桨式搅拌器是搅拌器中结构最简单的一种搅拌器，如图 12-14（a）所示，一般叶片用扁钢制成，焊接或用螺栓固定在轮毂上，叶片数是 2、3 或 4 片，叶片形式可分为平直叶式和折叶式两种。主要应用在：液-液系中用于防止分离、使罐的温度均一，固-液系中多用于防止固体沉降。但桨式搅拌器不能用于以保持气体和以细微化为目的的气-液分散操作中。

桨式搅拌器主要用于流体的循环，由于在同样排量下，折叶式比平直叶式的功耗少，工作费用低，故轴流桨叶使用较多。桨式搅拌器也可用于高黏流体的搅拌，促进流体的上下交换，代替价格高的螺带式叶轮，能获得良好的效果。桨式搅拌器的转速一般为 20～100r/min，最高黏度为 20Pa·s。其常用参数见表 12-4。

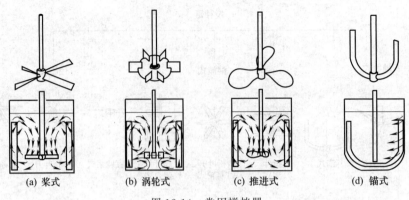

| (a) 桨式 | (b) 涡轮式 | (c) 推进式 | (d) 锚式 |

图 12-14   常用搅拌器

表 12-4   桨式搅拌器常用参数

常用尺寸	常用运转条件	常用介质黏度范围	流动状态	备 注
$d/D=0.35\sim0.8$ $b/d=0.1\sim0.25$ $B_n=2$	$n=1\sim100r/min$ $v=1.0\sim5.0m/s$	小于 2Pa·s	低转速时水平环向流为主；转速高时为径向流；有挡板时为上下循环流	当 $d/D=0.9$ 以上，并设置多层桨叶时，可用于高黏度液体的低速搅拌。在层流区操作，适用的介质黏度可达 100Pa·s，$v=1.0\sim3.0m/s$
折叶式 $\theta=45°，60°$			折叶式有轴向、径向和环向分流作用	

注：n—转速；v—叶端线速度；B_n—叶片数；d—搅拌器直径；D—容器内径；θ—折叶角。

② 涡轮式搅拌器（形式、基本参数和尺寸见 HG/T 3796.5—2006）　涡轮式搅拌器，又称透平式叶轮，是应用较广的一种搅拌器，能有效地完成几乎所有的搅拌操作，并能处理黏度范围很广的流体。如图 12-14（b）所示为一种典型的涡轮式搅拌器结构。涡轮式搅拌器可分为开式和盘式两类。开式有平直叶、斜叶、弯叶等；盘式有圆盘平直叶、圆盘斜叶、圆盘弯叶等。开式涡轮常用的叶片数为 2 叶和 4 叶，盘式涡轮以 6 叶最常见。为改善流动状况，有时把桨叶制成凹形或箭形。涡轮式搅拌器有较大的剪切力，可使流体微团分散得很细，适用于低黏度到中等黏度流体的混合、液-液分散、液-固悬浮以及促进良好的传热、传质和化学反应。平直叶剪切作用较大，属剪切型搅拌器。弯叶是指叶片朝着流动方向弯曲，可降低功率消耗，适用于含有易碎固体颗粒的流体搅拌。其常用参数见表 12-5。

表 12-5   涡轮式搅拌器常用参数

形式	常用尺寸	常用运转条件	常用介质黏度范围	流动状态	备注
开式涡轮	$d/D=0.2\sim0.5$（以 0.33 居多） $b/d=0.2 B_n=3,4,6,8$（以 6 居多） 折叶式 $\theta=30°,45°,60°$ 后弯式 $\beta=30°,50°,60°$ β 为后弯角	$n=10\sim300r/min$ $v=4\sim10m/s$ 折叶式 $v=2\sim6m/s$	小于 50Pa·s， 折叶和后弯叶小于 10Pa·s	平直叶、后弯叶为径向流型。在有挡板时以桨叶为界形成上下两个循环流	最高转速可达 600r/min，圆盘上下液体的混合不如开式涡轮
盘式涡轮	$d:l:b=20:5:4$ $d/D=0.2\sim0.5$（以 0.33 居多） $B_n=4,6,8$ $\theta=45°,60°$ $\beta=45°$	$n=10\sim300r/min$ $v=4\sim10m/s$ 折叶式 $v=2\sim6m/s$	小于 50Pa·s， 折叶和后弯叶小于 10Pa·s	折叶的还有轴向分流，近于轴流型	

③ 推进式搅拌器（形式、基本参数和尺寸见 HG/T 3796.8—2006）　推进式搅拌器，又称船用推进器，常用于低黏流体，如图 12-14（c）所示。标准推进式搅拌器有三瓣叶片，其螺距与桨直径 d 相等。搅拌时，流体由桨叶上方吸入，下方以圆筒状螺旋形排出，流体至容器底再沿壁面返至桨叶上方，形成轴向流动。推进式搅拌器搅拌时流体的湍流程度不高，但循环量大。容器内装挡板、搅拌轴偏心安装或搅拌器倾斜，可防止漩涡形成。推进式搅拌器的直径较小，$d/D=1/4 \sim 1/3$，叶端速度一般为 $7 \sim 10 m/s$，最高达 $15 m/s$。

推进式搅拌器结构简单，制造方便，适用于黏度低、流量大的场合，利用较小的搅拌功率，通过高速转动的桨叶获得较好的搅拌效果，主要用于液-液系混合，使温度均匀，在低浓度固-液系中防止淤泥沉降等。推进式搅拌器的循环性能好，剪切作用不大，属于循环型搅拌器。其常用参数见表 12-6。

表 12-6　推进式搅拌器常用参数

常用尺寸	常用运转条件	常用介质黏度范围	流动状态	备　注
$d/D=0.2 \sim 0.5$（以 0.33 居多）$p/d=1,2$$B_n=2,3,4$（以 3 居多）$p$ 为螺距	$n=100 \sim 500 r/min$$v=3 \sim 15 m/s$	小于 $2 Pa \cdot s$	轴流型，循环速率高，剪切力小。采用挡板或导流筒则轴向循环更强	最高转速可达 1750r/min，最高叶片线速度可达 25m/s。转速在 500r/min 以下，适用介质黏度可达 $50 Pa \cdot s$

④ 锚式搅拌器（形式、基本参数和尺寸见 HG/T 3796.12—2006）　锚式搅拌器结构简单，如图 12-14（d）所示。它适用于黏度在 $10 Pa \cdot s$ 以下的流体搅拌，当流体黏度在 $10 \sim 100 Pa \cdot s$ 时，可在锚式桨中间加一横桨叶，即为框式搅拌器，以增加容器中部的混合。锚式或框式桨叶的混合效果并不理想，只适用于对混合要求不太高的场合。由于锚式搅拌器在容器壁附近流速比其他搅拌器大，能得到大的表面传热系数，故常用于传热、晶析操作。也常用于搅拌高浓度淤浆和沉降性淤浆，当搅拌黏度大于 $100 Pa \cdot s$ 的流体时，应采用螺带式或螺杆式。其常用参数见表 12-7。

表 12-7　锚式搅拌器常用参数

常用尺寸	常用运转条件	常用介质黏度范围	流动状态	备　注
$d/D=0.9 \sim 0.98$$b/D=0.1$$h/D=0.48 \sim 1.0$	$n=1 \sim 100 r/min$$v=1 \sim 5 m/s$	小于 $100 Pa \cdot s$	不同高度上的水平环向流	为了增大搅拌范围，可根据需要在桨叶上增加立叶和横梁

（2）搅拌器的选用

搅拌操作涉及流体的流动、传质和传热，所进行的物理和化学过程对搅拌效果的要求也不同，至今对搅拌器的选用仍带有很大的经验性。搅拌器选型一般从三个方面考虑：搅拌目的、物料黏度和搅拌容器容积的大小。选用时除满足工艺要求外，还应考虑功耗、操作费用，以及制造、维护和检修等因素。常用的搅拌器选用方法如下。

① 按搅拌目的选型　仅考虑搅拌目的时搅拌器的选型见表 12-8。

② 按搅拌器形式和适用条件选型　表 12-9 是以搅拌器形式和适用条件选用搅拌器的。由表可见，对低黏度流体的混合，推进式搅拌器由于循环能力强，动力消耗小，可应用到很大容积的搅拌容器中。涡轮式搅拌器应用的范围较广，各种搅拌操作都适用，但流体黏度不宜超过 $50 Pa \cdot s$。桨式搅拌器结构简单，在小容积的流体混合中应用较广，对大容积的流体混合，则循环能力不足。对于高黏流体的混合则以锚式、螺杆式、螺带式更为合适。

表 12-8　搅拌目的与推荐的搅拌器形式

搅拌目的	挡板条件	推荐形式	流动状态
互溶液体的混合及在其中进行化学反应	无挡板	三叶折叶涡轮、六叶折叶开启涡轮、桨式、圆盘涡轮	湍流（低黏流体）
	有导流筒	三叶折叶涡轮、六叶折叶开启涡轮、推进式	
	有或无导流筒	桨式、螺杆式、框式、螺带式、锚式	层流（高黏流体）
固-液相分散及在其中溶解和进行化学反应	有或无挡板	桨式、六叶折叶开启式涡轮	湍流（低黏流体）
	有导流筒	三叶折叶涡轮、六叶折叶开启涡轮、推进式	
	有或无导流筒	螺带式、螺杆式、锚式	层流（高黏流体）
液-液相分散（互溶的液体）及在其中强化传质和进行化学反应	有挡板	三叶折叶涡轮、六叶折叶开启涡轮、桨式、圆盘涡轮式、推进式	湍流（低黏流体）
液-液相分散（不互溶的液体）及在其中强化传质和进行化学反应	有挡板	圆盘涡轮、六叶折叶开启涡轮	湍流（低黏流体）
	有反射物	三叶折叶涡轮	
	有导流筒	三叶折叶涡轮、六叶折叶开启涡轮、推进式	
	有或无导流体	螺带式、螺杆式、锚式	层流（高黏流体）
气-液相分散及在其中强化传质和进行化学反应	有挡板	圆盘涡轮、闭式涡轮	湍流（低黏流体）
	有反射物	三叶折叶涡轮	
	有导流筒	三叶折叶涡轮、六叶折叶开启涡轮、推进式	
	有导流筒	螺杆式	层流（高黏流体）
	无导流筒	锚式、螺带式	

表 12-9　搅拌器形式和适用条件

搅拌器形式	流动状态			搅拌目的									搅拌容器容积 /m³	转速范围 /(r/min)	最高黏度 /Pa·s
	对流循环	湍流扩散	剪切流	低黏度混合	高黏度液混合传热反应	分散	溶解	固体悬浮	气体吸收	结晶	传热	液相反应			
涡轮式	●	●	●	●	●	●	●	●	●	●	●	●	1～100	10～300	50
桨式	●	●	●	●	●						●	●	1～200	10～300	50
推进式	●	●		●		●	●	●	●		●	●	1～1000	10～500	2
折叶开启涡轮式	●	●	●			●	●				●	●	1～1000	10～300	50
布鲁马金式	●	●	●		●		●				●	●	1～100	10～300	50
锚式	●				●						●		1～100	1～100	100
螺杆式	●				●		●						1～50	0.5～50	100
螺带式	●				●		●						1～50	0.5～50	100

注：有●者为可用，空白者不详或不适用。

（3）搅拌功率计算

搅拌功率是指搅拌器以一定转速进行搅拌时，对液体做功并使之发生流动所需的功率。计算搅拌功率的目的：一是用于设计或校核搅拌器和搅拌轴的强度和刚度；二是用于选择电动机和减速器等传动装置。

影响搅拌功率的因素很多，主要有以下四个方面。

① 搅拌器的几何尺寸与转速：搅拌器直径、桨叶宽度、桨叶倾斜角、转速、单个搅拌器叶片数、搅拌器距离容器底部的距离等。

② 搅拌容器的结构：容器内径、液面高度、挡板数、挡板宽度、导流筒的尺寸等。

③ 搅拌介质的特性：液体的密度、黏度。

④ 重力加速度。

上述影响因素可用下式关联

$$N_P = \frac{P}{\rho n^3 d^5} = K(Re)^r (F_r)^q f\left(\frac{d}{D}, \frac{B}{D}, \frac{h}{D}, \cdots\right) \tag{12-5}$$

式中，B 为桨叶宽度，m；d 为搅拌器直径，m；D 为搅拌容器内直径，m；F_r 为弗劳德数，$F_r = n^2 d/g$；h 为液面高度，m；K 为系数；n 为转速，s^{-1}；N_P 为功率准数；P 为搅拌功率，W；r，q 为指数；Re 为雷诺数，$Re = \frac{d^2 n \rho}{\mu}$；$\rho$ 为密度，kg/m^3；μ 为黏度，Pa·s。

一般情况下弗劳德数 F_r 的影响较小。容器内直径 D、挡板宽度 b 等几何参数可归结到系数 K。由式（12-5）得搅拌功率 P 为

$$P = N_P \rho n^3 d^5 \tag{12-6}$$

式中，ρ、n、d 为已知数，故计算搅拌功率的关键是求得功率准数 N_P。在特定的搅拌装置上，可以测得功率准数 N_P 与雷诺数 Re 的关系。将此关系绘于双对数坐标图上即得功率曲线。如图 12-15 所示为六种搅拌器的功率曲线。由图可知，功率准数随雷诺数 Re 变化。在低雷诺数（$Re \leqslant 10$）的层流区内，流体不会打漩，重力影响可忽略，功率曲线为斜率为 1 的直线；当 $10 < Re \leqslant 10000$ 时为过渡流区，功率曲线为一下凹曲线；当 $Re > 10000$ 时，流动进入充分湍流区，功率曲线呈一水平直线，即 N_P 与 Re 无关，保持不变。用式（12-6）计算搅拌功率时，功率准数 N_P 可直接从图 12-15 查得。

需要指出图 12-15 所示的功率曲线只适用于图示六种搅拌器的几何比例关系，如果比例关系不同，功率准数 N_P 也不同。

上述功率曲线是在单一液体下测得的。对于非均相的液-液或液-固系统，用上述功率曲线计算时，需用混合物的平均密度 $\bar{\rho}$ 和修正黏度 $\bar{\mu}$ 代替式（12-6）中的 ρ、μ。

计算气-液两相系统搅拌功率时，搅拌功率与通气量的大小有关。通气时，气泡的存在降低了搅拌液体的有效密度，与不通气相比，搅拌功率要低得多。

（4）搅拌轴

机械搅拌反应器的振动、轴封性能等直接与搅拌轴的设计相关。对于大型或高径比大的机械搅拌反应器，尤其要重视搅拌轴的设计。

轴是传递运动和动力的重要零件，工作时既受弯曲又承受扭矩的轴是转轴；只传递扭矩的轴是传动轴；只受弯曲不受扭转作用的轴为芯轴。

设计搅拌轴时，应考虑四个因素：扭转变形、临界转速、扭矩和弯矩联合作用下的强度、轴封处允许的径向位移。考虑上述因素计算所得的轴径是指危险截面处的直径。确定轴的实际直径时，通常还需考虑腐蚀裕量，最后把直径圆整为标准轴径。

1）搅拌轴的力学模型

对搅拌轴设定：刚性联轴器连接的可拆轴视为整体轴；搅拌器及轴上的其他零件（附件）的重力、惯性力、流体作用力均作用在零件轴套的中部；轴受扭矩作用外，还考虑搅拌器上流体的径向力以及搅拌轴和搅拌器（包括附件）在组合重心处质量偏心引起的离心力的作用。因此将悬臂轴和单跨轴的受力简化为图 12-16（悬臂式）和图 12-17（单跨式）所示

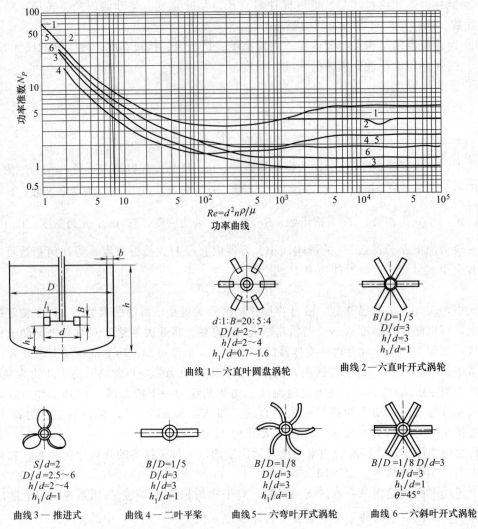

$$Re=d^2n\rho/\mu$$

功率曲线

d:1:B=20:5:4
D/d=2~7
h/d=2~4
h_1/d=0.7~1.6

曲线 1—六直叶圆盘涡轮

B/D=1/5
D/d=3
h/d=3
h_1/d=1

曲线 2—六直叶开式涡轮

S/d=2
D/d=2.5~6
h/d=2~4
h_1/d=1

曲线 3—推进式

B/D=1/5
D/d=3
h/d=3
h_1/d=1

曲线 4—二叶平桨

B/D=1/8
D/d=3
h/d=3
h_1/d=1

曲线 5—六弯叶开式涡轮

B/D=1/8 D/d=3
h/d=3
h_1/d=1
θ=45°

曲线 6—六斜叶开式涡轮

图 12-15　六种搅拌器的功率曲线（全挡板条件）

的模型。图中 a 指悬臂轴两支点间距离；D_j 指搅拌器直径；F_e 指搅拌轴及各层圆盘组合重心处质量偏心剖起的离心力；F_h 指搅拌器上流体径向力；L_e 指搅拌轴及各层圆盘组合重心离轴承（对悬臂轴为搅拌侧轴承，对单跨轴为传动侧轴承）的距离。

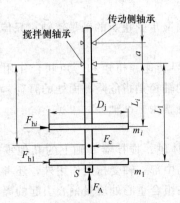

图 12-16　悬臂轴受力模型

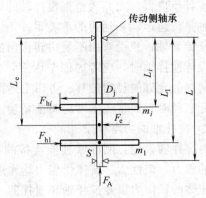

图 12-17　单跨轴受力模型

　　2）搅拌轴的轴径计算

　　① 按扭转变形计算搅拌轴的轴径（刚度问题）　搅拌轴受扭矩和弯矩的联合作用，扭转变形过大会造成轴的振动，使轴封失效，因此应将轴单位长度最大扭转角 γ 限制在允许范围内。轴扭矩的刚度条件为

$$\gamma = \frac{583.6 M_{\text{nmax}}}{G d^4 (1 - \alpha^4)} \leqslant [\gamma] \tag{12-7}$$

$$M_{\text{nmax}} = 9553 \frac{P_{\text{n}}}{n} \eta$$

　　式中，d 为搅拌轴直径，m；G 为轴材料剪切弹性模量，Pa；M_{nmax} 为轴传递的最大扭矩，N·m；n 为搅拌轴转速，r/min；P_{n} 为电动机功率，kW；α 为空心轴内径和外径的比值；η 为传动装置效率；$[\gamma]$ 为许用扭转角，对于悬臂梁 $[\gamma] = 0.35°/\text{m}$，对于单跨梁 $[\gamma] = 0.7°/\text{m}$；对于精密稳定的传动中 $[\gamma]$ 取 $\frac{1}{4}° \sim \frac{1}{2}°/\text{m}$；在一般传动和搅拌轴的计算中可取 $\frac{1}{2}° \sim 1°/\text{m}$；对精度要求低的传动中可取 $[\gamma] > 1°/\text{m}$。

　　故搅拌轴的直径为
$$d = 4.92 \left[\frac{M_{\text{nmax}}}{[\gamma] G (1 - \alpha^4)} \right]^{\frac{1}{4}} \tag{12-8}$$

　　② 按强度计算搅拌轴的直径（强度问题）　对于搅拌轴承受扭转和弯曲联合作用，其中以扭转作用为主，工程应用中常用近似方法进行强度计算，即假定轴只承受扭矩的作用，然后用增加安全系数以降低材料的许用应力来弥补由于忽略受弯曲作用所引起的误差。

　　搅拌轴的强度条件是
$$\tau_{\text{max}} = \frac{M_{\text{te}}}{W_{\text{p}}} \leqslant [\tau] \tag{12-9}$$

$$M = M_{\text{R}} + M_{\text{A}}$$

$$M_{\text{te}} = \sqrt{M_{\text{n}}^2 + M^2}$$

　　对空心圆轴：
$$W_{\text{p}} = \frac{\pi d^3}{16} (1 - \alpha^4)$$

　　式中，M 为弯矩；M_{A} 为由轴向力引起的轴的弯矩，N·m；M_{R} 为水平推力引起的轴的弯矩，N·m；M_{n} 为扭矩，N·m；M_{te} 为轴上扭转和弯矩联合作用时的当量扭矩，N·m；W_{p} 为抗扭截面模量，m^3；$[\tau]$ 为轴材料的许用切应力，$[\tau] = \sigma_{\text{b}}/16$，在静载荷作用下 $[\tau] = (0.5 \sim 0.6)[\sigma]$，Pa；$\tau_{\text{max}}$ 为截面上最大切应力，Pa；σ_{b} 为轴材料的抗拉强度，Pa。

　　则搅拌轴的直径

$$d = 1.72 \left[\frac{M_{\text{te}}}{[\tau] (1 - \alpha^4)} \right]^{\frac{1}{3}} \tag{12-10}$$

　　由强度和刚度条件计算出轴径后，在确定轴的结构尺寸时，还必须考虑到轴上开键槽或孔等会引起横截面局部削弱。因此轴的直径应按计算直径给予适当增大。

　　③ 按临界转速校核搅拌轴的直径　当搅拌轴的转速达到轴自振频率时会发生强烈振动，并出现很大弯曲，这个转速称为临界转速，记作 n_{c}，见表 12-10。在靠近临界转速运转时，轴常因强烈振动而损坏，或破坏轴封而停产。因此工程上要求搅拌轴的工作转速避开临界转速，工作转速低于第一临界转速的轴称为刚性轴，要求 $n \leqslant 0.7 n_{\text{c}}$；工作转速大于第一临界转速的轴称为柔性轴，要求 $n \geqslant 1.3 n_{\text{c}}$。一般搅拌轴的工作转速较低，大都为低于第一临界转速下工作的刚性轴。

表 12-10　搅拌轴临界转速的选取

搅拌介质	刚 性 轴		柔 性 轴
	搅拌器(叶片式搅拌器除外)	叶片式搅拌器	高速搅拌器
气体		$n/n_c \leqslant 0.7$	不推荐
液体-液体 液体-固体	$n/n_c \leqslant 0.7$	$n/n_c \leqslant 0.7$ 和 $n/n_c \neq (0.45 \sim 0.55)$	$n/n_c = 1.3 \sim 1.6$
液体-气体	$n/n_c \leqslant 0.6$	$n/n_c \leqslant 0.4$	不推荐

注：叶片式搅拌器包括桨式、开启涡轮式、圆盘涡轮式、三叶后掠式、推进式，不包括锚式、框式、螺带式。

对于小型的搅拌设备，由于轴径细、长度短、轴的质量小，往往把轴理想化为无质量的带有圆盘的转子系统来计算轴的临界转速。随着搅拌设备的大型化，搅拌轴直径变粗，如忽略搅拌轴的质量将引起较大的误差。此时一般采用等效质量的方法，把轴本身的分布质量和轴上各个搅拌器的质量按等效原理，分别转化到一个特定点上（如对悬臂轴为轴末端 S），然后累加组成一个集中的等效质量。这样把原来复杂多自由度转轴系统简化为无质量轴上只有一个集中等效质量的单自由度问题。临界转速与支承方式、支承点距离及轴径有关，不同形式支承轴的临界转速的计算方法不同。

按上述方法，具有 z 个搅拌器的等直径悬臂轴可简化为如图 12-16 所示的模型，其一阶临界转速 n_c 为

$$n_c = \frac{30}{\pi} \sqrt{\frac{3EI(1-\alpha^4)}{L_1^2(L_1+a)m_S}} \tag{12-11}$$

式中，α 为悬臂轴两支点间距离，m；E 为轴材料的弹性模量，Pa；I 为轴的惯性矩，m^4；L_1 为第 1 个搅拌器悬臂长度，m；n_c 为临界转速，r/min；m_S 为轴及搅拌器有效质量在 S 点的等效质量之和，kg。

等效质量 m_S 的计算公式

$$m_S = m + \sum_{i=1}^{z} m_i$$

式中，m 为悬臂轴 L_1 段自身质量及附带液体质量在轴末端 S 点的等效质量，kg；m_i 为第 i 个搅拌器自身质量及附带液体质量在轴末端 S 点的等效质量，kg；z 为搅拌器的数量。

12.3.2.2　搅拌附件

搅拌附件是指为了改善搅拌容器内液体的流动状态而增设的构件。搅拌设备的附件很多，有挡板、导流筒、稳定器以及插入容器内的进出料管、温度计、气体分布器等，这里主要介绍对搅拌效果影响较大的前两种附件。

（1）挡板

搅拌器沿容器中心线安装，搅拌物料的黏度不大、搅拌转速较高时，液体将随着桨叶旋转方向一起运动，容器中间部分的液体在离心力作用下涌向内壁面并上升，中心部分液面下降，形成旋涡。随着转速的增加，旋涡中心下凹到与桨叶接触，此时外面的空气进入桨叶被吸到液体中，液体混入气体后密度减小，从而降低混合效果。为消除这种现象，通常可在容器中加入挡板。一般在容器内壁面均匀安装 4 块挡板，其宽度为容器直径的 $1/12 \sim 1/10$。当再增加挡板数和挡板宽度，功率消耗不再增加时，称为全挡板条件。全挡板条件与挡板数量和宽度有关。挡板的安装如图 12-18 所示。搅拌容器中的传热蛇管可部分或全部代替挡板，装有垂直换热管时一般可不再安装挡板。

反应釜内安装挡板后，可使流体的切向流动转变为轴向与径向流动，同时增大流体的流动程度，从而改善搅拌效果。

（2）导流筒

在搅拌容器内，流体可沿各个方向流向搅拌器，流体的行程长短不一，在需要控制回流的速度和方向时可使用导流筒。导流筒的作用是使从搅拌器排出的液体在导流筒内部和外部形成上下循环的流动，以增加流体湍动程度，减少短路机会，增加循环流量和控制流型。

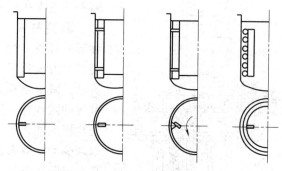

图 12-18　搅拌容器内的挡板布置

导流筒是上下开口的圆筒，安装于容器内，在搅拌混合中起导流作用，既可提高容器内流体的搅拌强度，加强搅拌器对流体的直接剪切作用，又造成一定的循环流，使容器内流体均可通过导流筒内强烈混合区，提高混合效率。安装导流筒后，限定了循环路径，减少了流体短路的机会。导流筒主要用于推进式、螺杆式以及涡轮式搅拌器的导流。

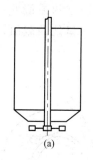 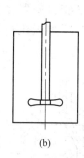 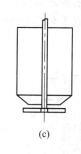

　　(a)　　　　　　(b)　　　　　　(c)

图 12-19　导流筒

图 12-19 所示为导流筒的结构及安装示意，搅拌器排出的液体在导流筒内部和外部形成上下循环流动，获得高速涡流，增加了循环流量并能控制流型。被搅拌液体的流向一般是在导流筒内向下，在导流筒外向上。对涡轮式搅拌器或桨式搅拌器，导流筒刚好置于桨叶的上方。对推进式搅拌器，导流筒套在桨叶外面，或略高于桨叶，如图 12-19（a）、（b）所示。通常导流筒的上端都低于静液面，且筒身上开孔或槽，当液面降落后流体仍可从孔或槽进入导流筒。导流筒将搅拌容器截面分成面积相等的两部分，即导流筒的直径约为容器直径的 70%。当搅拌器置于导流筒之下，且容器直径又较大时，导流筒的下端直径应缩小，使下部开口小于搅拌器的直径，如图 12-19（c）所示。

12.3.3　辅助系统

（1）顶盖结构

顶盖即上封头，为了装拆搅拌器等的需要，搅拌反应器的顶盖常做成可拆式的，即通过法兰将顶盖同釜体相连。由于釜体多采用夹套结构，所以大部分接管口开在顶盖上。此外，电动机及减速装置大部支承在顶盖上，所以顶盖必须有足够的强度和刚度。顶盖的形状有平板形、椭圆形、蝶形等。通常情况下反应釜的上下封头均选用椭圆形封头。当传动装置的重量不大时可以由顶盖支承，如图 12-20 所示。设计时，一般先计算出顶盖承受操作压力所需要的最小壁厚，然后根据其上密集的开孔情况按整体补强的方法计算其壁厚，再加上厚度附加量，经圆整即为顶盖的名义厚度。一般搅拌器重量和工作载荷对顶盖稳定性影响不大，不必将封头另行加强。如果搅拌器的工作状况对顶盖影响较大时，需要适当增加顶盖的壁厚。

（2）工艺接管

反应器的工艺接管包括物料进出口管，观察搅拌器反应情况的视镜，为方便检修或安装

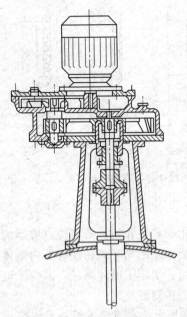

图 12-20　反应釜顶盖

下口可截成 45°～60°的角。

而开设的人孔、温度、压力控制等的接口。

① 进料管　进料管一般从顶盖引入。进料管常见的三种形式如图 12-21 所示。接管伸进设备内并制成 45°斜口，切口向着搅拌反应器中央，这样可以避免物料沿釜体内壁流动，减少物料对壁面的磨损和腐蚀。图 12-21（b）所示为可拆卸式连接，适用于易腐蚀、易磨损堵塞的物料，使清洗检修方便。图 12-21（c）所示结构的进料管插入料液中，以减少冲击液面而产生泡沫，管上部液面以上部分开 $\phi5$ 小孔，以防止物料虹吸。

② 压料管　反应釜内液体物料需要输送到位置更高或者与之并列的另一设备中去，或者要求密闭输送时，可采用压料管，如图 12-22 所示。它是利用压缩空气或惰性气体的压力，将反应釜中的液体物料压出。压料管用螺栓与管法兰固定在套管口上，在釜内由管卡固定或挡板固定，以减小搅拌物料时所引起的晃动。压料管下部应与下封头内壁贴合，使它装入设备后，下管口安置在反应釜的最低处，釜内物料能近乎全部压出。为了加大压料管入口处的截面，

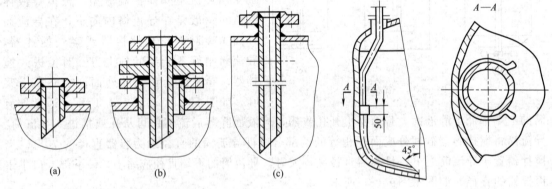

(a)　　　　　(b)　　　　　(c)

图 12-21　进料管常见的三种形式　　　　　图 12-22　压料管

釜内物料流放至低处时，以及对于黏稠物料或含有固体颗粒的物料，可在反应釜底部装设出料管，如图 12-23 所示。

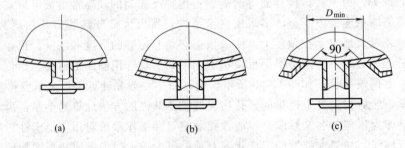

(a)　　　　　(b)　　　　　(c)

图 12-23　出料管结构

对于不带夹套的反应釜，底部出料管口与容器的一般接管相同，如图 12-23（a）所示。

图 12-23（b）所示的结构仅适用于釜的壁温与夹套壁温大致相等，此时可把出料管口直接焊在反应釜与夹套上。图 12-23（c）所示的结构比较复杂，优点是可以检查和修理接管与釜底间的焊缝。

③ 仪表接管　仪表接管与釜体的安装都用插入式，处于常低压条件下采用单面或双面角焊接，否则采用外坡口的单面或双面焊。温度计一般应插入液层中。由于液体受到搅拌而产生对温度计的冲击力，为了保护温度计不致被破坏，可将温度计放入金属套管中。但要求金属套管有足够的强度和良好的传热性能。

④ 视镜、人孔、手孔及开孔补强　为了观察釜内反应情况，常在釜顶盖上设置两个视镜，一个供观察用，另一个供照明用。因为釜内有搅拌轴，两个视镜不安装在对角线上。当视镜不能直接焊于设备上或容器外部有保温层时应采用带颈视镜。当反应温度较高，视镜内外温差较大时，容易在视镜的内面上结露而妨碍观察，此时可安装双层镜片的保温视镜。有时为了防止器内的液体泡沫贴在镜片上妨碍观察，在工艺条件允许的情况下，视镜处可设置镜片冲洗管。

釜体直径大于 900mm 时可以开设人孔，若直径较小则应该开设手孔。釜顶上开孔很多，有的直径较大，它们的开设位置应合理地布置在以封头回转轴为中心的 $0.8D_i$ 范围内，以避开封头上的应力集中区，较大的开孔对顶盖强度的削弱较大，应该进行开孔补强验算。

（3）支座

反应釜大多为直立容器，支座可以采用耳式支座。设计时可按标准《耳式支座》（NB/T 47065.3—2018）进行。夹套外带有保温层时应该采用 B 型（长脚）支座。支座型号按反应釜的总质量选择，其总质量还应该包括釜内（夹套内）料液质量及保温层质量。每台釜常用 4 个支座，但是考虑到安装误差造成的受力情况变坏，作承重计算时，应该按 3 个支座计算。

（4）安全装置

搅拌釜式反应器内往往发生物理、化学反应等过程，如果反应器工作过程可能产生超压时，则必须设置安全装置。安全装置一般采用安全阀，当釜内工作介质黏度高、腐蚀性强，安全阀难以可靠工作时，则应该选用防爆膜，或采用防爆膜与安全阀共用的重叠式结构。常用的安全阀与防爆膜结构如图 12-24、图 12-25 所示。

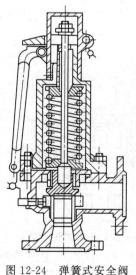

图 12-24　弹簧式安全阀

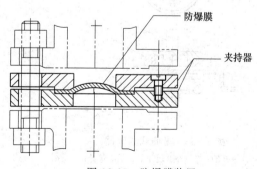

图 12-25　防爆膜装置

安全阀与防爆膜的排放口必须装设放空导管，将易燃、有毒的介质排空或引送安全地点。遵循国家人力资源和社会保障部颁布的 TSG R0004—2016《固定式压力容器安全技术监察规程》和 GB/T 150—2011《压力容器》要求。

（5）密封装置

用于机械搅拌反应器的轴封主要有两种：填料密封和机械密封。轴封的目的是避免介质通过转轴从搅拌容器内泄漏或外部杂质渗入搅拌容器内。

① 填料密封　填料密封结构简单，制造容易，适用于非腐蚀性和弱腐蚀性介质，密封要求不高并允许定期维护的搅拌设备。

当旋转轴线速度大于 1m/s 时，摩擦热大，填料寿命会降低，轴也易烧坏。此时应提高轴表面硬度和加工精度，以及填料的自润滑性能，如在轴表面堆焊硬质合金或喷涂陶瓷或采用水夹套等。轴表面的粗糙度应控制在 $Ra = 0.8 \sim 0.2 \mu m$。

② 机械密封　机械密封是把转轴的密封面从轴向改为径向，通过动环和静环两个端面的相互贴合，并作相对运动达到密封的装置，又称端面密封。机械密封的泄漏率低，密封性能可靠，功耗小，使用寿命长，在搅拌反应器中得到广泛的应用。

当介质为易燃、易爆、有毒物料时，宜选用机械密封。设计压力小于 0.6MPa 且密封要求一般的场合，可选用单端面非平衡型机械密封。设计压力大于 0.6MPa 时，常选用平衡型机械密封。密封要求较高，搅拌轴承受较大径向力时，应选用带内置轴承的机械密封，但机械密封的内置轴承不能作为轴的支点。当介质温度高于 80℃，搅拌轴的线速度超过 1.5m/s 时，机械密封应配置循环保护系统。

③ 全封闭密封　介质为剧毒、易燃、易爆、昂贵的物料、高纯度物质以及在高真空下操作，密封要求很高采用填料密封和机械密封均无法满足时，用全封闭的磁力搅拌最为合适。

全封闭密封的工作原理：套装在输入机械能转子上的外磁转子和套装在搅拌轴上的内磁转子，用隔离套使内外转子隔离，靠内外磁场进行传动，隔离套起到全封闭密封作用。套在内外轴上的涡磁转子称为磁力联轴器。

磁力联轴器有两种结构：平面式联轴器和套筒式联轴器。平面式联轴器如图 12-26 所示，由装在搅拌轴上的内磁转子和装在电动机轴上的外磁转子组成。最常用的套筒式联轴器如图 12-27 所示，它由内磁转子、外磁转子、隔离套、轴、轴承等组成，外磁转子与电动机轴相连，安装在隔离套和内磁转子上。

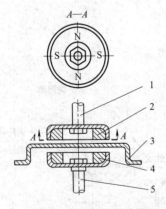

图 12-26　平面式联轴器

1—外轴；2—外磁转子；3—隔离套；
4—内磁转子；5—内轴

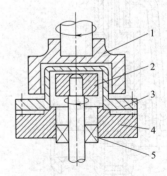

图 12-27　套筒式联轴器

1—外磁转子；2—内磁转子；3—隔离套；
4—反应器筒体；5—轴承

　　隔离套为一薄壁圆筒，将内磁转子和外磁转子隔开，对搅拌容器内介质起全封闭作用。内、外磁转子传递的力矩与内、外磁转子的间隙有关，而间隙的大小取决于隔离套厚度。如厚度薄了，由于隔离套强度、刚度的限制，使用压力低。一般隔离套由非磁性金属材料组成。隔离套在高速下切割磁力线将造成较大的涡流和磁滞等损耗，因此必须考虑用电阻率高、抗拉强度大的材料制造。目前，较多采用合金钢或钛合金等。内、外磁转子是磁力传动的关键，一般采用永久磁钢。永久磁钢有陶瓷型、金属型和稀土钴。陶瓷型铁氧磁钢长期使用不易退磁，但传递力矩小。金属型铝镍钴磁钢磁性能低，易退磁。稀土钴磁钢稳定性高，磁性能为铝镍钴的三倍以上，如将两个同性磁极压在一起也不易退磁，是较理想的磁体材料。

　　全封闭型密封的磁力传动的优点：无接触和摩擦，功耗小，效率高；超载时内、外磁转子相对滑脱，可保护电机过载；可承受较高压力，且维护工作量小。其缺点：筒体内轴承与介质直接接触影响了轴承的寿命；隔离套的厚度影响传递力矩，且转速高时造成较大的涡流和磁滞等损耗；温度较高时会造成磁性材料严重退磁而失效，使用温度受到限制。

　　新近研制的一种称为气体润滑机械密封已开始应用在搅拌设备上。气体润滑机械密封的基本原理是：在动环或静环的密封面上开有螺旋形的槽及孔，当旋转时利用缓冲气，在密封面之间引入气体，使动环和静环之间产生气体动压及静压，此时密封面不接触，保持微米级距离，起到密封作用。这种密封技术由于密封面不接触，使用寿命较长，适合于反应设备内无菌、无油的工艺要求，特别适用于高温、有毒气体等特殊要求的场合。

　　气体润滑机械密封与常规机械密封相比，使用寿命长，可达 4 年以上，不需要润滑油系统及冷却系统，维护方便，避免了产品的污染。与全封闭密封相比，运行费用少，传递功率不受限制，投资成本低，维护方便。

（6）传动装置

　　搅拌反应釜的传动装置包括电动机、减速器、搅拌轴和联轴器及机架，通常设置在反应釜的顶盖（上封头）上，一般采取立式布置，如图 12-28 所示。电动机经减速器将转速减至工艺要求的搅拌转速，再通过联轴器带动搅拌轴旋转，从而带动搅拌器转动。电动机与减速器配套使用。减速器下设置一机座，安装在反应釜的封头上。考虑到传动装置与轴封装置安装时要求保持一定的同轴度以及装卸检修的方便，常在封头上焊一底座。整个传动装置连同机座及轴封装置都一起安装在底座上。

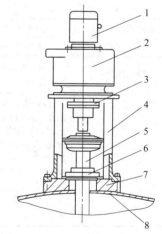

图 12-28　传动装置
1—电动机；2—减速器；3—联轴器；4—支架；5—搅拌轴；6—轴封装置；7—凸缘；8—上封头

　　搅拌反应釜传动装置的设计内容主要包括电动机、减速器和联轴器的选用。

　　搅拌反应釜用的电动机绝大部分与减速器配套使用，只有在搅拌转速很高时，才不经减速器而直接驱动搅拌轴。一般电动机与减速器配套供应，设计时可根据选定的减速器选用配套的电动机。选用电动机主要是确定电动机系列、功率、转速以及安装形式和防爆要求等。搅拌反应釜常用的电动机系列有 Y 系列三相异步电动机、YE 系列隔爆型三相异步电动机、YF 系列防腐型三相异步电动机、YXJ 系列摆线针轮减速异步电动机等。电动机的功率主要根据搅拌所需的功率及传动装置的传动效率等而定。

　　常用减速器的类型有齿轮减速器、蜗轮减速器、V 带减速器、摆线针齿行星减速器、谐波减速器等。选用减速器时应考虑其使用特性，如减速比范围、输出轴转速范围、功率范围以及效率等参数。选用标准减速器时与其相配的电动机、联轴器、机座等均为标准型号，配套供应。

联轴器是连接轴与轴并传递运动和扭矩的零件。在搅拌传动装置中采用的有：凸缘联轴器、夹壳联轴器和块式弹性联轴器。

① 电动机的选型　由搅拌功率计算电动机的功率 P_e

$$P_e = \frac{P + P_s}{\eta} \tag{12-12}$$

式中，P_s 为轴封消耗功率，kW；η 为传动系统的机械效率。

电动机的型号应根据功率、工作环境等因素选择。工作环境包括防爆、防护等级、腐蚀环境等。

② 减速器选型　搅拌反应器往往在载荷变化、有振动的环境下连续工作，选择减速器的形式时应考虑这些特点。常用的减速器有摆线针轮行星减速器、齿轮减速器、V 带减速器以及圆柱蜗杆减速器，其传动特点见表 12-11。一般根据功率、转速来选择减速器。选用时应优先考虑传动效率高的齿轮减速器和摆线针轮行星减速器。

表 12-11　四种常用减速器的传动特点

特性参数	减速器类型			
	摆线针轮行星减速器	齿轮减速器	V 带减速器	圆柱蜗杆减速器
传动比 i	87～9	12～6	9.53～2.96	80～15
输出轴转速 /(r/min)	17～160	65～250	200～500	12～100
输入功率/kW	0.04～55	0.55～315	0.55～200	0.55～55
传动效率	0.9～0.95	0.95～0.96	0.95～0.96	0.80～0.93
传动原理	利用少齿差内啮合行星传动	两级同中距并流式斜齿轮传动	单级 V 带传动	圆弧齿圆柱蜗杆传动
主要特点	传动效率高，传动比大，结构紧凑，拆装方便，寿命长，重量轻，体积小，承载能力高，工作平衡。对过载和冲击载荷有较强的承受能力，允许正反转，可用于防爆要求	在相同传动比范围内具有体积小、传动效率高、制造成本低、结构简单、装配检修方便、可以正反转、不允许承受外加轴向载荷等特点，可用于防爆要求	结构简单，过载时能打滑，可起安全保护作用，但传动比不能保持精确，不能用于防爆要求	凹凸圆弧齿廓啮合，磨损小，发热低，效率高，承载能力高，体积小，重量轻，结构紧凑，广泛用于搪玻璃反应罐，可用于防爆要求

（7）机架

机架一般有无支点机架、单支点机架（图 12-29）和双支点机架（图 12-30）三种。无支点机架一般仅适用于传递小功率和小的轴向载荷的条件。单支点机架适用于电动机或减速器可作为一个支点，或容器内可设置中间轴承和底轴承的情况。双支点机架适用于悬臂轴。机架的选用原则如下。

具备下列条件之一者，可选用单支点机架：

① 以减速器输出轴侧的轴承作为一个支点者；

② 设置底轴承，作为一个支点者；

③ 在搅拌容器内设置中间轴承，并能作为一个支点者。

不具备上述条件时，应选用双支点机架。

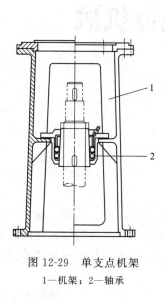

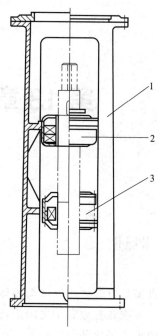

图 12-29　单支点机架

1—机架；2—轴承

图 12-30　双支点机架

1—机架；2—上轴承；3—下轴承

习题与简解

扫描二维码获取

第13章 过程流体机械

13.1 概述

流体机械是以流体或流体与固体的混合物为对象进行能量转换、处理。通常是指此对象所具有的机械能和机械做功之间进行转换、处理，也包括提高其压力进行输送的机械，它是过程装备的重要组成部分。水泵、风机、压缩机、水轮机、汽轮机等都属于流体机械。

（1）按能量转换分类

流体机械按其能量的转换分为原动机和工作机两大类。原动机是将流体的能量转变为机械能，用来输出轴功，如汽轮机、燃气轮机、水轮机等。工作机是将动力能转变为流体的能量，用来改变流体的状态（提高流体的压力、使流体分离等）与输送流体，如压缩机、泵、分离机。

（2）按流体介质分类

① 压缩机 将机械能转变为气体的能量，用来给气体增压与输送气体的机械称为压缩机。按照气体压力升高程度，又区分为压缩机、鼓风机和通气机等。

② 泵 将机械能转变为液体的能量，用来给液体增压与输送液体的机械称为泵。在特殊情况下流经泵的介质为液体和固体颗粒的混合物，将这种泵称为杂质泵，亦称液固两相流泵。

③ 分离机 用机械能将混合介质分离开的机械称为分离机。这里所提到的分离机是指分离流体介质或以流体介质为主的分离机。

（3）按流体机械的结构特点分类

① 往复式结构的流体机械 往复式结构的流体机械主要有往复式压缩机、往复式泵等。这种结构的特点在于通过能量转换使流体提高压力的主要运动部件是在工作腔中进行往复运动的活塞，而活塞的往复运动是靠作旋转运动的曲轴带动连杆，进而驱动活塞来实现的。这种结构的流体机械具有输送流体的流量较小而单级压升较高的特点，一台机器就能使流体上升到很高的压力。

② 旋转式结构的流体机械 旋转式结构的流体机械主要有各种回转式、叶轮式（透平式）的压缩机和泵以及分离机等。这种结构的特点在于通过能量转换使流体提高压力或分离的主要运动部件是转轮、叶轮或转鼓，该旋转件可直接由原动机驱动。这种结构的流体机械具有输送流体的流量大而单级压升不太高的特点，为使流体达到很高的压力，机器需由多级组成或由几台多级的机器串联成机组。

13.2　泵

（1）泵的分类

根据作用原理，泵可分为以下三大类。

① 容积泵　利用工作室容积周期性变化来输送并提高液体的压力，如活塞泵、柱塞泵、隔膜泵、齿轮泵、滑板泵（或滑片泵）、螺杆泵等。

② 叶片泵　依靠泵内高速旋转的叶轮把能量传给液体，进行液体输送并提高液体压力，属于这种类型的泵有各种形式的离心泵、混流泵、轴流泵及旋涡泵等。

③ 其他类型泵　利用流体静压力或流体动能来输送液体的流体动力泵，例如射流泵和水锤泵等。

（2）关于泵的名词术语

① 流量 Q　流量是泵在单位时间内排送液体的体积，常用单位为 m^3/s、m^3/h、L/s。理论流量 Q_T 是指单位时间内吸入叶轮中的液体体积，与泵的流量 Q 的关系为

$$Q_T = Q + \sum q \tag{13-1}$$

式中，$\sum q$ 为泵在单位时间内的泄漏量，单位与 Q 相同。

② 扬程（压头）H　扬程是指泵输送单位质量的液体从泵进口处（泵进口法兰）到泵出口处（泵出口法兰）总机械能的增值，即单位质量液体通过泵获得的有效能量，常用单位为 m。根据伯努利方程，扬程的数学表达式为

$$H = \left(Z_2 + \frac{c_2^2}{2g} + \frac{p_2}{\rho g} \right) - \left(Z_1 + \frac{c_1^2}{2g} + \frac{p_1}{\rho g} \right) = (Z_2 - Z_1) + \left(\frac{c_2^2}{2g} - \frac{c_1^2}{2g} \right) + \left(\frac{p_2}{\rho g} - \frac{p_1}{\rho g} \right) \tag{13-2}$$

式中，p_1，p_2 为泵进、出口处液体的压力，Pa；c_1，c_2 为泵进、出口处液体的速度，m/s；Z_1，Z_2 为泵进、出口处到任选的测量基准面的距离，m；ρ 为液体密度，kg/m^3；g 为重力加速度，m/s^2。

理论扬程 H_T 是指泵叶轮向单位质量的液体所传递的能量，与泵扬程 H 的关系为

$$H_T = H + \sum h_h \tag{13-3}$$

式中，$\sum h_h$ 为水力损失，m。

③ 转速 n　泵的转速是指泵轴每分钟旋转的次数，单位为 r/min。

④ 功率 P　泵的功率 P 通常指泵轴的输入功率，即原动机传到泵轴上的功率，一般称为轴功率，单位为 kW 或 W。泵的输出功率 P_e 表示单位时间内泵输送出去的液体从泵中获得的有效能量，也称为有效功率，即

$$P_e = \frac{Q \rho g H}{1000} \tag{13-4a}$$

或

$$P_e = \frac{Q \gamma H}{1000} \qquad \gamma = \rho g \tag{13-4b}$$

式中，Q 为泵的流量，m^3/s；H 为泵的扬程，m；ρ 为液体密度，kg/m^3；g 为重力加速度，m/s^2；γ 为液体重度，N/m^3。

⑤ 效率　效率是指有效功率 P_e 和轴功率 P 之比，即

$$\eta = \frac{P_e}{P} \tag{13-5}$$

13.2.1 叶片泵

13.2.1.1 离心泵

（1）离心泵工作原理

如图 13-1 所示，离心泵在启动之前，应关闭出口阀门，泵内应灌满液体，此过程称为灌泵。工作时启动原动机使叶轮旋转，叶轮中的叶片驱使液体一起旋转从而产生离心力，使液体沿叶片流道甩向叶轮出口，经蜗壳送入打开出口阀门的排出管。液体从叶轮中获得机械能使压力能和动能增加，依靠此能量使液体达到工作地点。

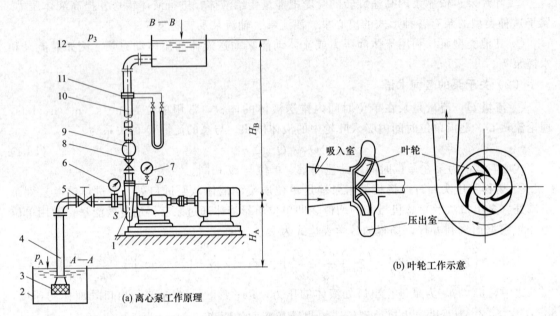

图 13-1 离心泵工作原理

1—泵；2—吸液罐；3—底阀；4—吸入管路；5—吸入管调节阀；6—真空表；7—压力表；8—排出管调节阀；
9—单向阀；10—排出管路；11—流量计；12—排液缸

在液体不断被甩向叶轮出口的同时，叶轮入口处就形成了低压。在吸液罐和叶轮入口中心线处的液体之间就产生了压差，吸液罐中的液体在这个压差作用下，便不断地进入管路及泵的吸入室，进入叶轮之中，从而使离心泵连续地工作。流体在泵中的流动用连续方程、欧拉方程和伯努利方程解决。

（2）离心泵特点

① 流量均匀、运转平稳、振动小，不需要特别减震的基础。

② 转速高，可以与电动机或蒸汽透平机直接连接，结构紧凑，质量小，占地面积小。

③ 设备安装、维护检修费用低。

④ 流量和扬程范围宽，应用范围广。

⑤ 应用排出阀调节流量，操作简单、管理方便，泵站容易实现远距离操作。

（3）离心泵的分类及应用

1）按流体吸入叶轮的方式分类

单吸式离心泵　叶轮只在一侧有吸入口。此类泵的叶轮制造方便，应用范围广泛，泵的流量为 $4.5 \sim 400 \mathrm{m}^3/\mathrm{h}$，扬程为 $8 \sim 150 \mathrm{m}$。

双吸式离心泵　液体从叶轮两侧同时进入叶轮。此类泵的流量较大，目前我国生产的双吸泵最大流量为 $10000\mathrm{m^3/h}$，甚至更大，扬程为 $10\sim250\mathrm{m}$。

2）按级数分类

单级离心泵　泵中只有一个叶轮的称为单级离心泵。单级离心泵是一种应用最为广泛的泵。由于液体在泵内只有一次增能，所以扬程较低。

多级离心泵　同一根轴上串联两个以上的叶轮称为多级离心泵。级数越多压力越高。这种泵的叶轮一般为单吸式。也有将第一级设计为双吸式的。其扬程可达 $50\sim1800\mathrm{m}$，甚至更高，流量为 $5\sim1350\mathrm{m^3/h}$。

3）按扬程分类

低压离心泵，扬程$<20\mathrm{m}$；

中压离心泵，扬程$=20\sim100\mathrm{m}$；

高压离心泵，扬程$>100\mathrm{m}$。

4）按泵的用途和输送液体的性质分类

可分为清水泵、泥浆泵、酸泵、碱泵、油泵、砂泵、低温泵、高温泵及屏蔽泵等。

13.2.1.2　轴流泵

（1）轴流泵的工作原理

轴流泵是一种低扬程、大流量的叶片式泵。图 13-2 所示为轴流泵的一般结构，其过流部分由吸入管 1、叶轮 2、导叶 3、弯管 4 和排出管 5 组成，液体沿吸入管进入叶轮，它和叶轮叶片相互作用，获得能量，然后通过导叶和弯管，进入排出管。轴流泵是利用叶片对绕流液体产生升力而输出液体的，是基于空气动力学中机翼升力理论。在轴流泵中没有离心力而引起扬程的增加作用。

（2）轴流泵的特点

轴流泵工作特点是流量大、单级扬程低。与离心泵相比，它的优点是外形尺寸小、占地小、结构简单、重量轻、制造成本低及可调叶片式轴流泵扩大了高效工作区等。缺点是吸入高度小（$<2\mathrm{m}$）。由于低汽蚀性能，一般轴流泵的工作叶轮装在被输送液体的低液面以下，以便在叶轮进口处造成一定的灌注压力。

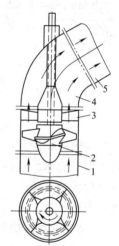

图 13-2　轴流泵

1—吸入管；2—叶轮；

3—导叶；4—弯管；

5—排出管

（3）轴流泵分类及应用

根据叶轮上叶片的安置角度是否可调，轴流泵分为两类：固定叶片轴流泵，叶片固定不可调；可调叶片轴流泵，叶片的角度可进行调节。在采油矿场上，轴流泵一般用作热电站中的循环水泵、油田用水供应泵。为了提高泵的扬程，轴流泵可以做成多级的。多级轴流泵可以用作钻井泥浆泵，大大减轻泵重，显著改善工作性能。近年来，在机械采油方面，开始采用的轴流涡轮-轴流泵装置的无杆抽油设备，就是利用了多级轴流泵。

13.2.1.3　旋涡泵

（1）旋涡泵工作原理

旋涡泵的结构主要包括叶轮（外缘上有径向叶片的圆盘）、泵体、泵盖以及由泵盖、泵体和叶轮组成的环形流道，如图 13-3（a）所示。液体由吸入管进入流道，并经过旋转的叶轮获得能量，再被输送到排出管。当旋涡泵的叶轮旋转时，液体按叶轮的转动方向沿环形流道流动。进入叶轮叶片间的液体在叶片的推动下与叶轮一起运动，其圆周分速度可以认为与叶轮的圆周速度相等。此时液体质点产生的离心力大小与圆周速度的平方成正比。由于叶片间的液体与环形流道内的液体的圆周速度不同，这样就在轴面内形成了如图 13-3（b）所示的环形运动。液体的环形流动的向量方向垂直于轴面，指向沿流道的圆周纵长方向，这一环形运动称为纵向旋涡。液体质点从叶轮叶片间流出后进入环形流道中，将一部分动量传给流道中的液流，这样就给液流一个顺着叶轮旋转方向的冲量。同时，有一部分能量较低的液体又进入叶轮。在环形流道中的液体依靠纵向旋涡，每经过一次叶轮，就得到一次能量，这就是旋涡泵的扬程高于一般叶片泵的原因。纵向旋涡的存在是旋涡泵区别于其他类型叶片泵工作过程的一个重要原因。

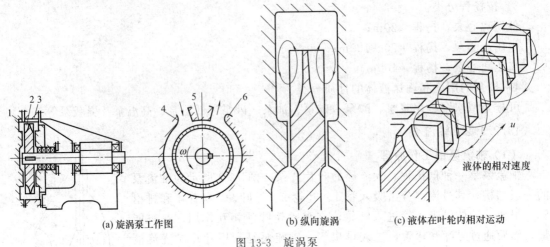

(a) 旋涡泵工作图　　　　　　(b) 纵向旋涡　　　　　(c) 液体在叶轮内相对运动

图 13-3　旋涡泵

1—泵盖；2—叶轮；3—泵体；4—吸入口；5—隔板；6—排出口

除纵向旋涡外，在叶片的进口边，由于液流的冲角很大，使液体产生脱流，脱离叶片表面并形成旋涡。这种旋涡的向量方向与叶片的进口边是平行的，即与叶片径向方向相平行，所以称为径向旋涡。在一般旋涡中，当泵的工况为这种情形时，径向旋涡传递能量作用小，可以忽略不计。

（2）旋涡泵的特点

旋涡泵的优点是结构简单，制造方便，体积小，重量轻，扬程高，对系统中的压力波动不敏感，有自吸能力，某些旋涡泵可实现气液混输。缺点是效率较低，汽蚀性能较差，抽送的介质要纯净，黏度不能过大。

（3）旋涡泵应用

旋涡泵主要用于化工、医药等工业流程中输送高扬程、小流量的酸、碱和其他有腐蚀性、极易挥发的液体，也可作为消防泵、小型锅炉给水泵和一般增压泵使用。

13.2.2　容积泵

13.2.2.1　往复泵

（1）往复泵工作原理

往复活塞泵由液力端和动力端组成。液力端直接输送液体，把机械能转换成液体的压力能；动力端将原动机的能量传给液力端。

① 组成　动力端由曲轴、连杆、十字头、轴承和机架等组成，液力端由液缸、活塞（或柱塞）、吸入阀和排出阀、填料函和缸盖等组成。

② 工作原理　如图 13-4 所示，当曲轴以角速度 ω 逆时针旋转时，活塞向右移动，液缸的容积增大，压力降低，被输送的液体在压力差的作用下克服吸入管路和吸入阀等的阻力损失进入液缸。当曲柄转过 $180°$ 以后活塞向左移动，液体被挤压，液缸内液体在压力差的作用下被排送到排出管路中去。当往复泵的曲柄以角速度 ω 不停地旋转时，往复泵就不断地吸入和排出液体。

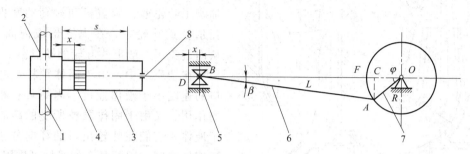

图 13-4　单作用往复泵示意
1—吸入阀；2—排出阀；3—液缸；4—活塞；5—十字头；6—连杆；7—曲轴；8—填料函

（2）往复泵的特点

① 流量只取决于泵缸几何尺寸（活塞直径 D，活塞行程 S）、曲轴转速 n，而与泵的扬程无关。所以活塞泵不能用排出阀来调节流量，它的性能曲线是一条直线。只是在高压时，由于泄漏损失，流量稍有减小。

② 只要原动机有足够的功率，填料密封有相应的密封性能，零部件有足够的强度，活塞泵可以随着排出阀开启压力的改变产生任意高的扬程。所以同一台往复泵（活塞泵）在不同的装置中可以产生不同的扬程。

③ 活塞泵在启动运行时不能像离心泵那样关闭出水阀启动，而是要开阀启动。

④ 自吸性能好。

⑤ 由于排出流量脉动造成流量的不均匀，有时需设法减少与控制排出流量和压力的脉动。

（3）往复泵的应用

往复泵适用于输送压力高、流量小的各种介质。当流量小于 $100\text{m}^3/\text{h}$、排出压力大于 10MPa 时，有较高的效率和良好的运行性能，亦适合输送黏性液体。

计量泵也属于往复式容积泵，计量泵在结构上有柱塞式、隔膜式和波纹管式，计量泵可用于计量输送易燃、易爆、腐蚀、磨蚀、浆料等各种液体，在化工和石油化工装置中经常使用。

13.2.2.2　杂质泵

（1）杂质泵的工作原理

杂质泵又称液固两相流泵，杂质泵大多为离心泵。由于用途不同，叶轮的结构形式很多。图 13-5 所示为常

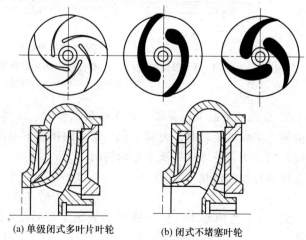

(a) 单级闭式多叶片叶轮　　(b) 闭式不堵塞叶轮

图 13-5　杂质泵叶轮的结构形式

用杂质泵叶片的结构形式。

图 13-6 所示为普通叶轮和瓦尔曼式叶轮抽送颗粒和液体时的流动状态。在一般形式叶

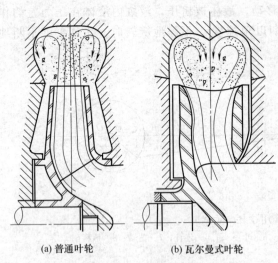

轮中，从叶轮出口流向涡室的流动向外侧分流，形成外向旋涡。因为旋涡中心的压力低，使固体颗粒集中到叶轮两侧，从而加剧了叶轮前、后盖板和衬套的磨损。在瓦尔曼式叶轮中，在涡室形成内向旋涡，从而避免了一般形式叶轮的缺点。

在杂质泵中，由于固体颗粒在叶轮进口的速度小于液体速度，因而具有相对阻塞作用。又由于固体颗粒所受的离心力大于液体，它们在叶轮出口的径向分速度大于液体速度，因而具有相对抽吸作用。

（2）杂质泵特点及应用

杂质泵的应用日益扩大，如在城市中排送各种污水，在建筑施工中抽送砂浆，在化学工业中抽送各种浆料，在食品工业

(a) 普通叶轮　　　　(b) 瓦尔曼式叶轮

图 13-6　杂质在叶轮中的流动状态

中抽送鱼、甜菜，在采矿工业中输送各种矿砂和矿浆等。杂质泵今后将成为泵应用中一个非常重要的领域。

13.2.2.3　螺杆泵

（1）螺杆泵的工作原理

螺杆泵有单螺杆、双螺杆泵和三螺杆泵。单螺杆泵如图 13-7 所示。

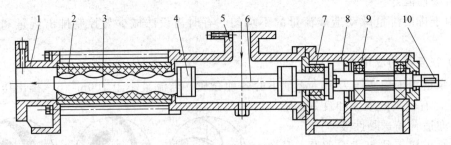

图 13-7　单螺杆泵

1—压出管；2—衬套；3—螺杆；4—万向联轴器；5—吸入管；6—传动轴；

7—轴封；8—托架；9—轴承；10—泵轴

① 单螺杆泵的工作原理　单螺杆泵工作时，液体被吸入后就进入螺纹与泵壳所围的密封空间，当螺杆旋转时，密封容积在螺牙的挤压下提高其压力，并沿轴向移动。由于螺杆按等速旋转，所以液体出口流量是均匀的。

单螺杆泵的流量

$$q_v = 0.267eRtn\eta_v \tag{13-6}$$

式中，e 为偏心距；R 为螺杆断面圆半径；t 为螺距；n 为泵轴转速；η_v 为泵的容积效率。

② 双螺杆泵的工作原理　双螺杆泵是通过转向相反的两根单头螺纹的螺杆来挤压输送

介质的。一根是主动的，另一根是从动的，它通过齿轮联轴器驱动。螺杆用泵壳密封，相互啮合时仅有微小的齿面间隙。由于转速不变，螺杆输送腔内的液体限定在螺纹槽内均匀地沿轴向向前移动，因而泵提供的是一种均匀的体积流量。每一根螺杆都配有左螺旋纹和右螺旋纹，从而使通过螺杆两侧吸入口的沿轴向流入的液体在旋转过程中被挤向螺杆正中，并从那里挤入排出口。由于从两侧进液，因此在泵内取得了压力平衡。

螺杆用钢材制造，在特殊情况下可用塑料、玻璃或铸石等制成，衬套通常用橡胶，特殊情况下可采用金属衬套。

（2）螺杆泵的特点

① 损失小，经济性能好。

② 压力高而均匀、流量均匀、转速高，能与原动机直联。

③ 机组结构紧凑，传动平稳经久耐用，工作安全可靠，效率高。

（3）螺杆泵的应用

螺杆泵几乎可用于任何黏度的液体，尤其适用于高黏度和非牛顿流体，如原油、润滑油、柏油、泥浆、黏土、淀粉糊、果肉等。螺杆泵亦用于精密和可靠性要求高的液压传动和调节系统中，也可作为计量泵。但是它加工工艺复杂，成本高。

13.2.2.4　滑片泵

（1）滑片泵的工作原理

滑片泵的转子为圆柱形，具有径向槽道，槽道中安放滑片，滑片数可以是两片或多片，滑片能在槽道中自由滑动，如图 13-8 所示。

泵转子在泵壳内偏心安装，转子表面与泵壳内表面构成一个月牙空间。转子旋转时，滑片依靠离心力或弹簧力（弹簧放在槽底）的作用紧贴在泵内腔。在转子的前半转，相邻两滑片所包围的空间逐渐增大，形成真空，吸入液体，而在转子的后半转，此空间逐渐减小，将液体挤压到排出管。

（2）滑片泵的特点

滑片泵也可与高速原动机直接相连，同时具有结构轻便、尺寸小的特点，但滑片和泵内腔容易磨损。

图 13-8　滑片泵结构示意

（3）滑片泵的应用

滑片泵应用范围广，流量可达到 5000L/h。常用于输送润滑油和液压系统，适宜于在机床、压力床、制动机、提升装置和力矩放大器等设备中输送高压油。

13.2.2.5　齿轮泵

（1）齿轮泵工作原理

齿轮泵分为外齿轮泵和内齿轮泵，如图 13-9 所示。内齿轮泵的两个齿轮形状不同，齿数也不一样。其中一个为环状齿轮，能在泵体内浮动，中间一个是主动齿轮，与泵体成偏心位置。环状齿轮较主动齿轮多一齿，主动齿轮带动环

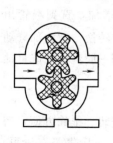

(a)外齿轮泵

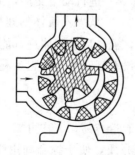

(b)内齿轮泵

图 13-9　齿轮泵

状齿轮一起转动，利用两齿轮间空间的变化来输送液体。另有一种内齿轮泵是环状齿轮较主动齿轮多两倍，在两齿轮间装有一块固定的月牙形隔板，把吸排空间明显隔开了。

齿轮与泵壳、齿轮与齿轮之间留有较小的间隙。当齿轮沿图示箭头所指方向旋转时，在齿轮逐渐脱离啮合的左侧吸液腔中，齿间密闭容积增大，形成局部真空，液体在压差作用下吸入吸液室，随着齿轮的旋转，液体分两路在齿轮与泵壳之间被齿轮推动前进，送到右侧排液腔，在排液腔中两齿轮逐渐啮合，容积减小，齿轮间的液体被挤到排液口。齿轮泵一般自带安全阀，当排压过高时，安全阀启动，使高压液体返回吸入口。

（2）齿轮泵的特点

齿轮泵是一种容积式泵，与活塞的不同之处在于没有进、排水阀，它的流量比活塞泵更均匀，构造也更简单。齿轮泵结构轻便紧凑，制造简单，工作可靠，维护保养方便。一般都具有输送流量小和输出压力高的特点。

（3）齿轮泵的应用

齿轮泵用于输送黏性较大的液体（如润滑油和燃料油），不宜输送黏性较低的液体（如水和汽油等），也不宜输送含有颗粒杂质的液体（影响泵的使用寿命），可作为润滑系统油泵和液压系统油泵，广泛用于发电机、汽轮机、离心压缩机、机床以及其他设备。齿轮泵工艺要求高，不易获得精确的匹配。

13.2.2.6　射流泵

（1）射流泵的工作原理

射流泵是利用射流紊动扩散作用来传递能量和质量的流体机械和混合反应设备。通常以液体为动力介质的称为射流泵，以气体为动力介质的称为喷射器。其结构基本相同，主要由喷嘴、吸入室和扩散器组成，其中扩散器又由喉管入口（混合段）、喉管及扩散管三部分组成，如图 13-10 所示。

当具有一定压力的流体通过喷嘴以一定速度喷出时，由于射流质点的横向紊动扩散作用将吸入室内的流体带走，吸入室形成低压区，在吸入管内，在外压差的作用下将低压流体不断输送进吸入室。从喷嘴及吸入管来的两股流体在混合段及喉管中混合并进行动量交换，工作流体的速度降低，被吸入流体的速度增加，直到喉管出口，两股流体的速度逐渐趋近一致。在扩散管中，混合后的流体进行能量转换，把大部分动能转变为压力能而最后排出。由此可见，射流泵没有运动部件，它是利用一股流体的能量抽送另一股流体的流体机械。

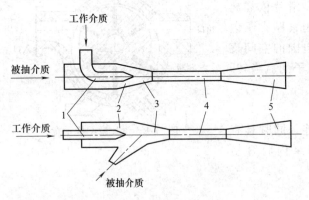

图 13-10　射流泵结构示意

1—喷嘴；2—吸入室；3—喉管入口；4—喉管；5—扩散管

（2）射流泵的特点

射流泵本身没有运动部件，所以结构简单，制造容易，工作可靠，安装、维修方便，密封性好，有利于输送有毒、易燃、易爆及放射性介质，便于综合利用废水、废气等有压源，提高经济效益。其缺点是因射流泵靠两股流体混合进行能量交换而进行工作，因此能量损失较大、效率较低，一般射流泵的最高效率为 30% 左右。

（3）射流泵的应用

由于射流泵本身没有运动部件，也就没有直接配置的机械动力源，密封问题易于解决，所以在安装布置上有很大的灵活性，工作可靠，本身有自吸能力，在很多技术和工程领域中，尤其是在高温、高压、真空、强辐射、水下等特殊使用场合，以及输送有毒、易燃、易爆介质的特殊使用条件下，具有独到的优势。在核能利用、航空航天、石油化工、海洋开发、地质勘查以及水利、电力、冶金、交通和机械等很多领域都有良好的应用前景。在石油化工工业中主要用于抽真空（真空干燥，抽气密性，引水灌泵）气力输送及作为混合器等。

13.3　压缩机

根据排气压力的大小，将排气压力在 0.2MPa 以上称为压缩机，在 0.115～0.2MPa 称为鼓风机，在 0.115MPa 以下（表压在 1500mmH$_2$O）称为通风机。

压缩机按能量传递与转换方式的不同，可分类如下：

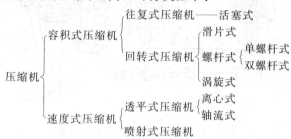

13.3.1　容积式压缩机

容积式压缩机的工作原理是依靠气缸的工作容积周期性地变化来压缩气体，以达到提高气体压力的目的。

13.3.1.1　往复式压缩机

往复式压缩机即为活塞压缩机，它是依靠气缸内活塞的往复运动来压缩气体的。根据所需压力的高低，可做成单级和多级的。目前，需要高压的场合，多采用这种压缩机。

（1）往复式压缩机基本结构

一台完整的往复活塞式压缩机包括两大部分：主机和辅机。主机有运动机构、工作机构和机身。辅机包括润滑系统、冷却系统，如图 13-11 所示。

运动机构是一种曲柄连杆机构，它把曲轴的旋转运动转换为十字头的往复直线运动，主要由曲轴、轴承、连杆、十字头、带轮或联轴器组成。

机身是压缩机外壳，用来支承和安装整个运动机构和工作机构，又兼作润滑油箱用。曲轴依靠轴承支承在机身上，机身上的两个滑道又支撑着十字头，2 个气缸分别位于机身两侧。

（2）往复式压缩机的工作原理

工作机构是实现压缩机工作原理的主要部件，主要由气缸、活塞、气阀等构成。气缸呈圆筒形，两端都装有若干吸气阀与排气阀，活塞在气缸中间作往复运动。当所要求的排气压力较高时，可采用多级压缩的方法，在多级气缸中将气体分两次或多次压缩升压，不论有多少级气缸，在每个气缸内都经历膨胀、吸气、压缩、排气四个过程，其工作原理是完全一样的。如图 13-12 所示。

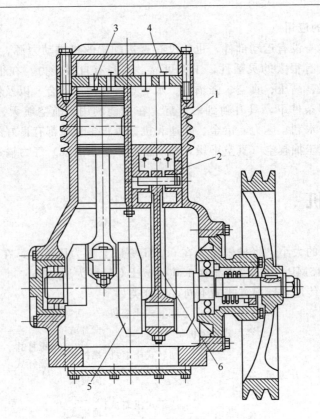

图 13-11　风冷单作用活塞式压缩机

1—气缸；2—活塞；3—排气阀；4—吸气阀；5—曲轴；6—连杆

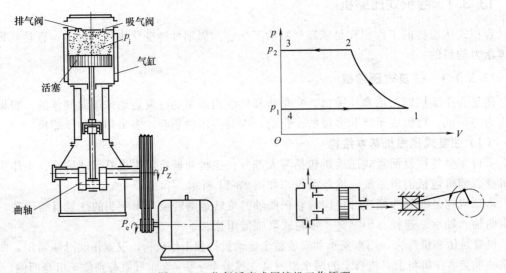

图 13-12　往复活塞式压缩机工作原理

1—2：压缩过程；2—3：排出过程；3—4：排气末和吸气初气缸内压力的变化；4—1：进气过程

（3）往复式压缩机的特点

1）优点

① 适用范围广（低压、中压、高压到超高压）。随排气压力的变化，排气量变化不大。

② 压缩效率较高。大型的往复压缩机的绝热效率可达 80％以上，其等温效率一般为

55%～70%以上。

③ 适应性较强。活塞压缩机的输气量范围较宽广，小输气量可低至每分钟数升，大输气量可达 $800m^3/min$。特别是当排气量较小时做成离心式压缩机难度较大，而往复活塞式压缩机完全可以适应。

2）缺点

① 气体带油污，特别是在化工生产中，若对气体质量要求较高时，压缩后气体的净化任务繁重。

② 因受往复运动惯性力的限制，转速不能过高，故所能达到的最大排气量较小。因此，在大型生产流程中，势必造成单机外形尺寸较大或多机组运行，加大设备投资及基建投资。

③ 由于气体压缩过程间断进行，排气不连续，气体压力有波动，故在排出口一般设有稳压装置。

④ 易损件较多，维修工作量大，一般需要备机。

（4）多级压缩

单机压缩所能提高的压力范围是有限的。对需要高压力的场合，如合成氨生产要求把合成气加压到32MPa，显然，用单级压缩是不可能达到的，必须采用多级压缩。所谓多级压缩，就是将气体在压缩机的几个气缸中，连续依次地进行压缩，并使气体在进入下一级气缸前，导入中间冷却器进行等压冷却。如图 13-13 所示。

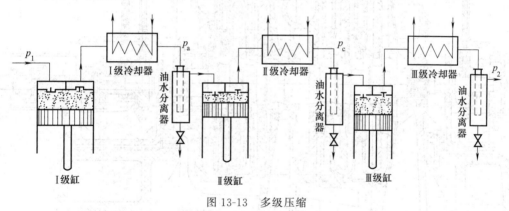

图 13-13　多级压缩

13.3.1.2　回转式压缩机

回转式压缩机是依靠机内转子回转时产生容积变化而实现对气体的压缩的。这类压缩机根据结构形式的不同，又可分为滑片式和螺杆式两种。滑片式压缩机内转子偏心装在机壳内，转子上开有若干径向滑槽，槽内装有滑片，当转子转动时，滑片与壳内壁间所形成的腔体不断增大和减小，从而使腔体吸入和排出气体并使气体受到压缩，如图 13-14 所示。

螺杆式压缩机的机壳内置有两个转子，一个阴转子，一个阳转子，由同步齿轮带动，工作时依靠转子表面的凹槽与机壳内壁间所形成的容积不断变化，从而实现对气体的吸入、压缩和排出。这种压缩机常用于动力源或制冷场合。

13.3.2　速度式压缩机

速度式压缩机的工作原理与容积式的截然不同，它是靠机内作高速旋转的叶轮将能量传给气体，使气体的压力和速度都有所提高，并通过扩压元件把气流的动能转换成所需的压力

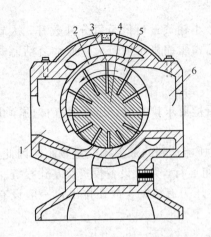

图 13-14　滑片式压缩机

1—排气口；2—机壳；3—滑片；
4—转子；5—压缩腔；6—吸气口

能。根据机内气流方向的不同，速度式压缩机又分为离心式和轴流式两种。

13.3.2.1　离心式压缩机

离心式压缩机因单机压缩比小，故一般是多级的，工作时气体被吸入，逐渐沿叶轮上的流道流动，在提高了气流能量头后，进入扩压器，进一步将速度能量头转换成所需的压力能量头，最后由排出口排出，如图 13-15 所示。这种压缩机转速高、气量大、送气平稳、不污染气，因此，在大型生产中被广泛采用。

（1）离心式压缩机基本结构

① 叶轮（亦称工作轮）　它是离心压缩机中唯一对气体做功的部件。气体进入叶轮后，在叶片的推动下跟着叶轮旋转，由于叶轮对气体做功，增加了气体能量，因此气体流出叶轮时的压力和速度均有所增加。

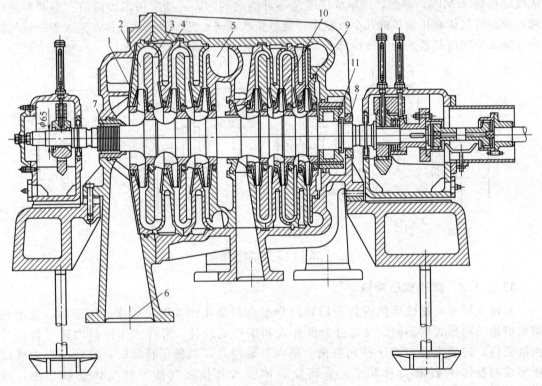

图 13-15　离心式压缩机

1—叶轮；2—扩压器；3—弯道；4—回流器；5—蜗壳；6—吸气室；7，8—前、后轴封；
9—级间密封；10—叶轮进口密封；11—平衡盘

② 扩压器　气体从叶轮流出时速度很高，为了充分利用这部分速度能，常常在叶轮后设置流通截面逐渐扩大的扩压器，以便将速度能转变为压力能。一般常用的扩压器是一个环形通道，其中装有叶片的称为叶片扩压器，不装叶片的称为无叶扩压器。

③ 弯道　为了把由扩压器出来的气流引入下一级叶轮去进行压缩，在扩压器后设置了使气流由离心方向改变为向心方向的弯道。

④ 回流器　为了使气流以一定方向均匀地引入下一级叶轮进口，设置了回流器，在回流器中一般装有导叶。

⑤ 蜗壳　其主要作用是将由扩压器（或直接由叶轮）出来的气流汇集起来并引出机外。此外，在蜗壳汇集气流的过程中，由于蜗壳曲率半径及通流截面逐渐扩大，它也起降速扩压的作用。

⑥ 吸气室　其作用是将需压缩的气流，由进气管（或中间冷却器出口）均匀地导入叶轮上进行增压。因此，在每一段的第一级前都有吸气室。

（2）离心式压缩机工作原理

离心式压缩机的基本原理与离心泵有许多相似之处。但由于气体是可压缩的，必然涉及热力状态的变化，应用到工程热力学和气体动力学方面的知识。其原理为：气体由吸气室吸入，通过叶轮对气体做功后，使气体的压力、速度、温度都得到提高，然后再进入扩压器，将气体的速度能转变为压力能。当通过一级叶轮对气体做功，扩压后不能满足输送要求时，就必须把气体再引入下一级继续进行压缩。为此，在扩压器后设置了弯道、回流器，使气体由离心方向变为向心方向，均匀地进入下一级叶轮进口。至此，气体流过了一个"级"，再继续进入第二、第三级压缩后，经排出室及排出管被引出。气体在离心压缩机中是沿着与压缩机轴线垂直的半径方向流动的。

当所要求的气体压力较高、需用叶轮数目较多时，往往制成多缸压缩机。

（3）离心式压缩机的特点及应用

离心式压缩机属于透平式压缩机。早期只用于压缩空气，并且只用于低、中压力及气量很大的场合。目前，离心式压缩机不仅用来压缩和输送化工生产中的多种气体，而且使用愈来愈广泛。

1）优点

① 单机流量大。目前气体压缩机的排气量达 $6000m^3/min$ 以上。在天然气长输管道工艺中几乎都采用了离心式压缩机。

② 重量轻，体积小。无论机组占地面积还是重量都比同一气量的活塞式压缩机小得多。

③ 运转可靠性高。机组连续运转时间在一年以上，运转平稳，操作可靠，因此它的运转率高，而且易损件少，维修方便。目前天然气长输管道压气站及大型石油化工装置用离心压缩机多为单机运行。

④ 气缸内无润滑。介质不会受到润滑油污染，有利于气体进行化学反应。

⑤ 转速较高。适宜由工业汽轮机或燃气轮机直接驱动，可以合理而充分地利用能源。

2）缺点

① 不适用于气量太小及压力比过高的场合。

② 离心压缩机的效率一般仍低于活塞式压缩机。

③ 离心压缩机的稳定工况区较窄。

13.3.2.2　轴流式压缩机

轴流式压缩机由动叶片、静叶片、转鼓和机壳组成，靠拢的叶片对气流做功，其结构在机内，气流流动方向与主轴的轴线平行，气流在级中流动路程短，故阻力损失较小，效率比离心式高。

习题与简解

扫描二维码获取

第 14 章　化工设备图

化工设备图是表达化工设备的结构、形状、大小、性能和制造、安装待技术要求的工程图样。本章详细地介绍了化工设备图的图样类别、基本内容、图示方法以及尺寸标注。阐述了设计文件的三种分类方法，并对工程图和施工图的设计文件进行了详细说明，以便于读者掌握。

同时，本章详细叙述了图样的基本要求以及方法，包括图纸的幅面及格式、图样的比例、图面技术要求、图样在图纸上的安排原则以及文字、符号、代号及其尺寸。以换热器装配图、反应釜装配图、塔设备装配图为例，对装配图数据表各项内容和要求填写做了详细描述。概括性地描述了图样在图纸上的安排原则，其中包含局部放大图的布置，剖视与向视图的布置，装配图与零、部件图图面安排，图纸中各要素布置。

另外，本章对图样绘制做出了明确的示范，阐述了图样绘制基本原则。以接管法兰、螺栓孔、多孔板孔眼、液面计、剖视图中填料（填充物）、焊缝、管口和支座方位的画法为例详细介绍了图样的简化画法。

最后，本章详细阐述装备图中的数字、比例、放大图、视图符号、管口符号、件号以及尺寸的标注原则及方法，并配以详细图示。

具体内容详见本书配套数字资源。

微信扫描二维码
获取本章详细内容

参 考 文 献

[1] 李福宝. 过程装备力学分析. 北京：冶金工业出版社，2010.

[2] 李福宝，李勤. 流体力学. 北京：冶金工业出版社，2010.

[3] 李福宝，李勤. 压力容器及过程装备设计. 北京：冶金工业出版社，2010.

[4] 李文华. 采油工程. 北京：中国石化出版社，2007.

[5] 李云，姜培正. 过程流体机械. 第 2 版. 北京：化学工业出版社，2020.

[6] 康勇，李桂冰. 过程流体机械. 第 2 版. 北京：化学工业出版社，2016.

[7] 汪云英，张湘亚. 泵和压缩机. 北京：石油化工出版社，2007.

[8] 杨秀英，刘春忠. 金属学及热处理. 北京：机械工业出版社，2010.

[9] 朱张校，姚可夫. 工程材料. 北京：清华大学出版社，2009.

[10] 王绍良. 化工设备基础. 第 3 版. 北京：化学工业出版社，2020.

[11] 浙江大学普通化学教研组. 普通化学. 第 5 版. 北京：高等教育出版社，2006.

[12] 史美堂. 金属材料及热处理. 上海：上海科学技术出版社，1980.

[13] 董大勤，高炳军，董俊华. 化工设备机械基础. 第 4 版. 北京：化学工业出版社，2018.

[14] 潘永亮. 化工设备机械基础. 第 2 版. 北京：科学出版社，2007.

[15] 潘红良. 过程设备机械基础. 上海：华东理工大学出版社，2006.

[16] 汤善甫，朱思明. 化工设备机械基础. 第 3 版. 上海：华东理工大学出版社，2019.

[17] 宋岢岢. 压力管道设计及工程实例. 第 3 版. 北京：化学工业出版社，2022.

[18] 赵军，张有忱，段成红. 化工设备机械基础. 第 3 版. 北京：化学工业出版社，2020.

[19] 刁玉伟，王立业. 化工设备机械基础. 大连：大连理工大学出版社，2002.

[20] 巨勇智，靳士新. 过程设备机械基础. 北京：国防工业出版社，2005.

[21] 王金刚. 石化装备流体密封技术. 北京：中国石化出版社，2007.

[22] 张麦秋. 化工机械安装与修理. 第 3 版. 北京：化学工业出版社，2019.

[23] 贺曙新，张思弟. 数控加工工艺. 北京：中国石化出版社，2007.

[24] 胜利石油化工总厂炼油厂. 炼油厂设备的腐蚀与防腐. 北京：石油工业出版社，1979.

[25] 邓文英. 金属工艺学. 北京：人民教育出版社，1982.

[26] 方利国，董新法. 化工制图 AutoCAD 实战教程与开发. 北京：化学工业出版社，2009.

[27] 傅永根. 机械工艺制造工艺基础. 第 2 版. 北京：清华大学出版社，2006.

[28] 方洪渊. 焊接结构学. 北京：机械工业出版社，2010.

[29] 徐卫东. 焊接检验与质量管理. 北京：机械工业出版社，2008.

[30] 陈立德. 机械制造装备设计. 北京：高等教育出版社，2008.

[31] 邹广华，刘强. 过程装备制造与检测. 北京：机械工业出版社，2007.

[32] 赵熹华，冯吉才. 压焊方法及设备. 北京：机械工业出版社，2010.

[33] 田锡唐. 焊接结构. 北京：机械工业出版社，1981.

[34] 郑品森. 化工机械制造工艺. 北京：化学工业出版社，1981.

[35] 赵熹华. 焊接检验. 北京：机械工业出版社，2005.

[36] 清华大学金属工艺教研组. 金属工艺学实习教材. 北京：高等教育出版社，1983.

[37] 王文友. 过程装备制造工艺. 北京：中国石化出版社，2009.

[38] 魏龙，冯秀. 化工密封实用技术. 北京：化学工业出版社，2011.

[39] 郝木明. 过程装备密封技术. 北京：中国石化出版社，2010.

[40] 金国森. 石油化工设备设计选用手册——搪玻璃容器. 北京：化学工业出版社，2009.

[41] 杨启明，李琴，等. 石油化工设备腐蚀与防护. 北京：石油工业出版社，2010.

[42] 张天胜，张浩，等. 缓蚀剂. 第 2 版. 北京：化学工业出版社，2008.

[43] 段林峰，邱小云. 化工腐蚀与防护. 第 3 版. 北京：化学工业出版社，2021.

[44] 闫康平，王贵欣，罗春晖. 过程装备腐蚀与防护. 第 3 版. 北京：化学工业出版社，2020.

[45] 孙恒，葛文杰. 机械原理. 第 9 版. 北京：高等教育出版社，2021.

[46] 随明阳. 机械设计基础. 北京：机械工业出版社，2004.

[47] 许镇宇，邱宜环. 机械零件. 北京：人民教育出版社，1982.

[48] 濮良贵，纪名刚. 机械设计. 第 8 版. 北京：高等教育出版社，2006.

[49] 郭红星，宋敏. 机械设计基础. 西安：西安科技大学出版社，2006.

[50] 胡海岩. 机械振动基础. 北京：航空航天大学出版社，2005.

[51] 诸德超，邢誉峰. 工程振动基础. 北京：航空航天大学出版社，2005.

[52] 华东工学院机械制图教研组. 化工制图. 北京：人民教育出版社，1980.

[53] 《石油化工固定式压力容器制造工程》编委会. 石油化工固定式压力容器制造工程. 北京：石油工业出版社，2011.

[54] 柳谋渊. 金属压力加工工艺学. 北京：冶炼工程出版社，2008.

[55] 康勇. 化工设备制造工艺学实践教程. 北京：中国石化出版社，2016.

[56] 朱财. 化工设备设计与制造. 北京：化学工业出版社，2013.

[57] 朱振华，邵泽波. 过程装备制造技术. 北京：化学工业出版社，2011.

[58] 国家石油和化学工业部. 中华人民共和国行业标准 HG/T 20688—2000. 化工工厂初步设计文件内容深度规定，2001.

[59] 中华人民共和国化学工业部. 中华人民共和国行业标准 HG/T 20561—1994. 化工工厂总图运输施工图设计文件编制深度规定，1995.

[60] 中华人民共和国工业和信息化部. 中华人民共和国行业标准 HG 20519—2009. 化工工艺设计施工图内容和深度统一规定，2009.

[61] 中华人民共和国住房和城乡建设部. 中华人民共和国国家标准 GB/T 50001—2017. 房屋建筑制图统一标准，2017.

[62] 中华人民共和国工业和信息化部. 中华人民共和国行业标准 HG/T 20505—2014. 过程测量与控制仪表的功能标志及图形符号，2014.

[63] 国家石油和化学工业局. 中华人民共和国行业标准 HG/T 20549—1998. 化工装置管道布置设计规定，1999.

[64] 中华人民共和国工业和信息化部. 中华人民共和国行业标准 HG/T 20546—2009. 化工装置设备布置设计规定，2009.

[65] 中华人民共和国国家质量监督检验检疫总局. 中华人民共和国国家标准 GB/T 700—2006. 碳素结构钢，2007.

[66] 中华人民共和国国家质量监督检验检疫总局. 中华人民共和国国家标准 GB/T 3274—2017. 碳素结构钢和低合金结构钢热轧钢板和钢带，2017.

[67] 中华人民共和国国家质量监督检验检疫总局. 中华人民共和国国家标准 GB/T 3280—2015. 不锈钢冷轧钢板和钢带，2015.

[68] 中华人民共和国国家质量监督检验检疫总局. 中华人民共和国国家标准 GB/T 4237—2015. 不锈钢热轧钢板和钢带，2015.

[69] 中华人民共和国国家质量监督检验检疫总局. 中华人民共和国国家标准 GB/T 4238—2015. 耐热钢钢板和钢带，2015.

[70] 中华人民共和国国家质量监督检验检疫总局. 中华人民共和国国家标准 GB/T 713—2014. 锅炉和压力容器用钢板，2014.

[71] 中华人民共和国国家质量监督检验检疫总局. 中华人民共和国国家标准 GB/T 5612—2008. 铸铁牌号表示方法，2008.

[72] 中华人民共和国国家质量监督检验检疫总局. 中华人民共和国国家标准 GB/T 1348—2019. 球墨铸铁件，2019.

[73] 中华人民共和国国家质量监督检验检疫总局. 中华人民共和国国家标准 GB/T 8890—2015. 热交换器用铜合金无缝管，2015.

[74] 中华人民共和国国家质量监督检验检疫总局. 中华人民共和国国家标准 GB/T 3880.1—2012. 一般工业用铝及铝合金板、带材 第 1 部分：一般要求，2012.

[75] 中华人民共和国国家质量监督检验检疫总局. 中华人民共和国国家标准 GB/T 4437.2—2017. 铝及铝合金热挤压管 第 2 部分：有缝管，2017.

[76] 国家市场监督管理总局. 中华人民共和国国家标准 GB/T 3191—2019. 铝及铝合金挤压棒材，2019.

[77] 中华人民共和国国家质量监督检验检疫总局. 中华人民共和国国家标准 GB/T 6892—2015. 一般工业用铝及铝合金挤压型材，2015.

[78] 中华人民共和国国家质量监督检验检疫总局. 中华人民共和国国家标准 GB/T 8545—2012. 铝及铝合金模锻件的

尺寸偏差及加工余量，2012

[79] 中华人民共和国国家质量监督检验检疫总局. 中华人民共和国国家标准 GB/T 3621—2007. 钛及钛合金板材，2007.

[80] 中华人民共和国国家质量监督检验检疫总局. 中华人民共和国国家标准 GB/T 3624—2010. 钛及钛合金无缝管，2010.

[81] 中华人民共和国国家质量监督检验检疫总局. 中华人民共和国国家标准 GB/T 3625—2007. 换热器及冷凝器用钛及钛合金管，2007.

[82] 中华人民共和国国家质量监督检验检疫总局. 中华人民共和国国家标准 GB/T 8546—2017. 钛-不锈钢复合板，2017.

[83] 国家市场监督管理总局. 中华人民共和国国家标准 GB/T 8547—2019. 钛-钢复合板，2019.

[84] 中华人民共和国国家质量监督检验检疫总局. 中华人民共和国国家标准 GB/T 711—2017. 优质碳素结构钢热轧钢板和钢带，2017.

[85] 中华人民共和国国家质量监督检验检疫总局. 中华人民共和国国家标准 GB/T 3531—2014. 低温压力容器用钢板，2014.

[86] 中华人民共和国国家质量监督检验检疫总局. 中华人民共和国国家标准 GB/T 24511—2017. 承压设备用不锈钢和耐热钢钢板和钢带，2017.

[87] 国家市场监督管理总局. 中华人民共和国国家标准 GB/T 8163—2018. 输送流体用无缝钢管，2018.

[88] 中华人民共和国国家质量监督检验检疫总局. 中华人民共和国国家标准 GB/T 9948—2013. 石油裂化用无缝钢管，2013.

[89] 中华人民共和国国家质量监督检验检疫总局. 中华人民共和国国家标准 GB/T 13296—2013. 锅炉、热交换器用不锈钢无缝钢管，2013.

[90] 中华人民共和国国家质量监督检验检疫总局. 中华人民共和国国家标准 GB/T 14976—2012. 流体输送用不锈钢无缝钢管，2012.

[91] 国家能源局. 中华人民共和国能源行业标准 NB/T 47008—2017. 承压设备用碳素钢和合金钢锻件，2017.

[92] 国家能源局. 中华人民共和国能源行业标准 NB/T 47009—2017. 低温承压设备用合金钢锻件，2017.

[93] 国家能源局. 中华人民共和国能源行业标准 NB/T 47010—2017. 承压设备用不锈钢和耐热钢锻件，2017.

[94] 国家能源局. 中华人民共和国能源行业标准 NB/T 47042—2014.《卧式容器》标准释义与算例，2014.

[95] 中华人民共和国国家质量监督检验检疫总局. 中华人民共和国国家标准 GB/T 150.2—2011 压力容器 第 2 部分：材料，2011.

[96] 中华人民共和国国家质量监督检验检疫总局. 中华人民共和国国家标准 GB/T 1804—2000. 一般公差 未注公差的线性和角度尺寸的公差，2000.

[97] 中华人民共和国国家质量监督检验检疫总局. 中华人民共和国国家标准 GB/T 4458.5—2003. 机械制图 尺寸公差与配合注法，2003.

[98] 国家市场监督管理总局. 中华人民共和国国家标准 GB/T 1182—2018. 产品几何技术规范（GPS） 几何公差 形状、方向、位置和跳动公差标注，2018.

[99] 国家市场监督管理总局. 中华人民共和国国家标准 GB/T 1800.1—2020. 产品几何技术规范（GPS） 线性尺寸公差 ISO 代号体系 第 1 部分：公差、偏差和配合的基础，2020.

[100] 国家市场监督管理总局. 中华人民共和国国家标准 GB/T 1800.2—2020. 产品几何技术规范（GPS） 线性尺寸公差 ISO 代号体系 第 2 部分：标准公差带代号和孔、轴的极限偏差表，2020.

[101] 中华人民共和国国家质量监督检验检疫总局. 中华人民共和国国家标准 GB/T 1958—2017. 产品几何技术规范（GPS） 几何公差 检测与验证，2017.

[102] 中华人民共和国国家质量监督检验检疫总局. 中华人民共和国国家标准 GB/T 131—2006. 产品几何技术规范（GPS） 技术产品文件中表面结构的表示法，2006.

[103] 中华人民共和国国家质量监督检验检疫总局. 中华人民共和国国家标准 GB/T 3505—2009. 产品几何技术规范（GPS） 表面结构 轮廓法 术语、定义及表面结构参数，2009.

[104] 中华人民共和国国家质量监督检验检疫总局. 中华人民共和国国家标准 GB/T 1031—2009. 产品几何技术规范（GPS） 表面结构 轮廓法 表面粗糙度参数及其数值，2009.

[105] 中华人民共和国国家质量监督检验检疫总局. 中华人民共和国国家标准 GB/T 10610—2009. 产品几何技术规范（GPS） 表面结构 轮廓法 评定表面结构的规则和方法，2009.

[106] 中华人民共和国国家质量监督检验检疫总局. 中华人民共和国国家标准 GB/T 6062—2009. 产品几何技术规范（GPS） 表面结构 轮廓法 接触（触针）式仪器的标称特性，2009.

[107] 中华人民共和国国家质量监督检验检疫总局. 中华人民共和国国家标准 GB/T 1357—2008. 通用机械和重型机械用圆柱齿轮 模数，2009.

[108] 中华人民共和国国家质量监督检验检疫总局. 中华人民共和国国家标准 GB/T 150.1—2011. 压力容器 第 1 部分：通用要求，2011.

[109] 中华人民共和国国家质量监督检验检疫总局. 中华人民共和国国家标准 GB/T 150.3—2011. 压力容器 第 3 部分：设计，2011.

[110] 中华人民共和国国家质量监督检验检疫总局. 中华人民共和国国家标准 GB/T 150.4—2011. 压力容器 第 4 部分：制造、检验和验收，2011.

[111] 中华人民共和国工业和信息化部. 中华人民共和国化工行业标准 HG/T 20660—2017. 压力容器中化学介质毒性危害和爆炸危险程度分类标准，2017.

[112] 机械工业部. 中华人民共和国机械行业标准 JB 4732—1995. 钢制压力容器分析设计标准，1995.

[113] 中华人民共和国国家质量监督检验检疫总局. 中华人民共和国特种设备安全技术规范 TSG 21—2016. 固定式压力容器安全技术监察规程，2016.

[114] 中华人民共和国国家质量监督检验检疫总局. 中华人民共和国国家标准 GB/T 151—2014. 热交换器，2014.

[115] 中华人民共和国国家质量监督检验检疫总局. 中华人民共和国国家标准 GB/T 12337—2014. 钢制球形储罐，2014.

[116] 中华人民共和国工业和信息化部. 中华人民共和国石油化工行业标准 SH/T 3098—2011. 石油化工塔器设计规范，2011.

[117] 中华人民共和国国家质量监督检验检疫总局. 中华人民共和国机械行业标准 JB/T 4745—2002. 钛焊接容器，2002.

[118] 国家发展和改革委员会. 中华人民共和国机械行业标准 JB/T 4756—2006. 镍及镍合金制压力容器，2006.

[119] 中华人民共和国国家质量监督检验检疫总局. 中华人民共和国国家标准 GB/T 9019—2015. 压力容器公称直径，2015.

[120] 国家市场监督管理总局. 中华人民共和国国家标准 GB/T 709—2019. 热轧钢板和钢带的尺寸、外形、重量及允许偏差，2019.

[121] 国家市场监督管理总局. 中华人民共和国国家标准 GB/T 9124.1—2019. 钢制管法兰 第 1 部分：PN 系列，2019.

[122] 国家市场监督管理总局. 中华人民共和国国家标准 GB/T 9124.2—2019. 钢制管法兰 第 2 部分：Class 系列，2019.

[123] 国家能源局. 中华人民共和国能源行业标准 NB/T 47020～47027—2012. 压力容器法兰、垫片、紧固件［合订本］，2012.

[124] 国家能源局. 中华人民共和国能源行业标准 NB/T 47023—2012. 长颈对焊法兰，2012.

[125] 国家能源局. 中华人民共和国能源行业标准 NB/T 47065.5—2018 容器支座 第 5 部分：刚性环支座，2018.

[126] 国家能源局. 中华人民共和国能源行业标准 NB/T 47065.2—2018 容器支座 第 2 部分：腿式支座，2018.

[127] 国家能源局. 中华人民共和国能源行业标准 NB/T 47065.3—2018 容器支座 第 3 部分：耳式支座，2018.

[128] 国家能源局. 中华人民共和国能源行业标准 NB/T 47065.4—2018 容器支座 第 4 部分：支承式支座，2018.

[129] 国家能源局. 中华人民共和国能源行业标准 NB/T 47065.1—2018 容器支座 第 1 部分：鞍式支座，2018.

[130] 国家能源局. 中华人民共和国能源行业标准 NB/T 47041—2014.《塔式容器》标准释义与算例，2014.

[131] 中华人民共和国国家质量监督检验检疫总局. 中华人民共和国国家标准 GB/T 25198—2010. 压力容器封头，2010.

[132] 中华人民共和国国家质量监督检验检疫总局. 中华人民共和国国家标准 GB/T 3091—2015. 低压流体输送用焊接钢管，2015.

[133] 工业和信息化部. 中华人民共和国化工行业标准 HG/T 21514～21535—2014. 钢制人孔和手孔［合订本］，2014.

[134] 化学工业部. 中华人民共和国化工行业标准 HG 21592—1995. 玻璃管液面计标准系列及技术要求（PN1.6），1995.

[135] 化学工业部. 中华人民共和国化工行业标准 HG 21589.1—1995. 透光式玻璃板液面计（PN2.5），1995.

[136] 化学工业部. 中华人民共和国化工行业标准 HG 21589.2—1995. 透光式玻璃板液面计（PN6.3），1995.

[137] 化学工业部. 中华人民共和国化工行业标准 HG 21590—1995. 反射式玻璃板液面计（PN4.0），1995.

[138] 化学工业部. 中华人民共和国化工行业标准 HG/T 3165—1986. 碳钢玻璃浮子液面计，1986.

[139] 化学工业部. 中华人民共和国化工行业标准 HG/T 3166—1986. 碳钢衬 F-46 玻璃浮子液面计，1986.

[140] 化学工业部. 中华人民共和国化工行业标准 HG/T 21550—1993. 防霜液面计，1993.

[141] 化学工业部. 中华人民共和国化工行业标准 HG/T 21584—1995. 磁性液位计，1995.

[142] 化学工业部. 中华人民共和国化工行业标准 HG 21606—1995. 钢与玻璃结液位计，1995.

[143] 国家市场监督管理总局. 中华人民共和国国家标准 GB/T 6893—2022. 铝及铝合金拉（轧）制管材，2022.

[144] 中华人民共和国国家质量监督检验检疫总局. 中华人民共和国国家标准 GB/T 1527—2017. 铜及铜合金拉制管，2012.

[145] 国家发展和改革委员会. 中华人民共和国化工行业标准 HG/T 3796.3—2005. 桨式搅拌器，2005.

[146] 国家发展和改革委员会. 中华人民共和国化工行业标准 HG/T 3796.5—2005. 圆盘涡轮式搅拌器，2005.

[147] 国家发展和改革委员会. 中华人民共和国化工行业标准 HG/T 3796.8—2005. 推进式搅拌器，2005.

[148] 国家发展和改革委员会. 中华人民共和国化工行业标准 HG/T 3796.12—2005. 锚框式搅拌器，2005.

[149] 中华人民共和国国家质量监督检验检疫总局. 中华人民共和国国家标准 GB/T 14689—2008. 技术制图 图纸幅面和格式，2008.

[150] 国家技术监督局. 中华人民共和国国家标准 GB/T 14690—1993. 技术制图 比例，1993.

[151] 中华人民共和国国家质量监督检验检疫总局. 中华人民共和国国家标准 GB/T 14691.6—2005. 技术产品文件 字体 第 6 部分：古代斯拉夫字母，2005.

[152] 国家能源局. 中华人民共和国能源行业标准 NB/T 10557—2021. 板式塔内件技术规范，2021.

[153] 国家技术监督局. 中华人民共和国国家标准 GB/T 1184—1996. 形状和位置公差 未注公差值，1991.

[154] 中华人民共和国国家质量监督检验检疫总局. 中华人民共和国国家标准 GB/T 4458.2—2003. 机械制图 装配图中零、部件序号及其编排方法，2003.

[155] 李勤，李福宝. 过程装备机械基础. 北京：化学工业出版社，2012.